例題で学ぶ

はじめての
電気電子工学

臼田昭司・伊藤 敏・井上祥史 著

技術評論社

はじめに

本書は、電気電子工学系の低学年の学生を対象に解説した電気電子工学の入門書です。もちろん学生に限らず企業における初級技術者やもう一度電気電子工学の勉強をしたい企業技術者を対象にしています。本書は、最初に、電気工学の基礎として、計測の基本から測定器の使用法、電気回路を通した電気工学の基本実験について解説します。次に、電子工学の基礎として、ダイオードとトランジスタの基本特性とトランジスタ増幅回路、オペアンプの基本から応用回路、電子工学の基礎になっているデジタル回路の基本と基本ゲートを組み合わせた応用回路について解説します。次に、電気電子系の基本センサとして使われている光、温度、圧力センサについて解説し、最後に、センサ出力の信号処理の例として *Arduino* を使用した実験例について解説します。

本書のコンセプトになっている例題と解答を随所に入れて、本文の理解を深めるように工夫しています。

各章について以下に概説します。

第１章は、計測法の基本と誤差について解説します。偶発的な誤差の扱い方についても解説します。

第２章は、計測器の基本的な使用法として、デジタルマルチメータとオシロスコープ、発振器とスペクトラム・アナライザについて解説します。デシベルなどの測定に関わる基本事項についても適宜解説します。

第３章は、電気回路を通して電気工学の基本実験について解説します。抵抗の測定法、交流波形の観測による実効値や電力について解説します。また、電気回路の受動素子であるコイルやコンデンサ、これらの直並列回路における電圧と電流の関係について解説します。

第４章は、ダイオードとトランジスタの基本原理と基本特性、ダイオードに関係したデバイスとして *LED* と太陽電池について解説します。また、ダイオードの応用として全波整流回路やトランジスタの応用として小信号増幅器回路とｈパラメータについて解説します。

第５章は、デジタル回路の基本ゲートである *AND*、*OR*、*NOT* ゲートと、これら３つの基本ゲートに機能を追加した *NAND*、*NOR*、*EX−OR* ゲートについて解説します。また、基本ゲートを組み合わせた応用回路として、フリップフロップ回路や自励発振回路について解説します。

第６章は、基本センサである、光センサ（*CdS*、フォトトランジスタ）、温度センサ（サーミスタ）、圧力センサ（半導体圧力センサ）について、実験例を用いて解説します。次に、ワンボードマイコンとして知られた *Arduino*（アルディーノ）の使用例について解説します。*Arduino* のプログラミング例を通してセンサの信号処理の例を学びます。

章末には、付録として、電気工学の関連として、「ブレッドボードと使い方」、「ノギスとマイクロメータ」、「球ギャップによる高電圧実験」、「クリドノグラフによる衝撃電圧の測定」、「変圧器の諸特性」、「エプスタイン装置を用いた電力計法によるケイ素鋼板の鉄損測定」、「正弦波と矩形波のフーリエ級数展開」、「電気電子工学の図記号」について説明しています。

各章は独立していますので、自分の興味にあった章を読むことができますが、第１章から例題を解きながら読み進まれることを希望します。

本書に使用した図記号は、新 *JIS* の図記号を用いていますが、デジタル回路の基本ゲートや電圧、電流源については、日常使い慣れた図記号を採用しています。

一口に、電気電子工学と言っても広範囲にわたっています。本書は、すべてを網羅することはできませんが、電気電子工学の入門書として活用していただき、さらなる専門分野の学習の糸口になれば幸いです。

最後に、本書の企画から執筆の好機を与えていただいた技術評論社の谷戸伸好副編集長、松井竜馬課長はじめ関係の諸氏に感謝いたします。

2019年５月　著者らしるす

CONTENTS

第1章　電気測定の基本

第2章　測定器の使用法

第3章　電気の基本実験

第4章　ダイオードとトランジスタの基本特性と応用回路

第5章　オペアンプの基本と応用回路

第6章　デジタル回路の基本

第7章 センサと電気・電子回路

付録

第1章
電気測定の基本

本章では、電気測定の基本について説明します。本章で説明する内容は電気にかかわらず、測定や計測にかかわる分野において共通する基本的な考え方、概念です。

最初に、誤差の基本的な考え方、扱い方について説明します。次に、測定法の基本とデータの扱い方の１つである平均値と標準偏差について説明します。そして誤差の統計処理として誤差の分布と誤差伝搬について説明します。最後に、最小二乗法と回帰直線について説明します。

1－1 誤差

誤差の基本的な考え方について説明します。誤差と補正、誤差率と補正率、誤差の原因、確度と精度、これらについて具体例を用いて説明します。

1－1－1　誤差と補正

電気測定に限らず計測において“誤差（ごさ）”はたいへん重要な意味があります。少し古い読み物ですが、松本清張が書いた『誤差』という短編推理小説があります（写真１－１）。この小説は、誤差を解き明かし、殺人犯を特定するという内容の推理小説ですが、小説の“誤差”と本書で説明する“誤差”についての基本的な考え方は変わりません。本筋は同じです。

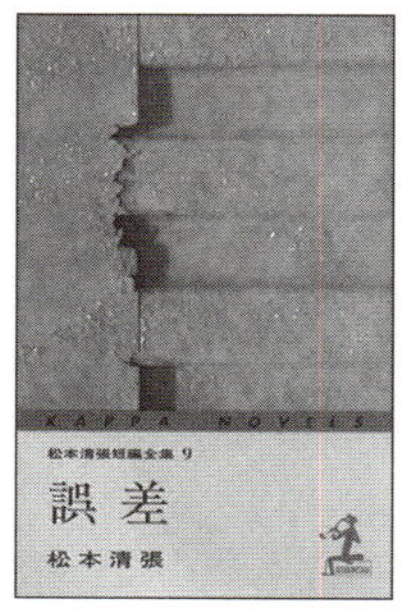

写真１－１　『誤差―松本清張短編全集〈９〉』光文社

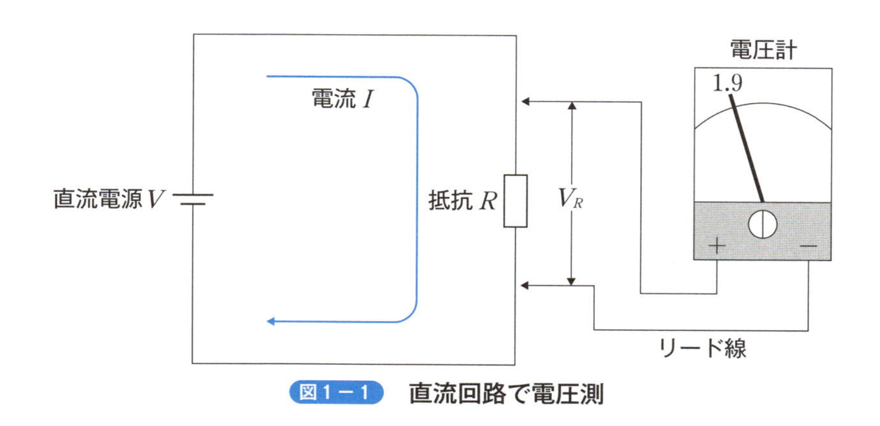

図１－１　直流回路で電圧測

図１－１の電気回路を見てください。

直流電源（電圧 V）に抵抗 R が接続されています。電圧は一定で変化しません。固定電圧なので変動しません。これから抵抗 R の両端の電圧 V_R [V] を電圧計で測ります。抵抗の両端と電圧計の ＋ 端子と － 端子をそれぞれリード線でつないで電圧を測定します。電圧は何ボルトありますか？読み取ってください。

電圧値は、

　1.9ボルト

でした。すなわち、$V_R=1.9$ [V] ということです。実は、ここで使った直流電源は標準電池（電圧の単位となる１[V] の大きさを決めるために作られた電池）であらかじめ校正されています。ここでは2.0 [V] に設定されています。

オームの法則から、この直流回路に流れる電流を I とすると、次のようになります。

$$V=V_R$$

$$V_R=R\times I$$

ここで、V は電源電圧で、$R\times I$ は抵抗 R の両端電圧です。

すなわち、

　電源電圧：$V=2.0$ [V]

　抵抗の両端電圧：$V_R=1.9$ [V]

です。V と V_R は一致しません。

測定した値は1.9 [V] で、真の値は2.0 [V] です。“真の値（しんのあたい）”といったのは、電源電圧2.0 [V] は標準電池できちんと校正された値であるという意味です。真の値を“真値（しんち）”ともいいます。

以降、真の値と出てきたら標準電池のような校正器で校正した値であると理解してください。

上記の測定には誤差が出てしまいました。それでは誤差はいくらありますか？

誤差を次のように定義します。

$$\varepsilon=M-T \qquad (1-1)$$

ここで、ε（イプシロン）は誤差、M は測定値、T は真の値です。誤差のことを“エラー（*error*）”ともいいます。

上記の測定結果を式（１－１）にあてはめてみます。

$$\varepsilon=M-T$$
$$=1.9-20$$
$$=-0.1\ [V]$$

となります。誤差 ε は $M=-0.1$ [V] です。この －（マイナス）の意味は、測定値が真の値に対して －0.1 [V] 低く出てしまったということです。もし、＋（プラス）であれば、高めに出たということになります。また、誤差には単位がつきます。この場合は電圧の単位 [V] です。単位を忘れないようにします。

測定の誤差が − にしろ、＋ にしろ、測定値を誤差の分だけ補正（*correction*）してやれば真値になるというわけで、補正 α（アルファ）を、

$$\alpha=T-M \qquad (1-2)$$

と定義します。

ε と α は表裏一体の関係にあるといえます。上の例で α を求めると、

$$\begin{aligned}\alpha &= T-M\\ &=2.0-1.9\\ &=0.1\ [V]\end{aligned}$$

となります。言葉で表現すれば、測定値1.9 [V] を真値2.0 [V] にするには0.1 [V] 補ってやればよいということになります。補正にも単位がつきます。

誤差 ε は、「測定したら測定値に誤差 ε が出てしまった」。補正 α は、「測定値を真値にするには α だけ補正しなければならない」という意味の違いがあります。

誤差と補正は友達同士の友情関係みたいなものです。互いに“誤差”があれば“補正”しあうことが友情を深める秘けつかもしれません。

1−1−2　誤差率と補正率

誤差率と補正率は、次のように定義されます。

$$\text{誤差率}：\varepsilon\ [\%]=\frac{\varepsilon}{T}\times 100\ [\%] \qquad (1-3)$$

$$\text{補正率}：\alpha\ [\%]=\frac{\alpha}{M}\times 100\ [\%] \qquad (1-4)$$

先の例で計算してみましょう。

誤差率は、

$$\varepsilon\ [\%]=\frac{-0.1}{2.0}\times 100\ [\%]=-5\%$$

です。すなわち、2.0 [V] の −5 [%] は −0.1 [V] です。したがって、誤差を差し引いた

$$2.0-0.1=1.9\ [V]$$

が測定値です。

補正率は、

$$\alpha\ [\%]=\frac{0.1}{1.9}\times 100\ [\%]=5.3\%$$

です。すなわち、1.9 [V] の5.3 [%] は0.1 [V] です。したがって、測定値に0.1 [V] 補正した

$$1.9+0.1=2.0\ [V]$$

が真値です。

1－1－3　誤差の原因

上記の例のように測定には誤差がついて回ります。誤差は避けられません。誤差の原因は一般に次のように考えられています。図１－１の電圧測定の場合で説明します。

◇系統誤差

電圧計の針が何ボルトを指しているのか、３人に読み取ってもらいました。

A さん：1.94 V

B さん：1.89 V

C さん：1.90 V

まちまちの測定結果です。３人とも決していい加減に読み取ったわけではありません。個人差が出てしまったのです。性格の違いとでもいうのでしょうか。これは測定者のくせによる誤差です。このような誤差を“系統誤差（けいとうごさ）”といます。

また、測定器の扱いが粗末だったのか、落としてしまったのかわかりません。狂った測定器で測定した場合や、測定中に温度などの測定条件が変化して、これらが原因で測定に誤差が出てしまった場合も系統誤差に入ります。

◇まちがい

別の３人に同じ電圧計を読んでもらいます。

D さん：1.85 V

E さん：1.55 V

F さん：1.90 V

E さんの電圧値はおかしいです。これまでの測定値からみても少しずれています。“まちがい”ではないでしょうか？ E さんの不注意による読み違いです。

このような誤差を“まちがい”といいます。

測定値を記録するときの記録ミスもこれに入ります。

◇測定誤差

電圧計自体はどの程度信頼できるのでしょうか。実は、使用した電圧計はあまり上等なものではありません。電圧計の最大メモリが2.0 [V] で電圧計の針が1.9

$[V]$ を指したときの誤差の範囲を1.88 $[V]$～1.92 $[V]$ とします。この範囲の誤差であれば、読み取った値を信用しましょうという意味です。この範囲を“許容誤差”といいます。

A さんの1.94 $[V]$ やDさんの1.85 $[V]$ は許容範囲を超えています。これらの値は信用できないことになります。もちろん、Eさんは論外です。測定器を扱うときは、許容誤差を考慮しなければなりません。このような誤差を“測定誤差”といいます。

1－1－4　確度と精度

確度と精度は混同して使用されがちです。“確度が高い”、“精度が高い”似たような印象を受けますが、それぞれ意味が異なります。

◇確度

G さんと H さんにある測定をしてもらいました。同じ測定を何回も繰り返して行います。測定値のばらつきによる分布は、G さんの場合は図１－２（a）になり、Hさんの場合は図１－２（b）のようになりました。図中には真値を記入しました。分布図の頂点のところは繰り返し行った測定の平均値であると考えてください。ほぼこのあたりに測定値がかたまっているという意味です。

G さんの場合は、平均値と真値がほとんど一致しています。H さんの場合は平均値と真値がずれています。同じ測定をしたのにこのように異なってしまいました。H さんの場合は測定に誤差が出てしまったようで。

この原因は次のように考えられます。同じ測定器を使用したにもかかわらず、G さんの測定分布の平均値は真値と一致していますが、H さんの測定分布はずれています。測定中に何か測定条件が変わったのかもしれません。あるいは個人差が出てしまったのかもしれません。これらは先に説明した系統誤差によるものです。

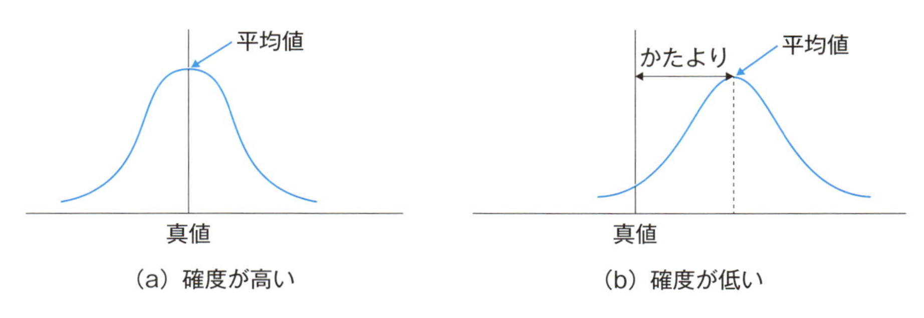

図1－2　確度の概念

ここで真値のずれを“かたより”といいます。かたよりの程度を“確度”または“正確さ”といいます。

図1－2の場合は、

　　Gさんの測定は“確度”が高い

　　Hさんの測定は“確度”が低い

といいます。

◇精度

IさんとJさんにある測定をしてもらいました。同じ測定を何回も繰り返し行いました。IさんとJさんが使う測定器は許容誤差が異なります。測定値の分布は図1－3のようになりました。Iさんの場合は図1－3（a）で、Jさんの場合は図1－3（b）です。図の分布でばらつきの大小（測定値のそろう程度）を“精度”といいます。Jさんの測定器は“精度”が高く、Iさんの場合は低いようです。Iさんの測定値にはばらつきが大きく定まりません。

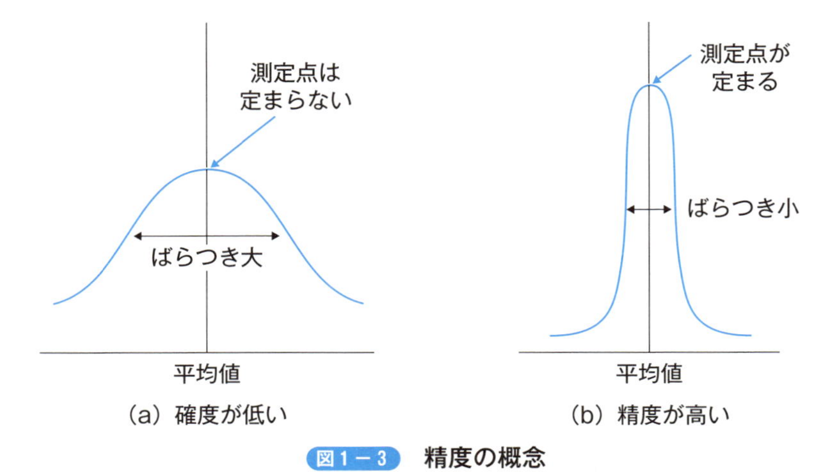

図1−3　**精度の概念**

［例題1−1］

計測と誤差に関する次の記述中の［　］に入れるべき適当な字句を解答群の中から選びなさい。

計測に誤差はつきものである。れわれはどうしても［(a)］を知ることができないのであって、［(b)］をもとにして［(a)］を推定するしかない。

この［(b)］を知るには［(c)］を行うわけであるが、これにはかならず誤差が伴う。この誤差は［(d)］の誤差と［(e)］の誤差とからなる。

また、誤差の性質を［(f)］と［(g)］に分けて考えることができる。前者は、［(a)］からの系統的なずれあり、後者は同一対象を数多く計測した場合に［(b)］が同一にならない誤差である。そして、前者の誤差の大小を［(h)］といい、後者の誤差の大小を［(i)］という。

〈a〜c に関する解答群〉

ア　平均、イ　母平均、ウ　試料平均、エ　真値、オ　計測、カ　分析、キ　計測値、ク　計算

〈d〜g に関する解答群〉

ア　分散、イ　標準誤差，ウ　かたより、エ　ゆらぎ、オ　とがり、カ　ばらつき、キ　計測器、ク　計測者、ケ　第1種の誤り、コ　第2種の誤り

〈h〜i に関する解答群〉

ア　精度、イ　検出力、ウ　信頼性、エ　正確さ、オ　危険率、カ　有意水準

[解答]

本文で説明したように、計測には誤差はつきものです。真値 (a) を知ることはできません。したがって、真値を推定するためには計測値 (b) を用いることになります。この計測値は計測 (c) によって得られます。

誤差の原因については、系統誤差、まちがい、測定誤差、偶然誤差（1－4節で説明）があげられます。この例題では、次の2つが取り上げられています。

　　計測する機器、すなわち計測器 (d) によるもの

　　計測する人、すなわち計測者 (e) によるもの

また、誤差の性質は次の2つに分けて考えることができます。

　　かたより（正確さ）

　　ばらつき（精度）

“かたより”とは真の値（真値）と、何回も測定した計測値の平均値との差、すなわち真値からの系統的なずれをいいます。このかたよりの大小を正確さ（確度）といいます。例えば、狂った測定器を使った場合です。

“ばらつき”とは、同一対象を何回計測しても測定値が同一値に定まらない誤差をいいます。このばらつきの大小を確度（または精密度）といいます。例えば、精度の狂った加工機械を使った場合などです。

答：a＝エ、b＝キ、c＝オ、d＝キ、e＝ク、f＝ウ、g＝カ、h＝エ、i＝ア

[例題1－2]

テスタの説明書に記載されている電気的性能のうち、直流電圧の各レンジについて表1－1の性能が与えられている。4Vレンジの場合の確度を求めなさい。

表1－1　直流電圧レンジの性能

レンジ	分解能	確度	最大許容電圧
400mV	100μV	$\pm(0.5\%\ of\ rdg\ +1dgt)$	500V_{rms}
4V	1mV		$\pm1000\,V\,DC$ $750\,V\,AC_{rms}$
40V	10mV		
400V	100mV		
1kV	1V	$\pm(0.5\%\ of\ rdg\ +2dgt)$	

ただし、rdg: $reading$（表示値）、dgt: $digit(s)$

[解答]

表の“確度”の欄の表現は次のように考えます。表の注記にあるように、*rdg* は *reading*（表示値）の略です。*dgt* は *digits* の略で、分解能のことで、4*V* レンジの 1*dgt* は分解能の 1*mV*（0.001*V*）です。

「0.5% *of rdg*」は、表示値の0.5%という意味でフルレンジ（4*V*）で計算すると、

$$4\times0.005=0.02\ [V]$$
$$(0.5\%)$$

となります。したがって、確度は、

$$\pm(0.5\%\ of\ rdg+1dgt)=\pm(0.02+0.001)$$
$$=\pm0.021[V]$$

となります。これが“かたより”の具体的な数値です。4*V* に対して ±0.021*V* のかたよりなので汎用のテスタとしては“確度”がよいといえます。

答：±0.021*V*

1－2 測定法の基本と平均値

測定法の基本として、直接測定と間接測定、偏位法と零位法があります。また、測定データの取り扱いの１つとして平均値があります。次節で説明する標準偏差には平均値を取り扱います。

1－2－1　直接測定と間接測定

直流電源と抵抗、電圧計と電流計を用意します（図１－４）。抵抗 R(200 [Ω]) を直流電源（電圧 Vを2.0 [V] に設定）に接続したとき、抵抗に流れる電流 Iを測定します。

◇直接測定

直接測定とは測定対象（ここでは電流）を直接測定する方法です。図１－５は直流電源と抵抗の間に電流計を挿入して回路に流れる電流を直接測ろうというものです。測定対象である電流を直接測る方法です。

電流計の針は0.01 [A] を指しています。I=0.01 [A] のことです。

◇間接測定

間接測定とは、測定対象を直接測定するのではなく、別の対象を測定し、後で測定値から計算で求める方法です。

上の例で説明します。図１－６のように、電圧計で抵抗の両端の電圧 V_R を測定します。電圧計の針は２[V] を指しています。抵抗に流れる電流はオームの法則から

$$I=\frac{V_R}{R}=\frac{2}{200}=0.01\ [A]$$

が得られます。

このような測定法を間接測定といいます。抵抗の両端電圧を測定しておいて、後で既知の抵抗値を使って計算で電流を求めるという間接的な方法です。

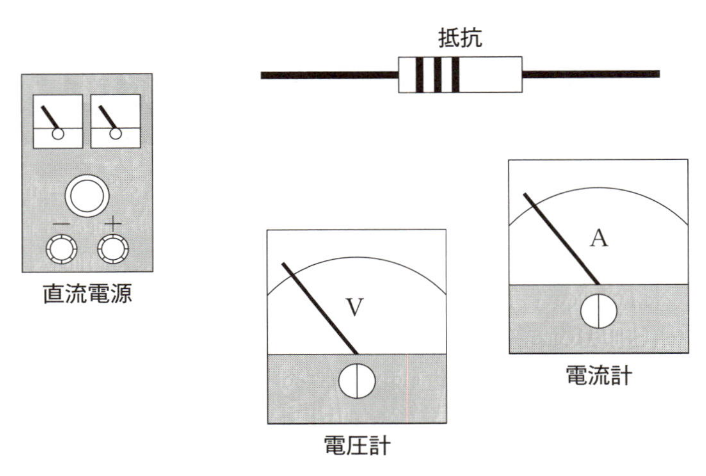

図1－4　直流電源、抵抗、電圧計、電流計を用意する

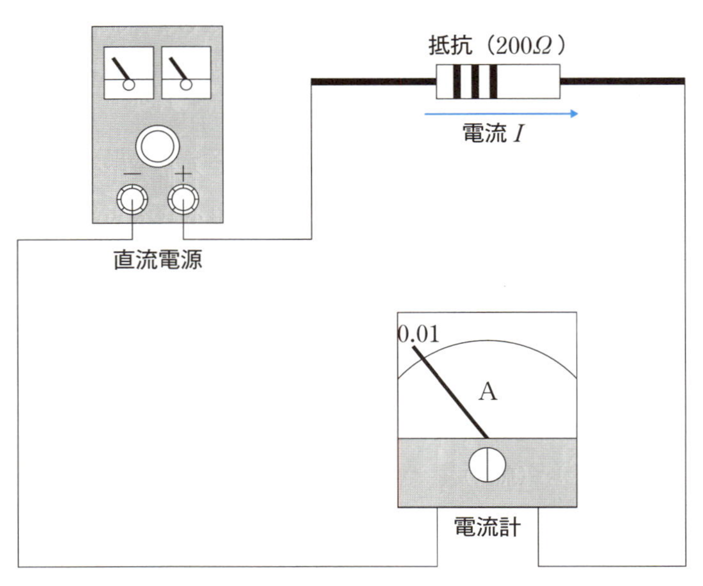

図1－5　電流を直接測定する

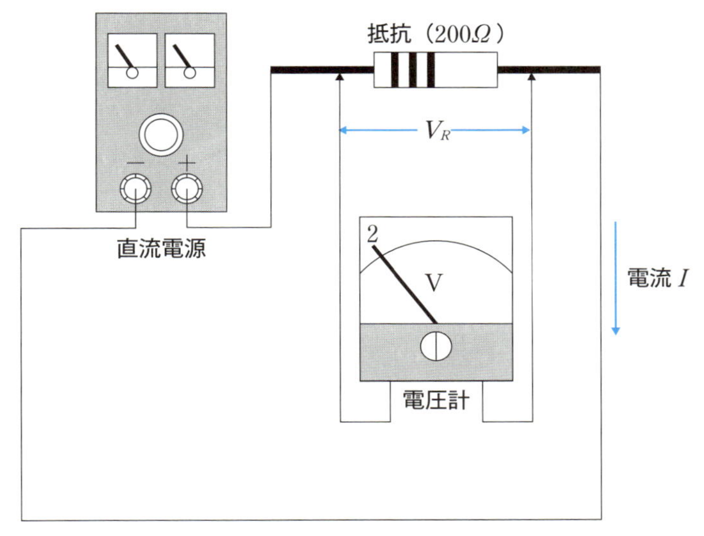

図1－6　電流を間接的に測定する

◇発光ダイオードの電流測定

直接測定と間接測定で、発光ダイオード（*LED*：*Light Emitting Diode*）に流れる電流を実際に測定します。使用する *LED* は青色 *LED*（定格電力：500*mW*、定格電流：100*mA*、輝度：8400*mcd*/75*mA*、V_F：2.9*V*～3.6*V*）です。電流計と電圧計の代わりにテスタ（デジタルマルチメータ）を使います※注1。直流電源を使用して青色 *LED* を点灯させる駆動回路を電子基板（ブレッドボード※注2）上にジャンパ線（ジャンプワイヤ）を使用して組み立てます。*LED* の駆動回路を図1－7に示します。直流電源の電圧を上げて、抵抗330 [Ω] を通して *LED* を点灯するようにします。

※注１：テスタの使用法については第２章で説明する。
※注２：ブレッドボードについては付録Ａを参照。

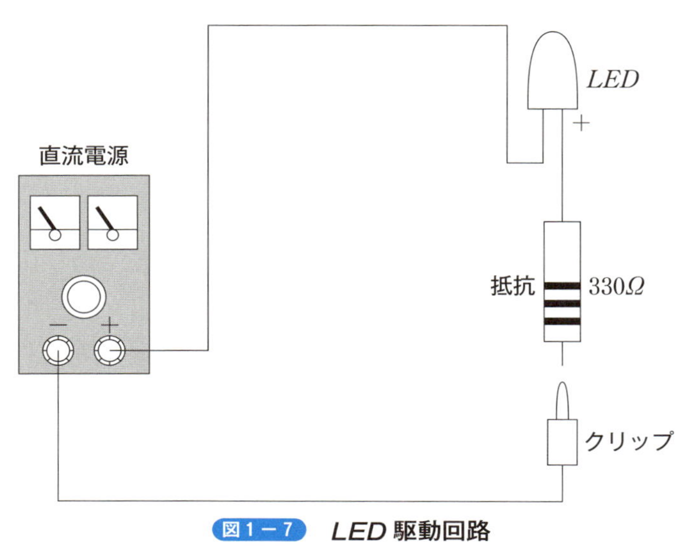

図１−７　LED 駆動回路

はじめに直接測定の場合で電流を測定します。

測定回路を図１−８に示します。テスタを電流計として使用します。テスタの測定レンジを電流レンジに切り替えて *LED* 点灯時の電流を測定します。

テスタの液晶表示部には

$$0.02\ [A]$$

を示しています。これが *LED* の駆動電流になります。

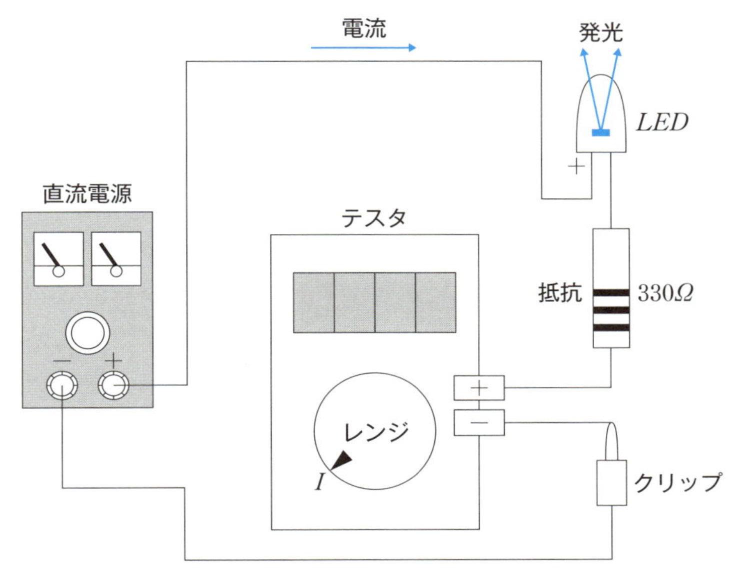

図1－8　直接測定で *LED* 駆動電流を測定する

次に、間接測定で *LED* の駆動電流を測定します。

抵抗の両端の電圧を測ります。測定回路を図１－９に示します。テスタを電圧レンジに切り替えて *LED* 点灯時の電流を測定します。

テスタの液晶表示部には

6.60 [*V*]

を示しています（写真１－２）※注。

電流値はオームの法則を使って計算します。

$$I=\frac{V_R}{R}=\frac{6.60}{330}=0.02\ [A]=20\ [mA]$$

間接測定で得られた *LED* 駆動電流は $I=20\ [mA]$ となりました。直接測定で測定した電流値と一致します。

テスタを使った直接測定と間接測定の簡単な例です。どちらでもよさそうな気がしますが、測定によっては間接測定のほうがよい場合もあります。必ずしも直接測定にこだわる必要はありません。

※注：拡大写真は付録Aの写真 A－４を参照。

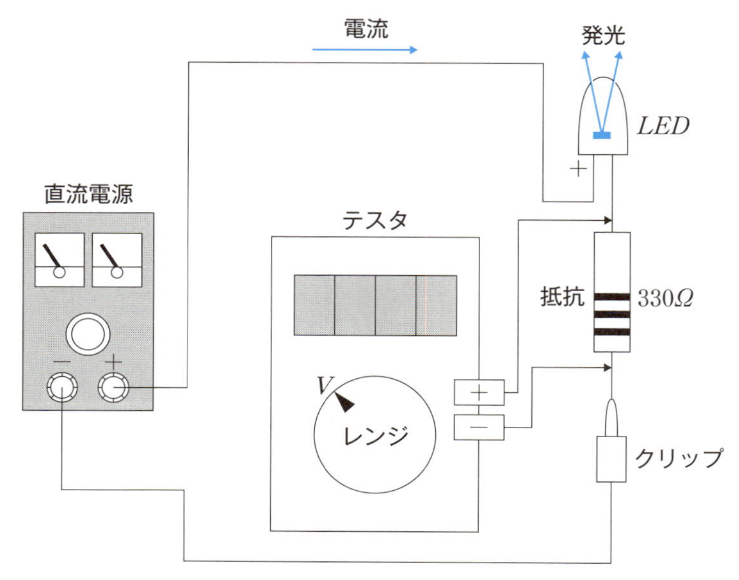

図1−9　間接測定で *LED* 駆動電流を測定する

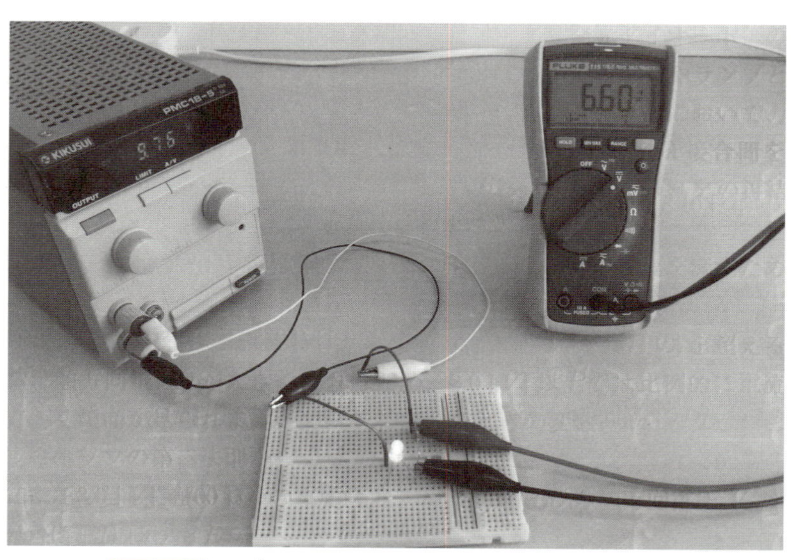

写真1−2　ブレッドボードに配線した *LED* 駆動回路

1－2－2　偏位法と零位法

“偏位法(へんいほう)”と“零位法(れいいほう)”について説明します。偏位法はアナログメータの針の振れから測定値を読み取る方法です。デジタルメータの場合はアナログメータと異なり、測定値であるアナログデータを一旦デジタルデータに変換して液晶表示部にデジタル表示する方式ですが、基本的な測定の考え方は偏位法になります。零位法は基準量と比較して測定値を読み取る方法です。

◇偏位法

偏位法とは、直接測定に代表されるように電圧計や電流計などの測定器の針を振らせて（偏位させて）、その振れの度合いから測定値を読み取る測定法をいいます。

乾電池の電圧を偏位法で測定している例を図１－10に示します。電圧計の振れ（偏位）が1.2［V］の場合です。

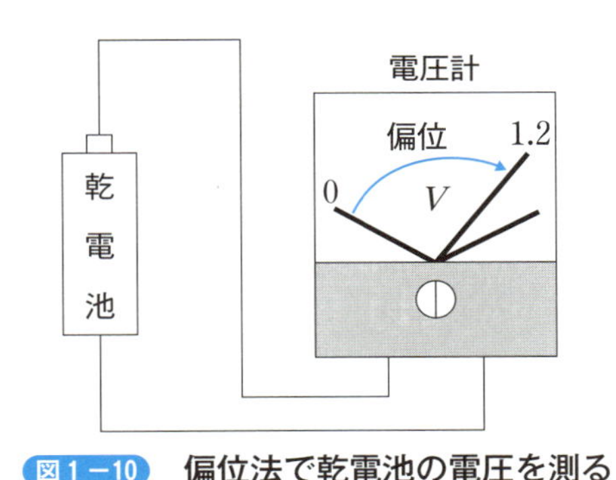

図１－10　偏位法で乾電池の電圧を測る

◇零位法

零位法とは、前もってわかっている基準値と比較しながらこれと平衡をとり、測定器の針がちょうど零になるようにして測定対象の値を得る方法です。

図１－11はブリッジ回路といわれるもので、未知の抵抗を求める測定回路（ホイートストンブリッジ※注という）して知られています。

※注：ホイートストンブリッジの詳細については第３章の「３－１－５　ホイートストンブリッジ回路」を参照。

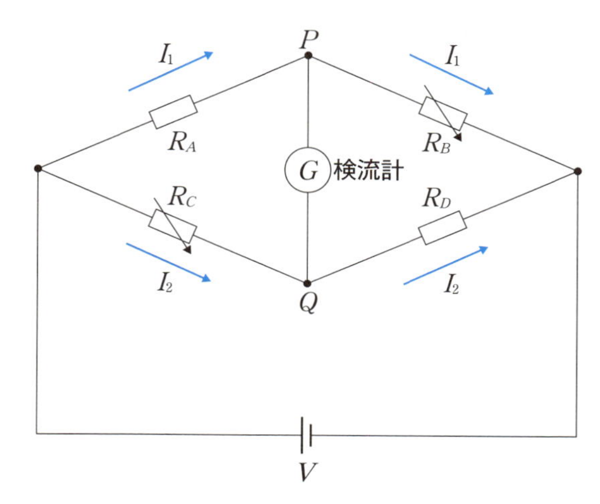

図1−11　零位法で乾電池の電圧を測る

測定対象である未知の抵抗を R_A とします。それ以外の抵抗 R_B、R_C、R_D はすべて既知の抵抗です。可変抵抗 R_B、R_C には抵抗値が読み取れるようにダイヤル表示が付けられています。

P 点の電圧 V_P は

$$V_P = \frac{R_B}{R_A + R_B} V \qquad (1-5)$$

となります。

Q 点の電圧 V_Q は、

$$V_Q = \frac{R_D}{R_C + R_D} V \qquad (1-6)$$

となります。

次に、可変抵抗 R_C を変化させながら Q 点の電圧 V_Q を可変します。

V_Q を基準値として、これと V_P を比較します。すなわち、P 点と Q 点の間に接続した検流計 G の針が零になるように抵抗 R_B を可変していきます。V_P と V_Q の平衡がとれたときに $V_P = V_Q$ となり、検流計の針はゼロになります。

すなわち、

$$\frac{R_B}{R_A + R_B} V = \frac{R_D}{R_C + R_D} V$$

$$\frac{R_B}{R_A + R_B} = \frac{R_D}{R_C + R_D} \qquad (1-7)$$

となります。

未知の抵抗 R_A 以外の抵抗はすべて既知の抵抗です。式（1－7）から未知の抵抗 R_A を計算で求めることができます。

$$R_BR_C+R_BR_D=R_AR_D+R_BR_D$$

$$R_A=\frac{R_B}{R_D}R_C \qquad (1-8)$$

偏位法と零位法の身近な例を紹介します。

それは、“ばねばかり”と“天秤”です（図1－12)。いずれのはかりも今はデジタル化が進みあまり見かけなくなりました。ばねばかりは対象物の重さに応じて針が振れます。この振れをみて重量を測ります。これは偏位法になります。

天秤ばかりは基準となる分銅（おもり）がいくつか用意されています。

分銅のおもさは、1(＝2^0)グラム、2(＝2^1)グラム、4(＝2^2)グラム、8(＝2^3)グラム、…といった具合にバイナリの基準量になっています。分銅を組み合わせて天秤が釣り合った（平衡した）ところで分銅のおもさを見ます。これが零位法になります。

このように身近なところにも“測定法の基本”が使われています。

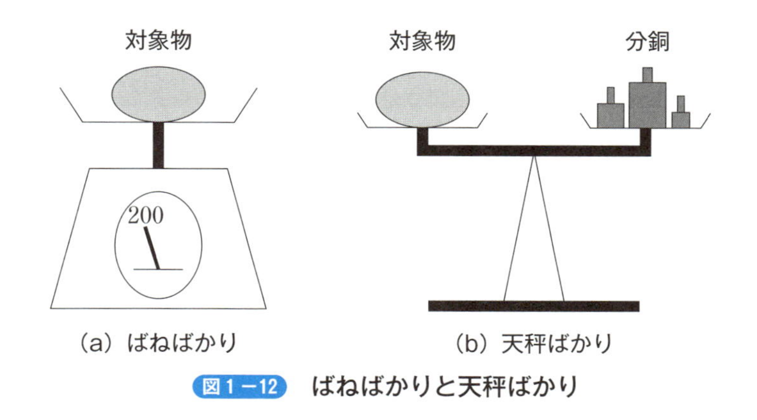

図1－12　ばねばかりと天秤ばかり

1－2－3　平均値

測定データの取り扱いの1つとして「平均値」があります。“平均”という言葉はいたるところで出てきます。“平均”という基本的な考え方について説明します。

ある2種類の測定対象の電圧を測定します。

測定結果は表1－2のようになりました。時間の経過とともに測定したデータのことを“時系列の測定データ”といいます。

表1−2　時系列の測定データ

◇測定1

時間［分］	1	2	3	4	5	6
電圧［mV］	32	42	66	58	41	38

◇測定2

時間［分］	1	2	3	4	5	6
電圧［mV］	27	38	43	47	55	67

表の測定1と測定2のそれぞれの平均値を求めてみます。

平均値を求める公式として、データがn個（x_1、x_2、…、x_n）あった場合には、

$$x_0 = \frac{x_1 + x_2 + \cdots + x_n}{n} \qquad (1-9)$$

または

$$x_0 = \frac{\sum_{i=1}^{n} x_i}{n} \qquad (1-10)$$

です。

測定データをこれにあてはめてみます。

測定1の平均値A_1は、

$$A_1 = \frac{(32+42+66+58+41+38)}{6} = 46.17$$

となります。

測定2の平均値A_2は、

$$A_2 = \frac{(27+38+43+47+55+67)}{6} = 46.17$$

となります。

偶然にも、平均値は一致しました。

測定1と測定2のデータをグラフにしてみます。横軸に経過時間を、縦軸に測定値を取ります。図1−13と図1−14のようなデータの分布が得られました。データの分布の程度を“散布度”といいます。平均値は同じなのにデータの散布度が異なります。図1−13は山のような形をしており、図1−14は増加していく傾向が見られます。

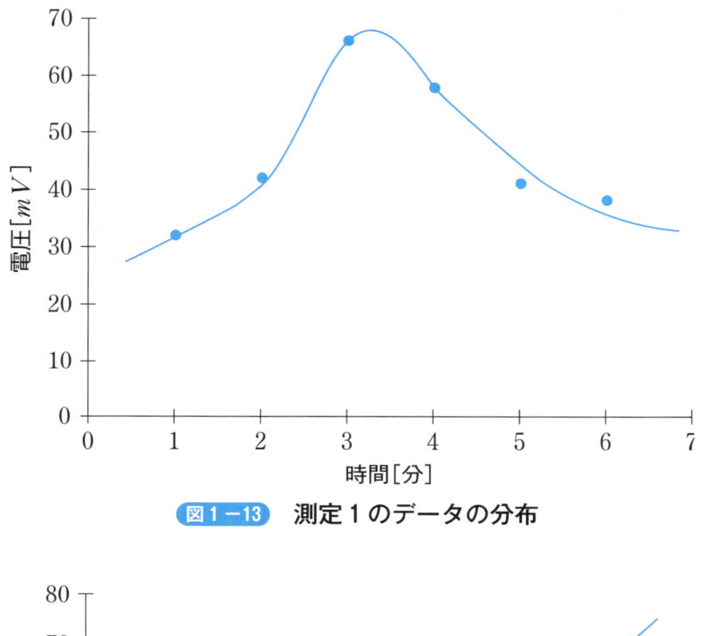

図1−13　測定1のデータの分布

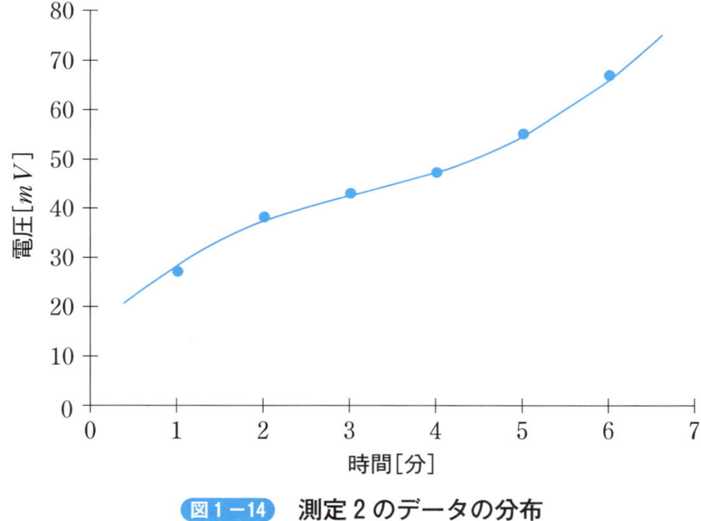

図1−14　測定2のデータの分布

これらのことから次のことがいえます。

平均値とはデータの中心を表しています。すなわち、データ全体の“重心”を表しています。しかしながら、データの中心がわかっていても、データがどのように分布しているかは平均値からは推し量ることはできません。

1－3 標準偏差

平均値はデータ全体の“重心”を意味し、データの分布の中心ということでした。しかし、平均値だけではデータがどのように分布しているのかを推し量るのは不十分です。平均値をより発展させてデータの分布を知る手掛かりの1つに標準偏差（ひょうじゅんへんさ）があります。

ある電気回路の電圧を測定します。測定値は表1－3のようになりました。標準偏差を求めるために、以下のステップに従って計算します。

表1－3 10回の電圧測定

測定順序	電圧［*V*］
1回目	5.3
2回目	5.4
3回目	6.3
4回目	5.2
5回目	5.5
6回目	5.4
7回目	5.2
8回目	5.4
9回目	5.3
10回目	5.1
平均値	5.41
範囲	1.2

1－3－1 平均値と範囲

最初に、平均値を計算します。

平均値の公式に測定値を入れて計算します。

$$x^0 = \frac{\sum_{i=1}^{n} x_i}{n}$$

$$= \frac{5.3+5.4+\cdots+5.1}{10}$$

$$=5.41\,[V]$$

平均値は5.41 Vが得られます。

次に、最大値と最小値の差（範囲）を求めます。

　最大値 $=6.3\,[V]$

　最小値 $=5.1\,[V]$

範囲とは最大値と最小値の差をいいます。測定の広がりを見る目安になります。

　［範囲］＝［最大値］－［最小値］　　　（1－11）

　範囲 $=1.2\,[V]$

となります。

平均値と範囲はデータの分布を知るための第1ステップとなります。

1－3－2　偏差

偏差は次のように定義されます。

　［偏差］＝［データ］－［平均値］　　　（1－12）

各測定値の偏差を計算すると、表1－4が得られます。このように偏差とは平均値からの“ずれ”を意味します。3回目の測定値の偏差は少し大きいようです。“測定誤差”あるいは“まちがい”によるものかもしれません。

表1−4　各測定値の偏差

測定順序	偏差 [V]
1回目	5.3−5.41=−0.11
2回目	5.4−5.41=−0.01
3回目	6.3−5.41=0.89
4回目	5.2−5.41=−0.21
5回目	5.5−5.41=0.09
6回目	5.4−5.41=−0.01
7回目	5.2−5.41=−0.21
8回目	5.4−5.41=−0.01
9回目	5.3−5.41=−0.11
10回目	5.1−5.41=−0.31

1−3−3　偏差の平方値と分散

偏差の平方値を求めます。表1−5が得られます。

ここで、平方値の平均を求めます。これを“分散”といいます。

計算すると、

$$\text{分散} = \frac{0.0121+0.0001+\cdots+0.0961}{10} = 0.1009$$

になります。

表1－5　偏差の平方値

測定順序	偏差 [V]	平方値
1回目	5.3－5.41＝－0.11	$(-0.11)^2=0.0121$
2回目	5.4－5.41＝－0.01	$(-0.01)^2=0.0001$
3回目	6.3－5.41＝0.89	$0.89^2=0.7921$
4回目	5.2－5.41＝－0.21	$(-0.21)^2=0.0441$
5回目	5.5－5.41＝0.09	$(-0.09)^2=0.0081$
6回目	5.4－5.41＝－0.01	$(-0.01)^2=0.0001$
7回目	5.2－5.41＝－0.21	$(-0.21)^2=0.0441$
8回目	5.4－5.41＝－0.01	$(-0.01)^2=0.0001$
9回目	5.3－5.41＝－0.11	$(-0.11)^2=0.0121$
10回目	5.1－5.41＝－0.31	$(-0.31)^2=0.0961$
		分散＝0.1009

1－3－4　標準偏差

最後に、分散の平方根を求めます。

$$\text{分散の平方根} = \sqrt{0.1009} = 0.3176[V]$$

実は、分散の平方根のことを“標準偏差”といいます。標準偏差は0.3176 [V] ということになります。標準偏差には単位がつきます。

上記1－3－1から1－3－4までのことをまとめると、次のようになります。

まとめ 1

範囲はデータの分布状況に左右されます。表1−3の3回目のデータを除いた9個のデータの範囲は、

$$5.5-5.1=0.4\ [V]$$

です。10個すべてのデータの範囲は1.2 [V] でした。

このように、範囲はデータの中に異常値があると大きく変わってしまいます。異常値とは分布からはみだしているデータをいいます。分布より大きい場合もあれば、小さい場合もあります。データの範囲は異常値に左右されやすいということです。

まとめ 2

標準偏差を求めるために、偏差、偏差の平方値、分散（平方値の平均）、分散の平方根と順番に計算しました。これを言葉で表現すれば「標準偏差とは平均値からの“ずれ”の平均である」ということができます。平均値からの平均的な“ずれ”を意味します。表1−3の場合は、各データの平均値(5.41 [V]) からの“ずれ”の平均が0.3176 [V] であったということです。

まとめ 3

標準偏差を求めることにより、平均値や範囲からでは求められなかった平均値からの“ずれ”の度合（程度）を推し量ることができます。標準偏差はばらつきを知る指標になります。これにより平均値から一歩前進することができます。

ポイントはデータの平均値だけでなく、各データが平均値からどれくらい平均的に“ずれている”かということを調べることです。

[例題 1 − 3]

表 1 − 6 に示す電流の測定データがあります。これから平均値、範囲、偏差、分散、標準偏差を求めなさい。

表 1 − 6　電流の測定データ

測定順序	電流 [mA]
1 回目	120
2 回目	125
3 回目	115
4 回目	100
5 回目	110

[解答]

平均値、範囲、偏差については、以下のように計算します。単位やマイナス（−）記号を忘れずにつけてください。

$$平均値 = \frac{120+125+115+100+110}{5} = 114\ [mA]$$

最大値　最小値

$$範囲 = 125 - 100 = 25\ [mA]$$

偏差：1 回目　$120-114=6\ [mA]$

2 回目　$125-114=11\ [mA]$

3 回目　$115-114=1\ [mA]$

4 回目　$100-114=-14\ [mA]$

5 回目　$110-114=-4\ [mA]$

分散は偏差の 2 乗を求めておいて、それの平均を計算します。表 1 − 7 のようになります。

分散の計算は、

$$分散 = \frac{36+121+1+196+16}{5} = 74\ [mA]$$

となります。

標準偏差は分散の平方根です。

$$\sqrt{74} = 8.6[mA]$$

したがって、標準偏差は8.6 [mA] が得られます。

表1−6の各電流値の平均値からの“ずれ”の平均は8.6 [mA] であるということです。

表1−7 分散の計算

測定順序	偏差 [V]	平方値
1回目	120−114＝6	$6^2=36$
2回目	125−114＝11	$11^2=121$
3回目	115−114＝1	$1^2=1$
4回目	100−114＝−14	$(-14)^2=196$
5回目	110−114＝−4	$(-4)^2=16$
		分散＝74

答：平均値 114 [mA]、範囲 25 [mA]、偏差と分散は表1−7、標準偏差 8.6 [mA]

1－4　誤差の統計的処理

測定誤差の原因として、系統誤差、まちがい、許容誤差について説明しました。測定の条件によっては誤差の原因がいずれの誤差でもないような場合もあります。

このように原因が判明しないような誤差を“偶然誤差”といいます。原因がはっきりせず偶発的に起こりうる誤差を一般的にこのようにいっています。

ここでは偶然誤差を統計的に扱う方法について説明します。

1－4－1　誤差の公理

一般に偶然誤差には次のような性質があります。これを“誤差の公理”といいます。

・多数の測定において同一の大きさの正負の誤差は同じ割合に起こる。
・小さい誤差のほうが大きい誤差より起こりやすい。
・非常に大きい誤差は起こりにくい。

これらは、実験室や研究室、現場における実験や測定、身近な測定体験などで普段なにげなく経験してきていることでもあります。

1－4－2　誤差の分布

偶然誤差を伴う測定値を統計的に扱います。

偶然誤差が存在する測定環境で、多数の測定をした際に得られる測定値の分布をグラフに表すと図1－15のようになります。このグラフは“正規分布（*normal distribution*）”といわれています。

式で表現すると以下のようになります。

ある量を測定して得た測定値が x と $x+dx$ の間にある確率を $f(x)dx$ と表すとき、$f(x)$ は次式で表せます。図1－15は横軸に x をとり、縦軸に $f(x)$ をとってグラフにしたものです。

$$f(x)=\frac{1}{\sqrt{2\pi}\,\sigma}\exp\left\{-\frac{(x-\mu)^2}{2\sigma^2}\right\} \qquad (1-13)$$

この式で、μ は平均値、σ は標準偏差です。なお、x と $f(x)$ は統計用語でそれぞれ確率変数、確率密度関数といいます。

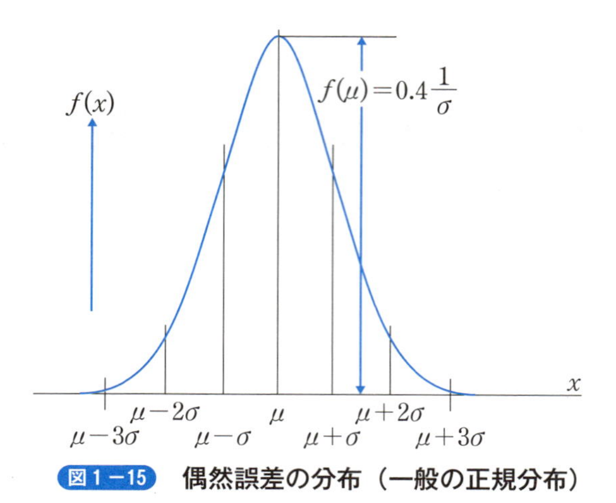

図1－15　偶然誤差の分布（一般の正規分布）

分布は平均値μに対して対称です。分布の面積は測定データのすべてが含まれるので確率としては1（または100%）となります。この分布はベル形または釣り鐘に似ている“ベル形曲線”または“釣り鐘曲線”ともいいます。

この分布の特徴として、2つのパラメータである平均値μと標準偏差σの値によって分布の形状が決まってしまうことです。

図1－16は標準偏差σの大きさで分布の形状が異なる例を示します。平均値$\mu=100$としたときの標準偏差が$\sigma=1$と$\sigma=2$の場合の分布の違いを示します。σが小さければ分布は尖った形状になり、大きければなだらかな形状になります。前項で、標準偏差はばらつきを知る指標になるといいました。このことからσが大きいほどばらついきが大きくなり、分布は広がることが理解できます。

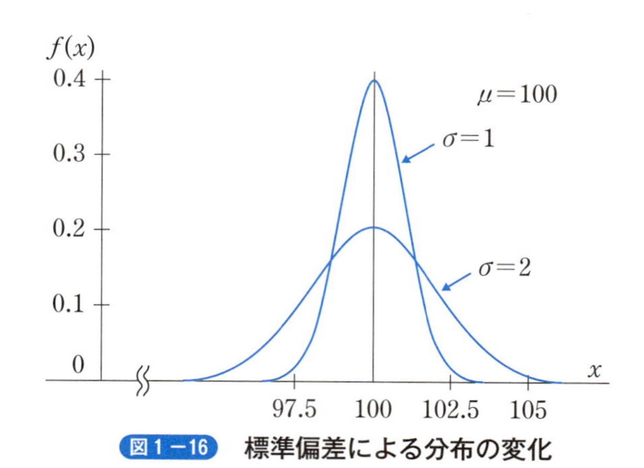

図1－16　標準偏差による分布の変化

［例題１－４］

正規分布で、測定データの68.3%（確率0.683）は$\mu \pm \sigma$の区間内に入り、測定データの95.4%（確率0.954）は$\mu \pm 2\sigma$の区間内に入り、測定データの99.7%（確率0.997）は$\mu \pm 3\sigma$の区間内に入ることを表１－８の正規分布表から導きなさい。

表１－８　正規分布表

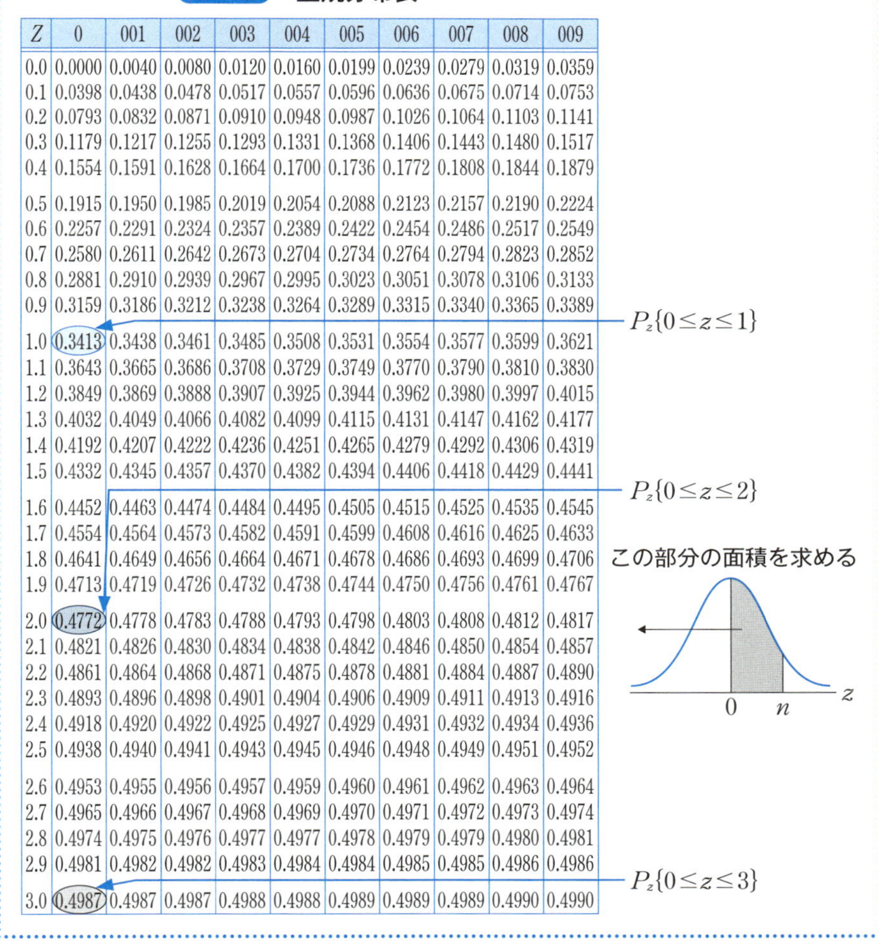

Z	0	001	002	003	004	005	006	007	008	009
0.0	0.0000	0.0040	0.0080	0.0120	0.0160	0.0199	0.0239	0.0279	0.0319	0.0359
0.1	0.0398	0.0438	0.0478	0.0517	0.0557	0.0596	0.0636	0.0675	0.0714	0.0753
0.2	0.0793	0.0832	0.0871	0.0910	0.0948	0.0987	0.1026	0.1064	0.1103	0.1141
0.3	0.1179	0.1217	0.1255	0.1293	0.1331	0.1368	0.1406	0.1443	0.1480	0.1517
0.4	0.1554	0.1591	0.1628	0.1664	0.1700	0.1736	0.1772	0.1808	0.1844	0.1879
0.5	0.1915	0.1950	0.1985	0.2019	0.2054	0.2088	0.2123	0.2157	0.2190	0.2224
0.6	0.2257	0.2291	0.2324	0.2357	0.2389	0.2422	0.2454	0.2486	0.2517	0.2549
0.7	0.2580	0.2611	0.2642	0.2673	0.2704	0.2734	0.2764	0.2794	0.2823	0.2852
0.8	0.2881	0.2910	0.2939	0.2967	0.2995	0.3023	0.3051	0.3078	0.3106	0.3133
0.9	0.3159	0.3186	0.3212	0.3238	0.3264	0.3289	0.3315	0.3340	0.3365	0.3389
1.0	0.3413	0.3438	0.3461	0.3485	0.3508	0.3531	0.3554	0.3577	0.3599	0.3621
1.1	0.3643	0.3665	0.3686	0.3708	0.3729	0.3749	0.3770	0.3790	0.3810	0.3830
1.2	0.3849	0.3869	0.3888	0.3907	0.3925	0.3944	0.3962	0.3980	0.3997	0.4015
1.3	0.4032	0.4049	0.4066	0.4082	0.4099	0.4115	0.4131	0.4147	0.4162	0.4177
1.4	0.4192	0.4207	0.4222	0.4236	0.4251	0.4265	0.4279	0.4292	0.4306	0.4319
1.5	0.4332	0.4345	0.4357	0.4370	0.4382	0.4394	0.4406	0.4418	0.4429	0.4441
1.6	0.4452	0.4463	0.4474	0.4484	0.4495	0.4505	0.4515	0.4525	0.4535	0.4545
1.7	0.4554	0.4564	0.4573	0.4582	0.4591	0.4599	0.4608	0.4616	0.4625	0.4633
1.8	0.4641	0.4649	0.4656	0.4664	0.4671	0.4678	0.4686	0.4693	0.4699	0.4706
1.9	0.4713	0.4719	0.4726	0.4732	0.4738	0.4744	0.4750	0.4756	0.4761	0.4767
2.0	0.4772	0.4778	0.4783	0.4788	0.4793	0.4798	0.4803	0.4808	0.4812	0.4817
2.1	0.4821	0.4826	0.4830	0.4834	0.4838	0.4842	0.4846	0.4850	0.4854	0.4857
2.2	0.4861	0.4864	0.4868	0.4871	0.4875	0.4878	0.4881	0.4884	0.4887	0.4890
2.3	0.4893	0.4896	0.4898	0.4901	0.4904	0.4906	0.4909	0.4911	0.4913	0.4916
2.4	0.4918	0.4920	0.4922	0.4925	0.4927	0.4929	0.4931	0.4932	0.4934	0.4936
2.5	0.4938	0.4940	0.4941	0.4943	0.4945	0.4946	0.4948	0.4949	0.4951	0.4952
2.6	0.4953	0.4955	0.4956	0.4957	0.4959	0.4960	0.4961	0.4962	0.4963	0.4964
2.7	0.4965	0.4966	0.4967	0.4968	0.4969	0.4970	0.4971	0.4972	0.4973	0.4974
2.8	0.4974	0.4975	0.4976	0.4977	0.4977	0.4978	0.4979	0.4979	0.4980	0.4981
2.9	0.4981	0.4982	0.4982	0.4983	0.4984	0.4984	0.4985	0.4985	0.4986	0.4986
3.0	0.4987	0.4987	0.4987	0.4988	0.4988	0.4989	0.4989	0.4989	0.4990	0.4990

［解答］

一般の正規分布（図１－15）は“平均値”に対して対称で、標準偏差σにより分布の形状が変わります。これに対して、平均値$\mu=0$を分布の中心にとり、標

準偏差 $\sigma=1$（分散が1）とした分布を“標準正規分布”といいます。

一般の正規分布（単に正規分布という）と標準正規分布との間には図1－17に示すような関係があります。図中の各パラメータを整理すると表1－9のようになります。

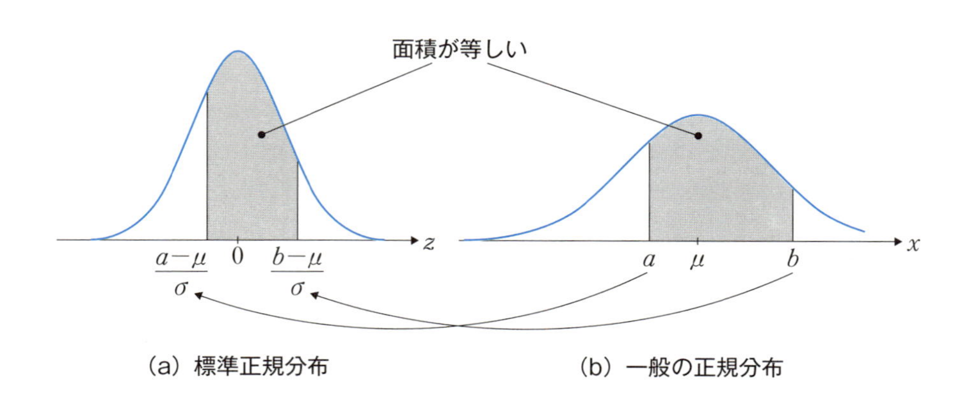

図1－17　一般の正規分布と標準正規分布

表1－9　一般の正規分布と標準正規分布のパラメータ

パラメータ	一般の正規分布	標準正規分布
確率変数	x	$z=(x-\mu)/\sigma$
平均値	μ	$\mu=0$
標準偏差	σ	$\sigma=1$
面積	$P_x=P_z$	$P_z=P_x$

P_x は一般の正規分布の面積、P_z は標準正規分布の面積

最初に、$\mu\pm\sigma$ の区間内の確率を求めます。表1－9の確率変数 x と $z=\dfrac{x-\mu}{\sigma}$ の関係から一般の正規分布の区間 $\mu-\sigma\leq x\leq\mu+\sigma$ を標準正規分布の区間に書き直すと、

$$\frac{(\mu-\sigma)-\mu}{\sigma}\leq z\leq\frac{(\mu+\sigma)-\mu}{\sigma}\Rightarrow -1\leq z\leq 1$$

となります。

すなわち、x の確率を標準正規分布に従う z の確率に変換しました。

区間 $-1 \leq z \leq 1$ における標準正規分布の面積 P_z は、

$$P_z\{-1 \leq z \leq 1\}$$

のように表記します。この面積は図1－18の斜線部分になります。分布の左右の対称性から

$$P_z\{-1 \leq z \leq 1\} = 2 \times P_z\{0 \leq z \leq 1\}$$

と書き直すことがきます（図1－18(右)）。$P_z\{0 \leq z \leq 1\}$ の値は、表1－8の正規分布表から求めることができます。正規分布表は、$P_z\{0 \leq z \leq n\}$(n は数値)の値を求めるようにしたものです。

$P_z\{0 \leq z \leq 1\}$ の値は表1－8の◯の個所の数値0.3413になります。

したがって、面積 $P_z\{-1 \leq z \leq 1\}$ は

$$P_z\{-1 \leq z \leq 1\} = 2 \times 0.3413 = 0.6826$$

として求められます。

この値は、測定データの68.26％は $\mu \pm \sigma$ の区間内に入ることを示しています（図1－19（a））。

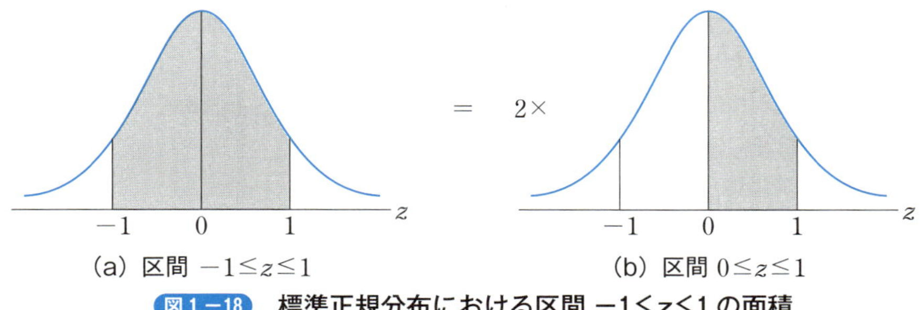

図1－18　標準正規分布における区間 $-1 \leq z \leq 1$ の面積

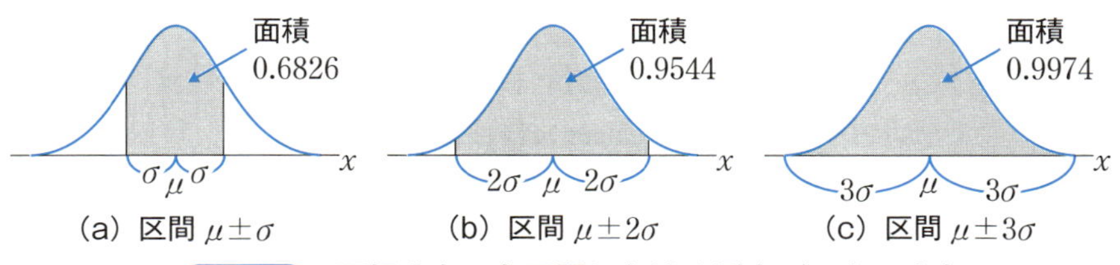

図1－19　正規分布の各区間における測定データの分布

次に、$\mu \pm 2\sigma$ の区間の確率を求めます。

同じようにして、確率変数 x と $z = \dfrac{x-\mu}{\sigma}$ の関係から一般正規分布の区間 $\mu - 2\sigma \leq x \leq \mu + 2\sigma$ を標準正規分布の区間に書き直します。

ここで、区間 $-2 \leq z \leq 2$ における標準正規分布の面積 P_z を正規分布表から求めます。

分布の左右対称性から

$$P_z\{-2 \leq z \leq 2\} = 2 \times P_z\{0 \leq z \leq 2\}$$

と書き直すことができます。

面積 $P_z\{0 \leq z \leq 2\}$ を正規分布表から求めると

0.4772

が得られます（表１－８の　の個所）。

したがって、面積 $P_z\{-2 \leq z \leq 2\}$ は

$$P_z\{-2 \leq z \leq 2\} = 2 \times 0.4772 = 0.9544$$

となります。測定データの95.44％は $\mu \pm 2\sigma$ の区間内に入ることを示しています（図１－19（b））。

最後に、$\mu \pm 3\sigma$ の区間内の確率を求めます。

同様に、一般正規分布の区間 $\mu - 3\sigma \leq x \leq \mu + 3\sigma$ を標準正規分布の区間に書き直します。

$$\frac{(\mu - 3\sigma) - \mu}{\sigma} \leq z \leq \frac{(\mu + 3\sigma) - \mu}{\sigma} \Rightarrow -3 \leq z \leq 3$$

区間 $-3 \leq z \leq 3$ における標準正規分布の面積 P_z を正規分布表から求めます。

分布の左右対称性から

$$P_z\{-3 \leq z \leq 3\} = 2 \times P_z\{0 \leq z \leq 3\}$$

と書き直すことができます。

面積 $P_z\{0 \leq z \leq 3\}$ を正規分布表から求めると

0.4987

が得られます（表１－８の　の個所）。

したがって、面積 $P_z\{-3 \leq z \leq 3\}$ は

$$P_z\{-3 \leq z \leq 3\} = 2 \times 0.4987 = 0.09974$$

となります。測定データの99.74％は $\mu \pm 3\sigma$ の区間内に入ることを示しています（図１－19(c)）。

答：$P_x\{\mu - \sigma \leq x \leq \mu + \sigma\} = P_z\{-1 \leq z \leq 1\} = 2 \times P_z\{0 \leq z \leq 1\} = 0.6826$

$P_x\{\mu - 2\sigma \leq x \leq \mu + 2\sigma\} = P_z\{-2 \leq z \leq 2\} = 2 \times P_z\{0 \leq z \leq 2\} = 0.9544$

$P_x\{\mu - 3\sigma \leq x \leq \mu + 3\sigma\} = P_z\{-3 \leq z \leq 3\} = 2 \times P_z\{0 \leq z \leq 3\} = 0.9974$

[例題１－５]

ある測定の偶然誤差の統計処理をしたら、確率変数xが平均値10、分散25の正規分布に従っていることがわかった。表１－８の正規分布表を使って、次の確率をもとめなさい。

(1)　$P_x\{8\leq x\leq 16\}$

(2)　$P_x\{x\leq 6\}$

[解答]

題意から平均値$\mu=10$、標準偏差$\sigma=\sqrt{25}=5$となります（標準偏差は分散の平方根）。

(1)　$P_x\{8\leq x\leq 16\}$

xの確率を標準正規分布に従うzの確率に変換します。

$$P_x\{8\leq x\leq 16\}=P_z\left\{\frac{8-10}{5}\leq z\leq\frac{16-10}{5}\right\}$$
$$=P_z\{-0.4\leq z\leq 1.2\}$$
$$=P_z\{-0.4\leq z\leq 0\}+P_z\{0\leq z\leq 1.2\}$$

ここで、$P_z\{-0.4\leq x\leq 0\}$は表１－８の正規分布表にはありません。正規分布表は$P_z\{0\leq x\leq n\}$に対する値を与えます。そこで、正規分布の対称性により範囲を次のように読み替えます（図１－20）。

$$P_z\{-0.4\leq x\leq 0\}=P_z\{0\leq x\leq 0.4\}$$

すなわち、上の式は

$$P_x\{8\leq x\leq 16\}=P_z\{0\leq z\leq 0.4\}+P_z\{0\leq z\leq 1.2\}$$

となり、正規分布表から$P_z\{0\leq z\leq 0.4\}=0.1554$、$P_z\{0\leq z\leq 1.2\}=0.3849$の値が得られます。

したがって、

$$P_x\{8\leq x\leq 16\}=0.1554+0.3849=0.5403$$

となります。

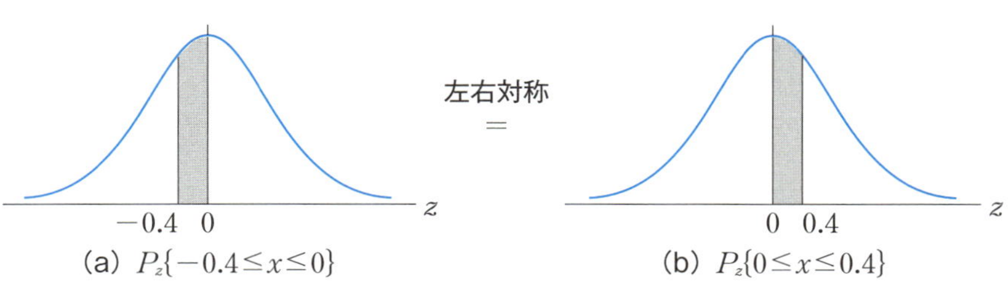

図１－20　正規分布の対称性から$P_z\{-0.4\leq x\leq 0\}=P_z\{0\leq x\leq 0.4\}$が得られる

(2)　$P_x\{x \leq 6\}$

同じようにして、x の確率を標準正規分布に従う z の確率に変換します。

$$
\begin{aligned}
P_x\{x \leq 6\} &= P_z\left\{z \leq \frac{6-10}{5}\right\} \\
&= P_z\{z \leq -0.8\} \\
&= P_z\{z \geq 0.8\} \\
&= 0.5 - P_z\{0 \leq z \leq 0.8\} \\
&= 0.5 - 0.2881 \\
&= 0.2119
\end{aligned}
$$

上の式で、最初に、正規分布の対称性から面積 P_z を $P_z\{z \leq -0.8\} = P_z\{z \geq 0.8\}$ として読み替えます。

次に、$P_z\{z \geq 0.8\}$ は分布表にはないので、等価的に、

$$P_z\{z \geq 0.8\} = 0.5 - P_z\{0 \leq z \leq 0.8\}$$

として面積を求めます。

すなわち、分布の右半分の面積0.5から $P_z\{0 \leq z \leq 0.8\}$ を引いたものと同じになります。面積は同じになります（図１−21）。

$P_z\{0 \leq z \leq 0.8\}$ は正規分布表から数値が与えられます。すなわち、$P_z\{0 \leq z \leq 0.8\} = 0.2881$ です。

したがって、

$$P_x\{x \leq 6\} = 0.5 - 0.2881 = 0.2119$$

が得られます。

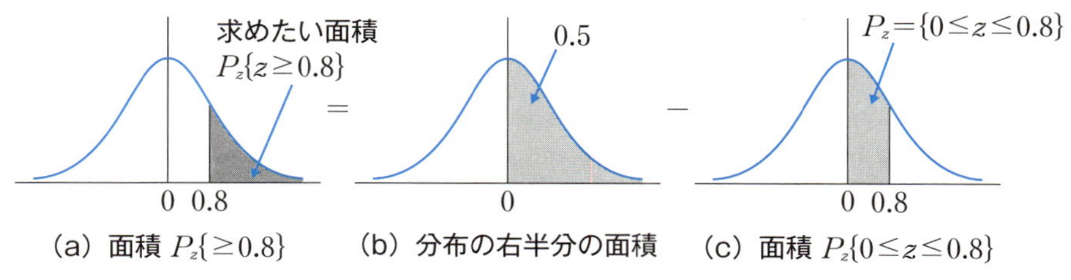

図１−21　$P_z\{z \geq 0.8\} = 0.5 - P_z\{0 \leq z \leq 0.8\}$ として等価的に面積を求める

1－5 誤差の伝搬

測定の内容や条件によっては、複数の測定を行った後に得られた測定値をもとに演算を行って最終的な値を求める場合があります。この場合、各測定に伴う誤差が演算後の値に影響を及ぼします。誤差が伝搬していきます。これを“誤差伝搬”といいます。

例えば、電圧と電流を測定し、計算で抵抗を求めるといった間接測定の場合、電圧と電流の測定誤差が抵抗値の誤差となって現れてきます。

基本的な加減乗除の四則演算を対象に、各種演算に伴ってどのように誤差が伝わっていくかを説明します。

1－5－1　和と差

2つの測定値 x_1と x_2を加算または減算して最終値 y を求める場合です。

式で表現すると以下のようになります。

$$y=x_1 \pm x_2 \tag{1－14}$$

x_1と x_2にそれぞれ誤差 Δx_1、Δx_2があるとし、その結果 y には Δy の誤差が生じるとします。

次の関係が成り立ちます。

$$y+\Delta y=(x_1+\Delta x_1)\pm(x_2+\Delta x_2) \tag{1－15}$$

式を書き直して、

$$y+\Delta y=(x_1 \pm x_2)+(\Delta x_1 \pm \Delta x_2)$$

とすると

$$\Delta y=\Delta x_1 \pm \Delta x_2 \tag{1－16}$$

の関係が得られます。

Δx_1、Δx_2は誤差の公理により正負同じように起きるので絶対値で考えると、

$$|\Delta y|=|\Delta x_1|+|\Delta x_2| \tag{1－17}$$

と表すことができます。

すなわち、和または差の場合は誤差の絶対値は各誤差の絶対値の和になります。このような式を“誤差伝搬の式”といいます。

なお、x_1と x_2が互いに独立で同時に最大になる確率は小さいとすると、以下の式で表すこともできます。

$$\Delta y=\sqrt{(\Delta x_1)^2+(\Delta x_2)^2} \tag{1－18}$$

和または差の誤差はそれぞれの誤差の和として扱われるので、誤差の大きいほ

うに支配されます。片方のみの精度を上げても全体の誤差を小さく抑えるのは効果が少ないといえます。したがって、全体の誤差を小さくするにはおのおのの誤差を同じようにするのが合理的といえます。

1−5−2　積

2つの測定値 x_1 と x_2 の積をとって最終値 y を求める場合です。式で表現すると以下のようになります。

$$y=x_1x_2 \tag{1−19}$$

x_1 と x_2 にそれぞれ誤差 Δx_1、Δx_2 があるとし、その結果 y には Δy の誤差が生じるとします。

次の関係が成り立ちます。

$$y+\Delta y=(x_1+\Delta x_1)(x_2+\Delta x_2) \tag{1−20}$$

式を書き直します。

$$\begin{aligned}y+\Delta y&=x_1x_2+x_1\Delta x_2+x_2\Delta x_1+\Delta x_1\Delta x_2\\&=x_1x_2\left(1+\frac{\Delta x_2}{x_2}+\frac{\Delta x_1}{x_1}+\frac{\Delta x_1\Delta x_2}{x_1x_2}\right)\end{aligned}$$

ここで、$\frac{\Delta x_1}{x_1}$ と $\frac{\Delta x_2}{x_2}$ はいずれも1に比べて非常に小さいので、これらの積である2次の項は $\frac{\Delta x_1\Delta x_2}{x_1x_2}\approx 0$ とみなして省略します。

したがって、上記の式は、

$$y+\Delta y=x_1x_2\left(1+\frac{\Delta x_2}{x_2}+\frac{\Delta x_1}{x_1}\right)$$

となります。さらに、両辺を x_1x_2 で割ります。

$$\frac{y}{x_1x_2}+\frac{\Delta y}{x_1x_2}=1+\frac{\Delta x_2}{x_2}+\frac{\Delta x_1}{x_1}$$

ここで、$y=x_1x_2$ なので、

$$\frac{y}{y}+\frac{\Delta y}{y}=1+\frac{\Delta x_2}{x_2}+\frac{\Delta x_1}{x_1}$$

$$1+\frac{\Delta y}{y}=1+\frac{\Delta x_2}{x_2}+\frac{\Delta x_1}{x_1}$$

となり、誤差伝搬の式は

$$\frac{\Delta y}{y}=\frac{\Delta x_1}{x_1}+\frac{\Delta x_2}{x_2} \tag{1−21}$$

または

$$\left|\frac{\Delta y}{y}\right|=\left|\frac{\Delta x_1}{x_1}\right|+\left|\frac{\Delta x_2}{x_2}\right| \qquad (1-22)$$

となります。

すなわち、積の誤差率$\frac{\Delta y}{y}$（または$\left|\frac{\Delta y}{y}\right|$）はそれぞれの誤差率（またはその絶対値）の和となります。和の場合と同様に全体の誤差率を小さくするには、それぞれの誤差率を同じにするのが合理的といえます。

1－5－3　商

2つの測定値x_1とx_2の商をとって最終値yを求める場合です。式で表現すると以下のようになります。

$$y=\frac{x_1}{x_2} \qquad (1-23)$$

x_1とx_2にそれぞれ誤差Δx_1、Δx_2があるとし、その結果yには誤差Δyが生じるとします。

次の関係が成り立ちます。

$$y+\Delta y=\frac{x_1+\Delta x_1}{x_2+\Delta x_2}$$

$$=\frac{x_1\left(1+\frac{\Delta x_1}{x_1}\right)}{x_2\left(1+\frac{\Delta x_2}{x_2}\right)}$$

$$=\frac{x_1\left(1+\frac{\Delta x_1}{x_1}\right)\left(1-\frac{\Delta x_2}{x_2}\right)}{x_2\left(1+\frac{\Delta x_2}{x_2}\right)\left(1-\frac{\Delta x_2}{x_2}\right)}=\frac{x_1\left(1+\frac{\Delta x_1}{x_1}\right)\left(1-\frac{\Delta x_2}{x_2}\right)}{x_2\left\{1-\left(\frac{\Delta x_2}{x_2}\right)^2\right\}}$$

ここで、$\frac{\Delta x_2}{x_2}$は1に比べて非常に小さいので、分母の2次の項は$\left(\frac{\Delta x_2}{x_2}\right)^2\approx 0$とみなして省略します。

したがって、上記の式は

$$y+\Delta y=\frac{x_1}{x_2}\left(1+\frac{\Delta x_1}{x_1}\right)\left(1-\frac{\Delta x_2}{x_2}\right)$$

$$=\frac{x_1}{x_2}\left(1+\frac{\Delta x_1}{x_1}-\frac{\Delta x_2}{x_2}-\frac{\Delta x_1\Delta x_2}{x_1x_2}\right)$$

となります。ここで、さらに2次の項を$\frac{\Delta x_1\Delta x_2}{x_1x_2}\approx 0$として省略します。

したがって、上記の式は

$$y+\Delta y=\frac{x_1}{x_2}\left(1+\frac{\Delta x_1}{x_1}-\frac{\Delta x_2}{x_2}\right)$$

となり、両辺を$\frac{\Delta x_1}{x_1}$で割ります。

$$\frac{y}{x_1/x_2}+\frac{\Delta y}{x_1/x_2}=1+\frac{\Delta x_1}{x_1}-\frac{\Delta x_2}{x_2}$$

ここで、$y=\frac{x_1}{x_2}$なので、式を書き直すと、

$$\frac{y}{y}+\frac{\Delta y}{y}=1+\frac{\Delta x_1}{x_1}-\frac{\Delta x_2}{x_2}$$

$$1+\frac{\Delta y}{y}=1+\frac{\Delta x_1}{x_1}-\frac{\Delta x_2}{x_2}$$

$$\frac{\Delta y}{y}=\frac{\Delta x_1}{x_1}-\frac{\Delta x_2}{x_2}$$

となります。

絶対値で表すと、

$$\left|\frac{\Delta y}{y}\right|=\left|\frac{\Delta x_1}{x_1}\right|+\left|\frac{\Delta x_2}{x_2}\right| \quad (1-24)$$

となります。

商の場合、積の場合と同様の関係が成り立ちます。すなわち、誤差率の和として表されます。

1−5−4　べき乗

式で表現すると以下のようになります。測定値のべき乗をとって最終値を求める場合です。

$$y=x^n \quad (1-25)$$

掛け算の繰り返しになります。

$n=2$ の場合の $y=x\cdot x$ の誤差伝搬の式は

$$\left|\frac{\Delta y}{y}\right|=\left|\frac{\Delta x}{x}\right|+\left|\frac{\Delta x}{x}\right|=2\left|\frac{\Delta x}{x}\right|$$

となります。

したがって、n 個の場合の誤差伝搬の式は、

$$\left|\frac{\Delta y}{y}\right|=n\left|\frac{\Delta x}{x}\right| \quad (1-26)$$

と表すことができます。

［例題1－6］

抵抗 R と電流 I を測定し、電力 P を求める場合は、電流は抵抗よりも2倍の精度の測定が必要である。これを誤差伝搬の式で説明しなさい。

［解答］

電力 P は抵抗 R と電流 I から

$$P=RI^2 \quad (1-27)$$

から求められます。ここで、$P \to y$、$R \to x_1$、$I \to x_2$ に置き換えると、式（1－27）は

$$y=x_1x_2^2 \quad (1-28)$$

となります。

この式は、積とべき乗から成り立っています。

したがって、誤差伝搬の式は、

$$\frac{\Delta y}{y}=\frac{\Delta x_1}{x_1}+2\frac{\Delta x_2}{x_2} \quad (1-29)$$

または

$$\left|\frac{\Delta y}{y}\right|=\left|\frac{\Delta x_1}{x_1}\right|+2\left|\frac{\Delta x_2}{x_2}\right| \quad (1-30)$$

↓電力 P　↓抵抗 R　↓電流 I

となります。

上式から全体の誤差 $\frac{\Delta y}{y}$ を小さくするのは、各々の誤差 $\frac{\Delta x_1}{x_1}$、$2\frac{\Delta x_2}{x_2}$ を同じように小さくするのが合理的といえます。したがって、$\frac{\Delta x_2}{x_2}$ は $\frac{\Delta x_1}{x_1}$ の $\frac{1}{2}$ であることが望ましいといえます。

すなわち、電力を求める場合は、電流は抵抗よりも2倍の精度の測定が必要になります。

答：$\frac{\Delta y}{y}=\frac{\Delta x_1}{x_1}+2\frac{\Delta x_2}{x_2}$ または $\left|\frac{\Delta y}{y}\right|=\left|\frac{\Delta x_1}{x_1}\right|+2\left|\frac{\Delta x_2}{x_2}\right|$

ただし、$P \to y$、$R \to x_1$、$I \to x_2$

[例題 1 − 7]

ある抵抗器の抵抗値 R とそこに流れている電流 I を測定したら、それぞれ $R=3.05\ [\Omega]$、$I=1.34\ [A]$ であった。いずれも 2 % の誤差があるとする。抵抗の消費電力 P の誤差 ΔP と誤差率 $\Delta P/P$ を求めなさい。

[解答]

電力 P を求める式は、

$$P=RI^2$$

から、誤差伝搬の式は、

$$\frac{\Delta P}{P}=\frac{\Delta R}{R}+2\frac{\Delta I}{I}$$

となります。

これに題意の数値 $\frac{\Delta R}{R}=2\%$、$\frac{\Delta I}{I}=2\%$ を代入すると、誤差率 $\frac{\Delta P}{P}$ は、

$$\begin{aligned}\frac{\Delta P}{P}&=\frac{\Delta R}{R}+2\frac{\Delta I}{I}\\&=2\%+2\times 2\%\\&=6\%\end{aligned}$$

となります。

次に、誤差 ΔP は

$$\Delta P=6\%\times P=6\%\times RI^2=0.06\times 3.05\times 1.34^2=0.329\ [W]$$

が得られます。

答：$\Delta P=0.329\ [W]$　$\frac{\Delta P}{P}=6\%$

1－6 最小二乗法と回帰直線

最小二乗法とは、“誤差の2乗和を最小とする平均値を推定する”方法です。また、最小二乗法を適用して複数の測定データの直線近似をすることを“回帰直線”といいます。

よく経験することですが、複数の測定データをグラフ上にプロットして直線を引く場合、各測定データに近似するように無意識に直線を引きます。これがまさに回帰直線の手法です。

1－6－1　最小二乗法

最小二乗法とは、“誤差の2乗和を最小とする平均値を推定する”方法といいました。

測定データをx_i、平均値をμとして式で表現すると誤差の2乗和Sは

$$S=\sum_{i=1}^{n}(x_i-\mu)^2=\sum_{i=1}^{n}\varepsilon_i \qquad (1-31)$$

となります。

誤差$\varepsilon_i=x_i-\mu$の2乗和であるSを最小になるように平均値μを推定します。

μの推定値をμ_Tとすると、

$$\mu_T=\frac{\sum_{i=1}^{n}x_i}{n} \qquad (1-32)$$

と表されます。平均値の項で説明した式（1－10）と同じ式になり、平均を推定する式そのものです。

1－6－2　回帰直線

回帰直線とは、最小二乗法を適用して複数の測定データの直線近似をする1次式を推定することです。図1－22は複数の測定データをグラフ上にプロットして回帰直線を引いた例です。

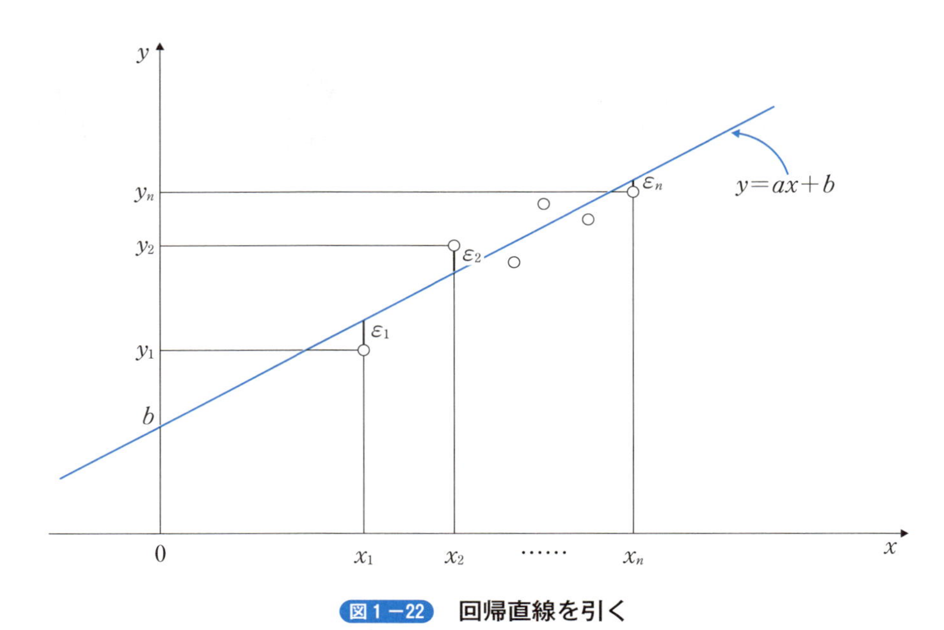

図1−22　回帰直線を引く

各測定データ y_i と直線 $y=ax+b$ との間の間隔（誤差）ε_i の2乗和 S が最小になるように直線を引きます。すなわち、最小二乗法を適用し、S が最小になるように1次式の係数 a と b を求めることになります。

S を式で表すと、

$$S=\sum_{i=1}^{n}\varepsilon_i^2$$

$$=\sum_{i=1}^{n}\{y_i-(ax_i+b)\}^2 \qquad (1-33)$$

測定データ　直線

となります。

係数 a と b を求めるには、次の正規方程式を用います。この式は a と b に関する1次方程式です。この連立方程式を解くことによって係数 a と b が求められます。

ます。

$$a\sum_{i=1}^{n}x_i+nb=\sum_{i=1}^{n}y_i \qquad (1-34)$$

$$a\sum_{i=1}^{n}x_i^2+b\sum_{i=1}^{n}x_i=\sum_{i=1}^{n}x_iy_i \qquad (1-35)$$

具体的には、次の例題で説明します。

［例題1－8］

ある金属導線の抵抗 R を温度 T を変えて測定した結果、表1－10の測定値が得られた。この導線の0℃のときの抵抗 R_0 と抵抗の温度係数 α を求めなさい。また、方眼紙に測定データをプロットした後、回帰直線を引きなさい。

ただし、これらには、

$$R=R_0(1+\alpha T)$$

の関係が成り立つものとする。

表1－10　温度と抵抗の測定値

温度 T(℃)	10	20	30	40	50
抵抗 $R(\Omega)$	4.8	5.8	5.6	6.5	7.7

［解答］

抵抗 R と温度 T の関係式 $R=R_0(1+\alpha T)$ で、$R\to y$、$T\to x$ とおいて $y=ax+b$ とします。ここで、$a=R_0\alpha$、$b=R_0$ です。

表1－10の温度 T を x に、抵抗 R を y に見立てて式（1－34）と式（1－35）の正規方程式を求めます。

$$n=5$$

$$\sum_{i=1}^{5}x_i=10+20+30+40+50=150$$

$$\sum_{i=1}^{5}y_i=4.8+5.8+5.6+6.5+7.7=30.4$$

$$\sum_{i=1}^{5}x_i^2=10^2+20^2+30^2+40^2+50^2=5500$$

$$\sum_{i=1}^{5}x_iy_i=10\times4.8+20\times5.8+30\times5.6+40\times6.5+50\times7.7=977$$

したがって、正規方程式は、

$$150a+5b=30.4$$

$$5500a+150b=977$$

が得られます。これは a と b に関する連立方程式です。

これを解いて a と b の値を求めると、

$a=0.065$

$b=4.13$

が得られます。

これより、

$R_0=b=4.13\ [\Omega]$

$$\alpha=\frac{a}{R_0}=\frac{0.065}{4.13}=0.0157\left[1/{}^\circ C\right]$$

が得られます。

回帰直線の方程式は、

$y=0.065x+4.13$

となります。

方眼紙に測定データをプロットし、回帰直線を引くと図1−23のようになります。縦軸との交点は4.13です。勾配はおおよそ$0.065\left(=\frac{4}{60}\right)$です。

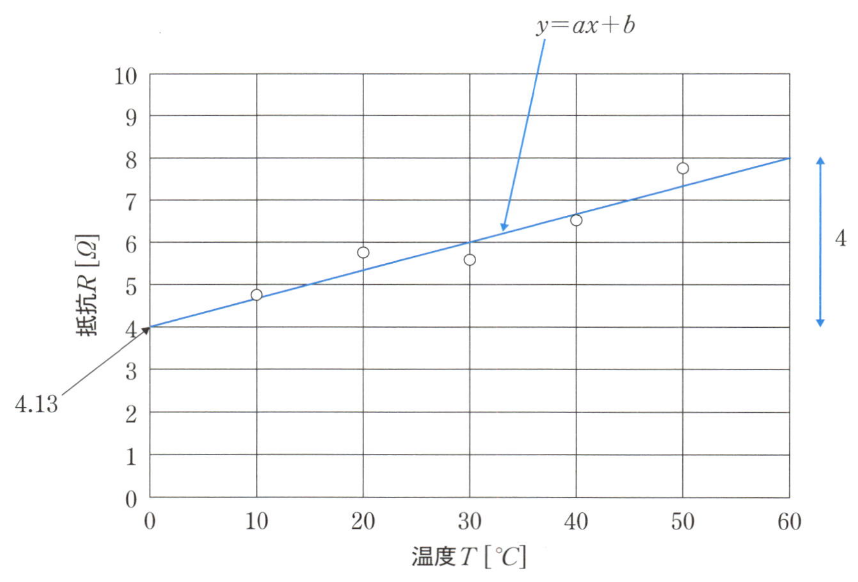

図1−23　測定データのプロットと回帰直線

答：$R_0=4.13\ [\Omega]$　$\alpha=0.0157\left[1/{}^\circ C\right]$

第 2 章

測定器の使用法

本章では、数ある測定器の中で、学生実験や工場の現場などで使用される測定器とその機能、基本的な使用法について説明します。最初に、分野を問わず最も多く使用されるテスタとオシロスコープについて説明します。基本機能のみを備えた低廉タイプから多機能なタイプまでありますが、メーカや型式に固定せず共通した機能や使用法について説明します。次に、信号発生器とスペクトラム・アナライザの使用例について説明します。２種類の波形を発生させ、スペクトルの表示例とスペクトルの成分計算例を説明します。最後に、非接触の温度測定と温度分布の熱画像測定に使用されるサーモグラフィの基本原理と使用例について説明します。

2－1 テスタ

テスタは１台で電圧、電流、抵抗などが測れるということで、“マルチ・メータ”といわれています。テスタの種類によって、これらの測定に加えて静電容量やインダクタンス、導通テストやダイオード・チェック、付属のサーミスタや熱電対を使用した温度測定、さらには周波数測定やデシベル演算などができます。また、パソコンに付属のソフトを導入することによりデータロガー機能が使えるものもあります。さらには、波形表示用の液晶画面を備えているものもあります。名実ともに“マルチ（多機能）”な測定器といえます。

テスタの表示法は針（指針）で表示するアナログ式と数字で表示するデジタル式があります。また、デジタル表示に付加して、１つの目安としてバー・グラフ（棒グラフ）による表示機能の付いたものもあります。バー・グラフは連続量を扱うのでアナログ表示の１つになります。

以下、デジタル方式のテスタについて説明します。テスタの種類により操作法に違いがあり、また、測定レンジの数値やダイオードテストの測定電流の数値、キャパスシタンス測定時のゼロ調整法などに違いがありますが、基本的な使用法については大きな差異はありません。

2－1－1　テスタの機能

テスタの各機能について説明します。これらの機能はテスタの基本部分でどのテスタでも同じです。デジタル方式のテスタ本体と正面パネルの例を写真２－１と図２－１に示します。

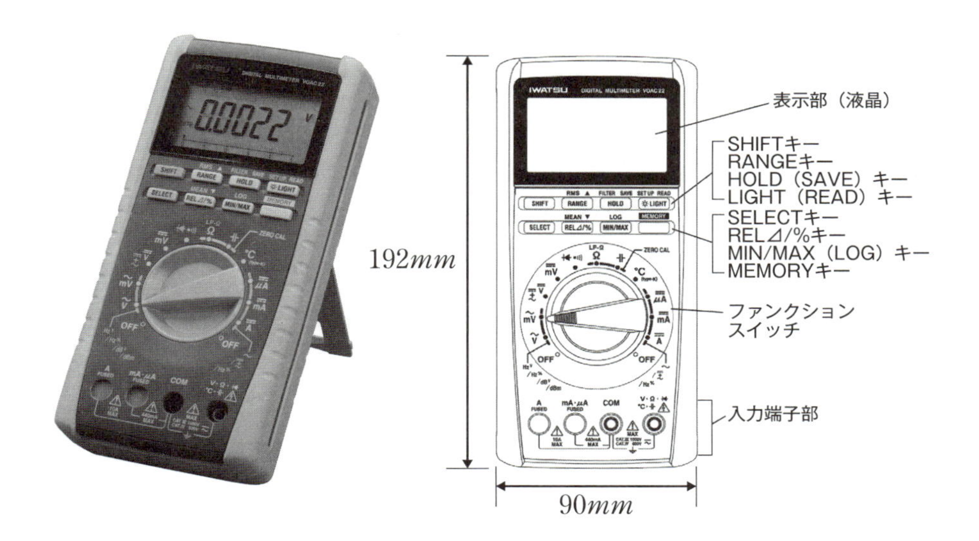

写真2－1　デジタル方式のテスタの例　　図2－1　テスタの正面パネルの例

◇液晶表示部

デジタル方式のテスタは測定値を液晶表示部に桁を自動調整してデジタル表示します。テスタによっては表示桁を切り替えることができます。また、暗い場所でも表示が見えるようにバックライトで明るくすることができます。

図2－2　液晶パネル表示例

◇ファンクション・レンジ

ロータリー式の切り替えスイッチで電圧、電流、抵抗などの各ファンクション（*Function*、関数、機能の略、電圧を測る機能、電流を測る機能の意味）を切り替え、さらに*RANGE*（レンジ）キー（測定レンジを選択する場合に使用する）で測定レンジを選びます。各ファンクションの測定範囲をレンジといいます。

例えば、ファンクションを直流電圧にした場合、レンジは「50*mV*」、「500*mV*」、「2400*mV*」「5*V*」、「50*V*」、「500*V*」、「1000*V*」の7段階があります。いずれかのレンジを選択して電圧を測ります。

テスタの中には、ファンクション切り替えのみでレンジ選択がないタイプが多くあります。測定範囲内で自動的に測定値を表示します。

◇入力端子

この端子が4つある場合は、右側から「*V*・*Ω*・|◀・*C*・⊣⊢」端子、「*COM*」端子、「*mA*・*μA*・*FUSE*」端子、「10*A*・*FUSE*」端子という名前が付けられています。いずれのファンクション・レンジであっても「*COM*」端子は必ず使います。

文字通り、「*V*・*Ω*・|◀・*C*・⊣⊢」端子は、電圧、抵抗、ダイオードテスタ、静電容量の測定のときに使います。「*mA*・*μA*・*FUSE*」端子は、電流測定のときに使います。測定可能な下限値と上限値はテスタの種類によって変わります。「10*A*・*FUSE*」端子は0〜10*A*の範囲の電流測定のときに使います。

FUSE（ヒューズ）の表記は、ヒューズ保護のことで、測定限界である最大電流を超えたときにテスタ内部のヒューズが切れ、内部回路を保護します。

テスタには、赤（＋）と黒（−）の2本のテスト・リードが付属しています。黒のテスト・リードは「*COM*」端子に、赤のテスト・リードは測定対象の端子に接続します。直流の電圧、電流の測定の場合は、極性があるので、通常は、プラス（＋）側には赤のテスト・リードを、マイナス（−）側またはグランド（アース）には黒のテスト・リードを使います。

◇ダイオードテスト、導通チェック、キャパシタンス測定、温度測定、周波数測定

・ダイオードテスト

ダイオードの順方向、逆方向のチェックと順方向測定時にダイオードのアノード・カソード間電圧（V_Fという）のチェックをします。テスト・リードを入力端子に差し込みます。ファンクションスイッチを回し"|◀"の位置にします。*SELECT*キーを押してダイオード測定を選びます。テスト・リードをダイオードのアノード側とカソード側に接続します。黒のテスト・リードをカソード側、

赤のテスト・リードをアノード側へ接続すると、シリコンダイオードの場合は、約0.5 [V] の値を表示します。発光ダイオード（*LED*）の場合は、約1.5 [V]～3.5 [V] の範囲の値を表示します。これは、テスタの電源である電池からテスト・リードを通してダイオードに約0.5 [mA] の測定電流を流して V_F を測定しています。

次に、黒のテスト・リードをアノード側に、赤のテスト・リードをカソード側へ接続すると、ダイオードに対して逆方向になるので、テスタの表示は、“*OL*（オーバーレンジ *OVER RANGE* の意味）”を表示します。もし、電圧値が表示された場合は、ダイオードが不良状態であることを示しています。

・導通チェック

ファンクションスイッチを回し“•)))”の位置にします。テスト・リードを導通チェックする被測定回路に接続します。導通している場合（約100 [Ω] 以下）には、ブザーが鳴ります。そのとき液晶画面には抵抗値（概ね100±50 [Ω] 以下）が表示されます。これで回路が導通しているか断線しているかをチェックします。プリント基板の配線や電磁リレーのコイルの断線有無をチェックすることができます。

・キャパシタンス測定

キャパシタンスとはコンデンサの静電容量（単位：ファラッド [F]）のことです。

ファンクションスイッチを回し“⊣⊢”の位置にします。テスト・リードを入力端子に差し込んだ後、テスト・リードを開放し、5 [nF] レンジにおいて *REL* キーを押しゼロ調整を行います。ゼロ調整が行われると、“0.000”の数値が表示されます。この後、テスト・リードをキャパシタンスに接続し、表示が安定したら数値を読み取ります。テスタの種類によりますが、おおよそ数 nF～数10mF の範囲のキャパシタスの測定が可能です。

・温度測定

テスタに付属している温度プローブを使用します（テスタによってはオプション）。温度プローブはサーミスタまたは熱電対（ねつでんつい）を使用します。オプションの熱電対の例として、種類：*K* タイプ、測定範囲：−200℃～800℃、分解能：0.1℃があります。

ファンクションスイッチを回し“℃”の位置にします。温度プローブを入力端子に差し込んだ後に、温度プローブの先端を測定対象に接触させ、表示が安定したら表示値を読み取ります。

・周波数測定

ファンクションスイッチを回し、周波数を測定する電圧（～V、～mV）または電流（μA、mA、A）の位置にします。$SELECT$（セレクト）キーを押し、周波数のレンジを選択します。テスト・リードを被測定回路に接続し、表示が安定したら表示値を読み取ります。液晶画面のメイン表示には周波数、サブ表示としてデューティ比（$duty$ 比 [%]）が表示されます。

デューティ比とは、図 2 − 3 に示すように 1 周期の時間を T と H レベルの時間を A としたときに

$$duty\text{ 比 }[\%]=\frac{A}{T}\times 100 \qquad (2-1)$$

として定義します。A が T の $\frac{1}{2}$ のときデューティ比は50% になります。

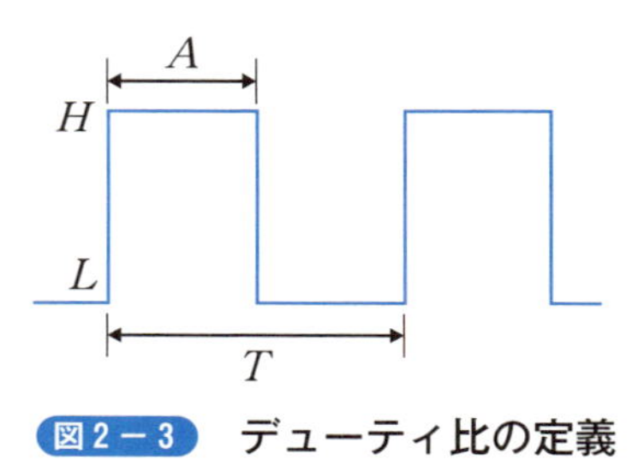

図 2 − 3　デューティ比の定義

◇デシベル演算機能

交流電圧を対数演算する機能があります。dBm（デシベルミリ）または dBV（デシベルボルト）の演算機能のことです。dBm と $W\,[mW]$（または $W\,[\mu W]$）はどちらも電力を表す単位です。W（ワット）は“40 W の電球”といったように日常で使われています。一方、dBm は 1 $[mW]$ に対する比率を対数で表したもので、dBm の“m”は基準となる 1 $[mW]$ を意味しています。

W と dBm の関係は次式で表されます。$W=1\,[mW]$ のときが $dBm=0$ になります。これを基準とします。

$$dBm=10\times log\frac{W\,[mW]}{1\,[mW]} \qquad (2-2)$$

測定電圧 $V\,[V]$ と基準抵抗値 $R\,[\Omega]$ の関係は次式で表されます。

すなわち、基準抵抗値を定数に設定し、基準抵抗に対する測定電圧 V を $W=1\,[mW]$ のときの $dBm=0$ を基準とする dBm 値に変換します。

電力の計算 [W]　　[mW] に換算

$$dBm = 10 \times log \frac{\left(\frac{(V \times 10^{3})^{2}}{R}\right)[mW]}{1[mW]}$$

$$= 10 \times log \frac{\left(\frac{V}{\sqrt{R} \times 10^{-3}}\right)^{2}}{1}$$

$$= 20 \times log\left(\frac{V}{\sqrt{R} \times 10^{-3}}\right) \quad (2-3)$$

一方、dBV の演算は、測定電圧を V [V] とすると、次式で与えられます。

$$dBV = 20 \times log \frac{V[V]}{1[V]} = 20 \times log V \quad (2-4)$$

dBV とは 1 [V] を 0 [dB] とするデシベル演算です。音声信号レベルの基準として、家庭用オーディオ機器で利用されています。1 [V] は $dB = 20log1 = 0$ であるので、これを基準値にしてデシベル演算をしています。

テスタにおける測定は、ファンクションスイッチを回し、交流測定の～V または～mV の位置にします。次に、*SELECT* キーを押して dBm または dBV を選択します。"dBm" または "dB" が表示されるので、テスト・リードを被測定回路に接続します。表示が安定したら数値を読み取ります。

dBm 測定時に基準抵抗を切換えることができます。*RANGE* キーを押すごとに、基準抵抗値が切換わります。オーディオや通信回線など用途に合わせた基準抵抗の選択が可能です。

［例題２－１］

少し前に入手したシリコン整流ダイオード（写真２－２）のカソードマークが消えてしまい、ダイオードの２本のリード端子（仮に A と B）の極性（アノードとカソード）がわからなくなった。テスタで極性を調べたい。どのようにしたらよいかを具体的に説明しなさい。

写真２－２　シリコ整流ダイオードの例

[解答]

ファンクションスイッチを回し“⏴”の位置にしてから *SELECT* キーを押してダイオード測定を選びます。最初に、赤のテスト・リードをダイオードの端子 A に、黒のテスト・リードを端子 B に接続します。このとき、液晶表示部には、0.624 [V] と表示されました。したがって、端子 A がアノードで、端子 B がカソードになります。このときダイオードのアノード・カソード間電圧 V_F は0.624 [V] になります。ちなみに、赤のテスト・リードをダイオードの端子 B に、黒のテスト・リードを端子 A に接続すると、テスタの表示は、“*OL*”になりました。赤と黒のテスト・リードはダイオードに対して逆方向の接続になります。

ダイオードの静特性（電圧−電流特性）と、テスタからのダイオードに流す測定電流（0.5 [mA] の場合）と V_F の関係を図２−４に示します。

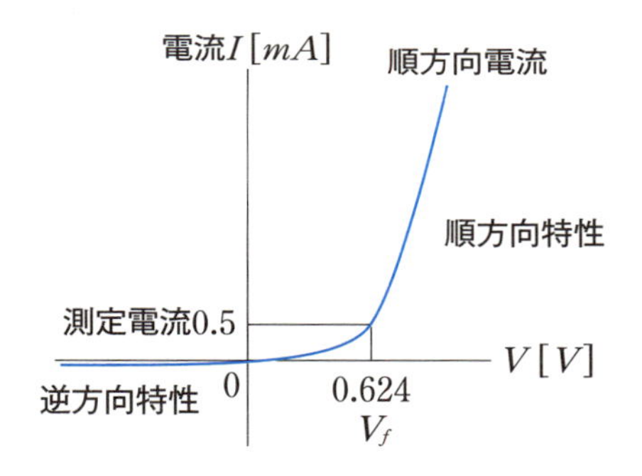

図２−４　ダイオードの静特性における測定電流と V_F の関係

答：リード端子 A がアノード、端子 B がカソード

[例題 2 − 2]

直流電源と押しボタンスイッチを使用して電磁リレーの駆動回路を組み立てた（写真２−３、図２−５、図２−６）。押しボタンスイッチを押してONにしても電磁リレーは動作しなかった。テスタで電磁リレーをチェックしたい。具体的な方法を説明しなさい。

写真 2 − 3　電磁リレー

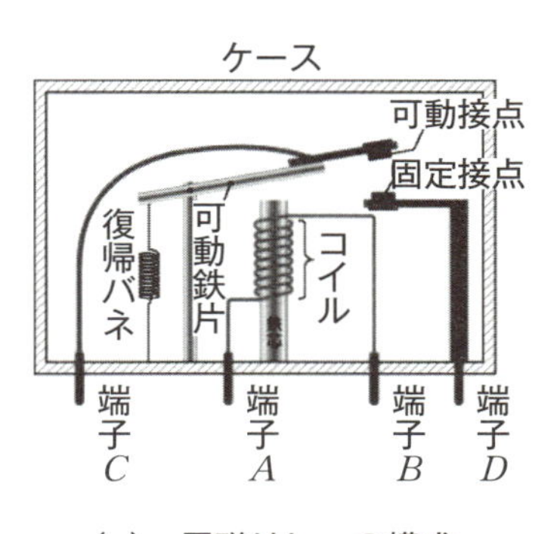

(a)　電磁リレーの構成

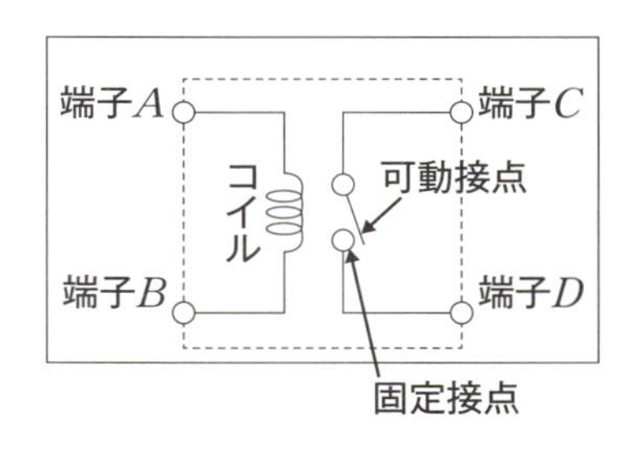

(b)　電磁リレーの回路

図 2 − 5　電磁リレーの回路構成

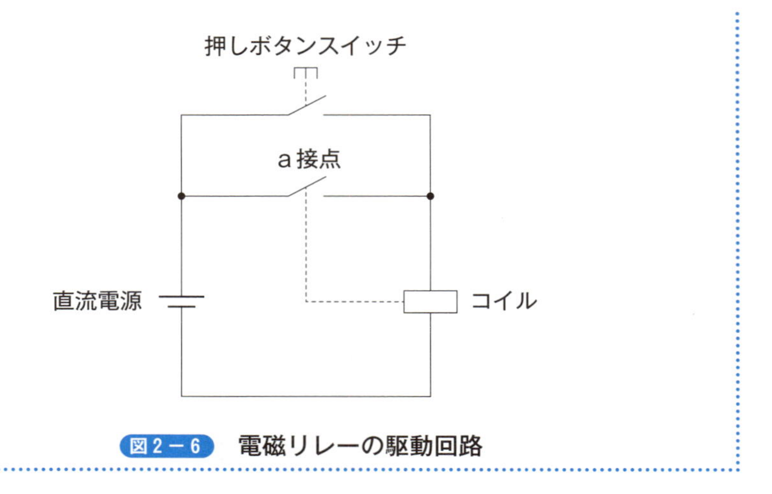

図2−6 電磁リレーの駆動回路

[解答]

電磁リレーの不具合の原因はリレーコイルの断線が考えられます。テスタの導通チェック機能を使います。

ファンクションスイッチを"•)))"の位置にして、テスト・リードを電磁リレーのコイル端子 A と B に接続します（図2−5（b）参照）。ブザーが鳴りません。導通していればブザーが鳴ります。正常な同じ種類の電磁リレーの導通テストではブザーが鳴り、抵抗値が62［Ω］と表示されました。

図2−6の回路で、正常な電磁リレーに差し替えた後、押しボタンスイッチを ON にするとリレーが動作しました。押しボタンスイッチを離しスイッチを OFF にしても電磁リレーは動作を続けます。すなわち、電磁リレーは動作を保持します。

すなわち、押しボタンスイッチを押すとリレーコイルに電流が流れ、可動接点である a 接点が閉じます。押しボタンスイッチを OFF にしても、閉じた a 接点を通してコイルに電流が流れ、リレーは動作を継続します。このような回路を自己保持回路といいます。

答：電磁リレーのリレーコイルの導通チェック

[例題2−3]

周波数測定でサブ表示としてデューティ比が25%と表示された。図2−3に示す1周期の時間 T と H レベルの時間 A の割合を求めなさい。

[解答]

デューティ比は式（2－1）で与えられるので、25 [%]$=\dfrac{A}{T}\times100$から$\dfrac{A}{T}=0.25$

になります。すなわち、Hレベルの時間Aは1周期の時間Tの$\dfrac{1}{4}$になります。

答：Hレベルの時間Aは1周期の時間Tの$\dfrac{1}{4}$

[例題2－4]

テスタで交流測定を測定した。測定値は10 [mV] であった。デシベル演算のdBmとdBVを求めなさい。ただし、標準抵抗値は16 [Ω] を選択した。

[解答]

dBmは式（2－3）から

$$dBm=20\times log\left(\frac{V}{\sqrt{R}\times10^{-3}}\right)=20\times log\left(\frac{0.01}{\sqrt{16}\times10^{-3}}\right)=20\times log\,(0.0025\times10^{3})$$

$$=20\times log2.5=7.96\ [dBm]$$

となります。

dBVは式（2－4）から

$$dBV=20\times log\,V=20\times log\,(10\times10^{-3})=20\times log10^{-2}=-40\ [dBV]$$

になります。

答：$dBm=7.96$ [dBm]　$dBV=-40$ [dBV]

2−2 オシロスコープ

オシロスコープとは何か？という質問に一言で答えるとしたら、“電圧の波形を見る測定器”、“電圧と時間の関係を見る測定器”、広義の意味で“電圧計”ということになります。呼称については、学術用語は“シンクロスコープ”ですが、いまでは“オシロスコープ”という呼称がごく一般的に使われています。

オシロとは“*oscilate*”（振動する、電流・電圧を交互に振動させる）、“*oscillation*”（振動、電気振動）などの意味で、スコープとは“*scope*”（視野、範囲、表示器）の意味です。時間とともに振動している電圧信号を、ある時間の範囲で表示する装置ということになります。“振動しているものを電圧信号として表示する”ということは“電圧波形を表示する”ということにほかなりません。

オシロスコープとはこれらを総称して“波形表示装置”ということができます。

オシロスコープには、表示装置にブラウン管を使用したアナログタイプと液晶を使用したデジタルタイプがあります。今では、小型軽量化、多機能化が進み、アナログタイプはあまり使われておらず、デジタルタイプが多く使われています。

本節では、アナログタイプのオシロスコープについて説明します。オシロスコープの基本原理や $X-Y$ 法（リサージュ波形やヒステリシスカーブを描く機能）を説明するにはアナログタイプがわかりやすく、理解しやすいためです。デジタル・オシロスコープは説明の中で必要に応じて取り上げます。

最初に、オシロスコープの全面パネルの各機能について、次に、波形観測の基本となるプローブの波形調整について説明します。最後に、波形観測の具体的な事例として、信号発生器を用いた正弦波形の波形観測と $X-Y$ 法を用いたダイオードの静特性の波形観測について説明します。

2−2−1 オシロスコープの各機能

アナログ・オシロスコープの外観を写真2−4に、正面図を図2−7に示します。オシロスコープの正面図の主要な機能について説明します。

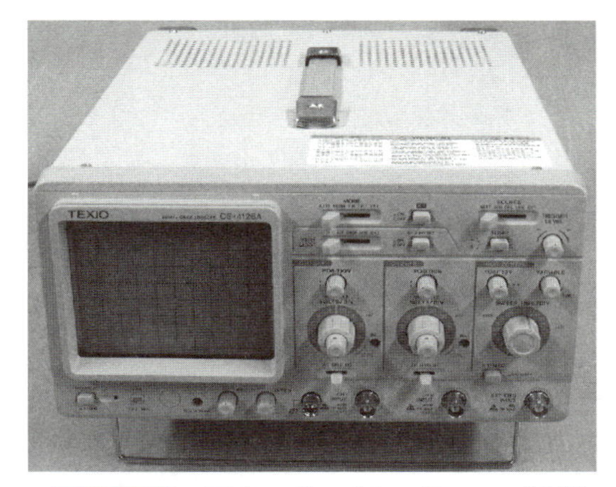

写真２－４　アナログ・オシロスコープの例

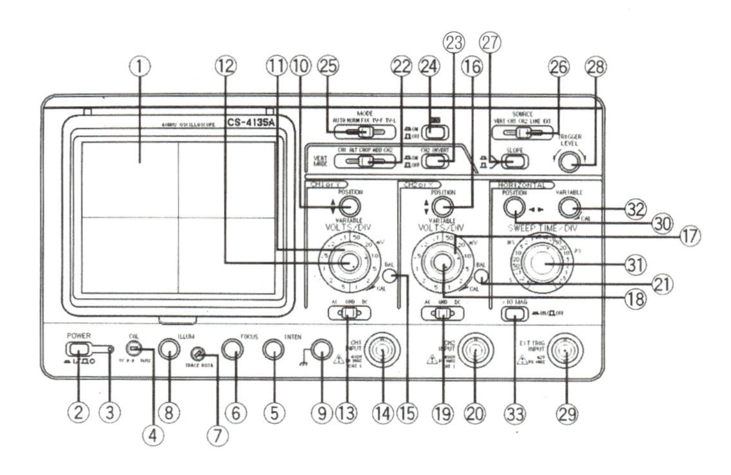

図２－７　オシロスコープの正面図

◇ *POWER* ②

オシロスコープの電源スイッチです。このボタンを押すと電源が入り、もう一度押すと電源が切れます。

◇ *CRT* ①

CRT とは“*Cathode Ray Tube*”の略で、ブラウン管のことです。ブラウン管はドイツの物理学者ブラウンによって1897年に発明されました。ブラウンが作ったブラウン管は簡単な構造のものでした。フラスコのようなガラス管の底の部分

に蛍光体を塗って、この蛍光体に高電圧の電極間で発生させた電子を加速、衝突させて蛍光体を発光させるというものでした。

現在のブラウン管はこれをさらに発展させたものですが、基本原理は同じです。テレビのブラウン管がカラー映像を映し出すものですが、オシロスコープのブラウン管は時間的に変化する電圧波形を表示させるためのものです。

CRT の画面上で、波形を描く線を"輝線(きせん)"といいます。*CRT* の画面には波形観測しやすいように縦横に 1*cm* 間隔※注の目盛が入っています。

ブラウン管の構造を図 2 − 8 に示します。

ブラウンが作った構造と同じように、ガラス管の底の部分の蛍光体にカソードで発生させた電子を左右上下に加速・衝突させて蛍光体を発光させるようにした構造になっています。

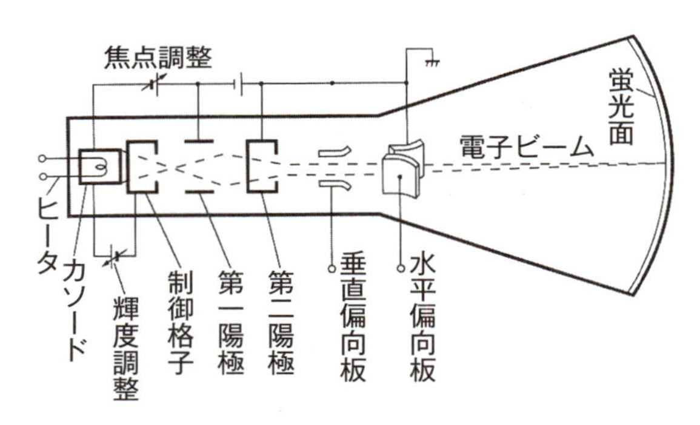

図 2 − 8　オシロスコープのブラウン管の構造

ガラス管の中には、対になった垂直偏向板と水平偏向板が互いに直角の位置関係になるように取り付けられています。垂直偏向板は、*CRT* の縦方向を制御する電極で、"電圧"を制御します。水平偏向板は、*CRT* の横方向を制御する電極で、"時間"を制御します。水平偏向板がなければ、表示する波形は縦方向の 1 本の輝線になってしまいます。水平偏向板を付けて、横方向に輝線を引っ張っていかなければ（これを掃引(そういん)という）波形としては見られません。

このように、オシロスコープの波形表示は縦方向に変化する電圧信号を横方向に掃引することによって得られます。

※注：メーカ、型式によって 1cm 間隔でない場合がある。本書は 1 マスを 1cm としている。

◇ *CAL* 端子④

プローブの波形調整用に使用する電圧端子です。基準波形として、大きさが1 [*V*]、周波数1 [*kHz*] の方形波出力が得られます（図2－9）。基準波形の大きさと周波数はオシロスコープの機種によって異なります。オシロスコープのプローブを *CAL* 端子に接続して *CAL* 端子から出ている基準波形（方形波）と比較して波形調整をします。

方形波とは、時間とともに矩形を描きながら変化する波形をいいます。電圧の大きさは波形の山と谷の間の大きさで V_{P-P} と表記します。“$_{P-P}$” は *peak to peak* の意味で、“ピーク・ツー・ピーク” と発音します。大きさが1 [*V*] ということは、$V_{P-P}=1$ [*V*] というように表わします。

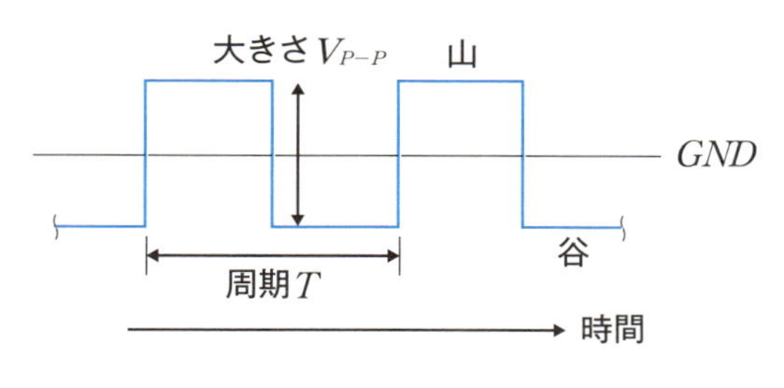

図2－9　方形波

1周期の時間 T は、周波数を f とすると、次式で与えられます。

$$T=\frac{1}{f}\ (\text{または}\ f=\frac{1}{T}) \qquad (2-5)$$

$f=1$ [*kHz*] ということは、1周期は

$$T=\frac{1}{f}=\frac{1}{1\,[kHz]}=\frac{1}{1000\,[Hz]}=0.001\,[s]=1\,[ms]$$

となります。この場合、周期は0.001 [*s*]（0.001 [秒]）または1 [*ms*]（1 [ミリ秒]）になります。[*s*] は *second*（秒）の略で、秒を “セカンド”、ミリ秒を “ミリセカンド” ということがあります。

◇ *INTEN* ⑤

つまみ（ノブという）を回して輝線の明るさを調整します。

◇ *FOCUS* ⑥

つまみを回して輝線の焦点を調整します。鮮明な表示が得られるようにします。

◇ *ILLUM* ⑧

スケール・イルミネーションで管面（目盛）の明るさを調整します。

◇ *GND* 端子⑨

オシロスコープの接地端子です。他の機器との間で共通アースをとりたいときに使用します。

◇ *MODE* ㉕

トリガ操作のモード（*AUTO*、*NORM*、*FIX*、*TV-F*、*TV-L*）を選択します。通常は“*AUTO*”の位置にしておきます。

◇ *CH*1 *INPUT* および *CH*2 *INPUT* ⑭、⑳

オシロスコープの入力部にある入力端子です（写真２－５）。入力端子に使用されている接続用コネクタは *BNC* コネクタといい世界標準です。*CH*1、*CH*2 はそれぞれ“チャネル１”、“チャネル２”といいます。入力端子が２つ付いたオシロスコープを２現象オシロスコープといい、*CH*1、*CH*2、*CH*3、*CH*4 と４つ付いたオシロスコープを４現象オシロスコープといます。写真の例は２現象オシロスコープです。

入力端子が２つあるということは、２種類の波形を同時に観測することができます。まさに“２現象”を同時に見ることができます。これを２現象観測といいます。

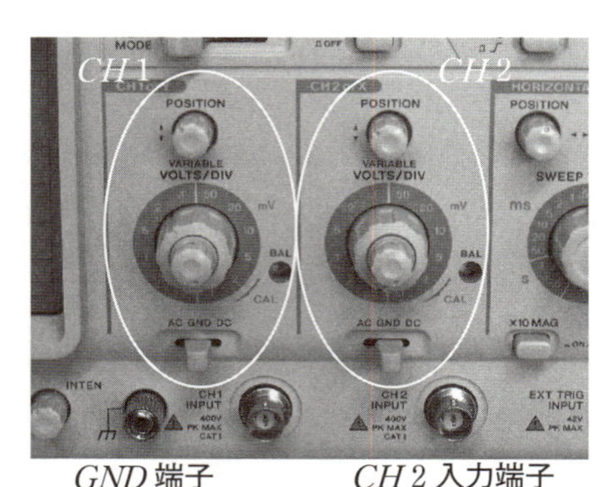

写真２－５　*CH*1 と *CH*2 の入力部と入力端子

入力端子には付属のプローブ（写真２－６）を接続します。

オシロスコープが２チャンネルの場合、付属のプローブは２本付きます。プローブの*BNC*コネクタをオシロスコープの入力端子である“*CH*1 *INPUT*”または“*CH*2 *INPUT*”に接続します（写真２－７）。プローブの先端は矢形チップといい、波形観測の対象をクリップします。

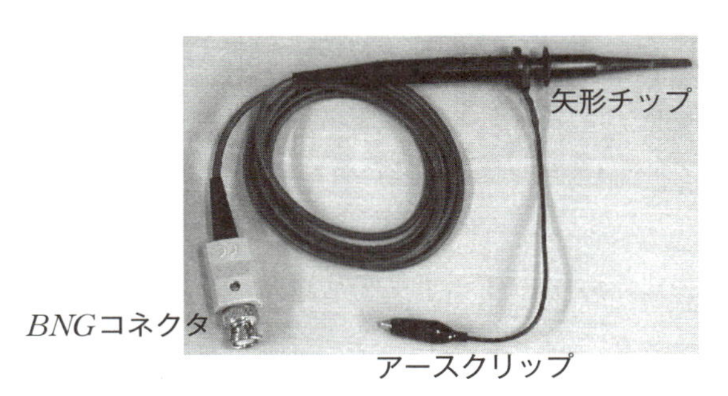

写真２－６　オシロスコープ付属のプローブ

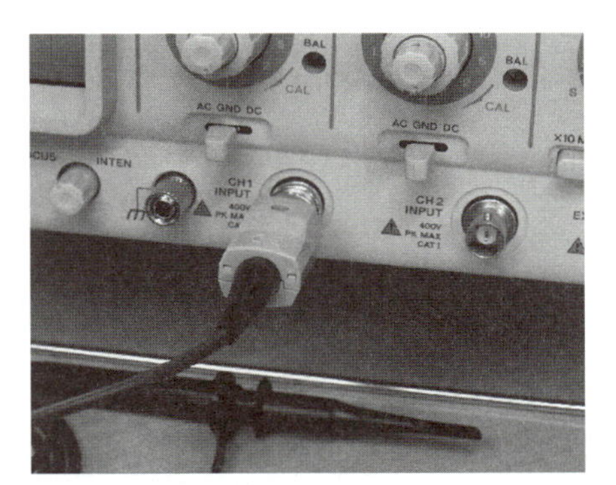

写真２－７　プローブの*BNC*コネクタを入力端子に接続する

プローブの中身について説明します。プローブの概観を図２－10に、電気的な等価回路を図２－11に示します。また、プローブの仕様例を表２－１に示します。矢形チップと*BNC*コネクタは同軸ケーブルで接続されています。同軸ケーブルとはノイズの進入を防止する構造をもつ高周波ケーブルのことです。

アースクリップ
減衰比
切換スイッチ
容量補正トリマ

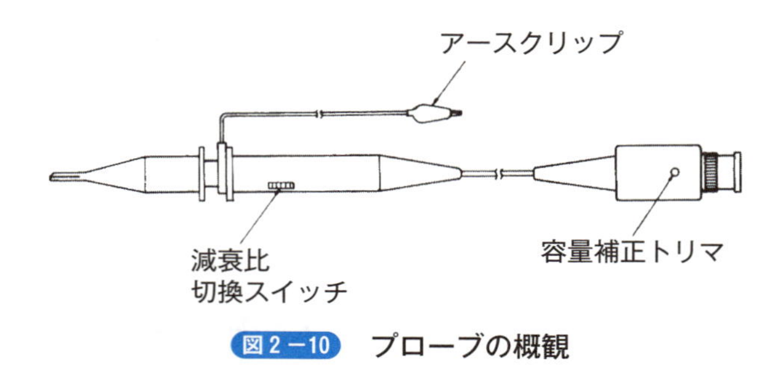

図2−10　プローブの概観

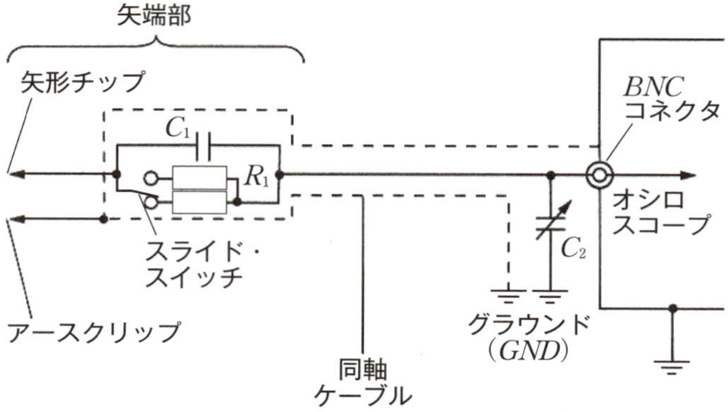

矢端部
矢形チップ
C_1
R_1
BNC
コネクタ
オシロ
スコープ
スライド・
スイッチ
C_2
アースクリップ
グラウンド
(GND)
同軸
ケーブル

図2−11　プローブの等価回路

表2−1　プローブの仕様例

項目	×1の場合	×10の場合
入力抵抗	$1M\Omega$	$10M\Omega$
入力容量	$200pF$ 以下	$22pF$
減衰比	1/1	1/10
周波数範囲	DC〜$6MHz$	
適合容量	−	20〜$45pF$
最大入力電圧	$DC400V$	$DC600V$

プローブの先端部の入力抵抗である R_1 と入力容量であるコンデンサ C_1 の回路構成は入力インピーダンスといわれています。入力抵抗 R_1 は、1［$M\Omega$］、10［$M\Omega$］といった高抵抗を使用しています。入力インピーダンスを大きくして外部からのノイズの進入を抑えています。

入力抵抗 R_1 は減衰器の働きをしています。先端部の切り替えスイッチに表示された倍率「×1」と「×10」はプローブの減衰比を表しています（写真2－8）。プローブの倍率といいます。

たとえば、「×10」の減衰比のプローブで読み取った値が10mVであったとすると、実際の電圧値は10倍の100mVということになります。

先端部から出ているアースクリップはオシロスコープの *GND* 端子と同じ共通アースになります。

BNC コネクタ部のコンデンサ C_2 は回転式の可変コンデンサで、“トリマコンデンサ”といわれています（写真2－9）。容量補正トリマといいます。このコンデンサの可変ネジをマイナスドライバで回してプローブの波形調整をします。

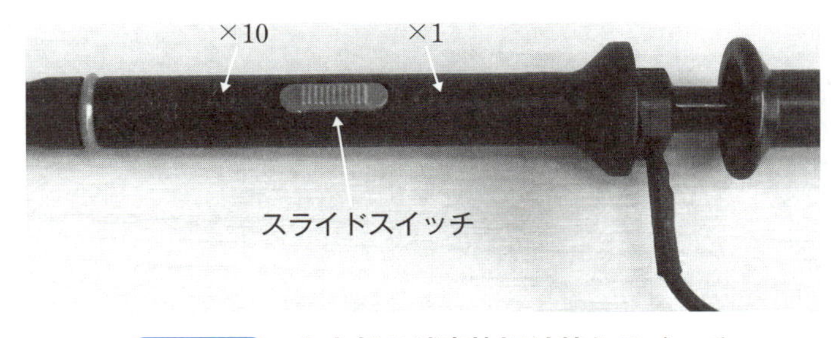

写真2－8　入力部の減衰比切り替えスイッチ

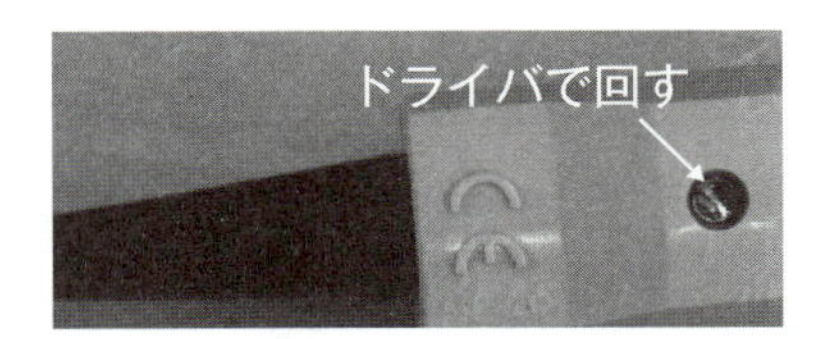

写真2－9　*BNC* コネクタ部の容量補正トリマ

◇ *POSITION*（垂直）⑩、⑯

*CH*1 と *CH*2 の入力部にそれぞれ付いています。ノブを回して *CRT* に表示される波形の垂直位置を調整します。波形が上下に移動します。

◇ *VOLTS/DIV* ⑪、⑰

*CH*1と*CH*2の入力部にそれぞれ付いています。*CRT*の垂直軸の感度を調整します。ノブを回して電圧感度（例えば、1*mV*/*DIV*～5*V*/*DIV*の範囲）を選択します。電圧感度のことを電圧レンジといいます。

◇ *VALIABLE*（垂直）⑫、⑰

*CH*1と*CH*2の垂直軸減衰微調整器です。*VOLTS*/*DIV*のレンジ間を連続的に可変できます。右に回し切った*CAL*の位置で減衰器は校正されます（通常はこの状態で使用します）。*X*－*Y*動作時は*Y*軸の減衰微調整器になります。

◇ *AC GND DC* ⑬、⑲

*CH*1または*CH*2の3種類（*AC*、*DC*、*GND*）の結合方法を選択します。

AC：入力信号は交流結合となり、直流成分は除去されます。

DC：入力信号は直流結合となり、直流成分を含めた波形観測ができます。

GND：入力部が接地されます。*CRT*に表示される輝線は接地電位になります。

◇ *POSITION*（水平）⑰

ノブを回して*CRT*に表示される波形の水平位置を調整します。波形が左右に移動します。

◇ *SWEEP TIME/DIV* ㉕

輝線の掃引時間を選択します（写真2－10）。掃引時間とは、輝点が*CRT*画面の左端から右端まで走る時間をいいます。周波数が高い場合は、輝点は目に見えない速さで繰り返し掃引しているので連続した線（輝線）として見えます。掃引時間の選択は、ノブを回すことにより、例えば2*μs*/*DIV*～0.5*s*/*DIV*の範囲で選択できます（オシロスコープの機種により異なります）。掃引時間のレンジを時間レンジといいます。

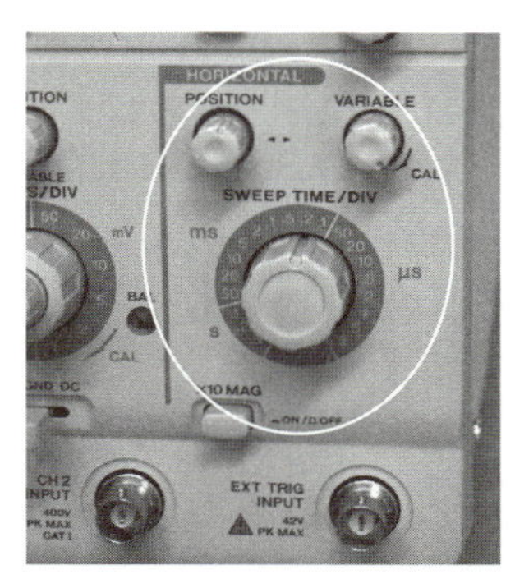

写真2－10　掃引時間調整部

◇ *VALIABLE*（水平）㉜

掃引時間の微調整器です。*SWEEP TIME/DIV* のレンジ間を連続的に可変できます。右に回し切った *CAL* の位置で掃引時間は校正されます（通常はこの状態で使用します）。

◇ *VERT MOOD* ㉕

次の動作モードを選択します。

*CH*1 ：*CH*1 の入力信号を *CRT* に表示します。

*CH*2 ：*CH*2 の入力信号を *CRT* に表示します。

ALT：*CH*1 と *CH*2 の入力信号を掃引ごとに切り替えて *CRT* に表示します。

CHOP：*CH*1 と *CH*2 の入力信号を掃引に関係なく、交互に *CRT* に表示します。

ADD：*CH*1 と *CH*2 の入力信号の合成波形を表示します。

ALT または *CHOP* を選択すると 2 現象観測ができます。

◇ *X*－*Y* ㉔

X－*Y* 法で波形観測するときに使用します。*CH*1 を *Y* 軸、*CH*2 を *X* 軸とするオシロスコープとして動作します。*CH*1 と *CH*2 の 2 本のプローブを使用します。通常の 2 現象波形観測とは異なり、ダイオードの静特性や磁気特性などのリサージュ波形（またはリサージュ図形）を観測するときに使用します。

なお、次の番号と機能は、③パイロットランプ、⑦ *TRACE ROTA*（水平輝線の傾きを調整）、⑧ *ILLUM*（スケールイルミネーションによる管面目盛りの明るさ調整)、⑮ *BAL*(*CH*1の*DC*バランス調整)、㉑ *BAL*(*CH*2の*DC*バランス調整)、㉓ *CH*2 *INVERT*(つまみが押し込まれた状態で*CH*2の入力信号表示の極性反転、㉗ *SLOP*(掃引がトリガされる信号のスロープ極性の選択)、㉙ *EXT TRIG*(外部トリガ信号の入力端子)、㉝ *X10MAG*(つまみを押すと表示を管面中央から左右に10倍拡大)です。

以上がオシロスコープの正面図の主な機能です。デジタル・オシロスコープの場合もレンジの範囲や各機能のパネル配置が機種により少し異なるものもありますが、正面パネルの主要な機能の中身はほぼ同じです。

2−2−2　プローブの波形調整

プローブの波形調整は、オシロスコープを使う前の大切な準備作業です。波形調整を怠ると、せっかく測定した波形がゆがみ、本来の波形が表示できなくなります。波形調整は毎回行う必要はありまんが、使用頻度に応じてときどき行います。

波形観測の基本として、波形調整の方法について説明します。

オシロスコープの*CAL*端子から出ている基準波形(図2−9を参照)を観測して波形調整をします。

最初に、プローブの減衰比切り替えスイッチ(倍率)を「×10」にします。プローブの倍率を10倍にします。プローブの*BNC*コネクタを*CH*1 *INPUT*に接続します。*VERT MODE*を*CH*1に、「*AC GND DC*」を*DC*にします。

次に、プローブ先端の矢形チップを*CAL*端子に接続し、アースクリップは*GND*端子に接続します。*CRT*の電圧レンジ(*VOLTS/DIV*)は20*mV/DIV*に、時間レンジ(*SWEEP TIME/DIV*)は0.2*ms/DIV*にします。

矩形波が*CRT*に表示されます。垂直*POSITION*のノブを回して波形全体が*CRT*に見えるようにします(写真2−11)。

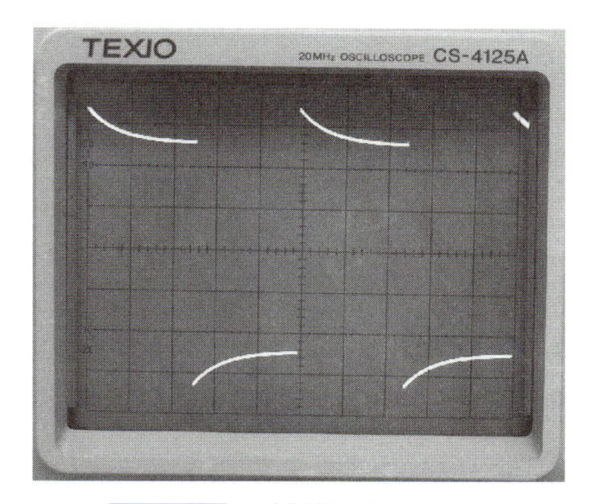

写真2－11　補償過剰の方形波

波形を見ると、角がせり上がった方形波が表示されました。このような波形を“補償過剰の方形波”といいます。

この波形を調整します。プローブの BNC コネクタ部に付いている容量補正トリマ（写真2－9参照）にマイナスドライバを差し込み、波形を見ながらゆっくりと左（または右）に回します（写真2－12)。角のせり上がりが次第に平らになっていきます。平らになったところでドライバの回転を止めます（写真2－13)。このプローブの波形調整が終わりました。このプローブを $CH1$ の専用のプローブにします。

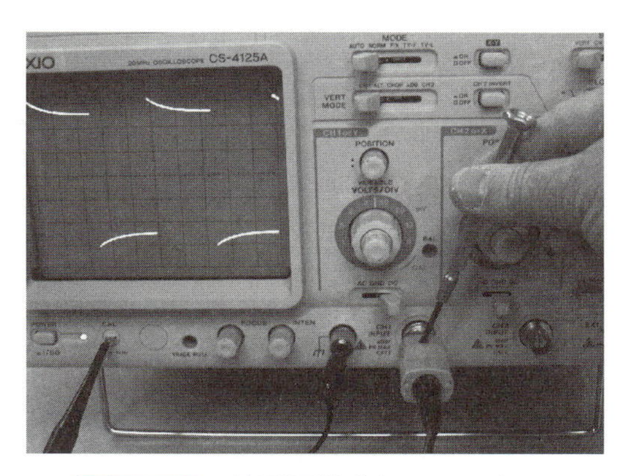

写真2－12　波形調整をしているところ

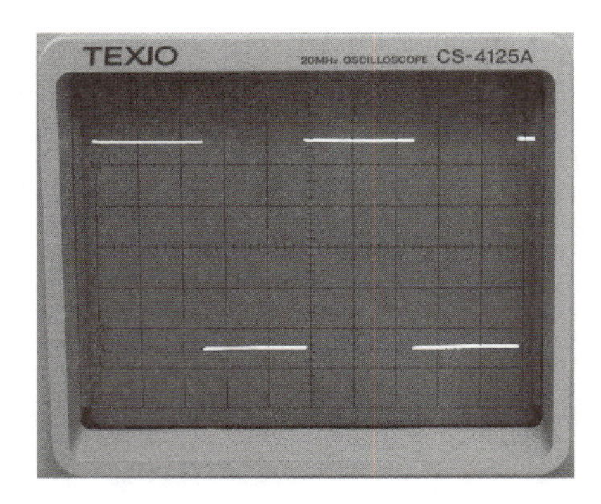

写真２−13　波形調整後の方形波

次に、付属しているもう１本のプローブの波形調整をします。

プローブの倍率が「×10」になっていることを確認します。プローブの *BNC* コネクタを *CH*2 *INPUT* に接続します。*VERT MODE* を *CH*2 に、*CH*2 側の「*AC GND DC*」を *DC* にします。

次に、プローブ先端の矢形チップを *CAL* 端子に接続し、アースクリップは *GND* 端子に接続します。*CRT* の電圧レンジと時間レンジは *CH*1 の場合と同じにします。

波形を見ると、こんどは角が落ちた方形波が表示されました（写真２−14）。このような波形を“補償不足の方形波”といいます。

プローブの *BNC* コネクタ部に付いている容量補正トリマにマイナスドライバを差し込み、波形を見ながらゆっくりと右（または左）に回します。角がせり上がって次第に平らになっていきます。平らになったところでドライバの回転を止めます（写真２−13と同じ）。このプローブの波形調整が終わりました。このプローブを *CH*2 専用のプローブにします。

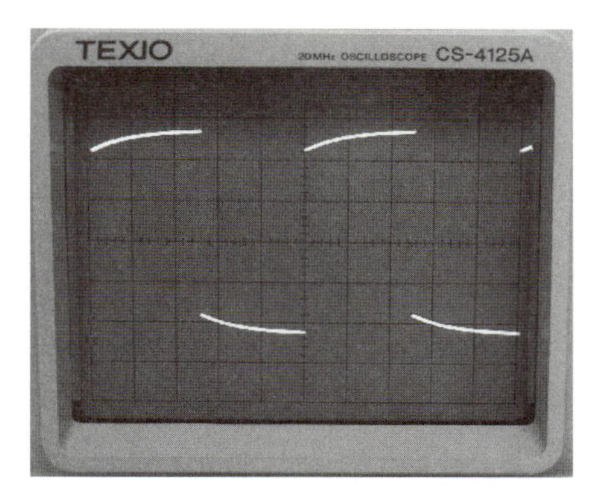

写真２－14　補償不足の方形波

プローブの波形調整は、波形観測の基本になります。オシロスコープが内蔵する発振器から出力されている基準波形（矩形波）を *CRT* に表示させることができました。

2－2－3　表示波形の電圧と時間の測定

オシロスコープは波形を表示させるだけでなく、表示された波形から電圧と時間を読み取ることができます。写真２－14の波形調整後の方形波から電圧 V_{P-P} と時間（周期 T と周波数 f）を読み取ります。

CRT の画面には縦横に 1*cm* 間隔の目盛がついています。表示された波形から縦方向の大きさを読み取ります。

ピークからピークの間隔は約 5*cm* です。

CRT の電圧レンジ（*VOLTS/DIV*）は20*mV/DIV* です。*DIV* は“*Division*”の略で目盛のことで、1*cm* を指します。このことから感度20*mV/DIV*の表記は、縦軸 1*cm* 当たり20［*mV*］であることを示しています。

したがって、読み取った電圧の大きさは次の計算で得られます。

$$V_{P-P}=\left(\frac{20mV}{DIV}\times 5cm\right)\times 10=1000\ [mV]=1\ [V]$$

計算で“×10”はプローブの倍率です。

この値は、*CAL* 端子の矩形波の電圧値に一致します（◇ *CAL* 端子④を参照）。

次に、時間を読み取ります。

目盛の横軸が時間を表します。時間を読み取りやすくするために、ノブ *SWEEP TIME/DIV* を回して時間レンジを0.2*ms/DIV* から0.1*ms/DIV* にします。この表記は、横軸 1*cm* 当たり0.1［*ms*］の意味です。掃引時間を短くしたことにより方形波は広がりました（写真2−15）。縦方向の大きさは変わりません。

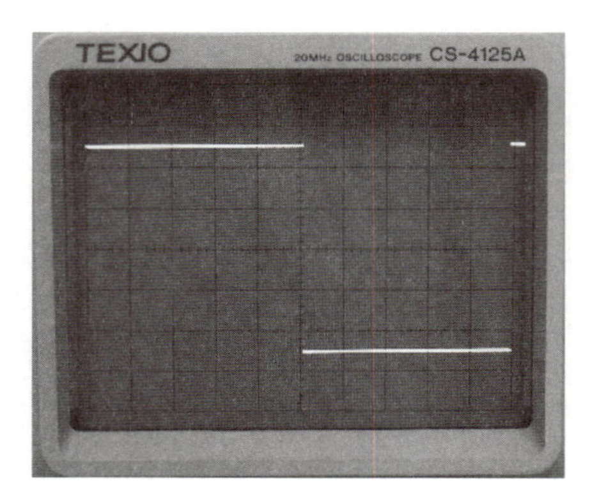

写真2−15 時間レンジ0.1*ms*/*DIV* で矩形波を表示

方形波の1周期の幅を読み取ると、約10*cm* あります。これから時間を計算すると

$$T=\frac{0.1ms}{DIV}\times 10cm=1\ [ms]$$

が得られます。

周期は、71ページの式（2−5）から得られます。周波数（単位：*Hz*）と時間（単位：秒または *s*）の関係は逆数になります。

$$f=\frac{1}{T}=\frac{1}{1\ [ms]}=\frac{1}{10^{-3}\ [s]}=10^{-3}\ [Hz]=1\ [kHz]$$

この値は、*CAL* 端子の矩形波の周波数に一致します（◇ *CAL* 端子④を参照）。

［例題2−5］

信号発生器で電圧と周波数を設定した交流電圧の波形を観測した。発振器の出力端子にプローブの矢形チップとアースクリップを接続した。

VERT MODE を *CH*1に、「*AC GND DC*」を *AC* にし、プローブを *CH* 1 *INPUT* に接続し、プローブの倍率は「×1」にした。電圧レンジは0.2*V*/*DIV*、時間レンジは0.2*ms*/*DIV* を選択した。

観測波形を写真2−16に示す。ひずみのない綺麗な正弦波形が得られた。この観測波形を方眼紙にスケッチする（図2−12）。

交流波形の最大値 V_{P-P}、周期 T、周波数 f をそれぞれ読み取りなさい。

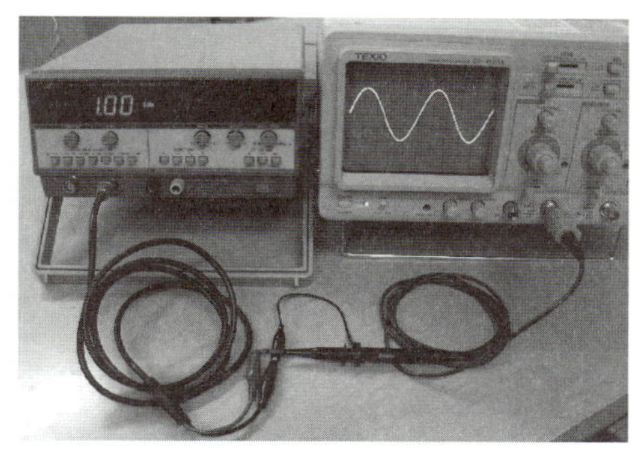

写真２－16　正弦波形を観測する

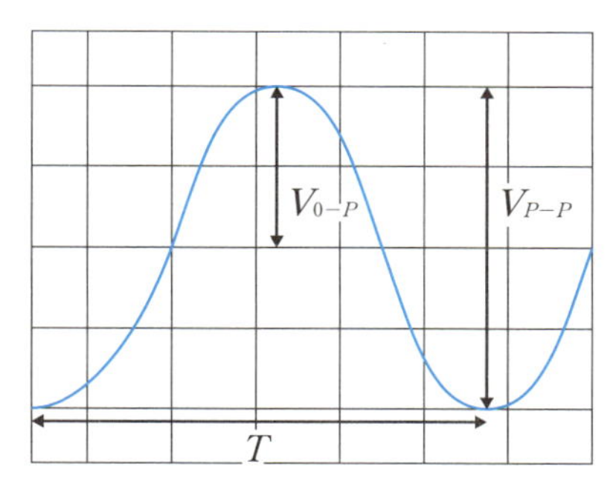

図２－12　正弦波形を方眼紙にスケッチする

［解答］

正弦波とは交流電圧のことをいいます。一般家庭の $AC100\,V$ 交流電圧波形もこのような正弦波形になっています。

図２－12から最大電圧 V_{P-P} とグランドレベルから最大値までの電圧 V_{0-P}、１周期の時間 T を読み取ります。そして時間 T から周期 f を計算します。V_{0-P} の $_{0-P}$ は *zero to peak* の意味で、"ゼロ・ツー・ピーク" と発音します。交流電圧の場合は、電圧の最大値として V_{P-P} または V_{0-P} を使います。通常、交流で最大値といった場合は V_{0-P} をいいます。

読み取った値は次のようになります。

$$V_{P-P} = \frac{0.2\,V}{DIV} \times 4cm = 0.8\ [V]$$

$$V_{0-P}=\frac{0.2V}{DIV}\times 2cm=0.4\ [V]$$

$$T=\frac{0.2ms}{DIV}\times 5cm=1\ [ms]$$

周期fは、式（2－5）から

$$f=\frac{1}{T}=\frac{1}{1\ [ms]}=\frac{1}{10^{-3}\ [s]}=10^{3}\ [Hz]=1\ [kHz]$$

となります。

信号発生器から出ている正弦波の電圧と周波数は、$V_{P-P}=0.8\ [V]$、$V_{0-P}=0.4\ [V]$、$f=1\ [kHz]$ であることがわかります。

次に、交流でよく使われる電圧表現として“実効値（じっこうち）”があります。実効値とV_{0-P}の関係について説明します。

実効値は略記号として“*RMS*”または“*rms*”がよく使われ、“*Root Mean Square*”の頭文字の略です。電圧の実効値は V_{RMS} または V_{rms} のように表現します（本書では V_{RMS} を使用します）。

実効値と V_{0-P} の間には次の関係が成り立ちます。

$$V_{RMS}=\frac{V_{0-P}}{\sqrt{2}}\ \text{または}\ V_{0-P}=\sqrt{2}\ V_{RMS} \qquad (2-6)$$

この式に、上の測定値を代入します。

$$V_{RMS}=\frac{0.4\ [V]}{\sqrt{2}}=\frac{0.4\ [V]}{1.414}=0.283\ [V]$$

信号発生器から出力している交流電圧の実効値は0.283 [V] であるといえます。

次に、実効値の具体的な測定について説明します。

2－1節で使用したデジタルマルチメータを用意します。交流電圧を測定するために、テスタのファンクションスイッチを回して交流の電圧測定 $\tilde{V}$ を選択します。

テスタのテスト・リードと信号発生器の出力端子をクリップ付きリード線で接続します（写真2－17）。テスタには0.275 [V] が表示されました。

実は、この値が実効値です。

すなわち、

$$V_{RMS}=0.275\ [V]$$

です。

上記の計算値 $V_{RMS}=0.283\ [V]$ にほぼ近似します。

写真 2－17　テスタで発振器の出力電圧を測定する

このように、実効値とは、交流電圧や交流電流をテスタなどの測定器で測定した値そのものをいいます。

商用電源である $AC100V$ をテスタなどの測定器で測定します。測定器の表示は100 [V] と出ます。この値が商用電源 $AC100V$ の実効値になります。電圧の最大値を計算すると、式（2－6）から

$$V_{0-P}=\sqrt{2}\times 100=141.4\ [V]$$

になります。

身近な例で、感電した経験があるかと思います。このとき100 [V] に感電したと思い込んでいますが、実は、140 [V] に近い電圧に瞬間的に触れたことになります（図2－13）。

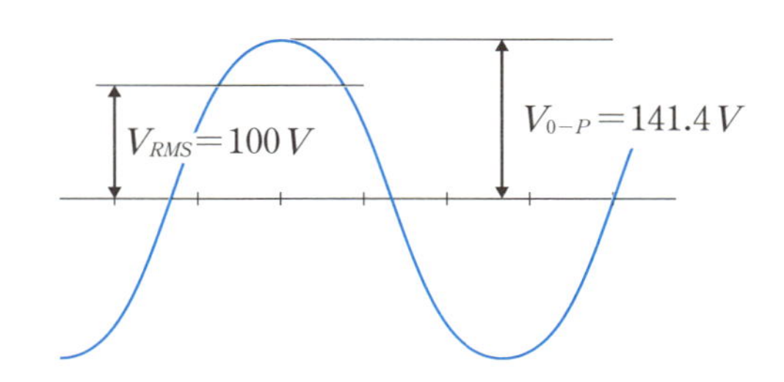

図 2－13　商用電源 $AC100V$ の実効値と最大値の関係

答：$V_{P-P}=0.8\ [V]$、$V_{0-P}=0.4\ [V]$、$f=1\ [kHz]$

2－2－4 X－Y 法による波形観測

オシロスコープの $X-Y$ 法とは、リサージュ波形を観測する方法です。リサージュ波形とは 2 つの波形の合成波形をいいます。オシロスコープの“$X-Y$”と記載されたプッシュボタンを押して波形観測することから $X-Y$ 法といわれています。$X-Y$ 法は、別名、リサージュ法ともいいます。

$X-Y$ 法の具体的な例として、ダイオードの静特性の波形観測について説明します。

ダイオードの静特性の実験回路を図 2 －14に示します。ブレッドボード上にダイオードと抵抗（100 [Ω]）の直列回路を構成します（写真 2 －18）。ダイオードは汎用のシリコンダイオード 1S1588（最大定格30 [V]、120 [mA]、写真 2 － 2 参照）を使用します。抵抗は電流検出用でダイオードに流れる順方向電流を検出するために使用します。

実験回路の電源には、信号発生器を使用します。波形形状は三角波（写真 2 －19）を選択し、電圧と周波数はそれぞれ $V_{P-P}=8$ [V]、$f=1$ [kHz]）に設定します。この三角波をダイオードに加えます。

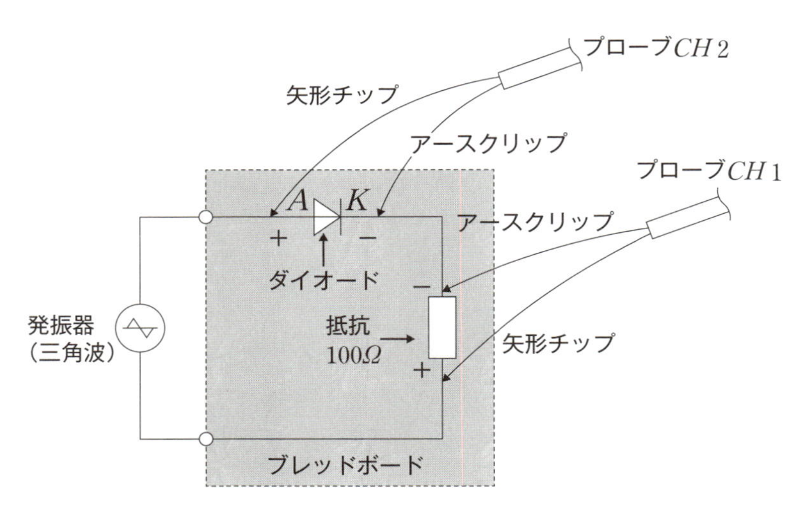

図 2 －14 ダイオード静特性の実験回路

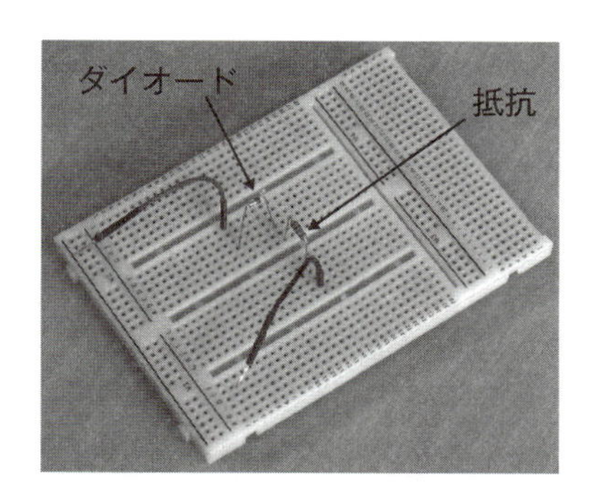

写真2－18　ブレッドボードにダイオードと抵抗を直列接続する

オシロスコープの*CH*2のプローブはダイオードのアノード（*A*）とカソード（*K*）間に接続します。矢形チップはアノードに、アースクリップはカソードにそれぞれ接続します。

*CH*1のプローブは電流検出用抵抗の両端に接続します。矢形チップは発振器側に接続する抵抗の端子に、アースクリップはダイオードのカソード側に接続する抵抗の端子にそれぞれ接続します。

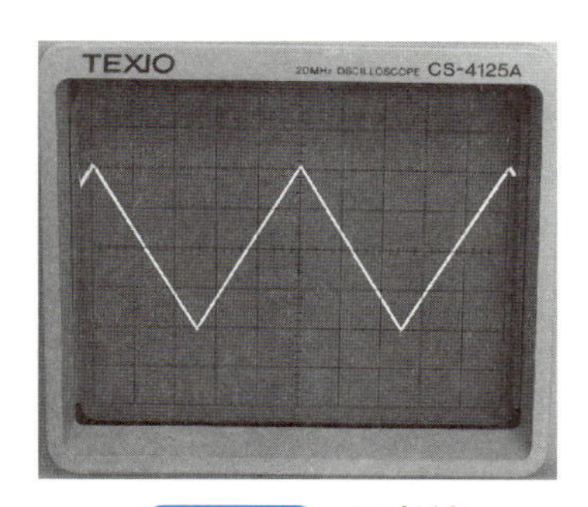

写真2－19　三角波

*CH*1の電圧レンジを0.5*V*/*DIV*に、*CH*2の電圧レンジを1*V*/*DIV*にします。プローブの倍率は「×1」にします。

最初に、*CH*1と*CH*1の「*AC GND DC*」のスライドスイッチを*GND*にします。水平*POSITION*と垂直*POSITION*のノブを回して輝点の位置を調整します（写真2－20）。

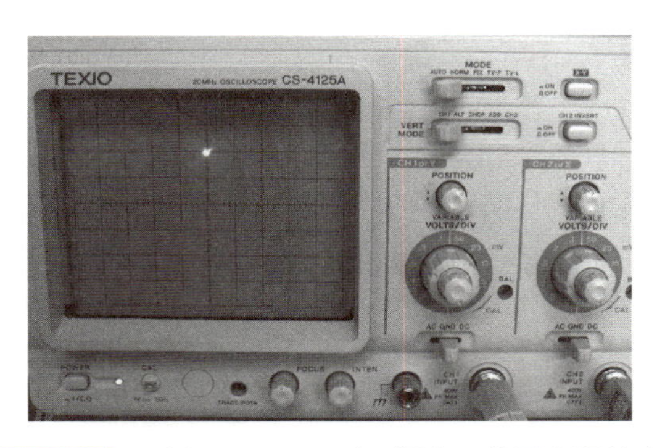

写真２−20 オシロスコープの輝点の位置を調整する

オシロスコープの $X-Y$ ボタンを押して測定を開始します。

測定全景を写真２−21に示します。オシロスコープの画面にリサージュ図形が表示されました。電流検出用抵抗の電圧発生方向に対して、プローブの矢形チップとアースクリップが逆方向に接続されているために、観測波形の縦軸の電流がマイナス方向に出ています。デジタル・オシロスコープには波形の極性を反転するインバート機能があるので、表示波形を180度反転させることができます（写真２−22）。

これが“ダイオードの静特性”といわれているものです。いわゆる、ダイオードの電圧（V）−電流（I）特性です。横軸が電圧（V）で、縦軸が電流（I）です。

縦軸の電流（I）は、$CH1$ で測定した電圧を電流検出用抵抗100［Ω］で割った値になります。ダイオードのアノードからカソード方向に流れる順方向電流です（図２−４参照）。

すなわち、

$$I[A]=\frac{CH1\text{の測定電圧}\ [V]}{100\ [\Omega]}$$

です。

たとえば、縦軸の大きさが $4cm$ であるとすると、$CH1$ の電圧レンジは $0.5V/DIV$ なので、縦軸の電圧は $4cm\times0.5V/DIV=2\ [V]$ になります。したがって、電流検出用抵抗100［Ω］に流れる電流（I）は、$\frac{2\ [V]}{100\ [\Omega]}=0.02\ [A]=20\ [mA]$ になります。縦軸のレンジを $5mA/DIV$ の電流レンジに置き換えることができます。

横軸の電圧（V）の大きさは、ダイオードのアノード（A）とカソード（K）間の電圧を直接測っているので、横軸の大きさが $1cm$ であるとすると、$CH2$ の電圧レンジは1V/DIVなので、横軸の電圧は1cm×1V/DIV=1［V］になります。横軸のレンジはそのまま1V/DIVになります。

　このように計算して、写真2－22の観測波形を方眼紙にスケッチすると図2－15のようになります。

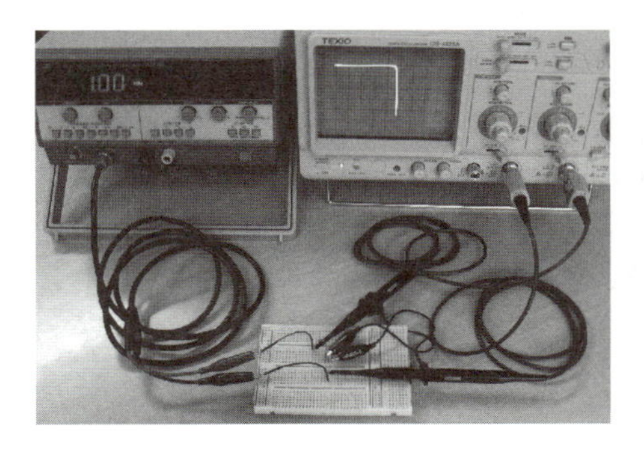

写真2－21　X－Y法で波形観測する

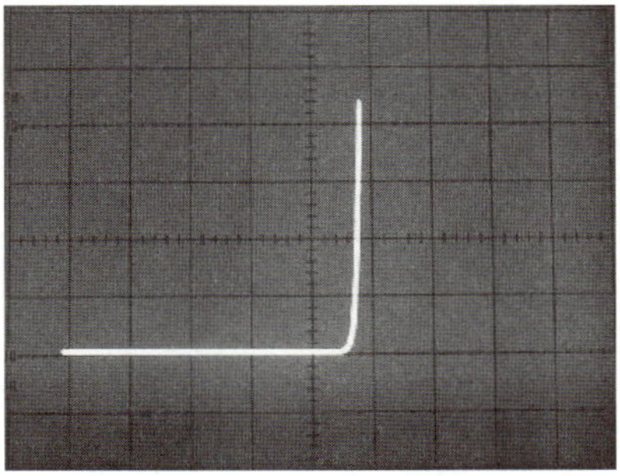

写真2－22　ダイオードの静特性

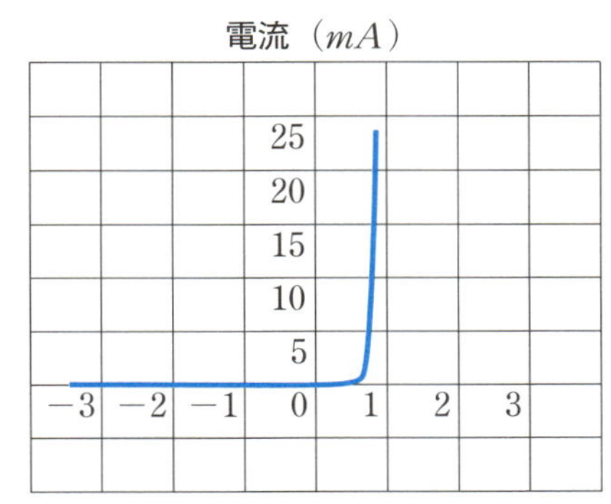

図2－15　ダイオードの静特性を方眼紙に波形スケッチ

［例題2－6］

　図2－14のダイオード静特性の実験回路において、ダイオードのアノードからカソード方向に電流を流したときの電流検出用の抵抗100［Ω］の端子電圧の方向について説明しなさい。

[解答]

ダイオードのアノードからカソード方向に流したときの電流の方向と抵抗100 [Ω] の端子電圧の方向の関係を図 2 −16に示します。プローブの矢型チップとアースクリップの接続も示しています。端子電圧の方向は電流方向と逆方向になります。

三角波とダイオード静特性の関係を図 2 −17に示します。三角波が A の上昇のときはダイオードに流れる電流 I も上昇し、三角波が B の下降のときはダイオードに流れる電流も下降します。また、三角波が C のマイナス方向に上昇するとダイオードに逆方向の電圧がかかり、電流は流れなくなります。さらに三角波が D のプラス方向に上昇するとダイオードにかかる逆方向の電圧が下がり、電流は流れる方向に向かいます。このようにしてダイオード静特性が得られます。三角波を用いた理由です。

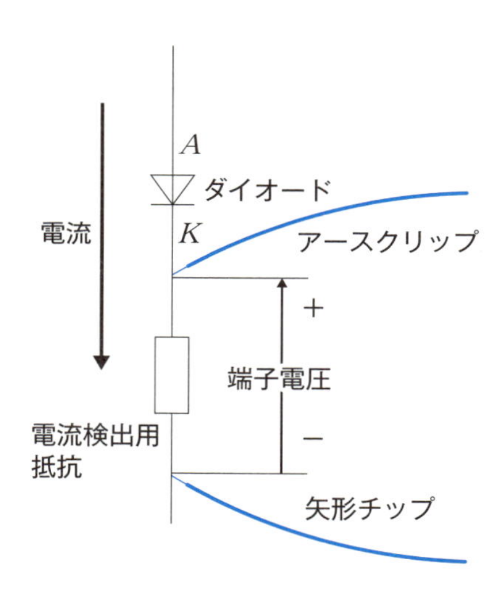

図 2 −16　ダイオードに流れる電流と抵抗の端子電圧の関係

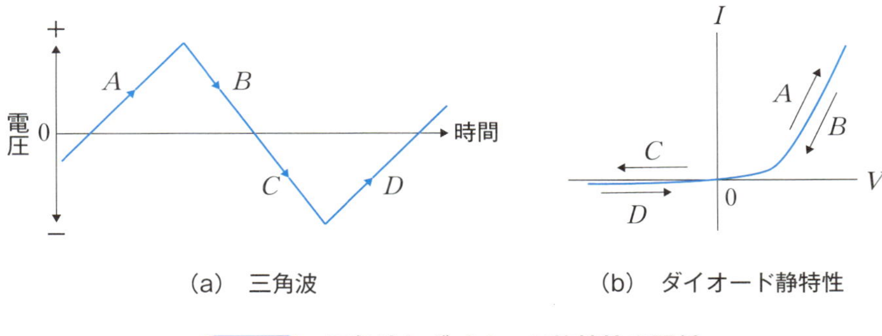

図2−17　三角波とダイオード静特性の関係

答：電流検出用抵抗の端子電圧の方向は電流と逆方向になる

[例題2−7]

オシロスコープの水平偏向板（x軸）と垂直偏向板（y軸）に図2−18のような正弦波（位相差がなく、周波数と最大値 V_{P-P} または V_{0-P} は同じ）を加えたらオシロスコープのブラウン管上に図2−19に示すような波形が描かれた※注。このような波形を一般に何と呼んでいるか答えなさい。

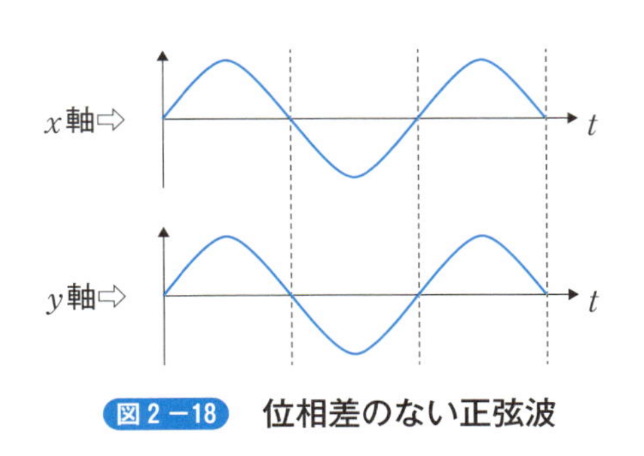

図2−18　位相差のない正弦波

※注：図2−8のオシロスコープのブラウン管の構造を参考。

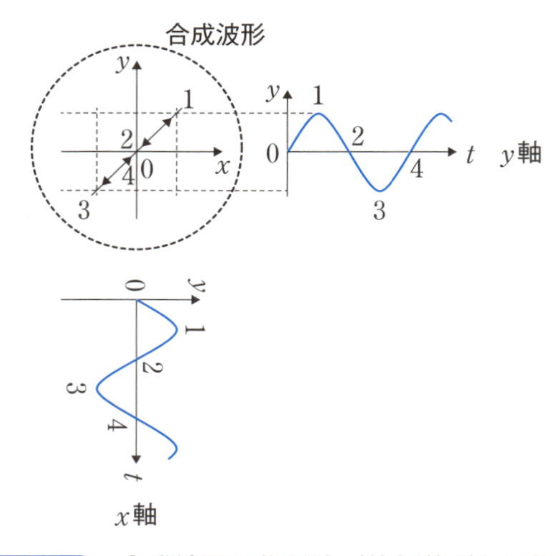

図2−19　合成波形の作図法（位相差がない場合）

［解答］

同一周波数で、位相差のない正弦波をオシロスコープの水平偏向板と垂直偏向板にそれぞれ加えるとブラウン管上には2つの波形の合成図であるリサージュ図形（またはリサージュ波形）が描かれます。図2−18に示すように x 軸の正弦波と y 軸の正弦波は時間軸（t）でみると少しのずれもなく並んでいます。このような状態を“位相差（いそうさ）がない”といいます。

図2−19に示すように、x 軸の正弦波と y 軸の正弦波にそれぞれ記載した番号1、2、…、4をたどりながらそれぞれの正弦波の大きさを合成すると、横軸を x に、縦軸を y にとったグラフには合成した波形、リサージュ図形が描かれます。リサージュ図形は1本の直線の動きになります。

答：リサージュ図形またはリサージュ波形

［例題２－８］

時間ずれのある２つの正弦波を図２－20に示す。この２つの正弦波を水平偏向板（x軸）と垂直偏向板（y軸）に加えた場合、どのような合成波形がブラウン管上に描かれるか、図２－19にならってスケッチしなさい。

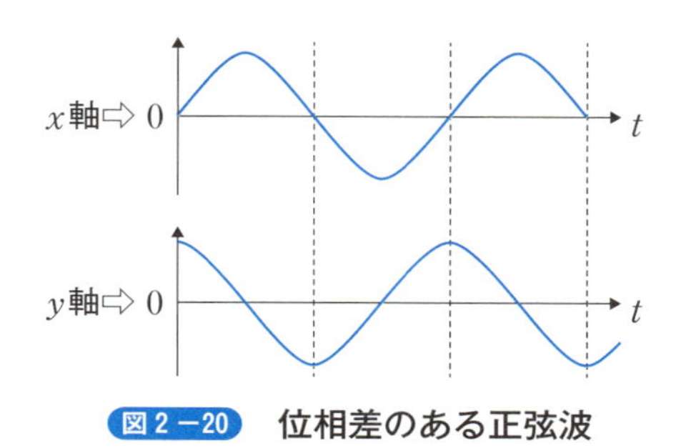

図２－20　位相差のある正弦波

［解答］

位相差の表現には度数法（どすうほう）と弧度法（こどほう）があります（表２－２）。図２－20のx軸の正弦波を度数法と弧度法で表現すると図２－21（a）のようになります。同図（b）は長さVの棒を速度ω［rad/s］で回転させたときの図で、時間t［s］では角度θ［rad］$=\omega$［rad/s］$\times t$［s］進むことになります。このωのことを角速度といいます。同図（a）の正弦波は同図（b）の棒の回転に対応したもので、正弦波の大きさがVで横軸はθになります。θを度数法または弧度法で表現することができます。

図２－20の２つの正弦波には“ずれ”が90［°］または$\frac{\pi}{2}$［rad］あります。このずれのことを位相差といいます。位相差のある２つの正弦波を合成すると、図２－22のように描くことができます。x軸とy軸の正弦波にそれぞれ記載した番号１、２、…、４をたどりながら合成すると円の合成波になります。

表２－２　度数法と弧度法の対応

度数法	単位：度、°、deg,	0	30	60	90	180	270	360
弧度法	単位：rad、ラジアン	0	$\frac{\pi}{6}$	$\frac{\pi}{3}$	$\frac{\pi}{2}$	π	$\frac{3\pi}{2}$	2π

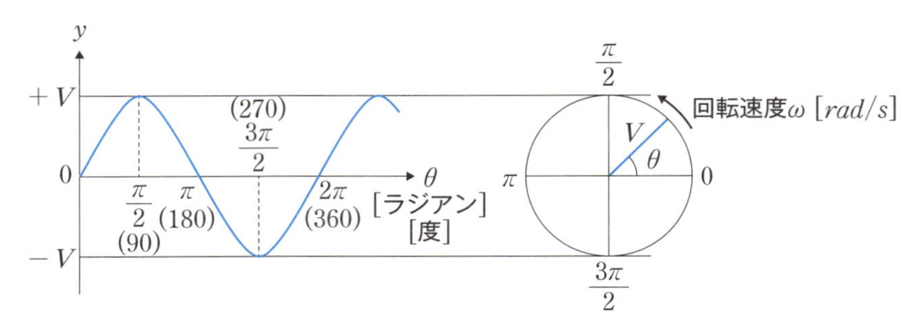

(a)　正弦波　　　　　　(b)　円の回転

図2−21　度数法と弧度法で表現した正弦波

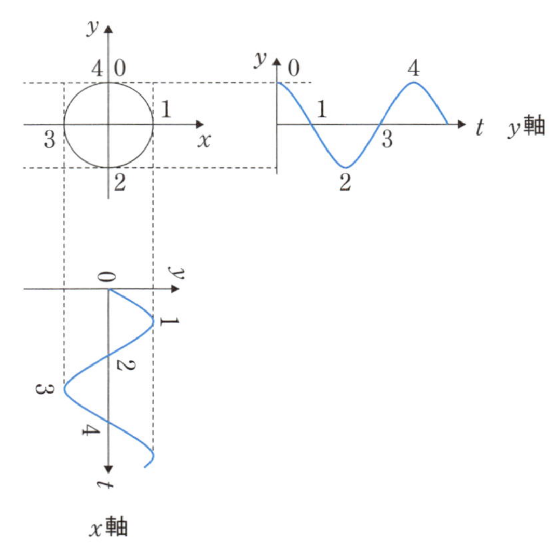

図2−22　合成波形の作図法（位相差のある場合）

答：図2−22、合成波は円になる

2−3 信号発生器とスペクトラム・アナライザ

信号発生器の基本機能と代表的な4種類の波形についてオシロスコープに表示させます。また、スペクトラム・アナライザの基本原理を説明し、信号発生器で発生させた正弦波についてスペクトル波形をスペクトラム・アナライザに表示させます。さらに、表示されたスペクトルの電力計算例を説明します。

2−3−1　信号発生器

一般に信号発生器と呼ばれているものには、以下のようなものがあります。

◇標準信号発生器

標準信号発生器はおもに無線通信機器の試験用信号源として使用します。*AM*（*Amplitude Modulation*）変調と *FM*（*Frequency Modulation*）変調などの機能をもちます。

◇ *RC* 発振器

RC 発振器（*Resistance*−*Capacitance oscillator*）は、移相形 *RC* 発振回路が基本となっています。オペアンプと、コンデンサ *C* と抵抗 *R* で構成される帰還回路で構成される正弦波発振器で、低周波領域の正弦波を発生します。主に、オーディオ関連の試験に使用します。

◇ファンクション・ジェネレータ

ファンクション・ジェネレータ（*Function Generator*、略して *FG* と称する）はオーディオからメカトロニクスまで幅広い分野で使用されます。*RC* 発振器からパルス・ジェネレータまでの用途をカバーするオールマイティな汎用信号源として使用されます。

◇専用信号発生器

ビデオ信号などの規格信号を発生することができる発振器です。

◇パルス・ジェネレータ

IC（*Integrated Circuit*）などの半導体素子やその回路の試験など、パルス波形が必要なときに使用する発振器です。

◇任意波形発生器

任意波形発生器（*Arbitrary waveform generator*、*AWG*）は、従来の信号発生器では発生できないような波形（基本的な関数の波形生成から高度な任意波形の生成）を、*PC*ベースの波形編集ソフトウェアを使用して発生することができる発振器です。

上記のファンクション・ジェネレータは、信号発生器の中でも多彩な機能をもつ汎用信号源となります。信号波形としては、正弦波、矩形波、ランプ波、三角波、パルス波などを出力することができます。これらの波形の周波数と振幅を設定することできます。オフセット機能やトリガ、ゲート、バーストなどの発振機能があります。

オフセット機能は、信号波形に直流電圧を重畳させる機能です。トリガ（*trigger*）機能とは、もともとは“銃の引き金または引き金を引く”という意味があり、周期的な信号波形を見かけ上止めて見えるようにするためのものです。波形取り込みのタイミングを取る機能です。

ゲート（*gate*）機能とは、*TTL*レベルのゲート信号に同期して発振をさせる機能です。

バースト（*Burst*）機能とは、発振開始や発振停止、発振再開などの間欠発振の機能のことです。

このように多彩な機能をもつファンクション・ジェネレータは、オールマイティな信号発生器という位置づけで、電気・電子機器や装置の研究および開発から製造ライン、機械、土木建築、化学、生物、医学方面にも使われています。

ファンクション・ジェネレータの例を写真２−23に示します。

これで発生させた正弦波、矩形波、ランプ波、三角波の例を図２−23に示します。三角波はランプ波で波形シンメトリ（対称性）を50%に設定した場合です。いずれの波形も周波数$f=20$ [kHz]（周期 $T=50$ [μs]）、振幅 $V_{0-P}=250$ [mV]です。プローブの倍率は「×1」です。

写真 2－23　ファンクション・ジェネレータの例

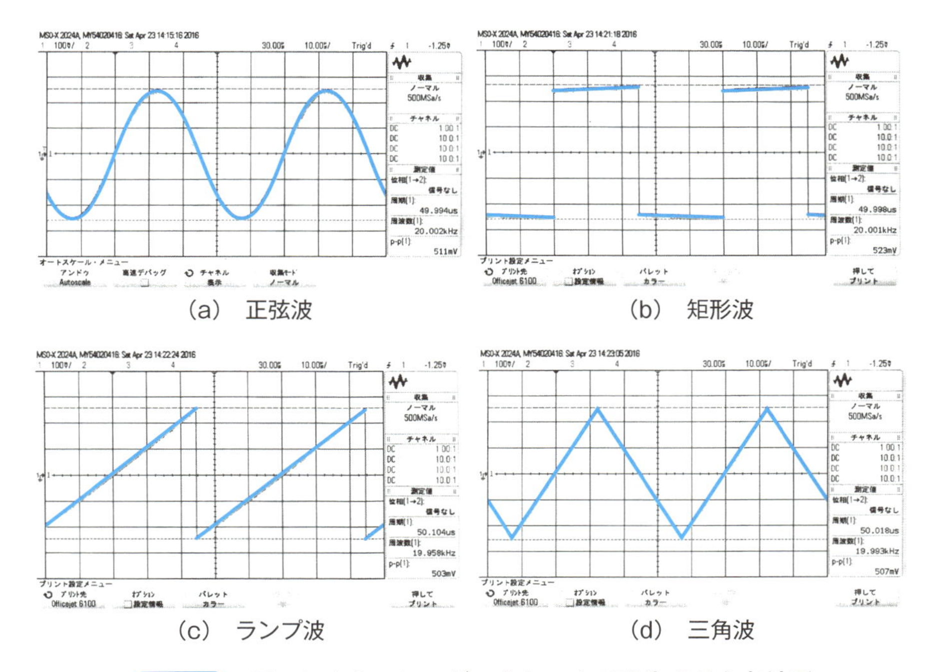

図 2－23　ファンクション・ジェネレータで発生させた各波形
（電圧レンジ：100 mV/DIV、時間レンジ：10 $\mu s/DIV$）

2−3−2　スペクトラム・アナライザ

スペクトラム・アナライザ（*Spectrum Analyze*）とは、電気信号や電磁波に含まれる周波数を分析し、周波数別の強度を2次元的に表示する計測器のことです。スペアナと略されることがあります。オシロスコープが縦軸を電圧、横軸を時間として時間変化をグラフとするのに対して、スペクトラム・アナライザは横軸を周波数として周波数特性をグラフ表示します。高周波部品や *TV*・放送機器、携帯電話、無線機、通信機器などの帯域幅、雑音、高調波ひずみ、放射ノイズ（*EMI*）などの測定に使用されます。

スペクトラム・アナライザの例を写真2−24に、正面図を図2−24に示します。

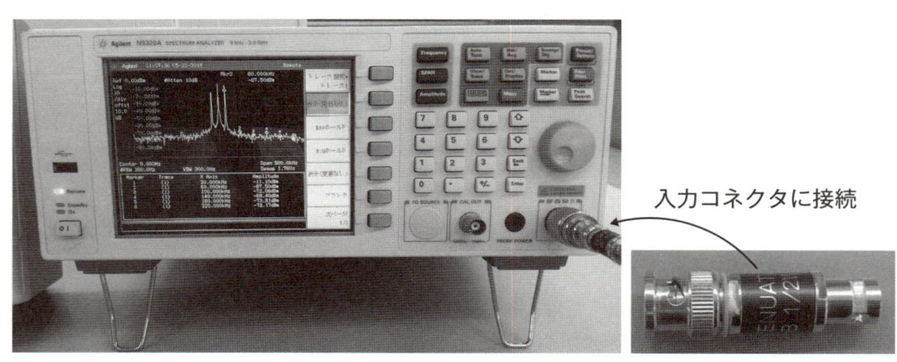

（a）　スペクトラム・アナライザ　　　（b）　減衰器

写真2−24　スペクトラム・アナライザと減衰器の例

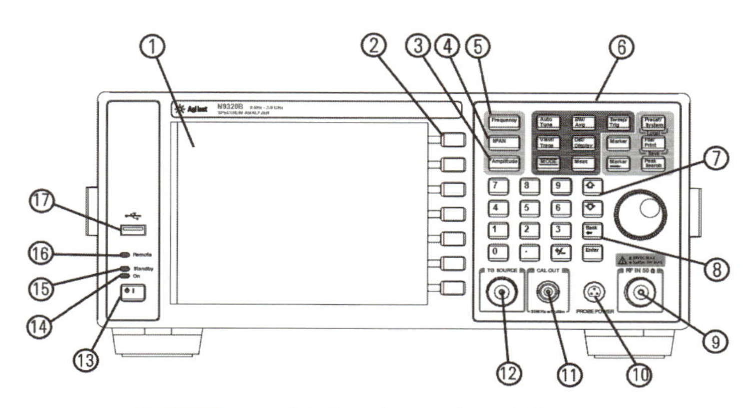

図2−26　スペクトラム・アナライザの正面図

スペクトラム・アナライザの各機能の内容やキーの位置はメーカ、種類により異なります。以下の説明は1つの例です。

◇スペクトル表示画面①

スペクトル波形を表します。その他にスペクトル表示に必要な設定値などが表示されます。画面右側にはソフトキーのラベルが表示されます。

◇ソフトキー②

このキーを押すと各キーの左側に表示された機能が有効になります。

◇振幅③

このキーを押すと基準レベルの設定が有効になり、振幅ソフトキーが表示されます。振幅ソフトキーを使って垂直軸上のデータのレンジや表記を設定することができます。垂直レンジを対数表示にしたり、入力端子に使用する減衰器の減衰値を設定することができます。

◇スパン④

このキーを押すと中心周波数を中心に対称的に周波数レンジを設定できます。

◇周波数⑤

このキーを押すと中心周波数の設定が有効になります。周波数機能メニューが表示されるので、スペクトルの中心周波数を設定します。

◇ファンクション・キー⑥

スペクトラム・アナライザのメイン機能になります。アナライザを既知の状態に戻すリセット機能、信号の自動検索、掃引／トリガ機能、表示／トレース機能、アナライザの測定モード選択機能、マーカ機能、ピークサーチ機能、ファイル／印刷機能などがあります。マーカ機能とピークサーチ機能を使うとマーカの数やタイプを選択したり、最大ピーク上にマーカを付けることができます。

◇ *RF IN* コネクタ⑨

スペクトラム・アナライザの入力端子（N型メス）です。入力インピーダンスは50 [Ω] で、最大入力条件は平均連続電力40 [dBm]、DC 電圧50 [V]、パルス電圧125 [V] です。

◇スタンバイ・スイッチ⑬

このキーを押すとスペクトラム・アナライザのすべての機能が *ON* になります。アナライザを *OFF* にする場合はこのスイッチを２秒以上押し続けます。これによりすべての機能は *OFF* になりますが、アナライザが電源に接続されているかぎりアナライザの内部回路には電源が供給されています。

◇ *USB* ドライブ・コネクタ⑰

USB メモリを接続して測定したスペクトル波形をデータとして取り出すことができます。

なお、次の番号と機能は、⑦矢印キー（［*MODE*］キーを押したとき上下の矢印キーで選択項目を移動）、⑧データ制御キー（中心周波数などのアクティブ機能の数値を選択）、⑩ *PROBE POWER* コネクタ（高インピーダンス *AC* プローブや他のアクセサリに電力を供給）、⑪ *CAL OUT* コネクタ（−10*dBm*、50*MHz* の基準信号を出力）、⑫ *TG SOURCE* コネクタ（内蔵トラッキング・ジュネレータの信号源を出力）、⑭ *On LED*（緑色、アナライザがオンのとき点灯）、⑮ *Remote LED*（アナライザが *PC* でリモート制御されているときに点灯）、⑰ *USB* デバイス・コネクタ（*USB* メモリなどの外部デバイスを接続）です。

すべての電気信号は、周波数と振幅の異なった正弦波の組み合わせによって成り立っています。これらの信号は、時間軸上の波形としてはオシロスコープにより観測され、周波数軸上の波形としてはスペクトラム・アナライザにより観測されます。スペクトラム・アナライザの原理イメージを図２−25に示します。

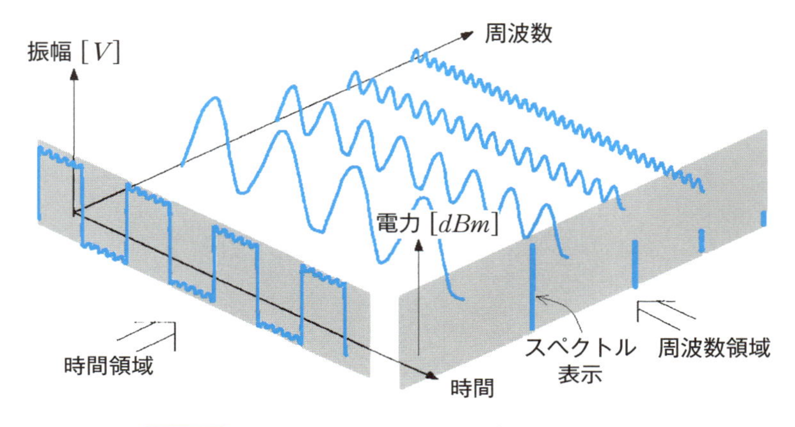

図２－25　スペクトルアナライザの原理イメージ

上記のオシロスコープに表示させた正弦波（図２－23（a））は、正弦波の振幅の瞬時値とその時間変化を表示したものですが、これをスペクトラム・アナライザに表示させると図２－26のようになります。すなわち、オシロスコープでは縦軸は電圧レンジになりますが、スペクトラム・アナライザでは dBm レンジの電力表示になります。中央付近のピーク（マーカ番号１）は正弦波の振幅に対応した電力（dBm）を表します。水平軸上ではマーカ１の信号のみが表示されているので、このスペクトルが唯一の周波数成分となります。

マーカを使用することにより、周波数と縦軸のレベルを読み取ることができます。図の例では、周波数は20.000kHz、縦軸のレンジは －11.52dBm と表示されています。縦軸は電力表示の dBm 単位になっています。これらの測定値は、測定対象の正弦波の周波数 $f=20\,[kHz]$ と振幅 $V_{0-P}=250\,[mV]$ に対応しています。

振幅値 $V_{0-P}=250\,[mV]$ から電力（dBm）を求めると以下のようになります。

テスタの項の式（２－２）から電力（dBm）は

$$dBm=10\times log\frac{W\,[mW]}{1\,[mW]}$$

で与えられます。

電力 $[W]$ を求めます。

スペクトラム・アナライザの $RF\ IN$ コネクタに減衰器（アッテネータと呼称、抵抗50 $[\Omega]$、減衰量10 $[dBm]$）を接続した場合です。入力信号を適切な信号レベル（振幅）に減衰させるために使用します。信号が大きすぎたり、小さすぎたりするとさまざまな不具合が起こるので、通常、スペクトラム・アナライザはこのような使い方をすることが多くあります。

$$W=\frac{V_{0-P}^2}{2\times R}=\frac{0.25^2}{2\times 50}=0.000625\ [W]$$

$$dBm=10\times log\frac{0.000625\times 10^3\ [mW]}{1\ [mW]}=-2.041\ [dBm]$$

ここで、抵抗 $2\times R$ は、減衰器の抵抗50 [Ω] と *RF IN* コネクタの入力インピーダンス50 [Ω] の和になります。

上の $dBm=-2.041\ [dBm]$ から減衰器の減衰量10 [dBm] を差し引くと、スペクトルのピークの電力値は

$$dBm=-2.041-10=-12.041\ [dBm]$$

となり、測定値の $-11.52dBm$ に近い値となります。

なお、スペクトルの周波数領域の各正弦波の大きさと周波数はフーリエ級数展開で求めることができます※注。

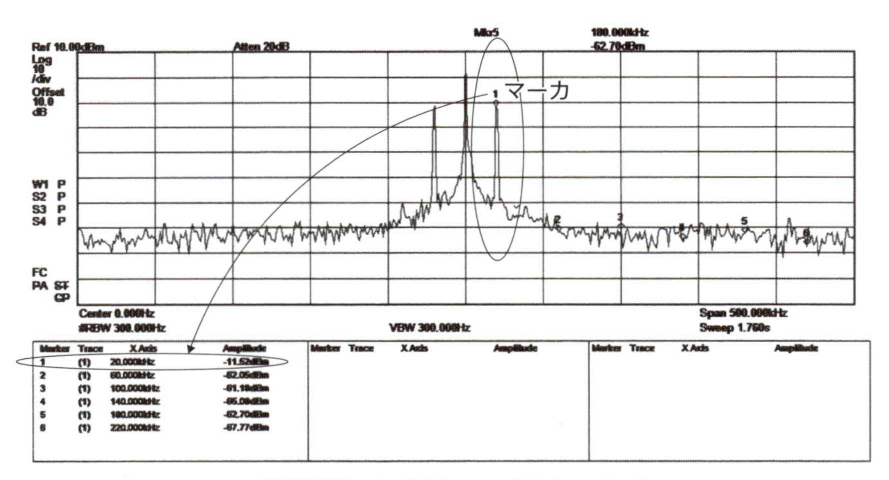

図2−26　正弦波のスペクトル波形

※注：正弦波と矩形波のフーリエ級数展開については付録Hを参照。

[例題2－9]

図2－23（b）矩形波（周波数f_0＝20［kHz］、振幅f_{0-P}＝250［mV］）をスペクトラム・アナライザで観測した。得られたスペクトル波形を図2－27に示す。また、矩形波をフーリエ級数展開すると

$$f(t)=\frac{4V_{0-P}}{\pi}\left\{\cdots+\frac{1}{2n-1}sin2\pi\,(2n-1)\,f_0t+\cdots\right\} \qquad (2-7)$$

が得られた※注。

スペクトル波形のマーカ2の電力を計算で求め、測定値（f_2＝60［kHz］、振幅dBm_2＝19.15［dBm］）と比較しなさい。スペクトラム・アナライザの入力インピーダンスは50［Ω］、入力コネクタに接続した減衰器の抵抗値と減衰量はそれぞれ50［Ω］、10［dBm］とする。

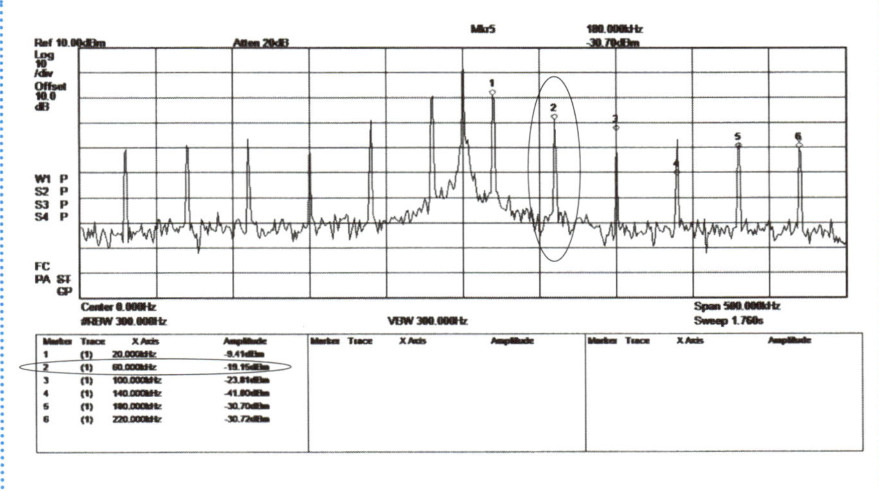

図2－27　矩形波のスペクトル波形

[解答]

マーカ2における周波数f_2とV_2を求めます。

式（2－7）で、n＝2のときのf_2とV_2は次のように計算します。

$$f_2=(2n-1)\times f_0=3\times 20=60\ [kHz]$$

$$V_2=\frac{4V_{0-P}}{\pi\,(2n-1)}=\frac{4\times 0.25}{\pi\,(2\times 2-1)}=0.106\ [V]$$

したがって、電力WとdBmは

※注：付録Hを参照。

$$W=\frac{V_2^2}{2R}=\frac{0.106^2}{2\times 50}=0.0001126\ [W]$$

$$dBm=10log\ (W\times 1000)=10log\ (0.0001126\times 1000)=-9.485\ [dBm]$$

となります。

減衰器の減数量は $-10\ [dBm]$ なので、マーカ2におけるスペクトルの電力は

$$dBm=-9.485-10=-19.485\ [dBm]$$

となります。この値は図2−28の測定値19.15 $[dBm]$ に近い値となります。

矩形波のスペクトル波形は、$n=1, 2, 3, 4, 5, 6$ …の周波数 $f_n=(2n-1)\times f_0$ と大きさ $V_n=\dfrac{4V_{0-P}}{\pi(2n-1)}$ の異なる多くの正弦波の重畳で形成されています。

答：$-19.485\ [dBm]$

[例題2−10]

図2−28（a）の正弦波（周波数 $f=100\ [Hz]$、$f_{0-P}=120\ [mV]$）と同図（b）の正弦波（周波数 $f=300\ [Hz]$、$V_{0-P}=40\ [mV]$）を合成したら同図（c）のような波形が得られた。この波形をスペクトラム・アナライザに入力し、スペクトル表示させた。

最初に、それぞれの波形の周期 T を求めなさい。

次に、スペクトルの電力 dBm を計算し、横軸に周波数 f を、縦軸に電力 dBm をとったスペクトル波形のイメージをスケッチしなさい。スペクトラム・アナライザの入力インピーダンスを50 $[\Omega]$、減衰器の抵抗値と減衰量をそれぞれ50 $[\Omega]$、10 $[dBm]$ とする。

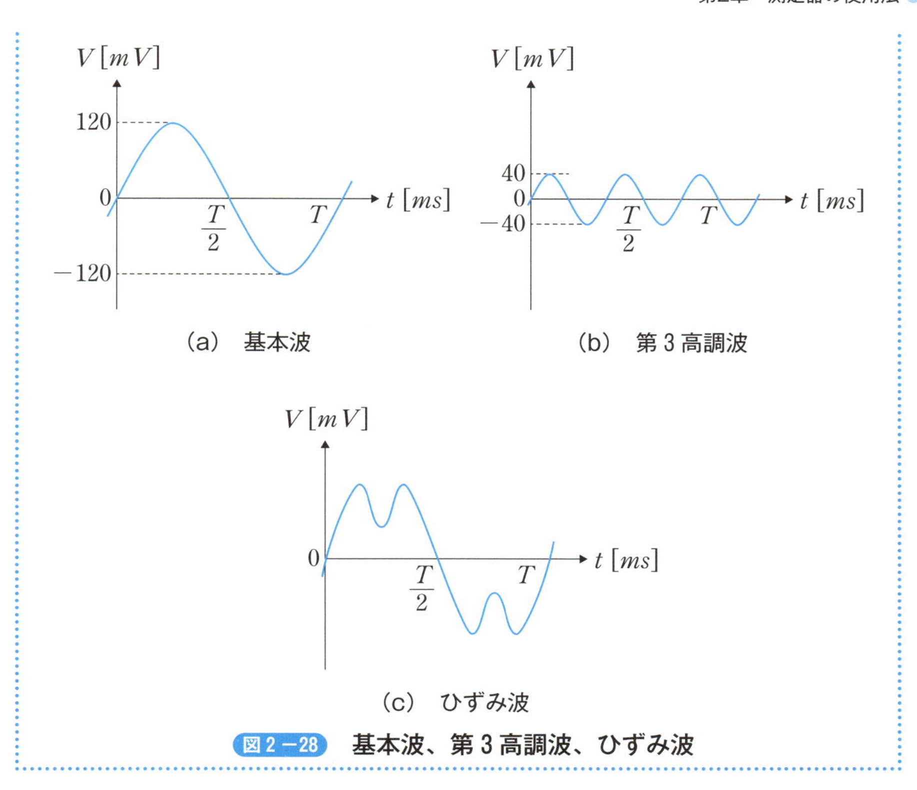

図2−28　基本波、第3高調波、ひずみ波

[解答]

基本波である交流波形の2倍の周波数の交流波形を第2高調波、3倍の交流波形を第3高調波といいます。基本波と高調波を合成した波形をひずみ波といい、波形を合成することを重畳（ちょうじょう）といいます。基本波に第3高調波を重畳すると図2−29にようになります。図2−28（c）のひずみ波はこのようにして描かれます。

まず、最初に、それぞれの波形の周期 T 求めます。

基本波の周波数は $f=100$ [Hz] なので、周期 T は

$$T=\frac{1}{f}=\frac{1}{100}=0.01\ [s]=10\ [ms]$$

となります。

第3高調波の周期 T は、周波数 $f=300$ [Hz] から

$$T=\frac{1}{f}=\frac{1}{300}\approx 0.0333\ [s]=33.3\ [ms]$$

となります。

次に、それぞれの波形の電圧 V_{0-P} から電力 dBm を求めます。

基本波の場合は、$V_{0-P}=120\ [mV]$ から

$$W=\frac{V_{0-P}{}^2}{2\times R}=\frac{0.12^2}{2\times 50}=0.000144\ [W]$$

$$dBm=10\times log\frac{0.000144\times 10^3\ [mW]}{1\ [mW]}=-8.416\ [dBm]$$

となり、この値から減衰器の減衰量10 [dBm] を差し引くと、スペクトルのピークの電力値は

$$dBm=-8.416-10=-18.416\ [dBm]$$

になります。

次に、第3高調波の $V_{0-P}=40\ [mV]$ から電力 dBm を求めます。

$$W=\frac{V_{0-P}{}^2}{2\times R}=\frac{0.04^2}{2\times 50}=0.00016\ [W]$$

$$dBm=10\times log\frac{0.000016\times 10^3\ [mW]}{1\ [mW]}=-17.959\ [dBm]$$

この値から減衰器の減衰量10 [dBm] を差し引くと、スペクトルのピークの電力値は

$$dBm=-17.959-10=-27.959\ [dBm]$$

となります。

計算した電力値 dBm からスペクトル波形のイメージを作図すると、図2−30のように描くことができます。実際に、スペクトラム・アナライザで測定した場合も表示画面には類似のスペクトル波形が表示されます。

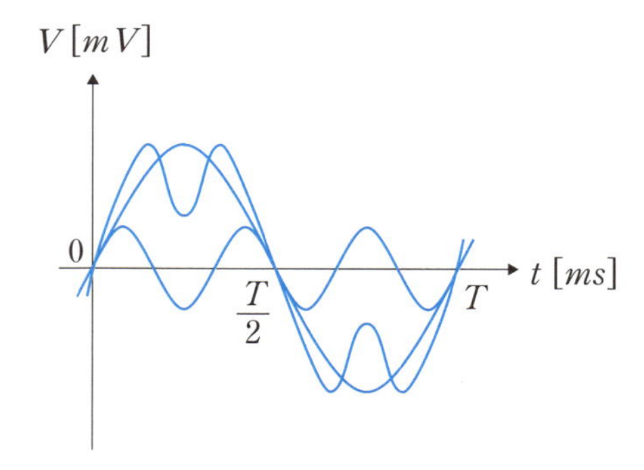

図2−29　基本波と第3高調波を重畳する

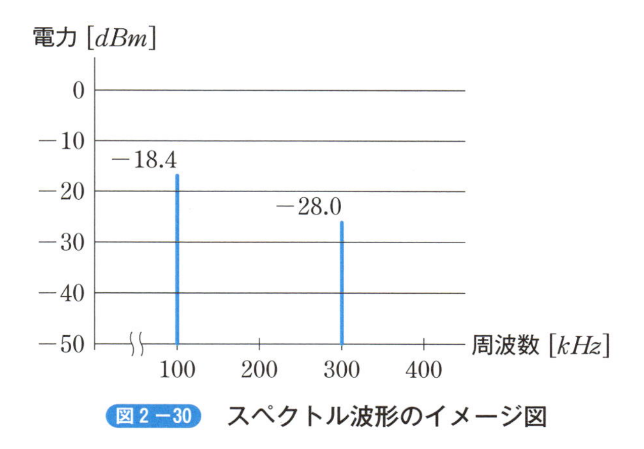

図2−30　スペクトル波形のイメージ図

答：基本波：10 [*ms*]、第3高調波：33.3 [*ms*]、
スペクトル波形のイメージ図：図2−31

2－4　赤外線サーモグラフィと熱画像測定例

赤外線サーモグラフィは、非接触で温度測定のみならず、温度分布としてカラフルな熱画像を表示させることができます。電気系や機械系の実験や現場測定などで幅広く利用されています。最近ではハンディタイプなポータブルなものが開発され、使い方もより汎用化され、初心者をはじめ多くの技術者、研究者が活用しています。

最初に、赤外線サーモグラフィの基本として、測定原理や特徴について説明します。次に、赤外線サーモグラフィの使用例について説明します。

2－4－1　赤外線サーモグラフィの基本

赤外線サーモグラフィは、測定対象物から出ている赤外線放射エネルギーを検出し、対応した見かけの温度に変換し、温度分布を熱画像として画像表示する装置あるいはその測定方法をいいます。さらに、測定装置と測定方法を分けると、測定装置そのものを赤外線サーモグラフ（*Infrared Thermograph*）、測定法を赤外線サーモグラフィ（*Infrared Thermography*）と呼んでいます。通常は、測定装置、方法を総称して“赤外線サーモグラフィ”と呼称しています。

赤外線サーモグラフィの特徴を以下に列記します。

・非接触で計測できる
・遠隔計測できる
・危険箇所に触れずに安全に計測できる
・高速での計測が可能で、動いている物体の温度計測が可能
・計測時間が短く効率的な測定が可能
・温度分布として熱画像が表示できる（パターン計測が可能である）
・画像として判断できるので、異常部位を発見できる
・デジタルデータなのでデータ処理や管理が容易である
・パーソナルコンピュータで処理・管理が行えるので、効率的なデータ処理が可能

赤外線サーモグラフィの測定原理イメージを図２－31に示します。

測定対象である物体から放射する赤外線を赤外線サーモグラフィの特殊なレンズ（通常の石英ガラスは赤外線を透過しないので、赤外線を透過するゲルマニウム製のレンズを使用する）で集光し、内部の温度センサ（赤外線検出素子）で検出します。赤外線を検出する素子には、光電効果による変化を検出する量子型と

赤外線放射による温度上昇を検出する熱型の2種類があります。最近の半導体プロセス技術とマイクロマシン技術の発展によって熱型検出素子が高品質・安定生産に向くようになってきています。

最近では、ほとんどの赤外線サーモグラフィには非冷却タイプのマイクロボロメータ（抵抗式熱型検出器、写真2－25）が使用されています。マイクロボロメータは、受光部に赤外線が当たるとその温度上昇によって抵抗値が変化します。温度センサとしてその変化量を電気信号として出力します。

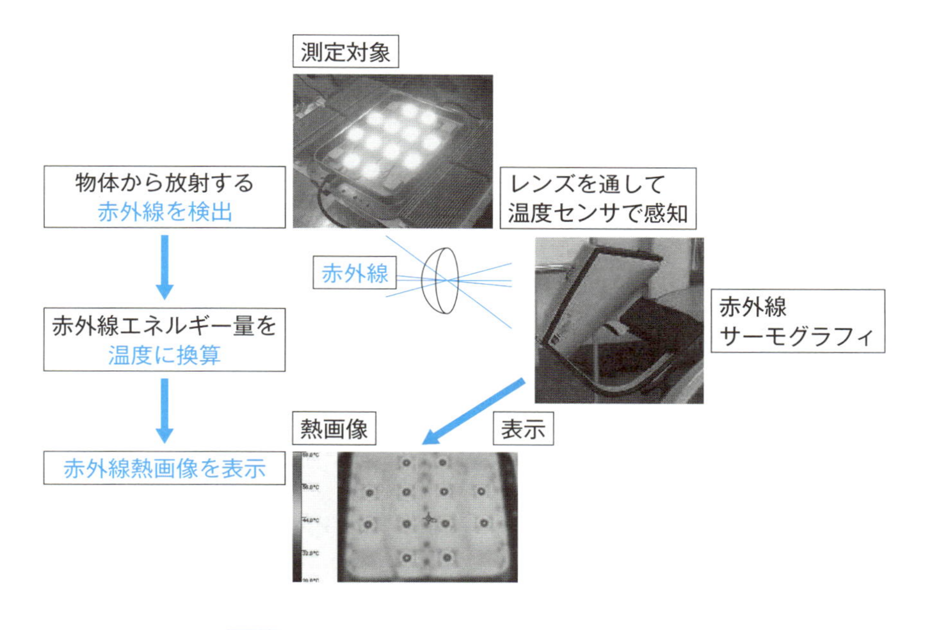

図2－31　赤外線サーモグラフィの原理イメージ

しかしながら、赤外線を検出することによって検出素子自体の温度が上昇し、測定に影響を与えてしまいます。これを抑えるために、ペルチェ素子を利用して検出素子を一定温度に保持しています。この理由は、赤外線サーモグラフィの熱雑音の影響を抑えるとともに、検出精度を高めるためです。現在では、素子自体の開発・改良が格段に進み、安定な測定が可能になってきていますが、それでも素子の温度を一定に保つことは非常に重要で、素子の周囲の温度制御には高度な冷却技術が必要とされています。

温度センサで検出された信号はアンプを通してアナログデータからデジタルデータに変換され、専用の*CPU*で演算、補正され、温度データとして熱画像に表示される仕組みになっています。赤外線検出から画像処理までの流れを図２－32に示します。

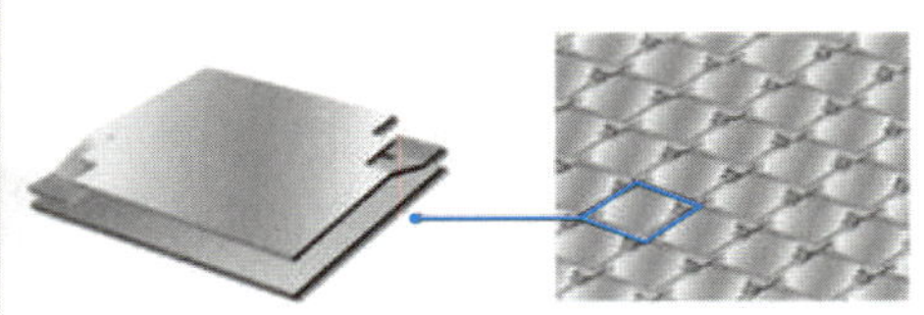

（a）素子本体　（b）素子の構造　（c）フォーカルプレーンアレイ構造

写真２－25　マイクロボロメータの構造

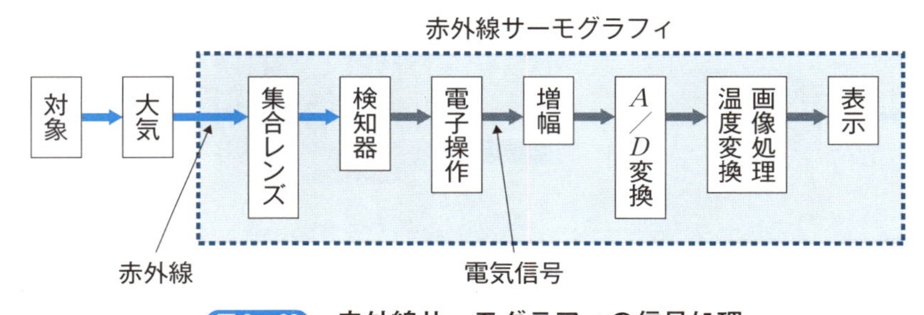

図２－32　赤外線サーモグラフィの信号処理

次に、物体から放射される赤外線について説明します。

赤外線の放射は、放射・反射・透過の３要素からなり、この３要素は、エネルギー保存の法則から

放射率＋反射率＋透過率＝1　（２－８）

と考えることができます。

“放射”は、測定対象物から赤外線エネルギーとして直接放射されるものです。“反射”は測定対象物以外の外乱光の反射によるもので、“透過”は測定対象物の背景から透過したものです。これらが合わさったものが赤外線として赤外線サーモグラフィに入射されます（図２－33）。

ここで、透過率を０とすると、式（２－８）は、

放射率（吸収率）＋反射率＝1　（２－９）

となります。

　また、すべての光を吸収する物体を“完全黒体”と呼んでいます。完全黒体は、すべての光を吸収するので、同じ温度の物体と比べた場合、放射する赤外線の量は、最も多くなります。黒体は吸収した熱エネルギーをすべて放射します。すなわち、「吸収率＝放射率」です

　一般に、赤外線をよく吸収する物体は赤外線をよく放射します。赤外線サーモグラフィを使用する前に、測定対象物の放射率を調べておく必要があります。物体の放射率を表2－3に示します。

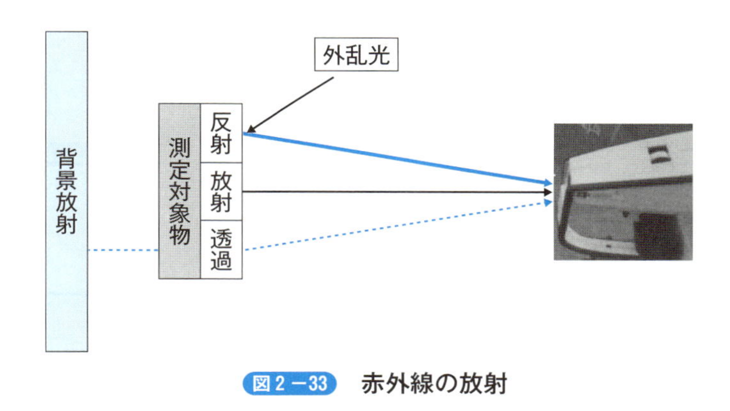

図2－33　赤外線の放射

表2−3 物体の放射率

物体	放射率 (ε)	物体	放射率 (ε)
鉄	0.85	砂	0.9
鉄（亜鉛メッキ）	0.28	耐火レンガ	0.68
鉄（ひどく錆びている）	0.91〜0.96	木材	0.86〜0.98
ニッケル	0.85	紙	0.92
アルミニューム	0.30	紙（黒、光沢）	0.9
アルミニューム（表面アルマイト処理）	0.77	紙（白）	0.68
アルミニューム（表面磨きあげ）	0.05	紙（ダンボール）	0.81
銅	0.80	壁紙（模様つき、ライトグレー）	0.85
銅（表面磨きあげ）	0.03	布	0.75
真鍮	0.60〜0.65	プラスチック	0.91〜0.95
真鍮（表面磨きあげ）	0.05	ゴム	0.95〜0.97
ニクロム	0.60	カーボン	0.98
ガラス	0.85	人間の皮膚	0.97
ファイバーグラス	0.75	水	0.95
セラミック	0.80	海水	0.98
タイル	0.80	雪	0.80〜0.85
アスベスト	0.90	氷	0.97
アスファルト	0.85	肉・魚	0.98
コンクリート	0.92〜0.95	野菜	0.98
モルタル	0.87	パン・菓子	0.98
モルタル（乾燥状態）	0.94	穀類	0.98
石膏ボード	0.90	油	0.98
土	0.92〜0.95	塗料	0.98

2−4−2 赤外線サーモグラフィによる熱画像測定

赤外線サーモグラフィによる熱画像測定について3例を説明します。電球形*LED*ランプと*LED*街路灯、リチウム電池の釘刺し試験の熱画像測定についてです。

◇電球形 *LED* ランプの熱画像

熱伝導性の異なる接着剤（仮称 *A* と *B*）を同じ仕様、形状の2個の電球形 *LED* ランプの *LED* 基板装着部に使用した場合のサーモグラフィによる熱画像の比較測定です。*LED* 電球は、限られたスペースに *LED* チップを装着した *LED* 基板と放熱部、放熱部内の電源回路部が密集装着されており、わずかな温度差であっても長期使用に際しては接着剤の耐久性に影響を及ぼすし、*LED* チップ自体の寿命を左右することになります。電球形 *LED* ランプのカバーを外した状態のものを写真2－26に示します。

測定対象の電球形 *LED* ランプを2個並べ、1*m* 離れた位置から赤外線サーモグラフィで熱画像を測定します。ランプ点灯5分経過後の熱画像を図2－34に示します。電球形 *LED* の温度上昇は1℃程度の差異が確認できます。また、この温度差は時間経過とともに大きくなります。例えば、30分経過後の温度上昇は2℃を超えました。熱伝導率が異なる接着剤による温度上昇の違い、温度分布について熱画像で比較することができます。

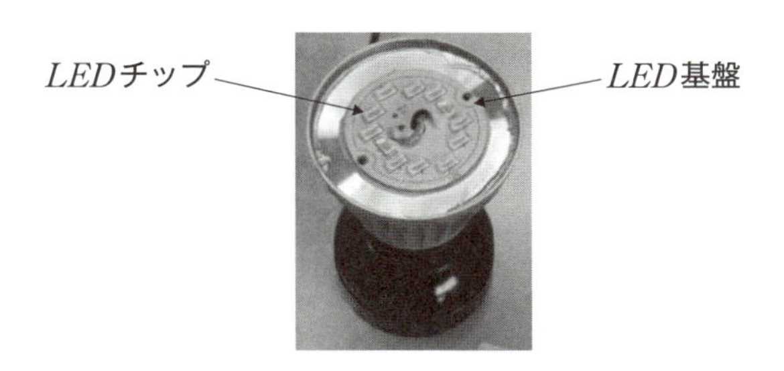

写真2－26　電球形 *LED* ランプ

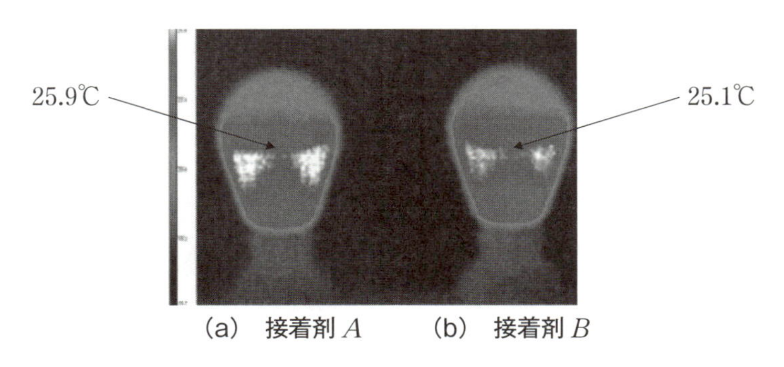

図2－34　電球形 *LED* ランプの熱画像の比較

◇*LED*街路灯の熱画像測定

*LED*街路灯の放熱部（ヒートシンク）の熱画像を測定します。電源投入するとパワー*LED*から発熱が開始し放熱部全体に熱が伝導します。放熱部の温度上昇は時間経過とともに飽和していき、熱分布は均一化していきます。赤外線サーモグラフィによる測定の状態を写真２－27、熱画像を図２－35に示します。熱画像を見ると測定開始後の温度上昇と温度分布の様子を確認することができます。

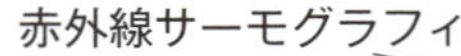

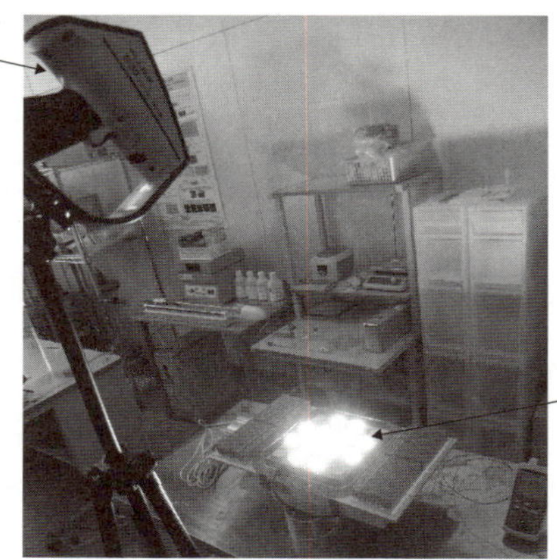

写真２－27　赤外線サーモグラフィによる測定

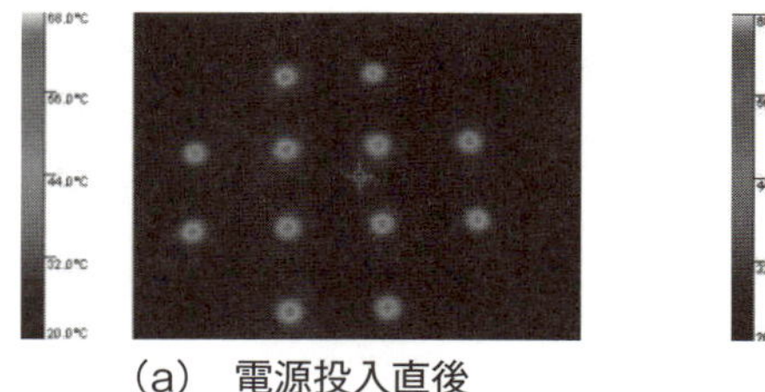

（a）　電源投入直後

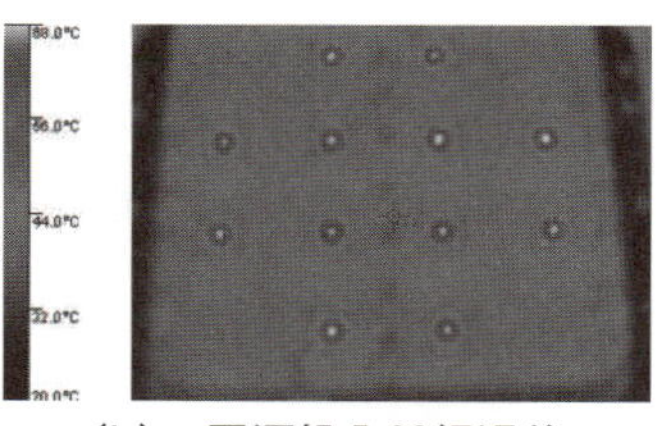

（b）　電源投入30経過後

図２－35　放熱部の熱画像の例

◇リチウムイオン電池の釘刺し試験の熱画像測定

リチウムイオン電池は、使い方を誤ると発煙や発火、破裂といった電池破損に繋がりかねません。リチウムイオン電池の安全使用は必要不可欠です。このため、リチウムイオン電池の安全性評価試験の１つとして釘刺し試験が行われています。

筆者の研究室では、市販の卓上型ハンドプレスを活用して釘刺し試験機を製作し、内製したラミネート型電池の釘刺し試験を実施しました。

試験に際しては、飛射物質などが飛び散らないように試験機本体回りを遮蔽板で覆い、消火器を近くに設置するなどして火災対策や安全対策に細心の注意を払って実施します。

釘刺し後のラミネート型電池の表面温度の経時変化をサーモグラフィで測定しました。釘刺し試験例と電池表面の熱画像の測定例を写真２－28、写真２－29に示します。釘刺し１分半後には200℃を超える高温になっています。

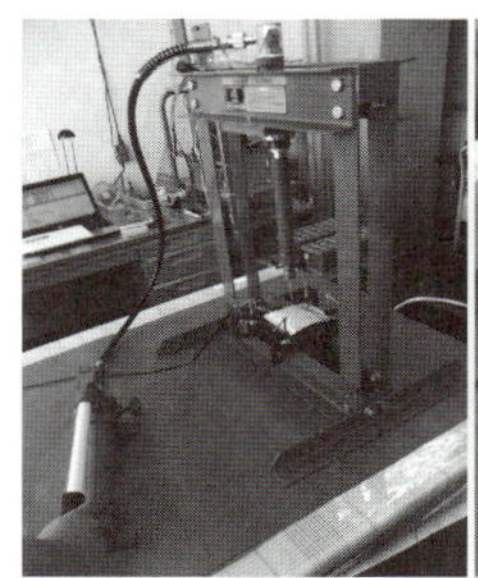

（a）　試験治具　　（b）　電池セット　　（c）　電池火災

写真２－28　釘刺し試験

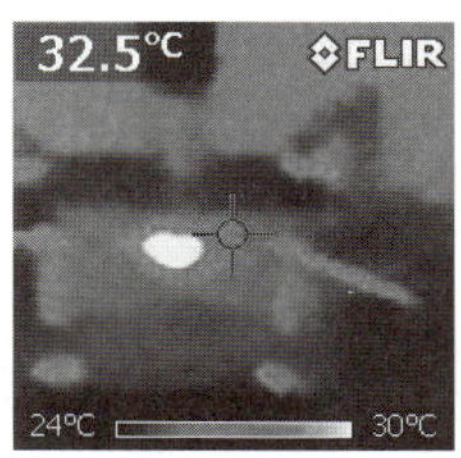

（a）　開始前

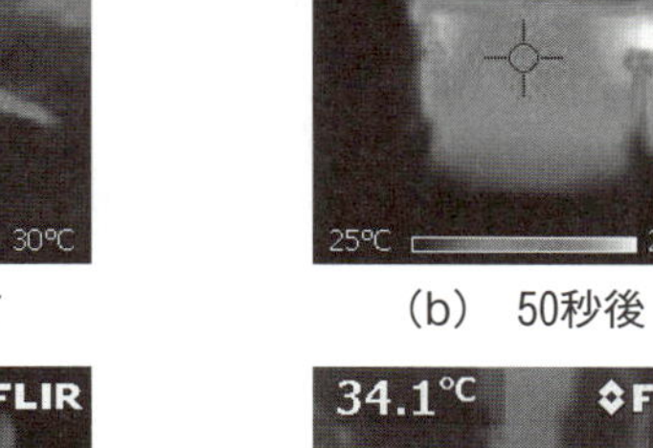

（b）　50秒後

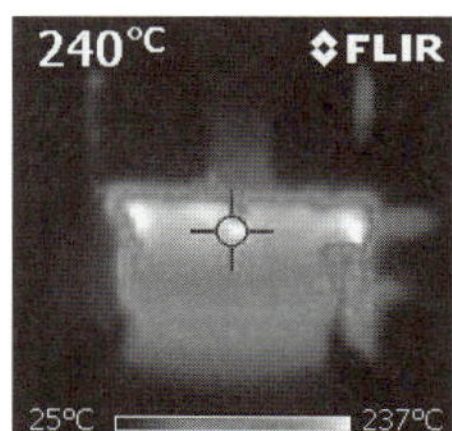

（c）　100秒後

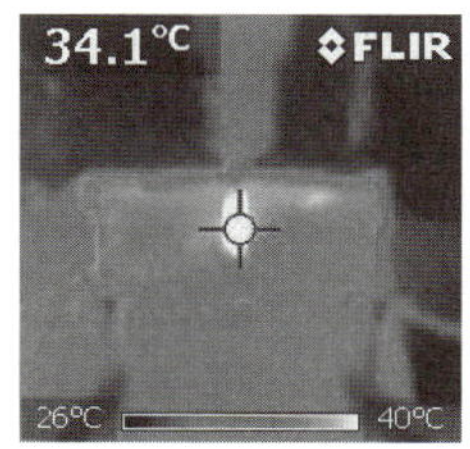

（d）　460秒後

写真２－29　電池表面の熱画像の経時変化

［例題２－11］

次の放射率に関する説明で、誤りがある場合は訂正しなさい。

⑴放射率は、物体からの熱放射（赤外線エネルギー）のしやすさを０～１で表したものである。センサに入射する全エネルギーを１としたときの放射エネルギーの割合をいう。

⑵一般の物体の放射率は、同一物質でも表面が粗いと放射率は高くなる。

⑶最も多く放射する物体の放射率は２で黒体または完全黒体と呼ばれる。反射が無く放射だけと見なせる理想物体である。

⑷木材や塗料などの放射率は0.9～0.95程度で、鏡面体や鏡面研磨された金属はほとんど０である。

⑸鏡面体を測定する場合は、黒体スプレーや黒体テープなどを測定対象物に貼り付けることで、近似的に完全黒体とし、測定することが可能となる。

［解答］

誤りは、⑶のみです。完全黒体の放射率は１です。物体の吸収と放射のイメージを図２－36に示します。右端が黒体の吸収と放射のイメージです。100％吸収した熱エネルギーは100％放射します。反射はありません。108ページの式（２－９）で、反射率＝0なので、放射率＝1になります。熱平衡状態では赤外線の放射量と吸収量は同じであり、赤外線をよく吸収する物体ほど、より赤外線を放射します。

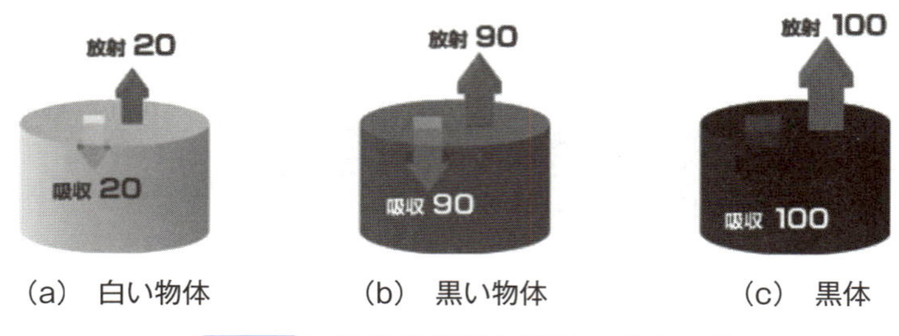

図２－36　物体の吸収と放射のイメージ

⑸の鏡面体を測定する場合の対処法の理由は、鏡面体は光をほとんど反射して吸収することがないので（鏡面体の放射率は０なので）、鏡面体からは放射はありません。このような場合、赤外線サーモグラフィによる測定のテクニックとして、測定対象物に黒体物を貼り付けて測定します。

答：⑶、完全黒体の放射率は１

第3章
電気の基本実験

基本的な電気回路を通して電気の基本実験について解説します。A－V法、V－A法、テブナンの定理を用いた抵抗の測定法とこれらの具体的な実験例について説明します。また、計算で求めた見かけの抵抗値との比較を行います。次に、交流の電圧と電流の波形観測から実効値と電力の関係、電力の求め方、平均電力の考え方などについて説明します。最後に、受動素子であるコイル、コンデンサおよびこれらの直並列回路における電圧と電流の関係について実際の波形観測から説明します。

3－1 直流電圧、電流の測定

電気回路におけるオームの法則は、電流 I、電圧 V、抵抗 R とすると、電流が抵抗を流れる向きに $V=IR$ の電圧降下を生じるというものでした。またキルヒホッフの法則は、ある点に入出力する電流の総和は0、閉回路に沿う電圧の総和は0という電流と電圧の保存則でした。

最初に直流回路について、次に交流回路についてオームの法則とキルヒホッフの法則を適用して回路の性質を調べ理解します。

3－1－1 直流電圧の測定

電気回路中のある点の電圧を測定するには、基準となる点と測定点に電圧計を接続して電圧を測定します。これは図3－1のようにタンクの中の水位を測定するのに細いビニール管をタンクの横に縦に取り付けるのに似ています。ビニール管には水は流れていません。

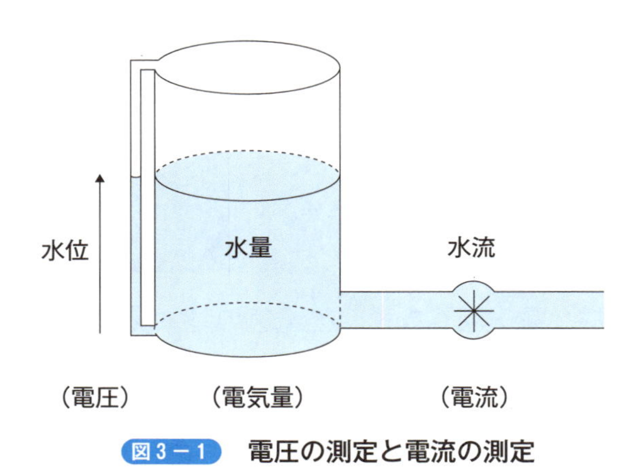

図3－1 電圧の測定と電流の測定

電圧計を用いて2点の電圧を測定するときも、図3－2（a）のように基準点と測定点との間に電圧計を並列に接続して電圧を測定します。このとき電圧計にはほとんど電流は流れません。これは電圧計の内部抵抗が高いことを表しています。アナログ電圧計は針を動かすために少しエネルギーとして電流が必要なため、内部抵抗は数十 $k\Omega$ 程度のものがありますが、デジタル電圧計は OP アンプに流れる電流が少ないために内部抵抗は数 $M\Omega$ 以上あります。このように、電圧を測るとき回路の2点に並列に電圧計のリード線を接続しますが、流れる電流が少ないために測定レンジさえ間違えなければ電圧計や回路に損傷を与えることはありません。

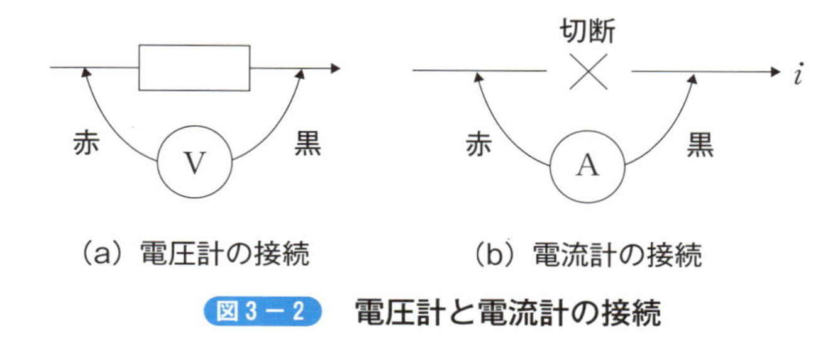

図3－2　電圧計と電流計の接続

3－1－2　直流電流の測定

回路に流れる電流を測定するには (*a*) 電流計を回路に直列に入れて測定する、(*b*) 小さな抵抗を直列に入れて電圧を測定する、(*c*) 回路を切断しないでクランプ型電流計で測定する、の3通りの方法があります。(*a*)、(*b*) の方法は水流測定の羽根車を水路を切断して埋め込む方法に似ています。これに対して (*c*) は流速による水圧の変化や水音を調べるような方法です。

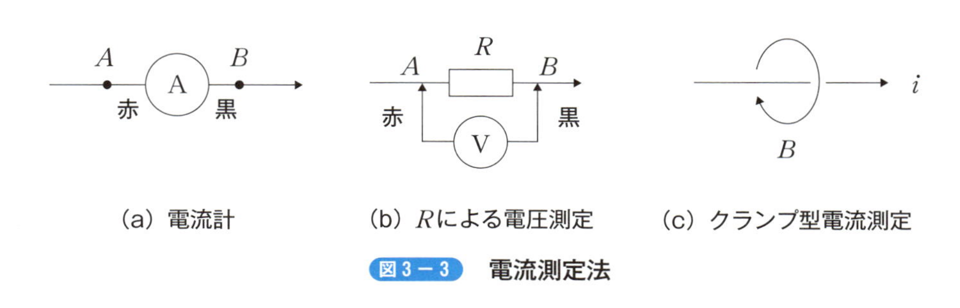

図3－3　電流測定法

電流計を使う場合は、図3－2 (*b*) のように回路を切断して電流計を直列に接続します。電流計に入り込む方向を＋として赤いリード線をつなぎます。このとき電流計の接続によってもとの電流が妨げられないように、電流計の内部抵抗は小さな値になっています。つまり電流計はほとんど導線と等しいと考えられます。したがって、もし電流計を回路の2点に並列に接続してしまうと、その2点間はショートされたことになり、回路にも電流計にも損傷を与えます。

電流に影響を与えないほど小さな抵抗 R を回路に直列に入れて R の両端の電

圧を測定する（b）の方法は、電圧 IR から電流を求めます。この方法は電流測定を電圧測定として扱えるため、オシロスコープなどの電圧表示器でも電流を表示させることができます。小さな抵抗 R に多くの電流を流して、並列に接続した電圧測定器で電流を求めるため R を分流器（シャント抵抗）と呼びます。一方、電流が発生する磁場の強さや誘導電流から電流を測定するクランプ型の電流測定器は、図３－３（c）のように回路を切断する必要が無いため簡便に電流を測定することができますが、他の電流による磁場の影響を避ける必要があるため比較的大きな電流測定に用いられます。

写真３－１　市販のクランプ型電流計の例

［例題３－１］

クランプ型の AC/DC 電流計で直流電流および交流電流を測定できる理由を説明しなさい。また、家庭のテーブルタップのように２本の線が平行になったコードの電流を測定するにはどのようにすればよいか説明しなさい。

［解答］

クランプメータには（a）磁気鉄心を閉じて１次側を直線として変圧器を構成し、２次側の電流を測定する変圧器型、（b）導線に流れる電流の発生する磁界を半導体センサで検出するホールセンサ型、（c）同じく導線に流れる電流の発生する誘導磁界をコイルで検出するロゴスキー型などがあります。（a）（c）が交流検出専用なのに対して、（b）のホールセンサ型は直流電流も検出できます。また両方の機能を組み込んだものも市販されています。

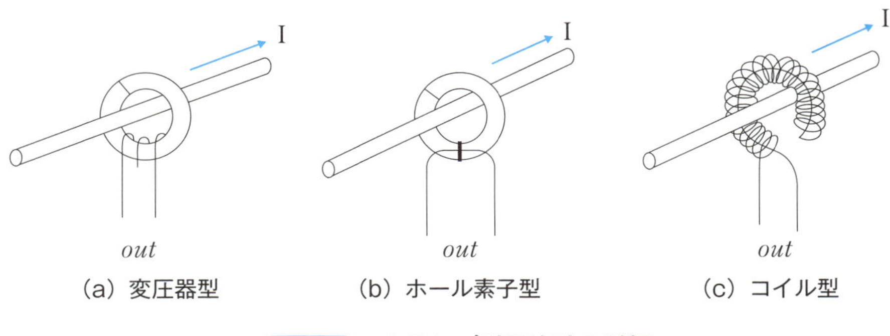

図3－4　クランプ型電流計の種類

平行線コードを流れる電流をクランプメータで測定するには1方向に流れる電流の周りの磁場を測定するために、2本線を引き離して片方の線をクランプして測定します。そのためには平行コードを引き離すか、図3－5のように加工した延長コードを用います。

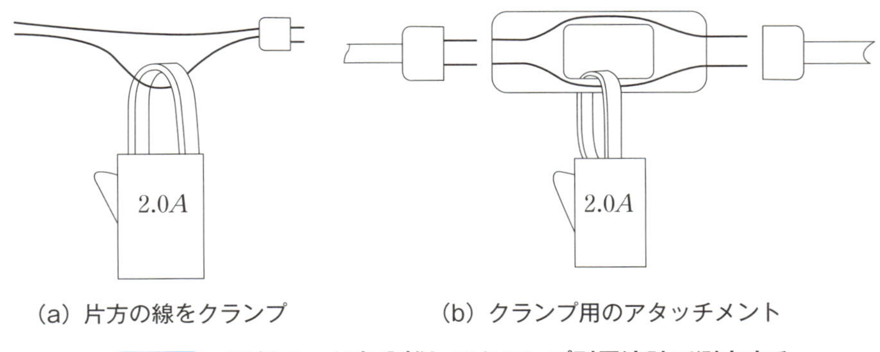

図3－5　平行コードを分離してクランプ型電流計で測定する

答：導線の発生する誘導磁場や静磁場をコイルやホールセンサで捕らえ電流表示する。平行線コードは分離して片方の線をクランプして測定する。

3－1－3　回路に流れる電流の測定

オームの法則とキルヒホッフの法則の応用として、ある回路の任意の2点間に抵抗をつないだとき、いくらの電流が流れるか調べてみます。

[例題３−２]

図３−６の回路のAB間に抵抗Rを外付けしたとき、Rに流れる電流Iを求めなさい。

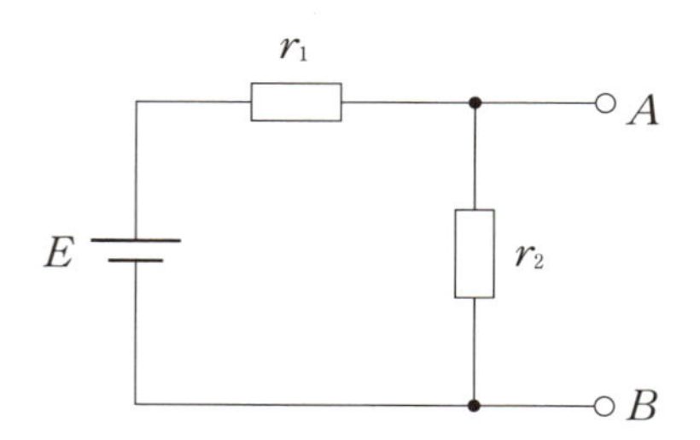

図３−６　**AB間にRを接続したときRに流れる電流Iを求める**

[解答]

AB間に抵抗Rを接続した回路の電流を図３−７のように定めると、キルヒホッフの法則（電流の入出力の和は０、閉回路に沿う電圧の和は０）とオームの法則から、次の連立方程式が成り立ちます。

$$\begin{cases} i_1 = i_2 + I \\ i_1 r_1 + i_2 r_2 = E \\ i_2 r_2 = IR \end{cases} \tag{3−1}$$

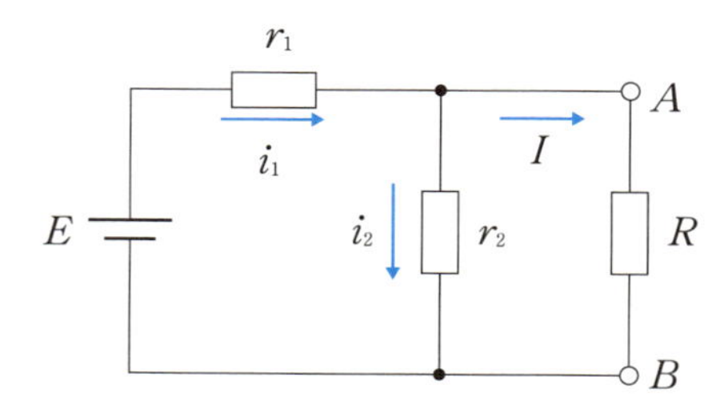

図３−７　**Rを接続したときの変数**

未知数をIとして解いていきます。

$$r_1(i_2 + I) + i_2 r_2 = E$$

$$r_1\left(\frac{IR}{r_2} + I\right) + IR = E$$

これより

$$I\left(\frac{r_1 R}{r_2}+r_1+R\right)=E$$

$$I=\frac{r_2 E}{(r_1+r_2)R+r_1 r_2} \qquad (3-2)$$

と解くことができます。

答：$I=\dfrac{r_2 E}{(r_1+r_2)R+r_1 r_2}$

式（3－2）を次のように変形すると

$$I=\frac{\dfrac{r_2}{r_1+r_2}E}{\dfrac{r_1 r_2}{r_1+r_2}+R}=\frac{V}{r+R} \qquad (3-3)$$

になります。Vおよびrは次のような意味を持ちます。まずVは図3－8（a）のようにAB間に何も接続しないときに表れる電圧（開放電圧）を表しています。またrは図3－8（b）のように電池を短絡したときにAB間から見た抵抗、この場合はr_1、r_2の並列接続を表しています。そしてRに流れる電流Iは式（3－3）から図3－8（c）のように、電圧Vの電源に内部抵抗rとRを直列接続したときに流れる電流に等しいことを表しています。このような関係は**テブナンの定理**※注と呼ばれます。電源を短絡して消去する過程が含まれるため、複数の電源を含む回路が簡単に解けるなど回路の解析に威力を発揮します。

※注：テブナンの定理の説明は、本書と同シリーズの『例題で学ぶ はじめての電気回路』（臼田昭司著、技術評論社刊）を参照。

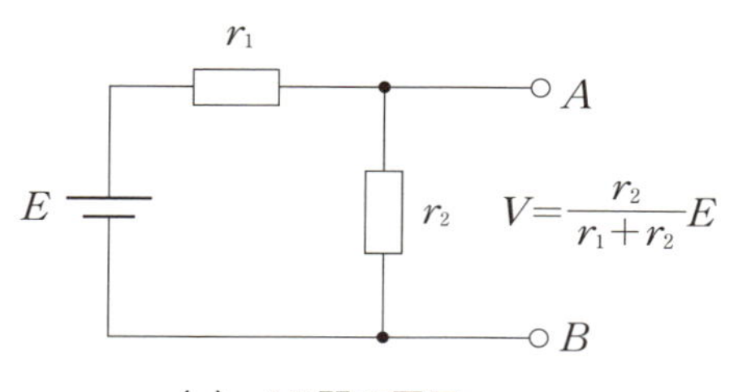

（a）AB間の電圧

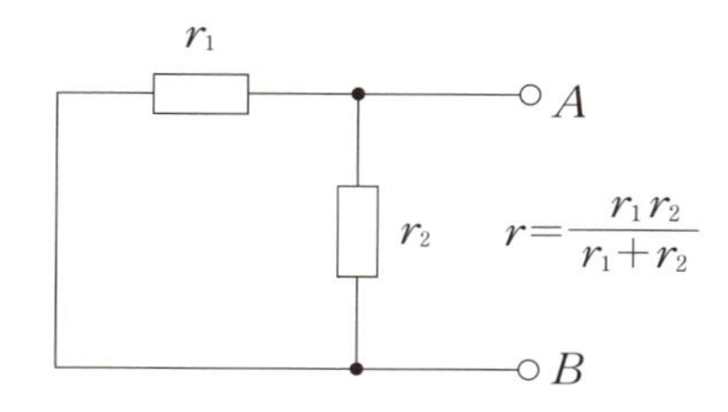

（b）電圧源を短絡したときのAB間の抵抗

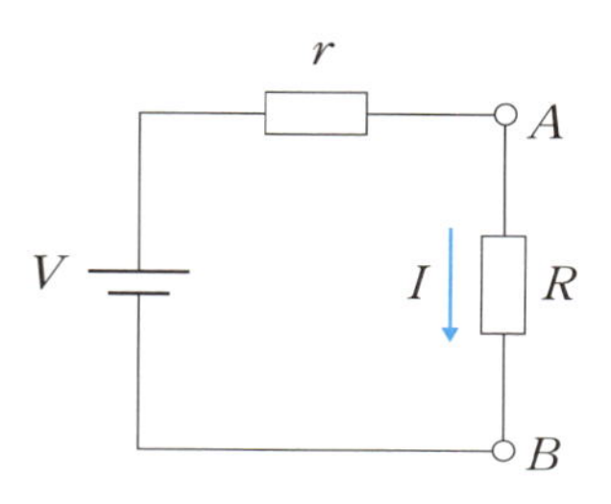

（c）直列回路を流れる電流

図３－８　テブナンの定理

［例題３－３］

図３－９の回路の抵抗r_3を流れる電流i_3を求めなさい。

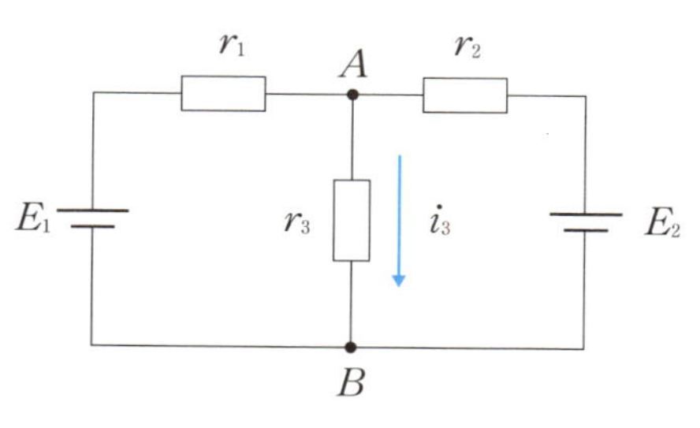

図３－９　２つの電圧源を持つ回路

［解答１］

考えやすくするためABを右にした回路に書き換え、図中のように電流の変数を決めます。

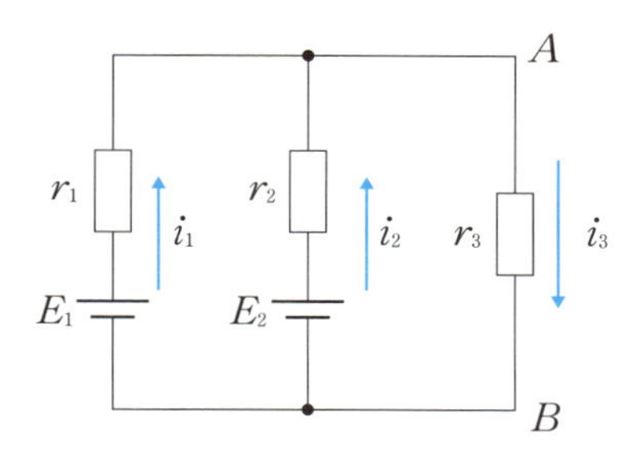

図3－10　図3－9の書き換え

オームの法則とキルヒホッフの法則から

$$E_1-r_1i_1=E_2-r_2i_2=(i_1+i_2)r_3 \qquad (3-4)$$

となり、この連立方程式から未知数i_1、i_2を求めると

$$i_1=\frac{(r_2+r_3)E_1-r_3E_2}{(r_1+r_3)r_2+r_1r_3} \qquad (3-5)$$

$$i_2=\frac{-r_3E_1+(r_1+r_3)E_2}{(r_1+r_3)r_2+r_1r_3} \qquad (3-6)$$

となります。これより

$$i_3=i_1+i_2=\frac{r_2E_1+r_1E_2}{(r_1+r_3)r_2+r_1r_3} \qquad (3-7)$$

が求まります。

答：$i_3=\dfrac{r_2E_1+r_1E_2}{(r_1+r_3)r_2+r_1r_3}$

[解答2]

同じ問題をテブナンの定理を使って求めてみます。そのために図3－10の回路で抵抗r_3を取り外した回路のAB間の電圧と、電源を短絡したときにABから見た抵抗を求めます。

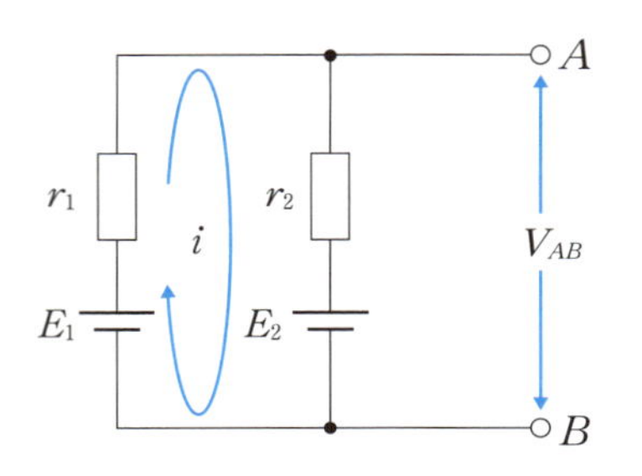

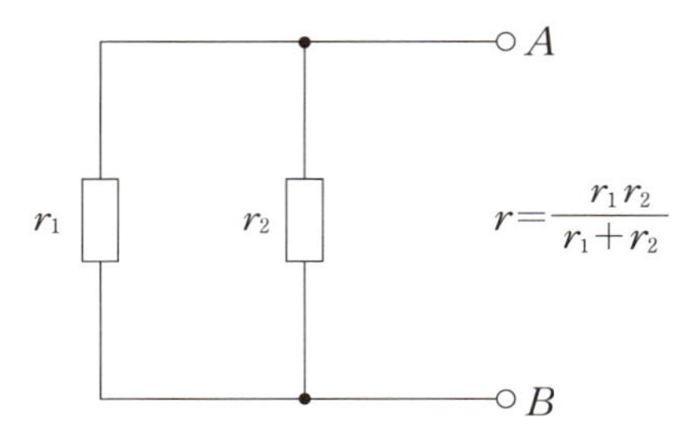

(a) 抵抗r_3を取り外したときのAB間の電圧　(b) 電源を短絡してABから見た抵抗

図3−11　図3−10の変更

まず図3−11 (a) の電流iはキルヒホッフの第2法則から

$$(r_1+r_2)i-E_1+E_2=0 \qquad (3-8)$$

となります。これより

$$i=\frac{E_1-E_2}{r_1+r_2} \qquad (3-9)$$

となり、したがってAB間の電圧は

$$V_{AB}=E_1-r_1 i=\frac{r_2 E_1+r_1 E_2}{r_1+r_2} \qquad (3-10)$$

となります。一方、すべての電源を短絡したときAB間の抵抗はr_1、r_2が並列接続されているので

$$r=\frac{r_1 r_2}{r_1+r_2} \qquad (3-11)$$

となります。これらを使ってテブナンの定理よりr_3を流れる電流は以下のように求まります。

$$i_3=\frac{V_{AB}}{r+r_3}=\frac{r_2 E_1+r_1 E_2}{(r_1+r_3)r_2+r_1 r_3} \qquad (3-12)$$

これは式（3−7）の結果と一致しています。

このようにテブナンの定理を用いると連立方程式を解くことなく簡易に任意の抵抗を流れる電流を求めることができます。

答：$i_3=\frac{r_2 E_1+r_1 E_2}{(r_1+r_3)r_2+r_1 r_3}$

3−1−4　A−V法とV−A法による抵抗測定

内部抵抗がr_Vのアナログ電圧計Ⓥと、内部抵抗がr_Aのアナログ電流計Ⓐを用いて、未知抵抗 R の値を測定する実験を考えます。電流計、電圧計を駆動するため電源電圧 E の電池を使うとすると、考えられる接続法として次の図 3 −12 (a)、(b) の 2 つの回路が考えられます。

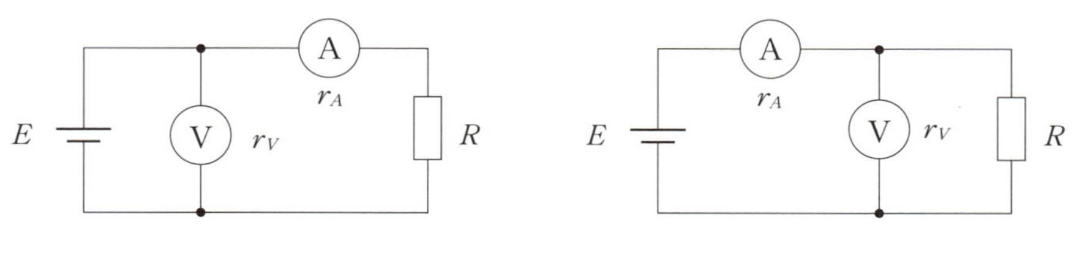

（a）測定回路 1　　（b）測定回路 2

図 3 −12　未知抵抗 R を求める 2 つの測定回路

このとき (a) の回路では、次の図 3 −13の (a) のように電流計と抵抗が直列になっているため共通の電流 I が流れ、電圧は $E=V=V_A+V_R=I(r_A+R)$ となります。$\frac{V}{I}$ から抵抗が求まるためには

$$\frac{V}{I}=r_A+R \fallingdotseq R \ (r_A \ll R) \qquad (3-13)$$

の条件が必要となります（r_A は R の $\frac{1}{10}$ 以下）。この条件での抵抗測定法を $V-A$ 法と呼びます。

一方、図 3 −12 (b) の回路では、図 3 −13の (b) のように電圧計と抵抗が並列になっているため、電流は $I=I_V+I_R=\frac{V}{r_V}+\frac{V}{R}$ となります。これからオームの法則の形になるためには

$$\frac{V}{I}=\frac{1}{\frac{1}{r_V}+\frac{1}{R}} \fallingdotseq R \ (r_V \gg R) \qquad (3-14)$$

の条件が必要になります（R_V は R の10倍以上）。この条件での抵抗測定法を $A-V$ 法と呼びます。

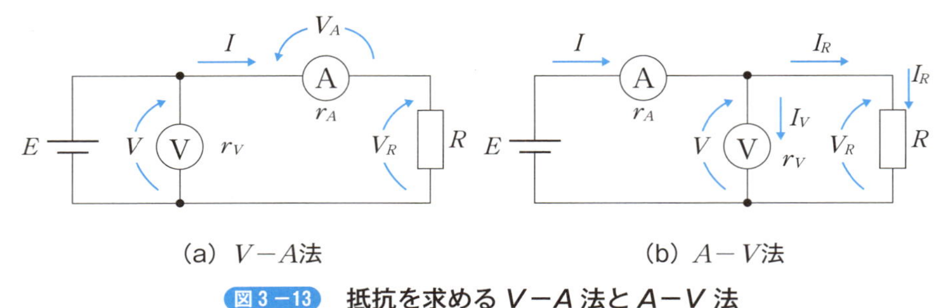

(a) $V-A$法　　(b) $A-V$法

図3−13 抵抗を求める $V-A$ 法と $A-V$ 法

これらの条件が満たされていないときの抵抗値の測定には、どちらの方法でも正確な電圧計と電流計の内部抵抗を測定してから抵抗値を計算で求めます。

これに対してデジタル電圧計では、入力抵抗（入力インピーダンス）の高い OP アンプや AD 変換器を使っていますので、数 $M\Omega$ 以下の通常の抵抗値を持つ R であれば式（3 −14）の条件は常に満たされています。またデジタル電流計では、ごく低い値の抵抗（シャント抵抗）を用いて電流が流れたときの電圧降下を大きく増幅して表示したり、あるいは OP アンプを使った電流電圧変換を行ったりしていますので、式（3 −13）も満たしています。したがってマルチメータあるいはデジタルテスタを使う場合は、これらの測定法の違いについて意識する必要はありません。

[例題 3 − 4]

2 [V] の電源を用いて、抵抗 R を $A-V$ 法で求めるときの誤差を評価したい。アナログ電圧計の内部抵抗は 3 [V] レンジで55 [$k\Omega$]、アナログ電流計の内部抵抗は100 [mA] レンジで3.6 [Ω]、 1 [mA] レンジで239 [Ω] であった。デジタルテスタで測った抵抗値 R が100 [Ω] と10 [$k\Omega$] のときの見かけの抵抗値 R' を求め R の値と比較しなさい。

[解答]

抵抗 R を測定するための $A-V$ 法による測定回路は以下のようになります。

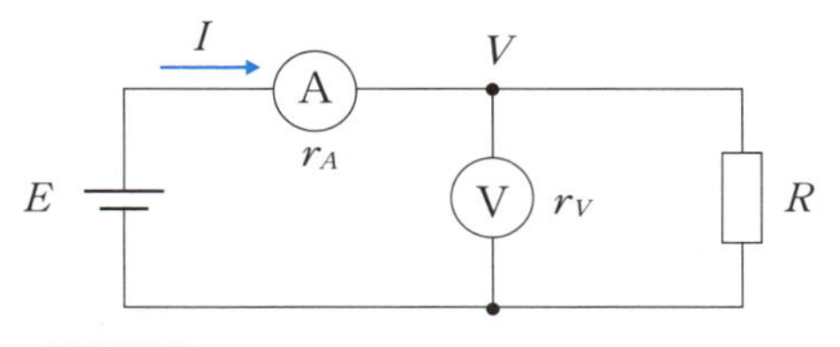

図3－14　A－V 法による R の測定回路

アナログ電流計が示す電流 I と、電圧計が示す V は

$$I=\frac{E}{\dfrac{r_V R}{r_V+R}+r_A}=\frac{E(r_V+R)}{r_V R+r_A(r_V+R)}$$

$$V=E-r_A I=\frac{r_V R}{r_V R+r_A(r_V+R)}E$$

となります。これより見かけの抵抗 R' は

$$R'=\frac{V}{I}=\frac{r_V R}{r_V+R}=\frac{R}{1+\dfrac{R}{r_V}}$$

となり、$\dfrac{R}{r_V}\ll 1$ のとき R' は R に近づきます。実際に定数に数値を代入して R' を求めると答えは表3－1のようになり、誤差は R が小さいほど少なくなっています。

表3－1　A－V 法による見かけの抵抗の計算例

R	E	V（$Range/r_v$）	I（$Range/r_A$）	$R'=\dfrac{V}{I}$
100 [Ω]	2 [V]	1.93 [V]（3 [V]/55 [$k\Omega$]）	19.3 [mA]（100 [mA]/3.6 [Ω]）	99.8 [Ω]
10 [$k\Omega$]	2 [V]	1.95 [V]（3 [V]/55 [$k\Omega$]）	0.230 [mA]（1 [mA]/239 [Ω]）	8.5 [$k\Omega$]

答：表3－1

[例題3−5]

2 [V] および10 [V] の電源を用いて、抵抗 R を V−A 法で求めるときの誤差を評価したい。アナログ電圧計の内部抵抗は 3 [V] レンジで55 [$k\Omega$]、12 [V] レンジで185 [$k\Omega$]、アナログ電流計の内部抵抗は100 [mA] レンジで3.6 [Ω]、1 [mA] レンジで239 [Ω] であった。R が100 [Ω] のときと10 [$k\Omega$] および100 [$k\Omega$] のときの見かけの抵抗値 R' を求めなさい。

[解答]

抵抗 R を測定するための V−A 法による測定回路は以下のようになります。

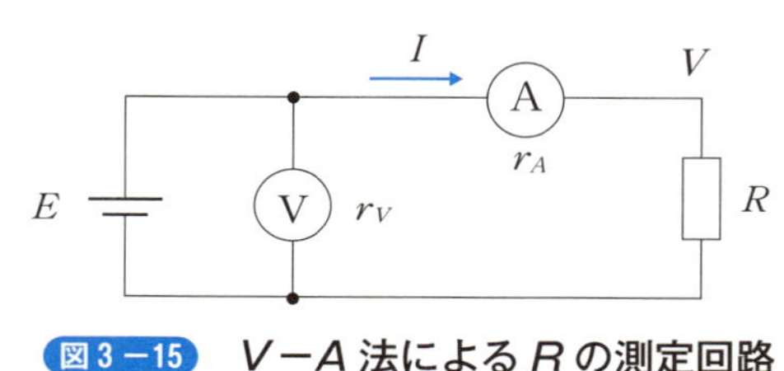

図3−15　V−A 法による R の測定回路

アナログ電流計が示す電流 I は次の通りです。

$$I=\frac{E}{R+r_A}$$

電圧計が示す V は E になるため、見かけの抵抗 R' は

$$R'=\frac{V}{I}=\frac{E}{I}=R+r_A=R\left(1+\frac{r_A}{R}\right)$$

となり、これは $\frac{r_A}{R}\ll 1$ で R' は R に近づくことを表しています。実際に定数に数値を代入して R' を求めると表3−2のようになり、誤差は R が大きいほど少なくなっています。

表3－2　$A-V$ 法による見かけの抵抗の計算例

R	E	V ($Range/r_v$)	I ($Range/r_A$)	$R'=\dfrac{V}{I}$
100 [Ω]	2 [V]	2 [V](3 [V]/55 [$k\Omega$])	19.3 [mA](100 [mA]/3.6 [Ω])	103.6 [Ω]
10 [$k\Omega$]	10 [V]	10 [V](12 [V]/185 [$k\Omega$])	0.977 [mA](1 [mA]/239 [Ω])	10.24 [$k\Omega$]
100 [$k\Omega$]	10 [V]	10 [V](12 [V]/185 [$k\Omega$])	0.0998 [mA](1 [mA]/239 [Ω])	100.2 [$k\Omega$]

答：表３－２

3－1－5　ホイートストンブリッジ回路

前述の３－１－４節の抵抗測定では、内部抵抗のわかっているアナログ電圧計や電流計を用いて抵抗を測定する必要がありました。ところが電池と微小電流を検知する検流計Ⓐと既知抵抗があれば、電圧計を用いなくても抵抗を測定することができます。このとき検流計は電流が流れているかどうかを見るだけなので内部抵抗はわかっていなくても構いません。図３－16のように１つの既知抵抗 R_0 と AB 間の抵抗が長さに比例して変化する抵抗線を用いて、抵抗 R を測定する回路を考えます。

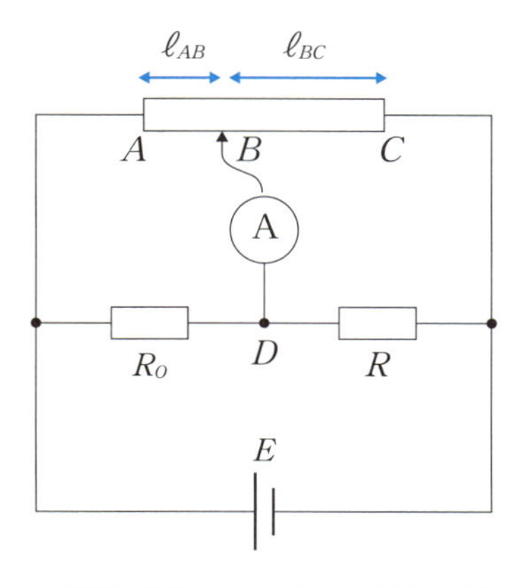

図３－16　メートルブリッジ

B 点をスライドさせて検流計Ⓐに電流が流れないようにしたとき、B 点の電圧と D 点の電圧は等しいので $R_0 : R = R_{AB} : R_{BC} = \ell_{AB} : \ell_{BC}$ が成り立ちます。この条件を B 点、D 点の電圧がバランスしている平衡条件と呼びます。このとき

$$R = R_0 \frac{\ell_{BC}}{\ell_{AB}} \qquad (3-15)$$

となり、既知抵抗 R_0 と抵抗線の長さの比だけで抵抗値 R を測定することができます。抵抗値を決めるのに電圧 E は関係してきません。このような測定回路をメートルブリッジと呼んでいます。

スライド可能な抵抗線を用意するのが難しい場合は、R_{AB} の部分に既知抵抗 R_1、R_{BC} の部分に可変抵抗 R_V を用いて、同様に R を求めることができます（図3−17）。

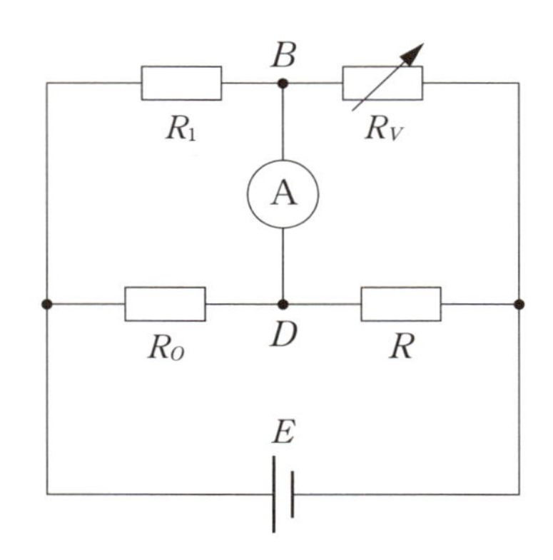

図3−17　ホイートストンブリッジ

検流計Ⓐに電流が流れないように可変抵抗 R_V を調整したとき、BD 間の電圧は等しいので $R_0 : R = R_1 : R_V$ が成り立ちます。これをホイートストンブリッジの平衡条件と呼びます。これから R_V の値を読めば

$$R = \frac{R_0}{R_1} R_V \qquad (3-16)$$

から R が求まります。このように2つの既知抵抗と値の読める可変抵抗を使って未知の抵抗値を求める回路がホイートストンブリッジで、この方法は交流を用いたときのインピーダンス測定にも用いることができます。

ホイートストンブリッジの例を写真3−2に示します。

写真3－2　ホイートストンブリッジの例

[例題3－6]

図3－18のブリッジ回路で、長さ50 [mm] のリニアなスライド抵抗器と Ro＝1 [$k\Omega$] の基準抵抗を使って検流計Ⓐに電流が流れないところを探したところ、ℓ＝12 [mm] であった。抵抗値 R の値を求めなさい。

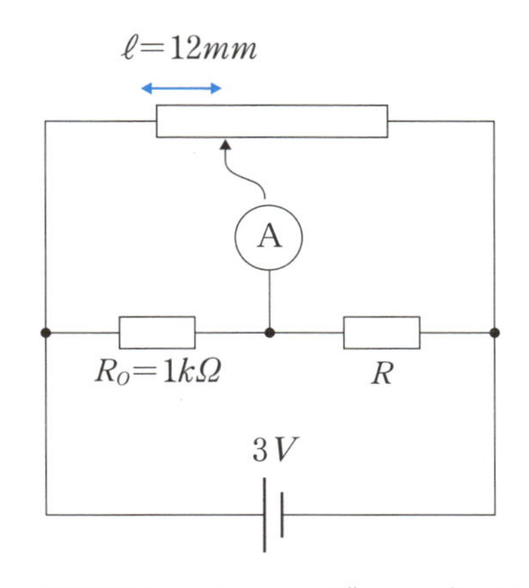

図3－18　メートルブリッジ回路

[解答]

スライド抵抗の右側の長さは50－12＝38 [mm] であるので、式（3－15）より

$$12:38=1\,[k\Omega]:R \qquad R=\frac{38}{12}=3.17\,[k\Omega]$$

と求まります。電源電圧は結果に関係してきません。

答：3.17 [$k\Omega$]

3－2 交流でのオームの法則（純抵抗の場合）

交流電圧と電流、これらの瞬時値と実効値、さらに電力の測定例について説明します。

3－2－1　交流電圧の瞬時値と実効値

交流電圧は図３－19のように時間的に変化する電圧で、V_mを振幅電圧［V］、fを周波数［Hz］とすると瞬時電圧は$V = V_m \sin 2\pi ft$で表されます。角度の単位［rad］は比の値のため無次元です※注1。

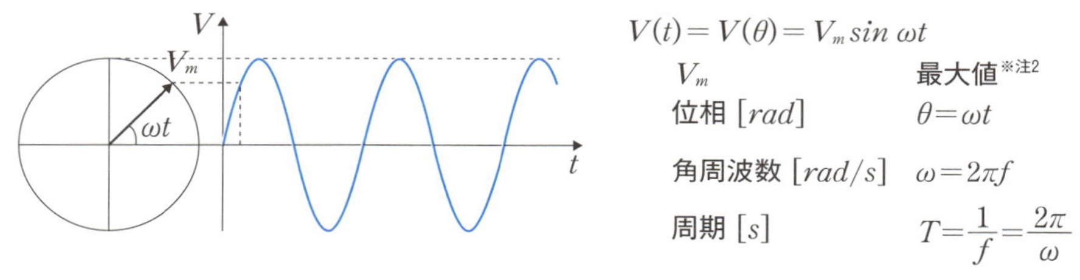

図３－19　交流電圧の瞬時波形

図３－20のように抵抗Rに$V = V_m \sin \omega t$の交流電圧を加えたとき、電流と電圧の振幅の間には$I_m = \frac{V_m}{R}$のオームの法則が成り立つので、Rには交流電流$I = I_m \sin \omega t$の電流が流れます。

※注１：度数法と弧度法については表２－２、図２－21を参照。
※注２：V_mは第２章の例題２－５のV_{0-P}と同じ。

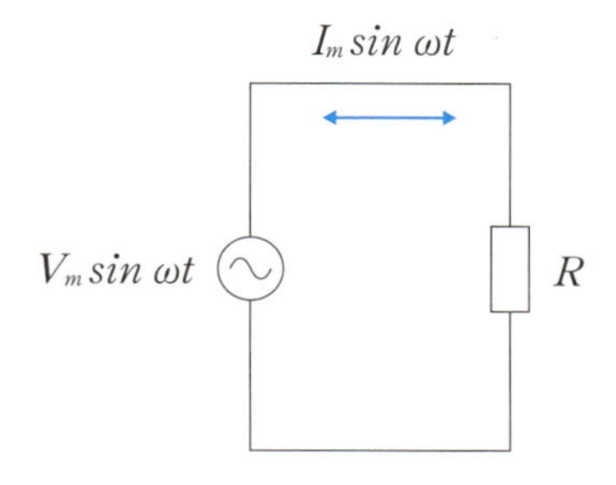

図3－20　純抵抗に交流電圧を加える

Rで消費される電力は時間変化するので、平均の消費電力P_{av}は1周期の時間で平均をとって求めます。

$$P_{av}=\frac{1}{T}\int_0^T VIdt=\frac{1}{T}\int_0^T\frac{V_m{}^2}{R}sin^2\omega tdt$$

$$=\frac{V_m{}^2}{TR}\int_0^T\frac{1-cos\,2\omega t}{2}dt=\frac{V_m{}^2}{2TR}\left([t]_0^T-\left[\frac{sin\,2\omega t}{2\omega}\right]_0^T\right)=\frac{V_m{}^2}{2R}=\frac{V_m}{\sqrt{2}}\frac{I_m}{\sqrt{2}}$$

$$=V_{RMS}I_{RMS} \qquad (3-17)$$

ここで$V_{RMS}=\dfrac{V_m}{\sqrt{2}}$を実効電圧、$I_{RMS}=\dfrac{I_m}{\sqrt{2}}$を実効電流と呼びます※注。この実効電圧および実効電流を用いれば、直流と同じように交流でも$V_{RMS}=I_{RMS}R$のオームの法則が成り立ち、消費電力も$P_{av}=V_{RMS}I_{RMS}$と表されます。第2章の2－2－2節の表示波形の電圧と時間の測定で説明したように家庭で使う交流100Vはこの実効電圧を表すことにしているので、AC100Vの電圧の最大の瞬時値（ピーク値または振幅）は$V_m=100\sqrt{2}=141V$になります。このように電流と電圧の実効値を用いると電力の計算が直流と同じように扱える利便性があるために、交流電圧計・交流電流計の目盛はいずれも実効値を表すように調整されています。

これら交流電圧、電流、電力の波形の概要を示すと図3－21のようになります。抵抗による消費電力の波形は周波数が2倍になっており、常に正であり、その平均値は式（3－17）のように$\dfrac{I_mV_m}{2}$になっています。

※注：実効値と最大値の関係についてはp. 82を参照。

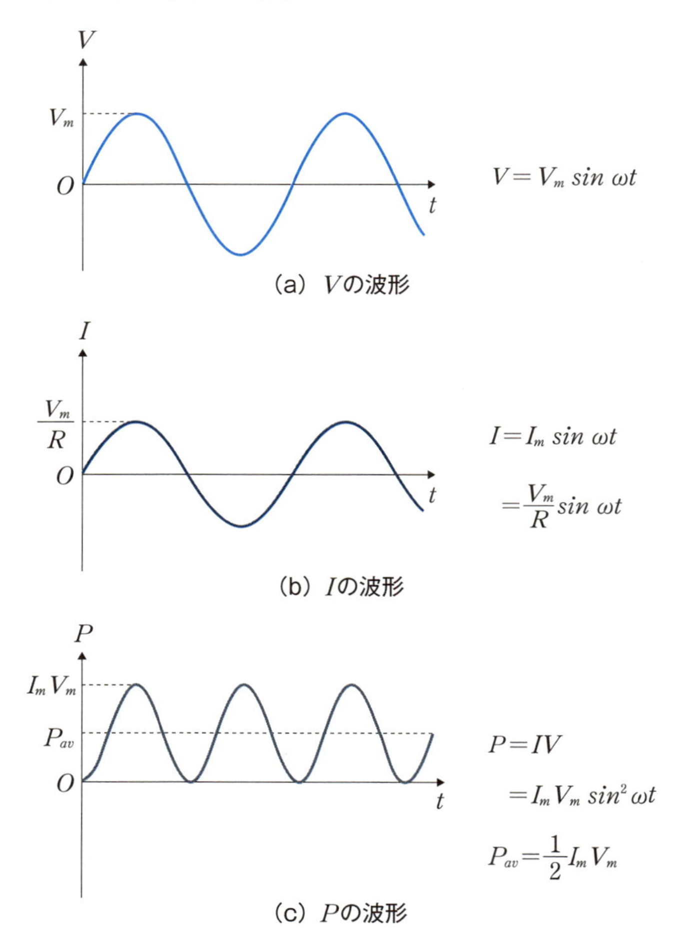

図3−21　抵抗 R に交流電圧を加えたときの交流電流と電力の波形

[例題3−7]

交流の実効値と半周期の平均値の違いを説明しなさい。

[解答]

実効値と平均値とは異なる概念です。交流電圧や電流の実効値は平均の電力を電流×電圧と簡単に表すために用いるもので、$\frac{振幅}{\sqrt{2}}$ と定義します。これに対し平均値は波形の面積を長方形の面積における高さとして表したものです。振幅1

のサイン波の半周期間の平均値を求めてみると

$$\frac{1}{T/2}\int_0^{\frac{T}{2}} sin\,\omega t\,dt = -\frac{2}{T}\left[\frac{cos\,\omega t}{\omega}\right]_0^{\frac{T}{2}} = -\frac{2}{T}\left(\frac{-1-1}{\omega}\right)$$

$$= \frac{2}{\pi} = 0.64 \qquad (3-18)$$

となります。次の半周期間の平均値は $-\frac{2}{\pi}$ になります。このようにサイン波の半周期の平均値は振幅の $\frac{2}{\pi}$ となり、実効値（振幅の $\frac{1}{\sqrt{2}}=0.71$倍）とは異なるものです。

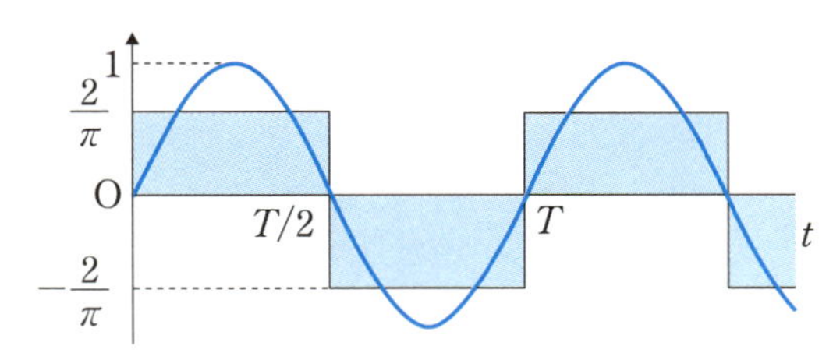

図3－22　サイン関数の半周期ごとの平均値

答：実効値は $\frac{振幅}{\sqrt{2}}$、平均値は振幅 $\times \frac{2}{\pi}$

[例題3－8]

交流電圧の振幅と実効値を V_m、V_{RMS}、交流電流の振幅と実効値を I_m、I_{RMS}、抵抗値を R、平均の消費電力を P_{av} とするとき、交流におけるオームの法則がどのように成り立っているのかを説明しなさい。

[解答]

抵抗に電流を流すとき抵抗の両端に発生する電圧は常に抵抗に比例します。したがって電流の瞬時値にはいつでも「電流×抵抗＝電圧」のオームの法則が成り立っています。ピーク値においても同様で

$$V_m = I_m R$$

のオームの法則が成り立ちます。この両辺に $\frac{1}{\sqrt{2}}$ を掛けると

$$\frac{V_m}{\sqrt{2}}=\frac{I_m}{\sqrt{2}}R \text{ より } V_{RMS}=I_{RMS}R$$

の実効値においてもオームの法則が成り立ちます。また平均の電力については

$$P_{av}=\frac{V_m I_m}{2}=V_{RMS}I_{RMS}=\frac{V^2{}_{RMS}}{R}=RI^2{}_{RMS}$$

となって、実効値を用いる限り電力についても直流と同じように扱うことができます。

答：上記の説明

3－2－2　交流電圧、電流、電力の瞬時値の測定（純抵抗の場合）

抵抗に交流電圧を加えたときに、抵抗で消費される電力の平均値を測定し、オシロスコープによる瞬時値と比較してみます。

［例題 3 － 9］

1 [$k\Omega$] の抵抗 R に実効値10 [V]、50 [Hz] の交流電圧を加えたとき、抵抗で消費される平均の電力を電流計、電圧計を使って求めなさい。

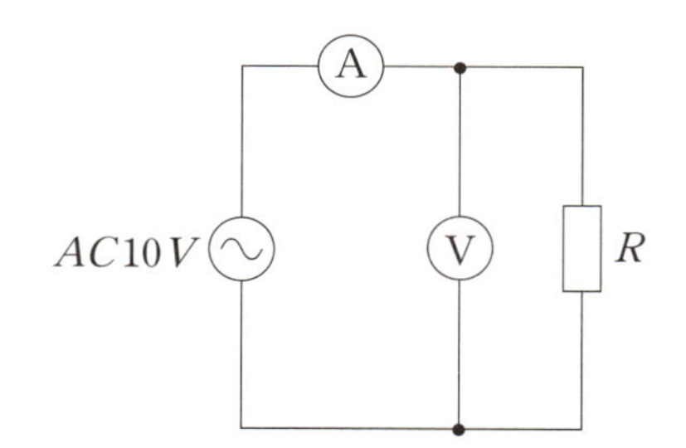

図 3 －23　抵抗 R で消費される交流電力

［解答］

この回路で電圧計は10 [V]、電流計は10 [V]/1 [$k\Omega$]＝10 [mA] を示します。これらはいずれも実効値です。これより R で消費される電力は10 [V]×10 [mA]＝100 [mW] となります。

答：100 [mW]

［例題3－10］

部品素子Zに交流電圧を加えたときに、電流、電圧の瞬時波形をオシロスコープで表示する方法を示しなさい。

［解答］

電圧波形表示器であるオシロスコープで電流を表示するには、Zと小さな抵抗Rを直列に接続して電流を流し、Rの両端に発生する電圧を「電流＝電圧/R」と見なして表示します[※注1]。電圧と電流を同時に表示するための2つのプローブの接続方法には図3－24のような方法が考えられます。このとき2つのプローブのグランド（G）側は互いにつながっているので、接続する2つのプローブのGはグランドの電位になる回路の部分に接続することに注意します。図3－24（a）の回路はプローブのチャンネル1（$CH1$）の電圧とチャンネル2（$CH2$）の電流がグランドに対して同相であるのに対して、図3－24（b）の回路ではグランドを挟んで$CH1$と$CH2$が逆相になり、電流波形を電圧波形と比較して表示するためには$CH2$を逆相にして表示しなければなりません。また逆相の場合に、交流電源の筐体にアースが接続され、さらにオシロスコープの筐体にもアースが接続されているときには、回路のグランドとプローブのグランドを通したアースの電位が一致しないため、この回路は使用できないことに注意する必要があります[※注2]。

このようなトラブルを避けるためには、ノイズを減らすためにも常に測定器にはアースを接続し、2チャンネルの測定は同相の回路で測定を行うのが望ましい、ということになります。

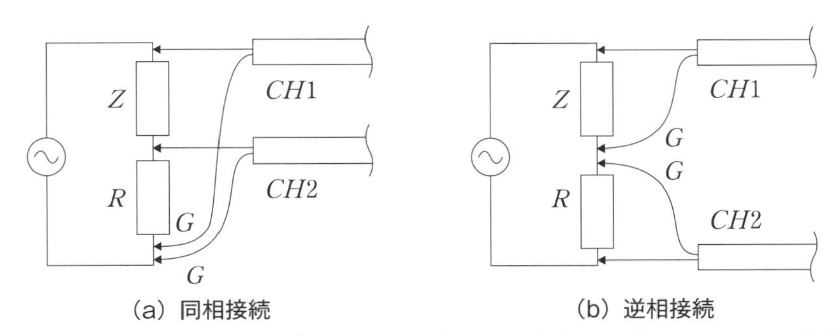

図3－24　オシロスコープで電圧と電流の瞬時値を同時表示する2つの回路

※注1：電流検出抵抗については、第2章の「2－2－4　$X-Y$法による波形観測」を参照。
※注2：例題3－11と「コラム　屋内の交流100Vの電源コンセントとアース」を参照。

答：素子 Z と電流検出用の抵抗 R を直列に接続し、チャンネル1、2で測定する。

[例題 3 −11]

A 点と B 点にアースに対して2つの信号が出ている。筐体がアースされているオシロスコープを用いて、プローブを AB 間に当てて図のような測定を行うのは正しいのかどうか説明しなさい。

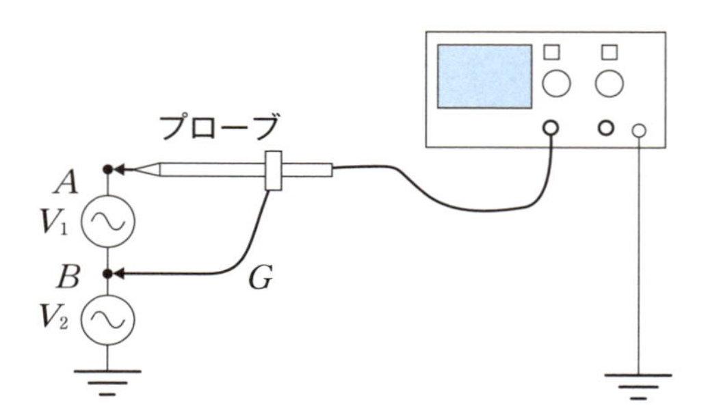

図 3 −25　2つの信号源と筐体がアースされているオシロスコープ

[解答]

オシロスコープの筐体はアースされており、筐体とプローブのグランド G は導通しているので、このまま接続すると B もアースされたことになり、V_2 は短絡されてしまうので信号源 V_2 に障害が発生する可能性があります。

答：正しくない。プローブのグランド G は V_2 のアース側に接続する。

コラム　屋内の交流100Vの電源コンセントとアース

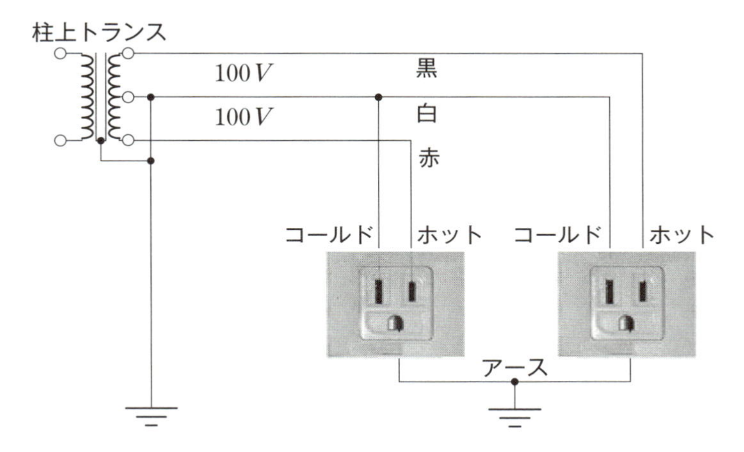

図3－26　屋内用100Vコンセントの結線

私たちが使う屋内用の交流（AC）100［V］電源コンセントは、図3－26のように少し大きさの違う2口の差込口とアースからなる3口コンセントが一般的です。平行な2口のうち大きいほうは引き込み線の先にある屋外の柱上トランスの中点まで白い線で結線され、さらに電柱から近くの大地にアースされています。このように大きい差込口は接地されており、0Vの基準電圧を与えるようになっているため、コールドプラグと呼ばれます。

一方、小さいほうの差込口は黒線または赤線で柱上トランスまで接続されています。この小さい差込口は、接地線（コールド）に対してAC100Vを与えるのでホットプラグと呼ばれます。柱上トランスの白―赤と白―黒にはそれぞれAC100［V］がかかり、黒―赤にはAC200［V］が表れます。3本の線で、100［V］を2系列、200［V］を1系列供給するので、単相3線200［V］が学校や家庭に引き込まれていると表現します。2系列の100［V］は電力使用量がほぼバランスするように機器と接続されます。

3口のコンセントの下にある3番目のアース線は屋内の近くの大地の接地線に接続されており、アースまたはシールドと呼ばれます。このアース線はコールドプラグのアース線と大地を通して接続していることになります。

私たちが日常使う家電製品の差し込みプラグやテーブルタップには2口のものが多いので、その場合はホットかコールドの区別はつきません。経年変化により絶縁が破れ、家電製品の筐体（シャーシ）がどちらかの電源コードの線とつながってしまっていれば、プラグの差し込み方によって半々の確率でシャーシに100 [V] が加わります。このような家電製品に触った人の足や手が水場などで濡れてアースとつながっていれば、その人は感電してしまいます。

感電の危険を避けるためには、コンセントのアース線と家電製品の筐体とを接続するようにします。このようにすることによって、たとえ絶縁が破れても筐体はアース電位に保たれるため、感電する危険は少なくなります。3つ口の差し込みプラグを持つ家電製品やテーブルタップを使うことによってシールドを確保すると、安全に測定器や家電製品を使うことができます。

［例題 3 －12］

実効値10 [V]、50 [Hz] の交流電圧を 1 [$k\Omega$] の抵抗に加えたとき、1 [$k\Omega$] の抵抗にかかる電圧、流れる電流、消費される電力の瞬時波形を表示しなさい。また、抵抗 1 [$k\Omega$] で消費される平均消費電力を求めなさい。ただし、電流は微小抵抗10 [Ω] の両端に発生する電圧で表示すること。また、測定に用いるオシロスコープは 2 入力（2 チャンネル）のデジタルオシロスコープで、$CH1$ と $CH2$ のデータを算術計算（加減乗除）して、その結果を表示する機能を持っているものを用いるとする。

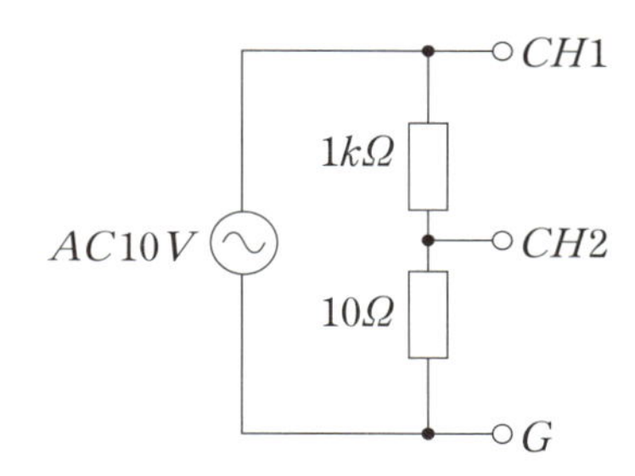

図 3 －27　抵抗で消費される電力の波形観測回路

［解答］

図 3 －27の測定回路において、電圧を表示するためにチャンネル 1 のプローブを $CH1$ とグランド G につなぎ、電流を表示するためにチャンネル 2 のプローブを $CH2$ と G に接続します。

このように接続して得られた結果を図 3 －28に示します。縦軸の中央がグランドレベルの 0V です。$CH1$ が電圧、$CH2$ が電流（実際には電圧）、$CH1 \times CH2$ の波形演算の計算結果が電力を表しています。電圧のピーク値は14 [V]、電流波形のピーク値は0.14 [V] になっていて、それぞれ実効値10 [V] と0.1 [V] の電圧を表しています。電圧と電流は同じ位相です。

これに対して電力の感度は1V/DIV で、波形のピーク値はおよそ2.0となり、その値は $CH1$ と $CH2$ の値の積$14 \times 0.14 = 1.96$とほぼ一致します（この場合、単位は無視して数値の積だけ考えます）。そして、電力は常に正で、その平均値は上下のピークの中間の1.0です。$CH2$ を電流に換算するため10 [Ω] で割ると、平均の電力は0.1 [W] となり、電流計と電圧計で予想した前述の例題 3 － 9 の値100 [mW] と一致します。また電力の周波数は電流と電圧波形の 2 倍になっています。

商用電圧をオシロスコープで観察すると、きれいなサイン曲線ではなくいろいろな機器の使用条件が重なってノイズが入ったり波形の変形が起こっていることがわかります。

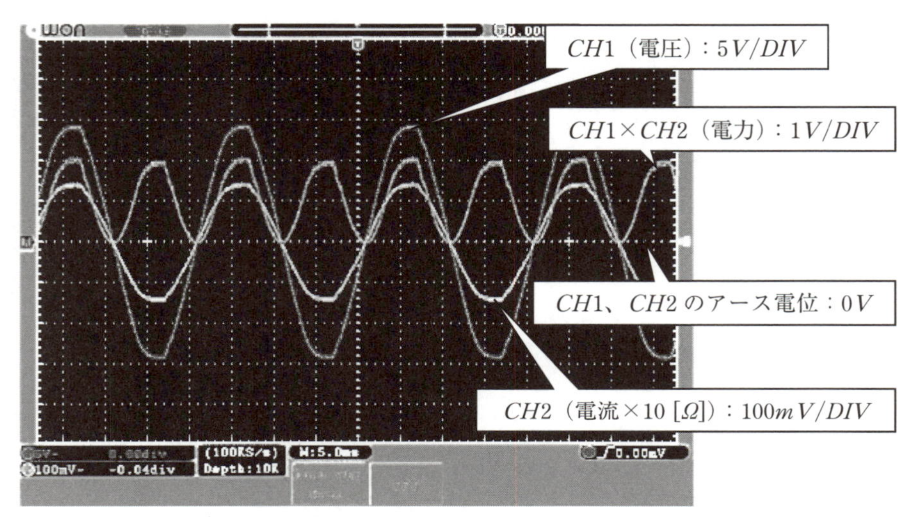

図 3 −28　抵抗に交流電圧を加えたときの電流と電力の波形（図 3 −27の実験結果）

（横軸：5ms/DIV、縦軸：CH1：5V/DIV、CH2：100mV/DIV、CH1＊CH2：1V/DIV）

答：電圧、電流、電力の波形は図 3 −28、平均消費電力はおよそ0.1 [W]

[例題 3 −13]

交流の電圧 $V_m \sin \omega t$ と電流 $I_m \sin(\omega t+\theta)$ に位相差 θ がある場合の平均の消費電力を求めなさい。ただし、電圧と電流の実効値を V_{RMS}、I_{RMS} とする。

[解答]

交流においても抵抗における消費電力は実効値の電流×電圧で表されることがわかりましたが、この関係が成り立つのは電圧と電流に位相差がない場合だけです。電圧と電流の間に位相差 θ がある一般の場合の平均電力を 1 周期にわたって求めてみます。

$$P_{av}=\frac{1}{T}\int_0^T V_m \sin \omega t \, I_m \sin(\omega t+\theta)\,dt=\frac{I_m V_m}{2T}\int_0^T(\cos\theta-\cos(2\omega t+\theta))dt$$

$$= \frac{I_m V_m}{2T}\left(T\cos\theta - \frac{\sin\theta - \sin\theta}{2\omega}\right) = \frac{I_m V_m}{2}\cos\theta = \frac{I_m}{\sqrt{2}}\frac{V_m}{\sqrt{2}}\cos\theta$$

$$= I_{RMS} V_{RMS}\cos\theta \quad (3-19)$$

答：位相差θがある場合の消費電力は、実効電圧×実効電流×$\cos\theta$と表される。

上の例題のように、電圧と電流に位相差θがある場合には、消費電力は実効電圧×実効電流の$I_{RMS}V_{RMS}$（これを皮相電力と呼びます）に$\cos\theta$を掛けたものとして表されます。$\cos\theta$を力率と呼びます。これに対して$I_{RMS}V_{RMS}\sin\theta$を無効電力※注と呼んでいます。これらの関係をベクトルで表すと図３－29のようになります。

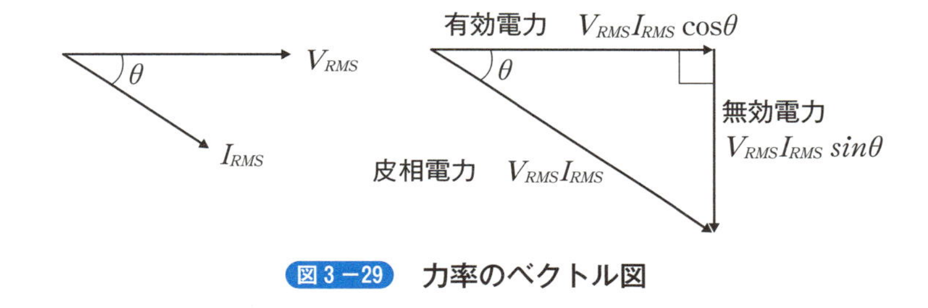

図３－29　力率のベクトル図

コンデンサに交流電圧を加えると、コンデンサに流れる電流の位相は電圧より$\frac{\pi}{2}$進みます。このとき$\cos\frac{\pi}{2}=0$となり平均電力は消費されません。同様にコイルに交流電圧を加えた場合、コイルに流れる電流の位相は$\frac{\pi}{2}$遅れますので、やはり平均として電力は消費されません。この様子をグラフに表すと、図３－30と図３－31のようになります。電力波形の平均値は0［W］になっています。正の電力が消費であるとすれば、負の電力は発電することを意味しています。コンデンサやコイルでは、この消費と発電の電力が等しくトータルで消費電力が0になります。

※注：皮相電力と無効電力、力率については、本書と同シリーズの『例題で学ぶ はじめての電気回路』（臼田昭司著、技術評論社刊）を参照。

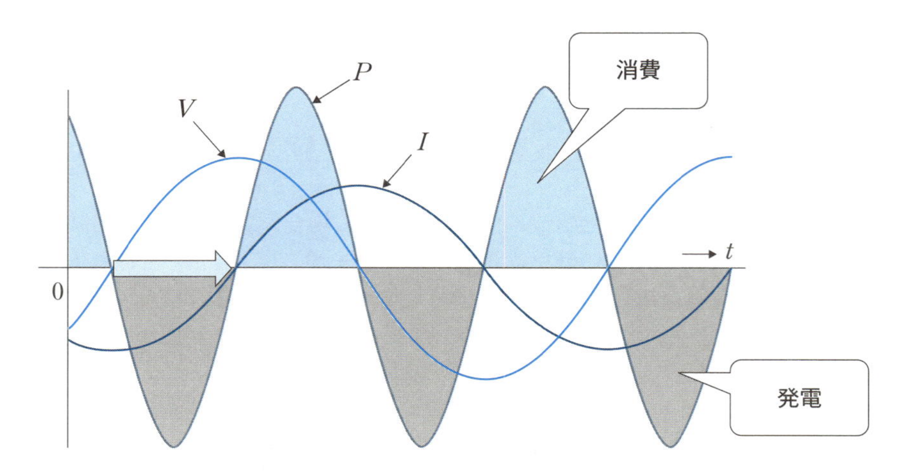

図3−30　コイルに電圧 V を加えると位相が90度遅れた電流 I が流れ、電力 P の平均値は0になる（太い矢印は電圧に対して電流の位相が90度遅れることを表わしている）。

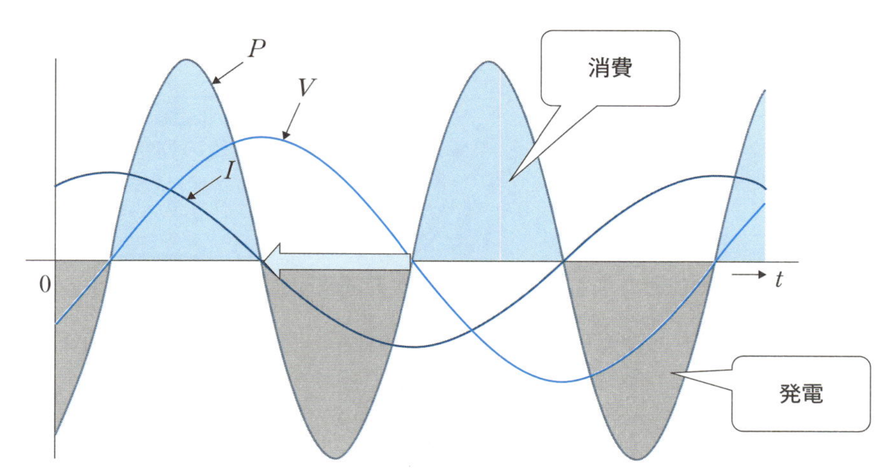

図3−31　コンデンサに電圧 V を加えると位相が90度進んだ電流 I が流れ、電力 P の平均値は0になる（太い矢印は電圧に対し電流の位相が90度進むことを表わしている）。

[例題 3 −14]

コイルに $V_m \sin \omega t$ の電圧を加えると $I_m \sin\left(\omega t - \frac{\pi}{2}\right)$ の電流が流れる。コイルの平均消費電力を求めなさい。

[解答]

1 周期にわたる電力の平均値を求めると $\omega T = 2\pi$ より

$$P_{av} = \frac{I_m V_m}{T} \int_0^T \sin \omega t \sin\left(\omega t - \frac{\pi}{2}\right) dt = \frac{-I_m V_m}{T} \int_0^T \sin \omega t \cos \omega t \, dt$$

$$= \frac{-I_m V_m}{T} \int_0^T \frac{\sin 2\omega t}{2} dt = \frac{-I_m V_m}{2T} \left[\frac{-\cos 2\omega t}{2\omega}\right]_0^T = 0$$

答：　消費電力 0 [W]

[例題 3 −15]

コンデンサに $V_m \sin \omega t$ の電圧を加えると $I_m \sin\left(\omega t + \frac{\pi}{2}\right)$ の電流が流れる。コンデンサの平均消費電力を求めなさい。

[解答]

1 周期にわたる電力の平均値を同様に求めると

$$P_{av} = \frac{I_m V_m}{T} \int_0^T \sin \omega t \sin\left(\omega t + \frac{\pi}{2}\right) dt = \frac{I_m V_m}{T} \int_0^T \sin \omega t \cos \omega t \, dt$$

$$= \frac{I_m V_m}{T} \int_0^T \frac{\sin 2\omega t}{2} dt = \frac{I_m V_m}{2T} \left[\frac{-\cos 2\omega t}{2\omega}\right]_0^T = 0$$

答：　消費電力 0 [W]

[例題 3 −16]

電圧に対して電流の位相が $\theta = 0$ から $\theta = \frac{\pi}{2}$ まで変化する場合、消費電力の瞬時波形はどのようになるか説明しなさい。

[解答]

$V = V_m \sin \omega t$ と $I = I_m \sin(\omega t + \theta)$ の積の波形の概念図は図 3 −32のようになります。平均の電力は電力の瞬時波形の中心になり、$\theta = 0$ のときは $\frac{V_m I_m}{2}$、そ

して $\theta=\frac{\pi}{2}$ のときは0になります。

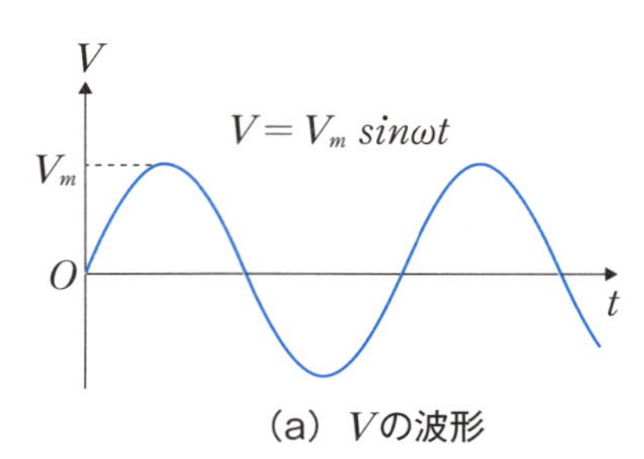

(a)　Vの波形

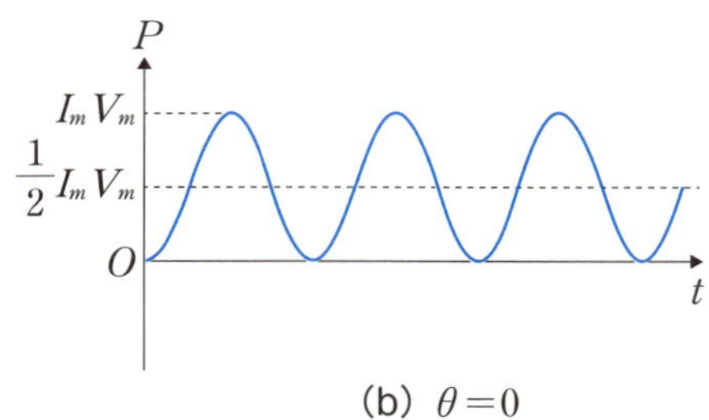

(b)　$\theta=0$

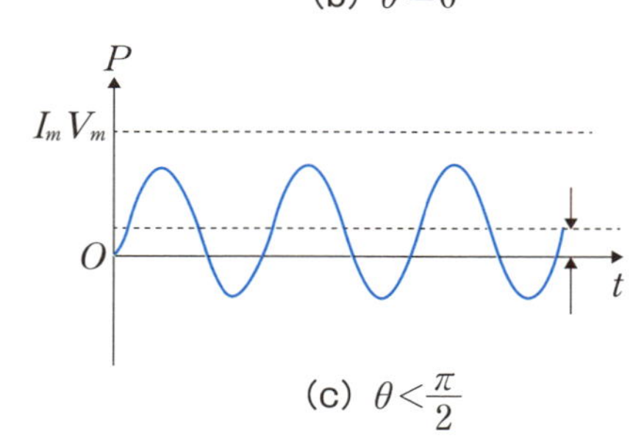

(c)　$\theta<\frac{\pi}{2}$

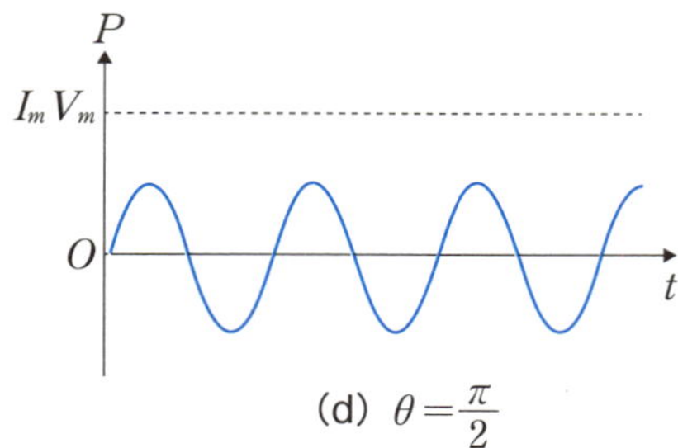

(d)　$\theta=\frac{\pi}{2}$

図3−32　**いろいろなθに対する電力の瞬時波形**

答：電圧に対して電流の位相が $\theta=0$ から $\theta=\frac{\pi}{2}$ まで変化するに従って、

電力の平均値は $\frac{V_m I_m}{2}$ から 0 へと変化する。

3-3 誘導係数と静電容量の測定

インダクタンスと静電容量の基本とこれらの測定例について説明します。

3-3-1 誘導係数（インダクタンス）

コイルの誘導係数（インダクタンス）を L とすると、L の単位はヘンリー[H]です。L に交流電圧 $E(t)$ が加わると、電磁誘導による起電力（電圧）を生じながら電流 $I(t)$ が流れます。電圧を次の式で表すと

$$E(t)=L\frac{dI(t)}{dt}=E_m \sin \omega t \qquad (3-20)$$

電流は

$$I(t)=\frac{1}{L}\int E(t)\,dt=-\frac{E_m}{L\omega}\cos \omega t=\frac{E_m}{L\omega}\sin\left(\omega t-\frac{\pi}{2}\right) \qquad (3-21)$$

となります。これよりコイルに加えた電圧に対して電流の位相は90°遅れることを表しています。または、電流に対し、電圧の位相は90°進んでいることになります。そして、振幅の大きさだけに注目すると、$I_m=\frac{E_m}{L\omega}$ となって $L\omega$ が抵抗の役割をしていることがわかります。これを L によるインピーダンスと呼び、$L\omega$ の単位は［Ω］で誘導性リアクタンスと呼びます。電圧と電流の位相の関係は図3-33のようになります。電圧と電流の位相は、この位相差を保ったまま反時計まわりに ωt で回転します。

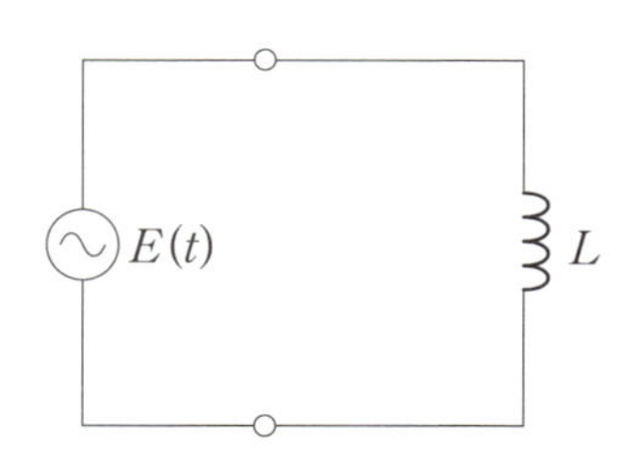

（a）コイルに交流電圧を加える

（b）コイルに流れる電流と電圧の位相の関係

図3-33 電圧と電流の位相の関係

[例題3－17]

式（3－21）から複素電流 $\dot{I}$ と複素電圧 $\dot{E}$ を用いてコイルのインピーダンス $\dot{Z}$ を求めなさい。

[解答]

位相差がある電流と電圧はベクトルで表すことができるため、複素数 j を使うと簡便に式の変形だけでベクトル演算を行うことができます。電流 i と混同しやすいため、電気工学では複素数に j を用いるのが一般的です。

電流の記号 I の上にドットを付けて複素数で電流を表すと、オイラーの公式

$$e^{j\alpha}=\cos\alpha+j\sin\alpha \qquad (3-22)$$

から、式（3－21）を実部0の複素数

$$\dot{I}=\frac{E_m}{L\omega}e^{\left(\omega t-\frac{\pi}{2}\right)j}=\frac{E_m}{L\omega}\left(\cos\left(\omega t-\frac{\pi}{2}\right)+j\sin\left(\omega t-\frac{\pi}{2}\right)\right)$$

$$=\frac{E_m}{L\omega}\left(\cos\left(-\frac{\pi}{2}\right)+j\sin\left(-\frac{\pi}{2}\right)\right)e^{j\omega t}=-j\frac{E_m}{L\omega}e^{j\omega t} \qquad (3-23)$$

で表すことにします。これは複素空間でベクトル $\dot{I}$ を負の虚軸方向に向けたということを意味します。交流では電流ベクトルも電圧ベクトルも ωt の時間変化をするので、例えば、電圧のベクトルに乗ったとして電流のベクトルを見ると電流は電圧と位相差 θ を持ったまま止まって見えます。このため位相差だけを表示するベクトル表示のときは $e^{j\omega t}$ を省略します。したがって電圧に乗って電流を見ると

$$\dot{I}=-j\frac{1}{L\omega}\dot{E}$$

となって電流の位相は電圧より $-j$ すなわち $\frac{\pi}{2}$ 遅れることになります。

直流の場合と同じく複素電圧を複素電流で割った値は抵抗を表すので複素抵抗またはインピーダンスと呼びます。

$$\dot{Z}=\frac{\dot{E}}{\dot{I}}=-\frac{L\omega}{j}=jL\omega \qquad (3-24)$$

これよりコイルのインピーダンスと電流との積を取ると、$\dot{Z}$ は電流の大きさを $L\omega$ 倍にした電圧で、電流に対する位相を j すなわち $\frac{\pi}{2}$ 進めた電圧を発生する作用を持つことになります。

答：$\dot{Z}=jL\omega$

[例題 3 −18]

複素電流を $\dot{I}=I_m e^{j\omega t}$ とするときインダクタンス L のコイルに誘導される電圧の大きさと位相変化を求めなさい。

[解答]

$$L\frac{d\dot{I}}{dt}=L\frac{I_m de^{j\omega t}}{dt}=LI_m j\omega e^{j\omega t}=L\omega I_m e^{j\left(\omega t+\frac{\pi}{2}\right)}$$

これより微分操作は元の複素数に $j\omega$ を掛けることに等しく、位相は $\frac{\pi}{2}$ 進むことになります。

答：誘導される電圧の振幅は $L\omega I_m$ で位相は $\frac{\pi}{2}$ 進む。

[例題 3 −19]

コイルの誘導係数を実験的に求めなさい。

[解答]

インダクタンス（誘導係数）L のコイルに振幅 E_m の交流電圧を加えると式（3 −21）から

$$I(t)=-\frac{E_m}{L\omega}\cos\omega t=\frac{E_m}{L\omega}\sin\left(\omega t-\frac{\pi}{2}\right) \qquad (3-25)$$

の電流が流れることを利用して、$L\,[H]$ を求めます。

電流の位相は気にせず振幅の大きさを取り出すと

$$I_m=\frac{E_m}{L\omega}=\frac{E_m}{2\pi L}\cdot\frac{1}{f} \qquad (3-26)$$

の関係にあるため、電圧の振幅 E_m を一定にして I_m と $\frac{1}{f}$ のグラフを描き、その傾きが $\frac{E_m}{2\pi L}$ になることから L を求めていくことにします。電流を測るには小さな抵抗 $R=10\,[\Omega]$ を用いて、次のような回路でオシロスコープのチャンネル 1 で A 点の電圧 E_m を測定し、チャンネル 2 で B 点の電流に比例する電圧 E_R を測定します。

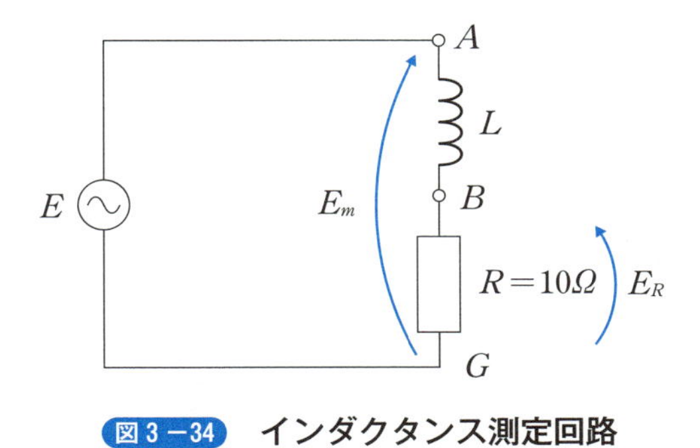

図 3 －34　インダクタンス測定回路

実験結果を図 3 －35に示します。電力の平均は低周波側では正（消費）であるのに対し、高周波になると次第に 0 になります。

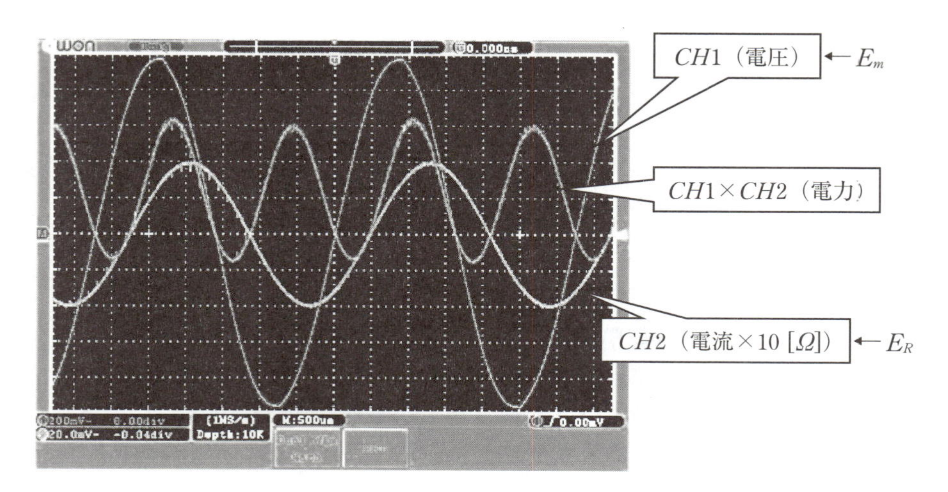

(a) $f=300$ [Hz]、横軸：$500\mu s/DIV$、縦軸：$CH1$：$200mV/DIV$、$CH2$：$20mV/DIV$

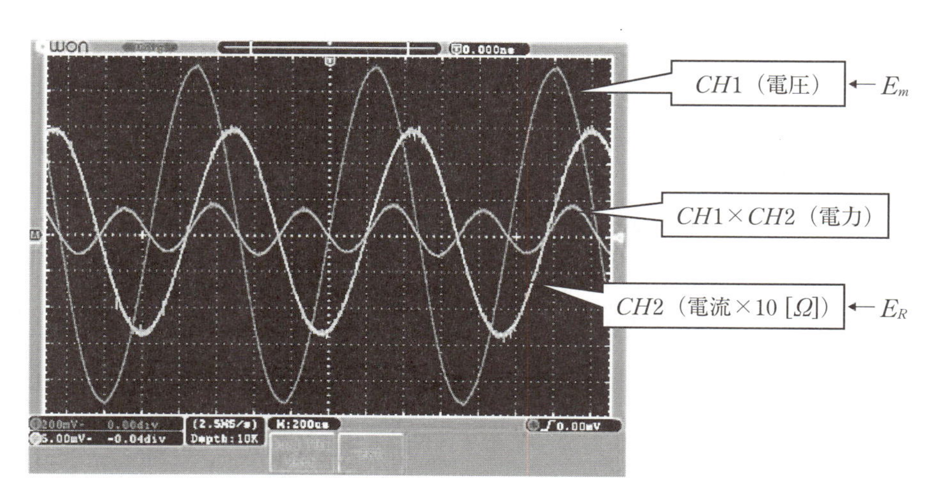

(b) $f=1$ [kHz]、横軸：$200\mu s/DIV$、縦軸：$CH1$：$200mV/DIV$、$CH2$：$5mV/DIV$

図3－35　電圧と電流の測定波形例

表3－3　インダクタンスの測定結果

$f\,[Hz]$	300	400	600	800	$1k$	$2k$	$4k$	$8k$	$10k$
$1/f\,(10^{-5}\,[s])$	333	250	167	125	100	50.0	25.0	12.5	10.0
$CH1\ E_m\,[mV]$	1000	1000	1000	1000	1000	1000	1000	1000	1000
$CH2\ E_R\,[mV]$	40	35	25	20	17	8	4	2	1.8
$I_m\,[mA]$	4.0	3.5	2.5	2.0	1.7	0.8	0.4	0.2	0.18

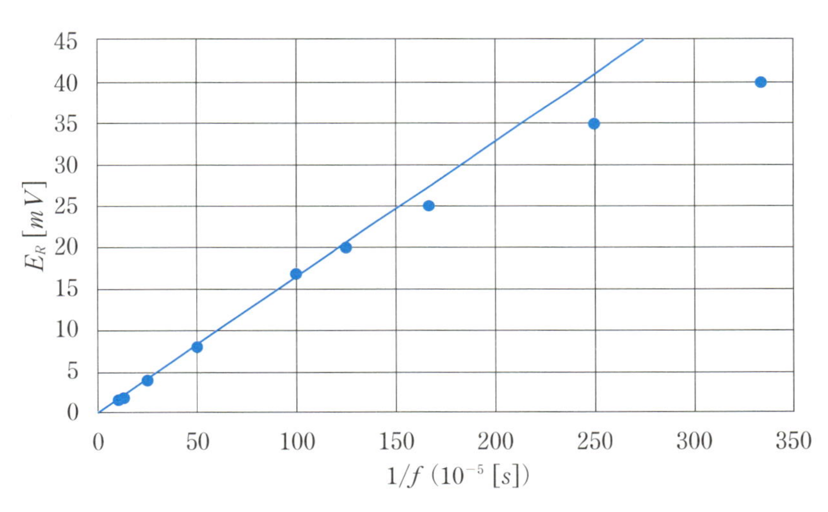

図3－36　$1/f$ 対 E_R のグラフ

この実験結果より、グラフの傾きを原点と高周波側の（横軸150、縦軸25 $[mV]$）の2点を通る直線の傾きとして求めてみると

$$\frac{25/10\cdot10^{-3}}{150\cdot10^{-5}}=\frac{1}{2\pi L}\quad \text{これより}\quad L=\frac{150\cdot10^{-5}}{2\pi\cdot2.5\cdot10^{-3}}=0.0955\,[H]$$

すなわち $L=95.5\,[mH]$ となります。これは LCR メータから求めた99.3 $[mH]$ に近い値となります。

グラフの右側の低周波側でプロット点が直線から外れているのは、コイルの内部抵抗（$R'=140\,[\Omega]$ の純抵抗）が低周波になるほど無視できなくなるためです。したがって L によるインピーダンスが R' の10倍以下では無視できなくなり、このときの周波数は $2\pi fL=1400\,[\Omega]$ より $f=2.2\,[kHz]$ となります。これより2.2 [kHz] 以上のプロットが直線に乗りますが、範囲が狭すぎるためこの例では700 [Hz] 近くの値を取って傾きを求めています。

答：およそ $L=96$ [mH]

3−3−2　静電容量（キャパシタンス）

コンデンサ C [F] に蓄えられる電気量を Q [C]、そのときに表れる電圧を V [V] とすると、$Q=CV$ の関係が成り立ちます。電流は $I=\dfrac{dQ}{dt}$ で表され、

$$I(t)=C\frac{dV(t)}{dt} \tag{3−27}$$

が交流の場合も成り立ちます。これより電圧を $V(t)=V_m \sin \omega t$ とするとき、

$$I(t)=CV_m\,\omega\cos\omega t=CV_m\,\omega\sin\left(\omega t+\frac{\pi}{2}\right) \tag{3−28}$$

となり、電圧に対して電流の位相は90° 進むことがわかります。または電流に対し、電圧の位相は90° 遅れることになります。

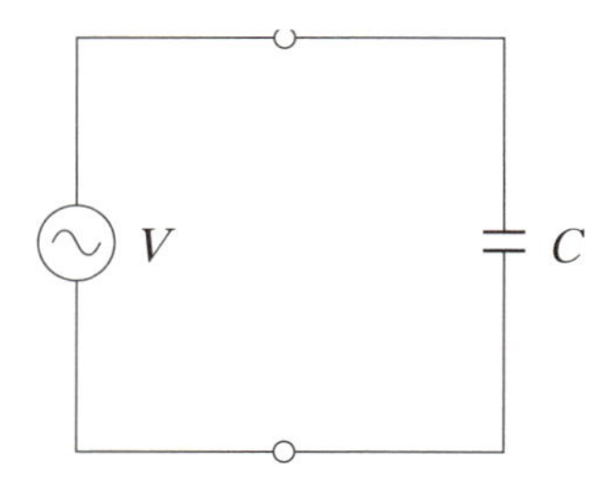

(a) コンデンサに交流電圧を加える

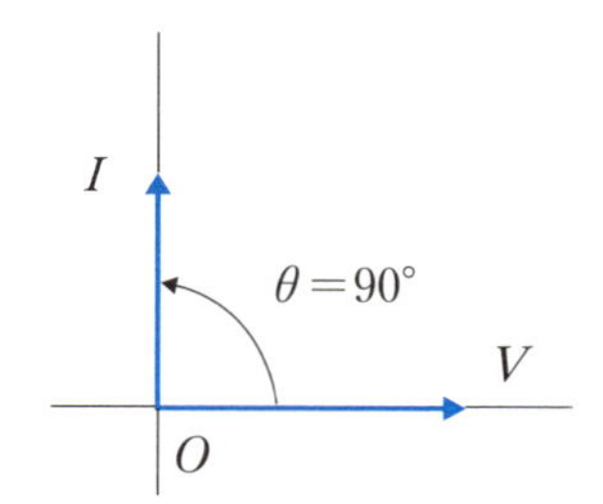

(b) コンデンサに加えた電圧と電流の位相の関係

図3−37　交流電圧とコンデンサに流れる電流の位相

複素数表示では $\dot{I}=j\omega C\dot{V}$ となり V の大きさに実効値を用いると I も実効値として位相付きで得られます。

電流、電圧、電力の瞬時値のグラフは図3−31のようになり、この場合もコンデンサの平均の消費電力は0になります。

[例題3−20]

コンデンサのインピーダンスを求めなさい。

[解答]

$$\dot{I}=j\omega C\dot{V} \text{ より } \dot{Z}=\frac{\dot{V}}{\dot{I}}=\frac{1}{j\omega C} \quad (3-29)$$

答：$\dot{Z}=\frac{1}{j\omega C}$

[例題3－21]

コンデンサの容量を実験的に求めなさい。

[解答]

コンデンサ C に振幅 E_m の交流電圧を加えると

$$I(t)=CE_m\,\omega\cos\omega t=CE_m\,\omega\sin\left(\omega t+\frac{\pi}{2}\right) \quad (3-30)$$

の電流が流れることを利用して未知容量の C を求めます。上の式を電流の大きさだけに着目すると $\omega=2\pi f$ より

$$I_m=C\omega E_m=\frac{E_m}{\frac{1}{C\omega}}=2\pi CE_m\cdot f \quad (3-31)$$

となることから、電圧 E_m を一定にしながら縦軸に電流を取り横軸に周波数 f をとって、I_m 対 f のグラフの傾き $2\pi CE_m$ を求めこれからキャパシタンス C を決定します。

測定は、A 点の電圧の振幅 E_m を一定にしながら、電流を求めるため10 [Ω] の微小抵抗の両端に発生する B 点の電圧 E_R をオシロスコープで測定します。

測定結果を図3－39に示します。加えた $CH1$ の電圧に対し、流れる $CH2$ の電流の位相は90度進んでいることがわかります。

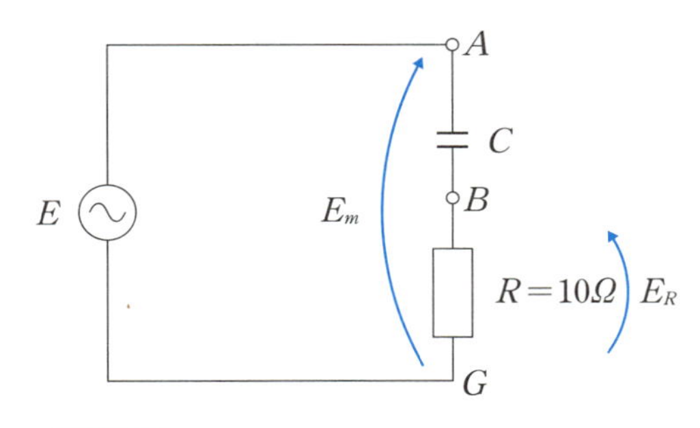

図3－38　コンデンサの容量の測定回路

測定結果は図３－39のようになります。

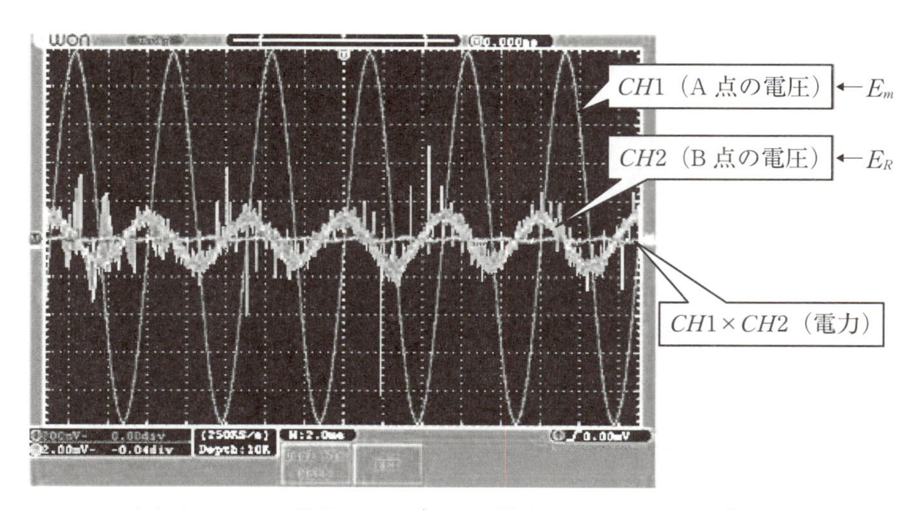

（a）200 [Hz]、横軸：$2ms/DIV$、縦軸：$CH1$：$200mV/DIV$、$CH2$：$2mV/DIV$

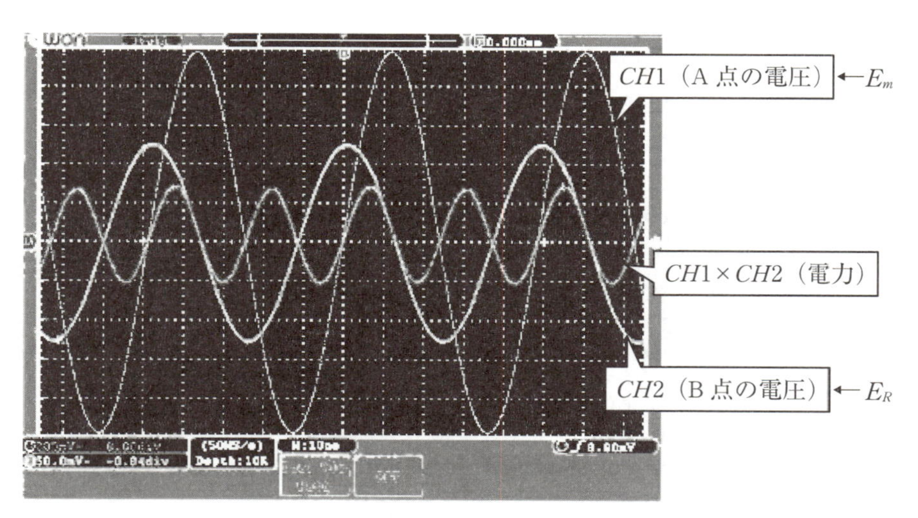

（b）20 [kHz]、横軸：$10\mu s/DIV$、縦軸：$CH1$：$200mV/DIV$、$CH2$：$50mV/DIV$

図３－39　電圧と電流の測定波形例

表3－4　コンデンサの容量測定実験

$f\,[Hz]$	200	400	600	$1k$	$2k$	$4k$	$8k$	$10k$	$20k$
$CH1\ E_m\,[mV]$	1000	1000	1000	1000	1000	1000	1000	1000	1000
$CH2\ E_R\,[mV]$	1	2.5	3.8	6.2	13	24	36	60	130
$I_m\,[mA]$	0.1	0.25	0.38	0.62	1.3	2.4	3.6	6.0	13.0

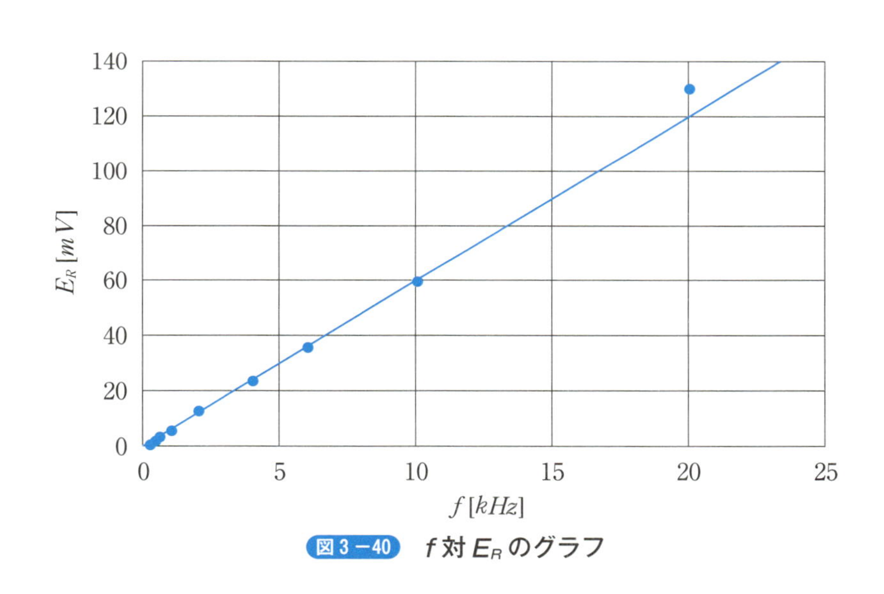

図3－40　f 対 E_R のグラフ

図３－40のグラフの傾きとして原点と20 $[kHz]$ のときの120 $[mV]$ の点を取ると

$$\frac{120/10\cdot10^{-3}}{20\cdot10^{3}}=2\pi C\cdot1 \text{ すなわち } C=\frac{12\cdot10^{-7}}{4\pi}=0.955\times10^{-7}=0.0955\,[\mu F]$$

が求まり、LCR メータで測定した値103.6 $[nF]$＝0.103 $[\mu F]$ とほぼ一致します。

答：0.096 $[\mu F]$

3－4 L、C、R 回路のインピーダンス

L、C、Rを組み合わせた直並列回路のインピーダンスについて説明します。

3－4－1　インピーダンスのまとめ

交流におけるオームの法則 $\dot{V}=\dot{Z}\cdot\dot{I}$ がインピーダンスを使って表されました。そして交流においてもキルヒホッフの法則が成り立ちますので、回路の合成インピーダンスは直流回路の合成抵抗と同じ方法で代数的に求められます。求めたインピーダンスは複素平面の電流ベクトルの方向に対して、電圧ベクトルの位相角と大きさの変化を表します。

[例題 3－22]

RL 直列回路のインピーダンスを求めなさい。

[解答]

RL 直列回路のインピーダンスは位相差なしの R と90度進む ωL 成分とのベクトル和になります。

$$\dot{Z}=R+j\omega L,\ |Z|=\sqrt{R^2+\omega^2 L^2}$$

したがって電流に対して電圧は位相が θ 進み、大きさは $|\dot{Z}|$ 倍になります。

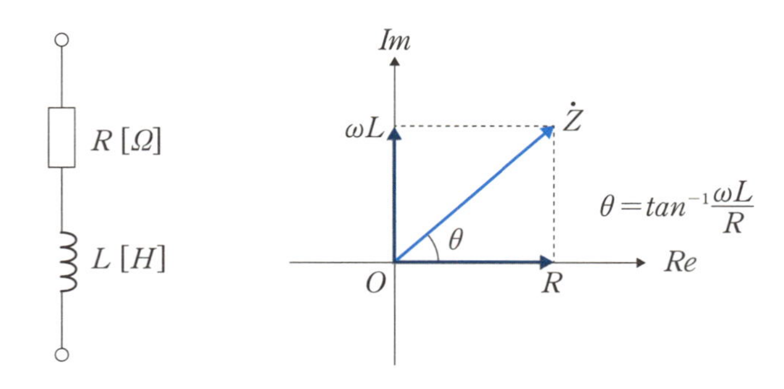

図 3－41　RL 直列回路のインピーダンス

答：$R+j\omega L$

［例題 3 －23］

RL 並列回路のインピーダンスを求めなさい。

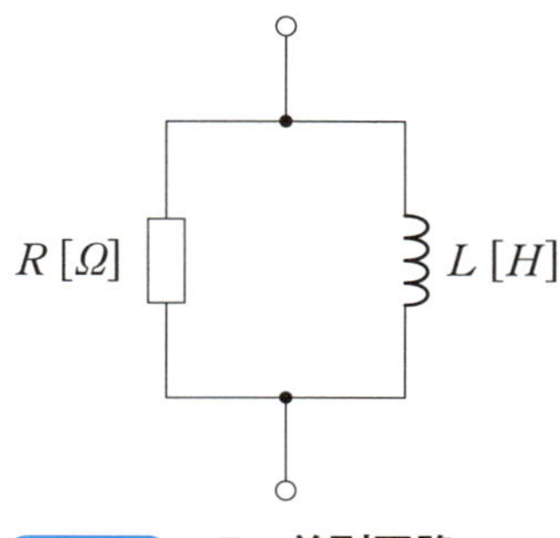

図 3 －42　RL 並列回路

［解答］

RL 並列回路のインピーダンスは、R と L の 2 つのインピーダンスの並列接続なので

$$\frac{1}{\dot{Z}} = \frac{1}{R} + \frac{1}{j\omega L} = \frac{R + j\omega L}{j\omega RL}$$

$$\dot{Z} = \frac{j\omega RL}{R + j\omega L} = \frac{j\omega RL(R - j\omega L)}{(R + j\omega L)(R - j\omega L)} = \frac{j\omega R^2 L - j^2\omega^2 RL^2}{R^2 - (j\omega L)^2}$$

$$= \frac{\omega^2 RL^2}{R^2 + \omega^2 L^2} + j\frac{\omega R^2 L}{R^2 + \omega^2 L^2}$$

となります。

したがって、インピーダンスの大きさと位相角は

$$|\dot{Z}| = \sqrt{\frac{\omega^4 R^2 L^4 + \omega^2 R^4 L^2}{(R^2 + \omega^2 L^2)^2}} = \frac{\omega RL}{\sqrt{R^2 + \omega^2 L^2}},\ \theta = tan^{-1}\frac{R}{\omega L}$$

となります。

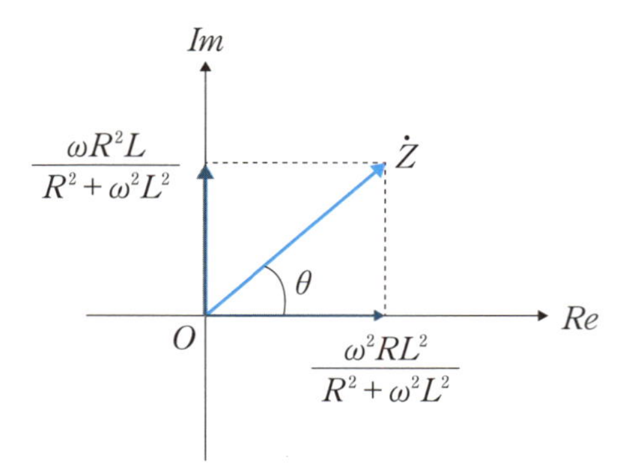

図 3−43　*RL* 並列回路のインピーダンス

答：$\dot{Z}=\frac{\omega^2 RL^2}{R^2+\omega^2 L^2}+j\frac{\omega R^2 L}{R^2+\omega^2 L^2}$

［例題 3−24］

RC 直列回路のインピーダンスを求めなさい。

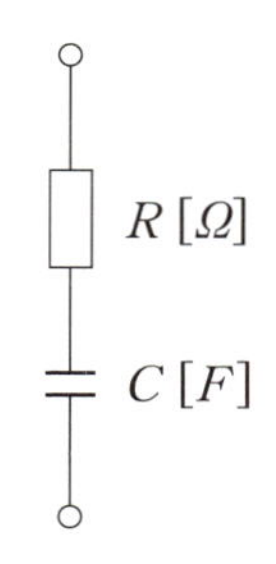

図 3−44　*RC* 直列回路

［解答］

R と $\frac{1}{j\omega C}$ の直列接続になるので、

$$\dot{Z}=R+\frac{1}{j\omega C}=R-j\frac{1}{\omega C}$$

Z の大きさおよび位相角は、

$$|\dot{Z}|=\sqrt{R^2+\left(-\frac{1}{\omega C}\right)^2}=\sqrt{R^2+\frac{1}{\omega^2 C^2}},\ \theta=-tan^{-1}\frac{1}{\omega RC}$$

となり、電流 $\dot{I}$ とインピーダンス $\dot{Z}$ の積で得られる電圧 $\dot{E}$ の位相は θ 遅れることになります。

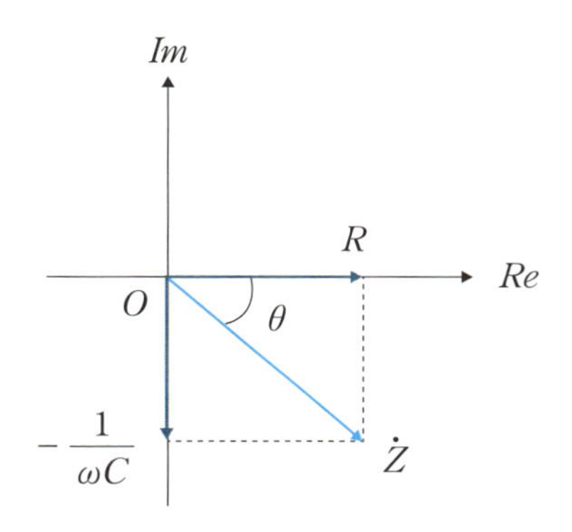

図 3 −45　*RC* 直列回路のインピーダンス

答：$\dot{Z}=R+\dfrac{1}{j\omega C}$

[例題 3 −25]

RC 並列回路のインピーダンスを求めなさい。

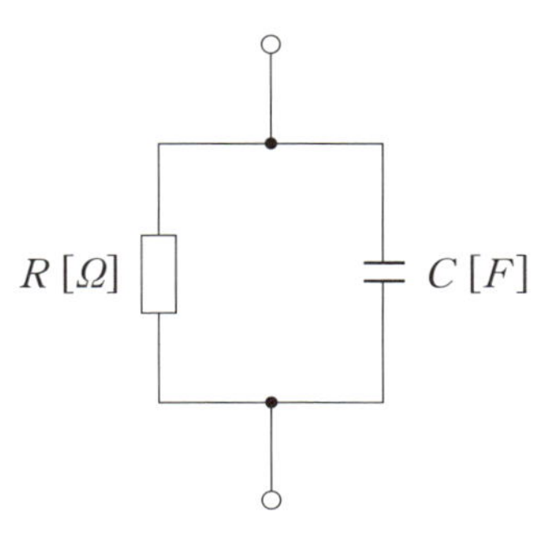

図 3 −46　*RC* 並列回路

[解答]

R と $\dfrac{1}{j\omega C}$ の並列回路なので、

$$\frac{1}{\dot{Z}}=\frac{1}{R}+j\omega C$$

$$\dot{Z}=\frac{R}{1+j\omega RC}=\frac{R(1-j\omega RC)}{1+\omega^2R^2C^2}=\frac{R}{1+\omega^2R^2C^2}-j\frac{\omega R^2C}{1+\omega^2R^2C^2}$$

大きさは、

$$|\dot{Z}|=\sqrt{\frac{R^2+\omega^2R^4C^2}{(1+\omega^2R^2C^2)^2}}=\frac{R}{\sqrt{1+\omega^2R^2C^2}}$$

$R\to\infty$ のとき実部は 0、虚部は $-\dfrac{1}{\omega C}$ となり、コンデンサだけの場合と一致します。また、$C\to 0$ になれば実部 R 虚部 0 の純抵抗となります。

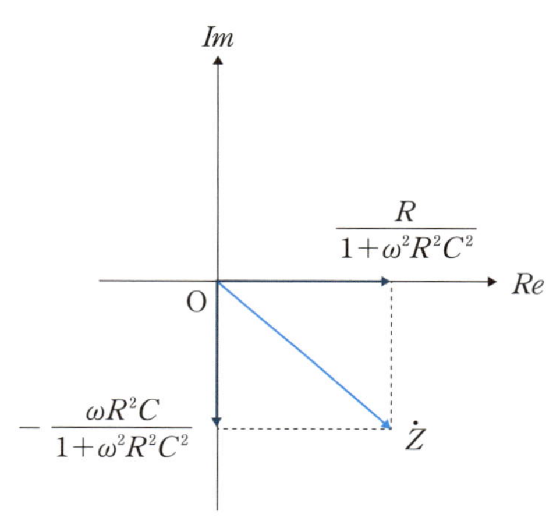

図 3−47　RC 並列回路のインピーダンス

答：$\dot{Z}=\dfrac{R}{1+\omega^2R^2C^2}-j\dfrac{\omega R^2C}{1+\omega^2R^2C^2}$

[例題 3 −26]

LC 直列回路のインピーダンスを求めなさい。

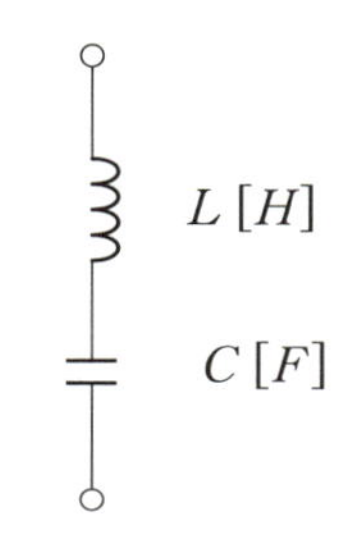

図 3 −48　*LC* 直列回路

[解答]

全体のインピーダンスは $j\omega L$ と $\dfrac{1}{j\omega C}$ の和になります。

$$\dot{Z}=j\omega L+\frac{1}{j\omega C},\ |\dot{Z}|=\sqrt{\left(\omega L-\frac{1}{\omega C}\right)^2}=\left|\omega L-\frac{1}{\omega C}\right|$$

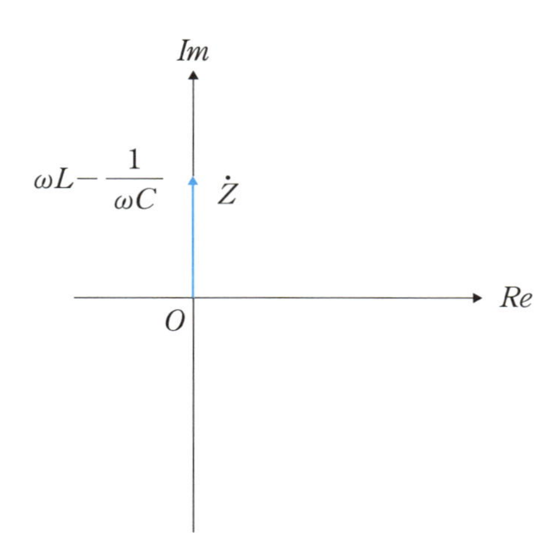

図 3 −49　*LC* 直列回路のインピーダンス

答：$\dot{Z}=j\left(\omega L-\dfrac{1}{\omega C}\right)$

[例題 3 −27]

LC 並列回路のインピーダンスを求めなさい。

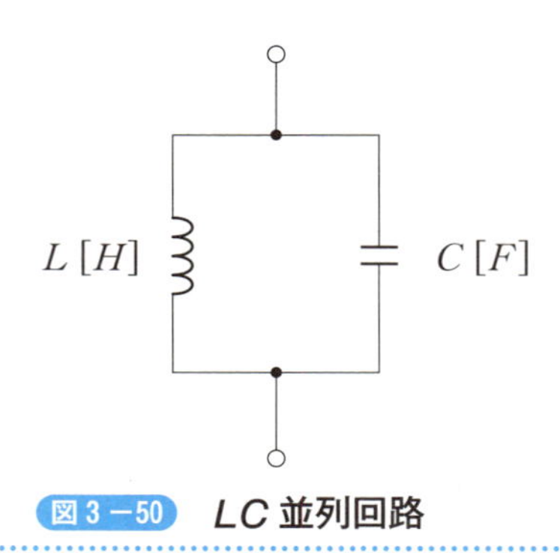

図 3 −50　**LC 並列回路**

[解答]

全体のインピーダンスは $j\omega L$ と $\dfrac{1}{j\omega C}$ の並列接続になります。

$$\frac{1}{\dot{Z}}=\frac{1}{j\omega L}+j\omega C=\frac{1+j^2\omega^2 LC}{j\omega L}=\frac{1-\omega^2 LC}{j\omega L}$$

$$\dot{Z}=\frac{j\omega L}{1-\omega^2 LC},\ |\dot{Z}|=\left|\frac{\omega L}{1-\omega^2 LC}\right|$$

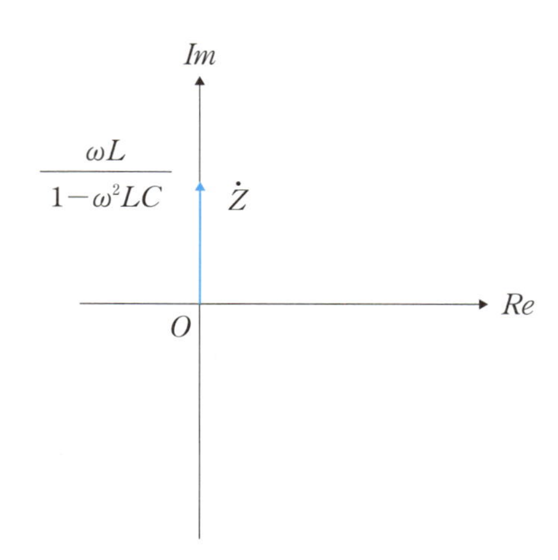

図 3 −51　**LC 並列回路のインピーダンス**

答：$\dot{Z}=\dfrac{j\omega L}{1-\omega^2 LC}$

[例題 3 －28]

RLC 直列回路のインピーダンスを求めなさい。

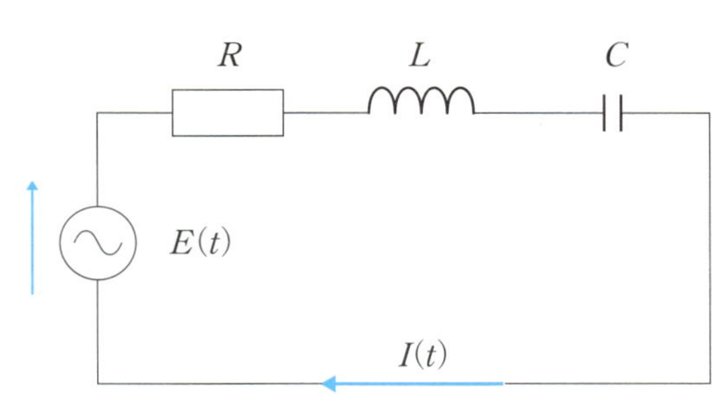

図 3 －52　RLC 直列回路

[解答]

RLC 直列回路は次のような回路になります。インピーダンスはそれぞれの素子の和になります。

$$\dot{Z}=R+j\omega L+\frac{1}{j\omega C}=R+j\left(\omega L-\frac{1}{\omega C}\right) \tag{3 －32}$$

$$Z=|\dot{Z}|=\sqrt{R^2+\left(\omega L-\frac{1}{\omega C}\right)^2} \tag{3 －33}$$

$$\theta=tan^{-1}\frac{\omega L-\dfrac{1}{\omega C}}{R}=tan^{-1}\frac{\omega^2 LC-1}{\omega RC} \tag{3 －34}$$

この RLC 直列回路のインピーダンス Z が最小になる条件は式（3 －33）から $\omega^2 LC=1$ のときです。すなわち

$$f_R=\frac{\omega}{2\pi}=\frac{1}{2\pi\sqrt{LC}} \tag{3 －35}$$

の周波数のときに最小値 $Z=R$ になります。このとき回路には最大の電流が流れるのでこの条件を共振条件、このときの周波数を共振周波数 f_R と呼んでいます。共振しているときには電流と電圧の位相差はなくなり、L と C には同じ大きさで反対方向の電圧が加わっていることになります（図 3 －53（b））。この共振時に回路に加わる電圧に対する C または L にかかる電圧の比を Q 値と呼び、共振

の鋭さを表す指標となります。

$$Q=\frac{\omega L}{R}=\frac{1}{R}\sqrt{\frac{L}{C}} \tag{3−36}$$

インピーダンスの大きさの周波数変化は図 3 −54のようになり、共振時にインピーダンスの大きさは最小となります。

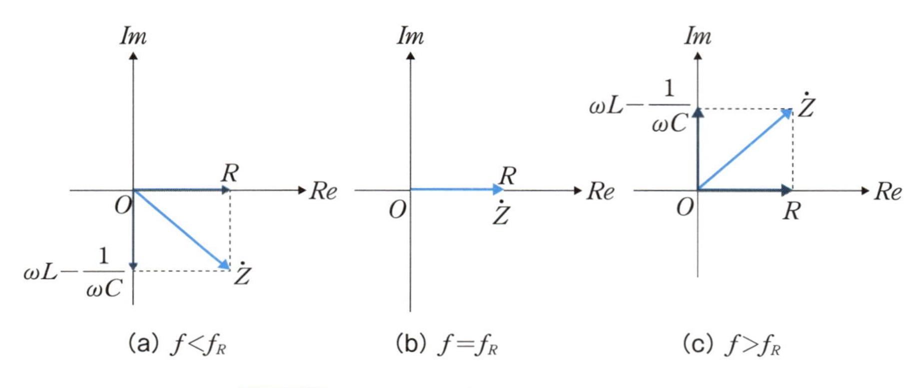

図 3 −53　インピーダンス *Z* の周波数変化

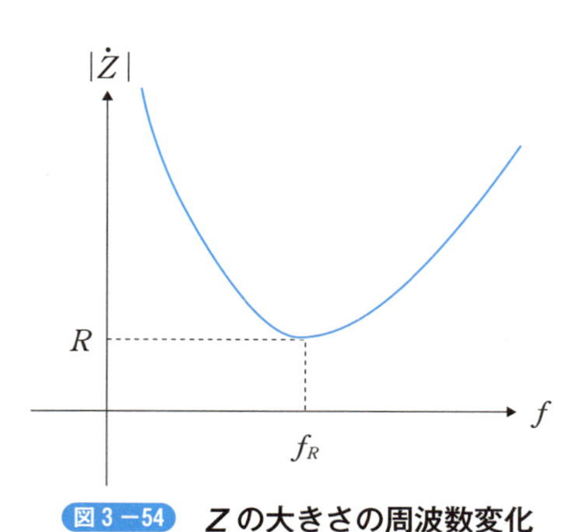

図 3 −54　*Z* の大きさの周波数変化

答：インピーダンスは $\dot{Z}=R+j\left(\omega L-\frac{1}{\omega C}\right)$、共振時に Z の大きさは最小値 R をとる。

3－4－2　RLC 直列回路のインピーダンス測定

［例題 3－29］

$R=1$ $[k\Omega]$、$L=100$ $[mH]$ で内部抵抗137 $[\Omega]$、$C=0.1$ $[\mu F]$ を用いた RLC 直列回路の共振周波数を実験的に求め理論値と比較しなさい。

［解答］

RLC 直列回路に流れる複素電流は

$$\dot{I}=\frac{\dot{E}}{\dot{Z}}=\frac{\dot{E}}{R+j\left(\omega L-\dfrac{1}{\omega C}\right)} \qquad (3－37)$$

で表されるので、$\omega=1/\sqrt{LC}$ の共振条件のとき、$\dot{I}$ は最大値を取ります。これを調べるために一定の振幅の大きさの電圧 $E=1V$ を加え、流れる電流の位相と振幅の大きさの周波数変化を測定します。測定回路を図 3－55に示します。

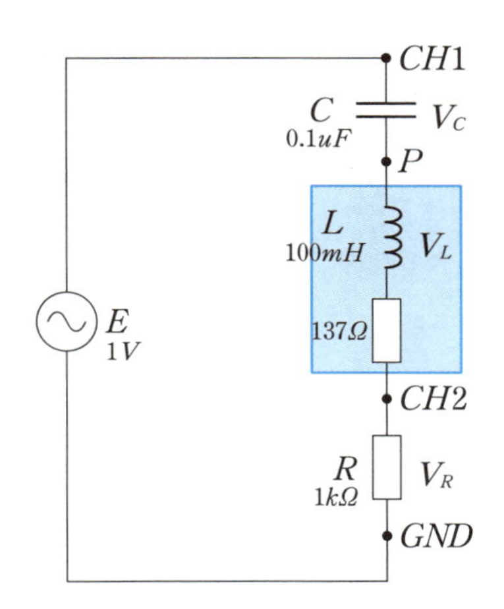

図 3－55　*RLC* 直列回路

共振時の $CH1$ と $CH2$ の測定波形を図 3－56に示します。$CH2$ の最大値は 1.56 $[kHz]$ のとき $V_R=840$ $[mV]$ となりました。

共振周波数の理論値は式（3－35）から

$$f_R=\frac{1}{2\pi\sqrt{LC}}=\frac{1}{2\pi\sqrt{0.1\cdot 10^{-7}}}=\frac{10}{2\pi}\times 10^3=1.59\ [kHz]$$

となって、電流最大の周波数1.56 $[kHz]$ とよく一致します。

共振状態のとき、流れる電流の測定値はV_Rの最大値840 [mV] から$I=\frac{V_R}{1\,[k\Omega]}=\frac{840\,[mV]}{1\,[k\Omega]}=0.84\,[mA]$流れます。この値は図3−53 ($b$) のようにコイルの内部抵抗137 [$\Omega$] と$R=1\,[k\Omega]$から求めた値

$$I=\frac{1}{1000+137}=0.88\times10^{-3}=0.88\,[mA]$$

に近い値となります。また共振状態のとき、図3−56のように電流と電圧の位相差は0になります。

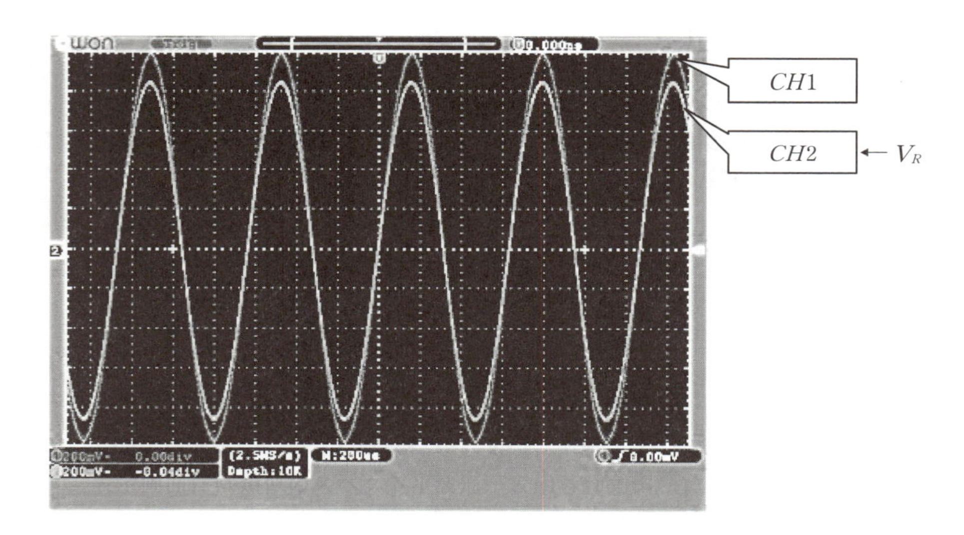

図3−56　共振点（1.56 [kHz]）におけるE（$CH1$）とV_R（$CH2$）の波形
（横軸：200$\mu s/DIV$、縦軸：$CH1$：200mV/DIV、
$CH2$：200mV/DIV、V_R＝840mV）

第4章

ダイオードとトランジスタの基本特性と応用回路

　半導体を使用した能動素子の代表であるダイオードとトランジスタの特性について説明します。基本特性について実験的に調べます。ダイオードでは pn 接合部の電場によって整流作用が起こります。また、光によってエネルギーを得た電子がこの電場によって片方向に流れ、発電する素子が太陽電池です。一方、npn や pnp の 3 層の半導体を接合した素子がトランジスタです。トランジスタは真ん中のベース領域の幅が狭いことで電流増幅作用が起こります。トランジスタの増幅特性を h パラメータで表すことができます。最後に、h パラメータを用いた簡単なエミッタ接地の小信号増幅回路を設計し、増幅波形から電圧増幅率を測定します。

4－1 ダイオード

ダイオードの基本特性、特に整流特性について実験例を参照しながら説明します。また、*LED* 特性の計算例、電流源とダイオードの等価回路で表せる太陽電池について説明します。

4－1－1　ダイオードの特性測定

n 型半導体は価電子が *IV* 価のシリコン（*Si*）半導体に *V* 価のリンやヒ素などを少量混ぜて、電荷の運び屋（キャリアと呼びます）が電子となった不純物半導体です。p 型半導体は *Si* に *III* 価のホウ素や *Al* などを少量混ぜて、電荷を運ぶキャリアが正孔になった不純物半導体です。これらの p 型と n 型の半導体を加熱して接合した素子を pn 接合ダイオードといいます。pn 接合ダイオードの接合部には互いのキャリアが打ち消しあった空乏層ができ、p 型半導体の格子には電子が加わって － に帯電した *III* 価原子が、n 型半導体の格子には電子が抜けて ＋ に帯電した *V* 価原子が存在することになります。

このような pn 接合半導体の p 型電極に外部から ＋ の電圧を加え、n 型電極に － の電圧を加えると、空乏層の幅は狭まり電流は流れやすくなります。逆向きに電圧を加えると空乏層の幅は広がり、電流は流れにくくなります。これが pn 接合半導体の整流作用です。

また空乏層にはキャリアはない代わりに格子の原子が帯電しているため p 層 n 層の間に電場が発生しています。このとき空乏層に光が当たると、ある割合で光が格子から電子をはじき出します。そうすると電子は ＋ に帯電した n 型半導体の方へ、正孔は － に帯電した p 型半導体の方へ、それぞれ移動し電流が流れます（図４－１）。これが電場による電荷分離で、太陽電池の発電原理になります。

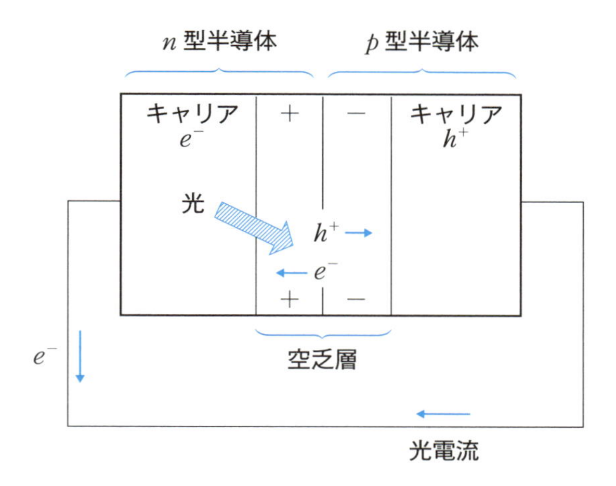

図4－1　pn 接合ダイオードの電荷分離の電場による光電流の発生

pn 接合ダイオードの p 型から n 型半導体に電流が流れる方向を順方向電流 I_d、加える電圧を順方向電圧 V_d と呼びます（図4－2）。順方向電流はソーラーパネルで流れる発電の光電流と逆向きになっています。ダイオードの順方向電圧を横軸に、順方向電流を縦軸に取ったダイオードの特性グラフは図4－3のようになり、シリコンダイオードでは0.6 [V] 付近から急激に電流が流れるようになります。外部から電流が流れ込む極（*anode*：電子を失い酸化される極）をアノード（A）、外部から電子を受け取る極（英 *cathode*、独 *Kathode*：電子を受け取り還元される極、内部では電子を放出する極）をカノード（K）と表します。

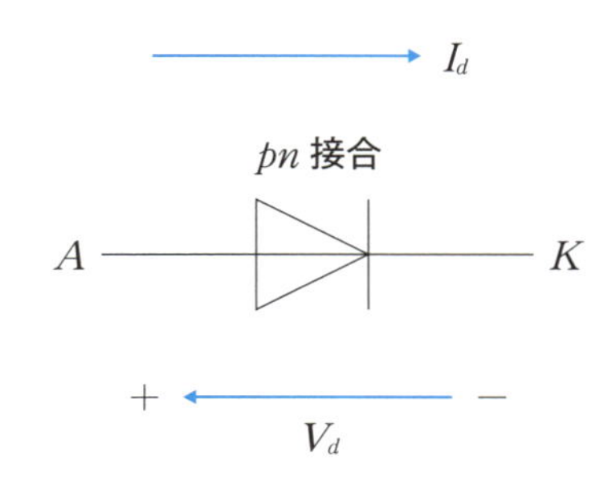

図4－2　順方向電流と順方向電圧の定義

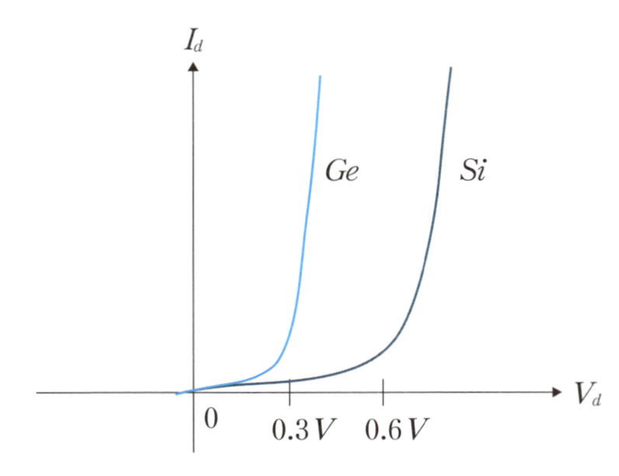

図 4−3 *Si* と *Ge* の *pn* 接合ダイオードの電圧―電流特性

[例題 4 − 1]

pn 接合の境界近傍に空乏層と拡散電位差が生じる理由を説明しなさい。

[解答]

伝導帯の電子は、常温では *n* 形半導体中に多量に存在しますが、*p* 形半導体中ではきわめて少ない量です。このため濃度勾配による拡散によって電子は接合を通って *n* 側から *p* 側に移動し、同じように、*p* 形半導体の価電子帯に多量に存在する正孔も *p* 形から *n* 形に拡散により移動します。

この結果、境界近傍では *n* 側に正のドナーイオンが、*p* 側には負のアクセプタイオンが取り残され、これらのイオンは不純物原子がイオン化したもので、電子や正孔に比べて格子なので動くことができません。そのため正負のイオンによって電子と正孔の拡散による移動を妨げる向きに拡散電位差（または拡散電位）V_D が生じます。拡散電位差のことを電位障壁または接触電位差ともいいます。

接合前と接合後のキャリアである電子、正孔の移動とドナーとアクセプタによる不純物イオンの関係を図 4 − 4 に示します。同図（*a*）は、*pn* 接合を作る前の不純物イオンとキャリア（電子と正孔）の配置図を示します。“●”は電子を、“○”は正孔を示します。同図（*b*）は、接合後の不純物イオンと、電子と正孔の配置を示します。*p* 領域と *n* 領域の接合領域を遷移領域といい、この領域にはドナーイオンとアクセプタイオンによる電界が存在することになります。同図（*c*）は、拡散電位のイメージを示したもので、縦軸に拡散電位差 V_D を、横軸に拡散距離 *d* を示したものです。拡散電位差によって生じる電界は $E_D = \dfrac{V_D}{d}$ となり、この電界がキャリアの移動を妨げることになります。

このように半導体の内部で電気的性質の異なる2つの領域の間の遷移部分を接合またはジャンクション（*junction*）といいます。

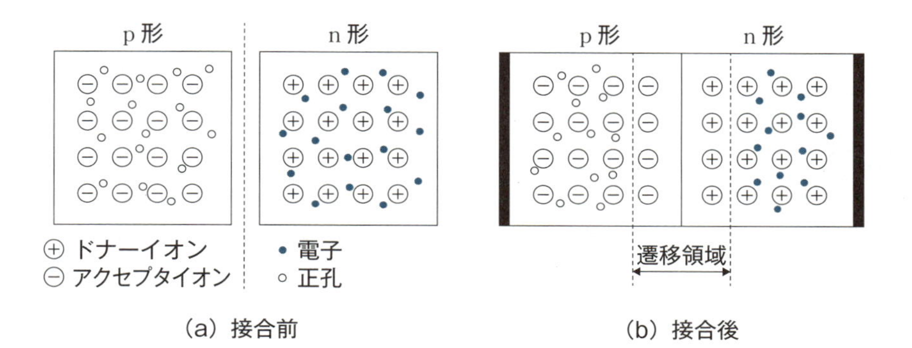

（a）接合前　　（b）接合後

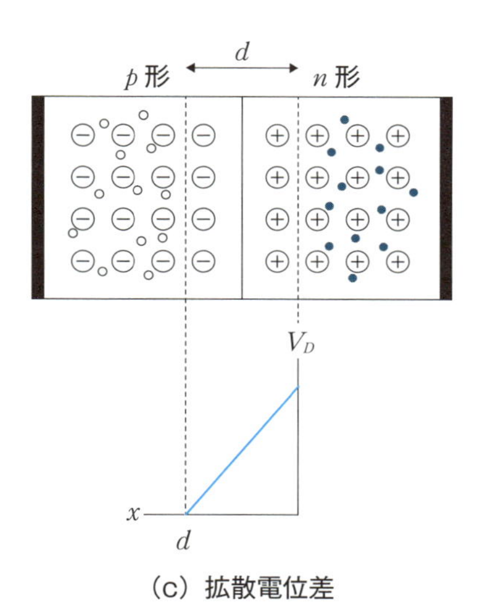

（c）拡散電位差

図4－4　*pn*接合の接合モデル

答：上記の説明

[例題 4 － 2]

ダイオードの電圧（V_d）－電流（I_d）特性を表す式（実験式）

$$I_d = I_0 (e^{\frac{qV_d}{nkT}} - 1) \qquad (4-1)$$

を用いてダイオード特性を *Excel* でシミュレーションしなさい。ここで I_d を順方向電流、I_o を逆方向飽和電流、n をダイオード係数（1～2）、$k = 1.38 \times 10^{-23} [m^2 kg\, s^{-2} K^{-1}]$ をボルツマン定数、$q = 1.6 \times 10^{-19} [C]$ を電子の電荷、$T[K]$ を絶対温度とする。

[解答]

式（4－1）のダイオードの実験式を用いて $n=2$ とし、*Si* の場合の逆方向飽和電流を $I_o = 0.1\ [\mu A]$ とした場合の *Si* のダイオード特性を *Excel* で計算しグラフに表してみます。結果は図 4 － 5 のようになり、常温でおよそ0.6 $[V]$ から0.7 $[V]$ 付近で急激に電流が流れ始めていることがわかります。この電圧を立ち上がり電圧と呼び、次に出てくるトランジスタのベース電圧と直接に関連します。ダイオード係数 n の値を変えるといろいろな種類のダイオードをシミュレートすることができます。

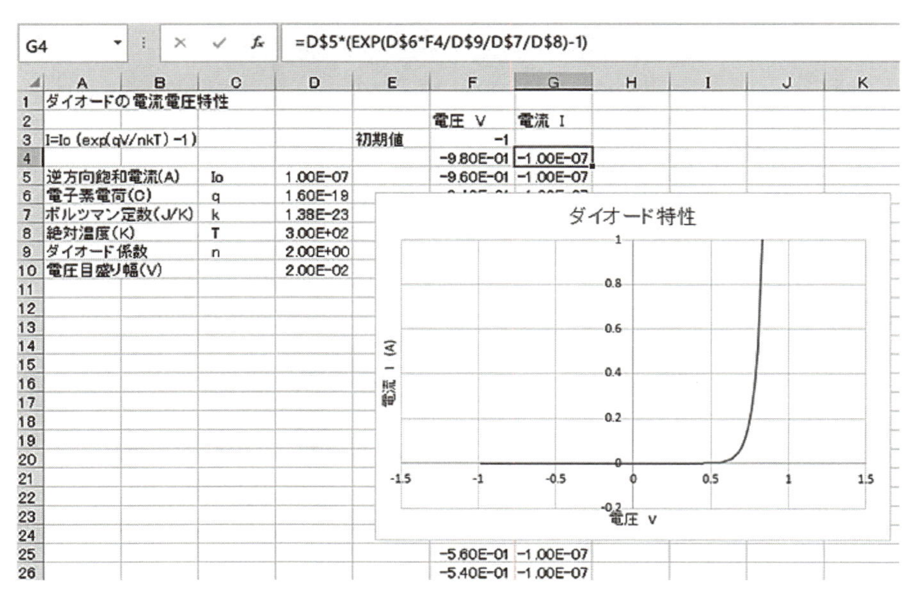

図 4 － 5　*Si* ダイオードの電圧電流特性のシミュレーション（*n*=2 の場合）

答：上図の *Excel* グラフ

4－1－2　シリコンダイオードの交流印加時の整流作用

シリコン（*Si*）ダイオードに交流を加えたときの整流作用の波形について説明します。

Si ダイオードは0.6 [*V*] 程度の電圧を加えると急激に電流が流れ始めるので、ファンクションジェネレータで交流電圧 V を加えるときにはダイオードに直列に抵抗 R を入れて電流を制限します。そのため $R=1$ [$k\Omega$] の抵抗を使い、ファンクションジェネレータの振幅は $V=1$ [*V*] の 1 [*kHz*] の交流を加えることにします。そして図 4 － 6 の回路のようにオシロスコープのチャンネル1（*CH*1）の電圧 V_d を横軸に、チャンネル 2（*CH*2）に R で発生する電圧を接続し縦軸の電流として波形を調べます。ただし、この回路ではファンクションジェネレータとオシロスコープの両方にアースが取ってある場合はチャンネル 2 がアースになるので利用することはできません※注。また、*CH*2の電流の向きは *CH*1と逆相なので順方向電流の向きは *CH*2の向きを反転させたものになります。

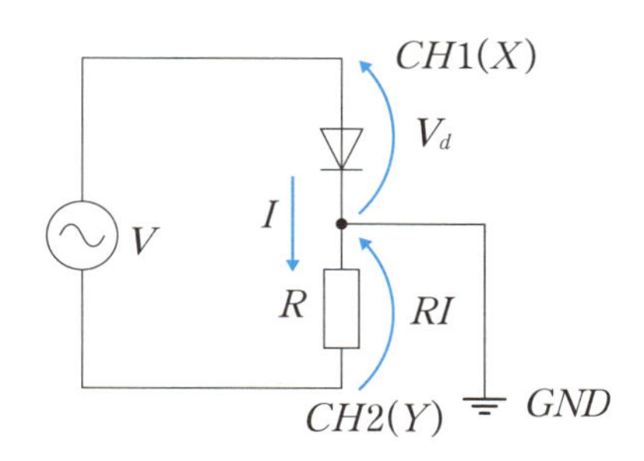

図 4 － 6　ダイオードの整流作用を測定する回路

デジタルオシロスコープを使って瞬時波形を表示した結果を図 4 － 7 に示します。デジタルオシロスコープの波形演算機能を使って *CH*1と *CH*2の差をとると

$$V_d-(-RI)=V \qquad (4-2)$$

となって、ファンクションジェネレータの電圧 $V=1$ [*V*] に等しくなります。このときの（V_d,I）をダイオードの動作点と呼びます。*CH*2は逆相であるため、*CH*1に正の順方向電圧 V_d が加わったときには *CH*2には負方向の電流 I が流れます。*CH*1が負の電圧になったときには *CH*2には電流が流れない整流特性を持つことがわかります。

※注：第 3 章の例題 3 －10を参照。

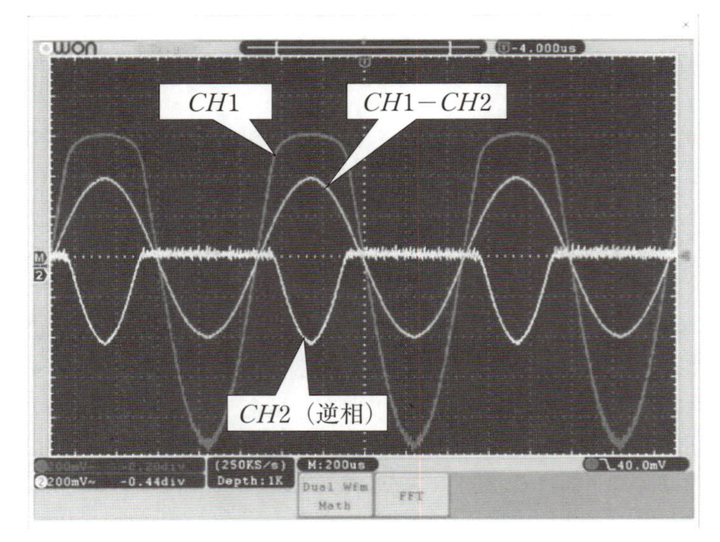

図4−7 $CH1$、$CH2$、$CH1-CH2$ の波形
（$CH1$：200mV/DIV、$CH2$：200mV/DIV、$CH1-CH2$：500mV/DIV）

図４－７の波形において式（４－２）に従って $CH1-CH2$ が入力した交流電圧の値（振幅１[V]）になっていることを確かめてください。$CH1$ が電圧、$CH2$ が電流を表しているので、ダイオードの特性グラフを得るには、各時間における $CH1$ と $CH2$ の値を読み取って $CH1$ と $CH2$ のプロットをすれば良いことになります。このためにはオシロスコープの $X-Y$ プロット※注を利用します。

4−1−3　シリコンダイオードの電圧−電流特性の X−Y プロット

シリコンダイオードの電圧－電流の特性グラフをオシロスコープの $X-Y$ プロットについて説明します。シリコンダイオードには周波数１[kHz]、振幅１[V]の交流信号を加えます。

ダイオードの電圧－電流特性の曲線を表示するために、図４－６の回路を用いて $CH1$、$CH2$の信号を $X-Y$ プロットに切り替えて表示します。$CH2$の向きは$CH1$と逆相であるために、$X-Y$ プロットすると図４－８のように上下が反転した特性グラフになります。この結果から微小電流の場合は Si ダイオードでは0.55 [V] 付近から順電流が流れ始めていることがわかります。この $X-Y$ プロ

※注：第２章の「２－２－３　X－Y 法による波形観測」を参照。

ットの右側の端点は回路の動作点から決まります。

得られた特性グラフは逆相のため上下が反転していますが、第2章の写真2－22と同じ形状が得られています。

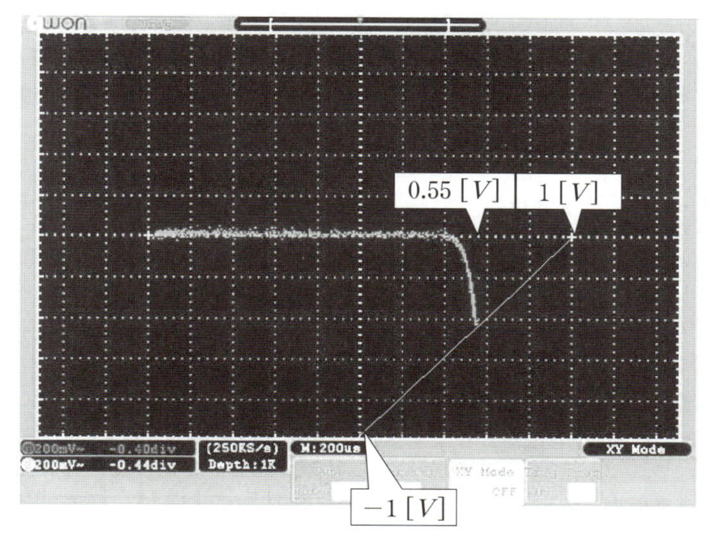

図4－8　ダイオードの電圧－電流特性を表す $X－Y$ プロット※注
X【軸】《$CH1$：200mV/DIV》、Y【軸】《$CH2$：200mV/DIV》

［例題4－3］

ダイオードの特性を表す $X－Y$ プロット（図4－8）の右側の端点が0.55 [V] であることを説明しなさい。ただし、加えた1 [kHz] の交流の振幅は1 [V] である。

［解答］

式（4－2）を変形すると

$$-RI = V_d - V$$

となります。V は入力電圧です。ここでダイオードの動作点の変数として $-RI = V_{RI}$ とおくと、

$$V_{RI} = V_d - V$$

※注：図中の実線は例題4－3を参照。

となります。横軸（X 軸）が V_d で縦軸（Y 軸）が V_{RI} の図4 − 8のグラフでこの式は傾きが1で垂直軸の切片が − V の直線を表します（図4 − 8の実線）。したがって図4 − 8の水平軸の最大値1 [V] の点（＋印点）と、垂直軸の最小値 −1「V」の点を結んだ直線上に動作点があります。このため水平軸が0.55 [V] のとき、垂直軸は0.55 [V]−1 [V]＝−0.45 [V] の点が端点になります。直線は電圧変化に従って垂直軸が1 [V] と −1 [V] の間を平行移動します。

答：水平軸1 [V] と垂直軸 −1 [V] を結んだ直線より左側領域に限られるため。

4 − 1 − 4　整流回路

ダイオードに交流を加えると1方向にしか電流が流れない整流作用を利用すると、交流（AC）から直流（DC）を得ることができます。整流回路には図4 − 7 (a) のようにダイオード1つを使った半波整流回路、(b) のように4つ使った全波整流回路が考えられます。整流した波形は、コンデンサやコイルを使って平滑して直流を得ますが、変動成分（リップル）が残ります。図4 −10にコンデンサとコイルによってリップルを少なくする平滑回路を示します。

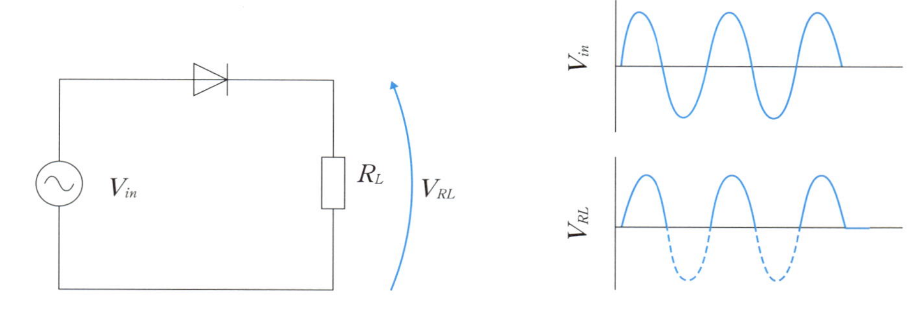

(a) 半波整流回路

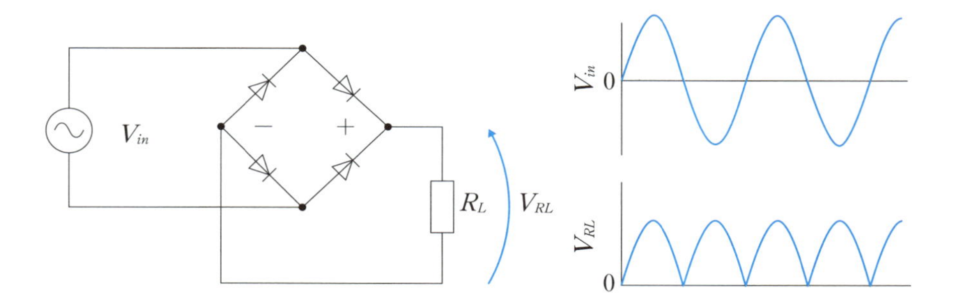

(b) 全波整流回路

図4－9　整流回路

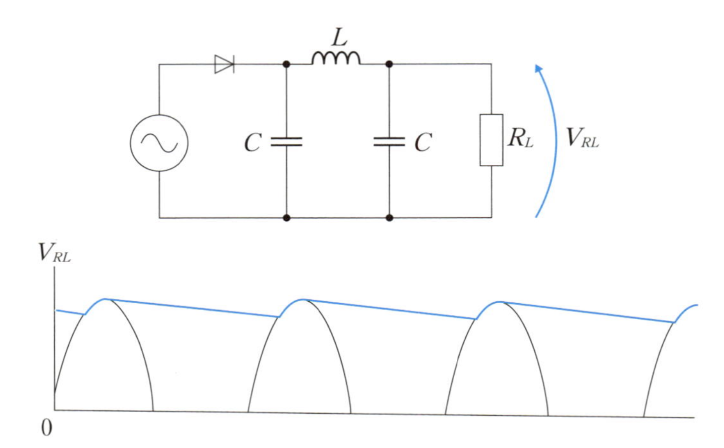

図4−10　コンデンサとコイルによる半波整流の平滑化

［例題４－４］

図４－11の変圧器を使用した全波整流回路として、正しく動作する回路を選びなさい。

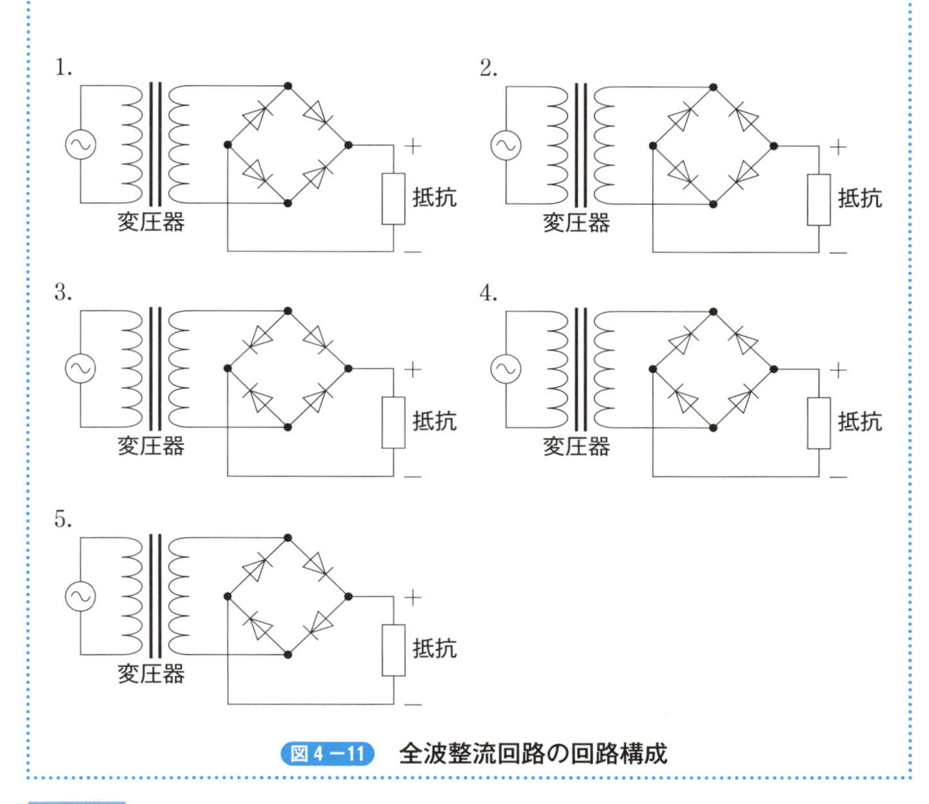

図４－11　全波整流回路の回路構成

［解答］

理想的な整流ダイオードでは、電流方向がアノードからカソードの一方通行に制限されます。交流入力信号の正・負両極性において、ブリッジ状に配置されたダイオードに電流が流れ、出力端子にすべて正極性の信号が加わる条件の回路をみつけます。具体的には、いずれの極性時にも図中の負荷抵抗に電流が上（＋）から下方向（－）に流れる回路になります。

図４－11の回路の入力電源はすべて変圧器（トランス）に接続されているため、ダイオードブリッジと接続関係にある変圧器の二次側には、本来、変圧器の巻数比に応じた交流電圧が加わります。

変圧器の二次側電圧を V_i として、以下のように説明することができます（図４－12）。

二次側電圧 V_i は交流であるため、正極性と負極性の時間帯が交互に切り替わります。仮に、V_i が正極性の時間帯では図4−12（a）は図4−13（a）と等価な状態になり、電流は“電源→ D_1 → R → D_4 →電源”の経路をたどって流れます。V_i が負極性の時間帯では図4−12（a）は図4−13（b）と等価になり、電流は“電源→ D_2 → R → D_3 →電源”の経路をたどって流れます。このときに着目することは、出力の負荷抵抗 R に流れる電流方向で、いずれの極性においても負荷抵抗の上から下の方向に流れることです。

この電流が流れたことによって計測される負荷抵抗の端子電圧である負荷電圧は、図4−12（b）の実線波形のように、すべて信号が正極性で出力されます。この実線波形を“全波整流波形”といいます。

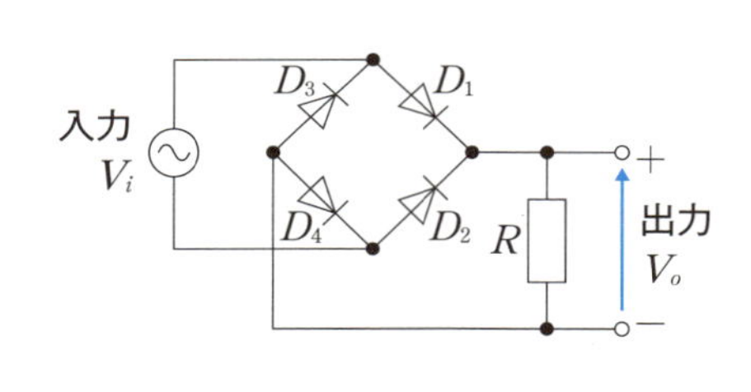

（a）ダイオードブリッジ型全波整流回路

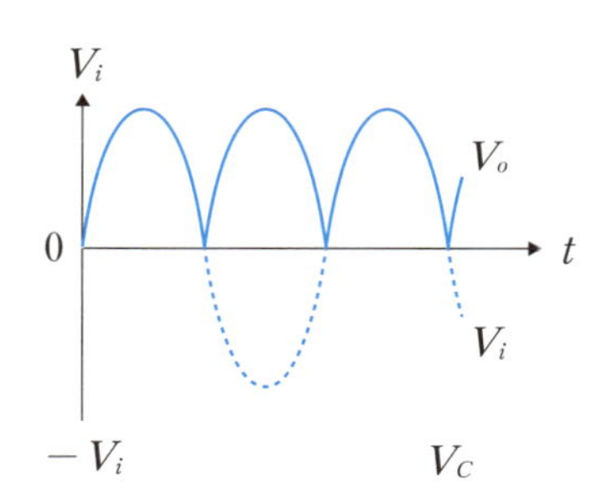

（b）全波整流波形

図4−12　全波整流回路と全波整流波形

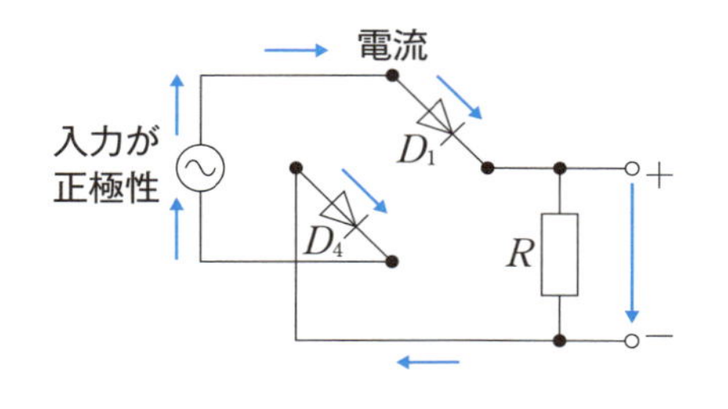

（a）入力が正極性の場合

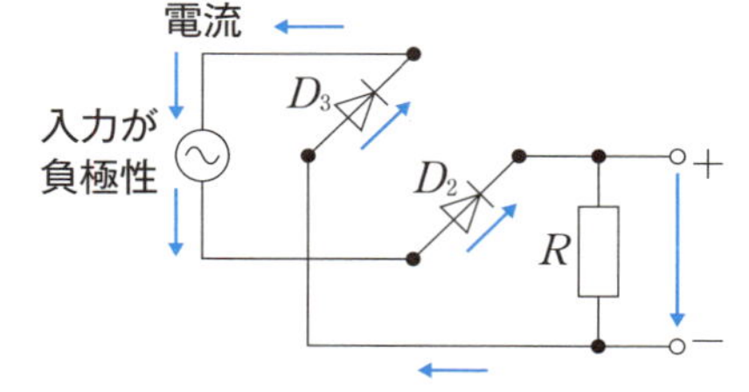

（b）入力が負極性の場合

図4−13　入力が正または負極性の場合の電流の流れ

交流を直流に変換するための電源回路（AC アダプタなどの内部回路）において、整流回路は欠かせないものであり、ダイオードブリッジ型全波整流回路は交互に繰り返す極性を正極性で取り出すことができます。また、入出力間の電力効率も良いといえます。

一般の電源回路では、全波整流した後、コンデンサの充放電やチョークコイルの周波数特性を利用して波形の平滑化を行い、より直流に近い電圧に変換します（図4－10参照）。最終的には、専用の電源 IC 使用した定電圧安定化回路により安定した直流電圧を得ることができます。

答：正しく動作する回路は1の整流回路

4－1－5　発光ダイオード（LED）

普通の LED は1 [mA] 程度から発光しはじめ定格電流の20 [mA]～30 [mA] で連続点灯できますが、定格を超えると発熱・劣化が進み、結果として溶断することがあります。直流電源に直接接続し LED を点灯させると、過大な電流が流れるため、図4－14のように電流制限抵抗 R を入れる必要があります。LED に加わる電圧や流れる電流（明るさ）は、傾き $1/R$ の直線とダイオード曲線との交点である動作点 P の電圧と電流になります。この回路を用いて動作点を求めるとき、LED に加わる電圧 V_d は電圧計で測定し、LED に流れる電流 I は抵抗 R の両端に現れる電位差 $Vc-V_d$ を R で割った値から求めます。動作点 P を移動させるには電源の電圧 Vc を変化させます。Vc が変化すると傾き $1/R$ の直線は左右に平行移動します。

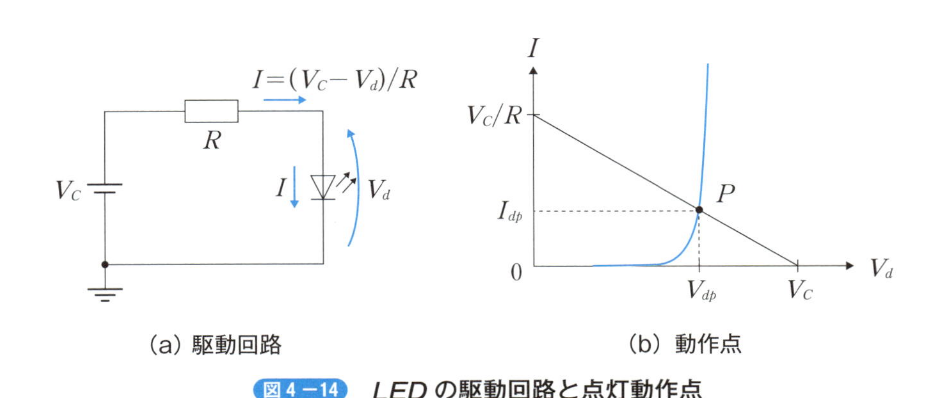

図4－14　LED の駆動回路と点灯動作点

［例題 4 − 5］

LED の駆動回路と電圧—電流特性を図 4 −15に示す。この回路に流れる電流を求めなさい。

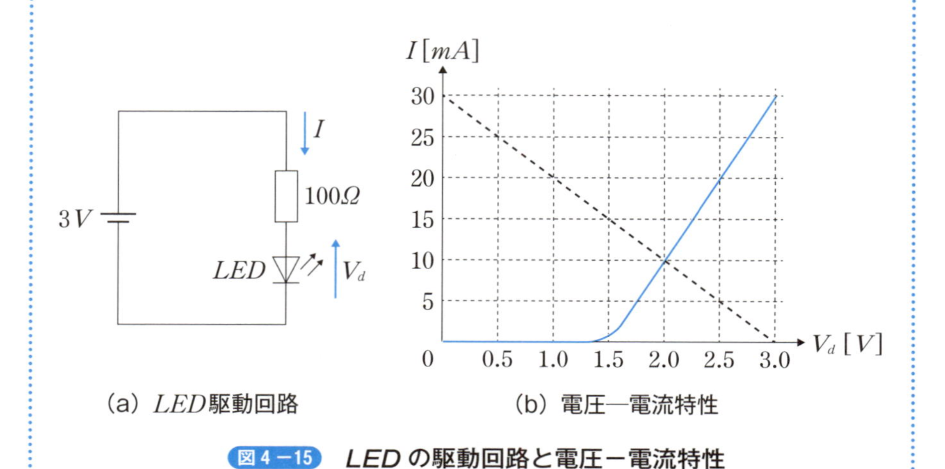

(a) *LED*駆動回路　　(b) 電圧—電流特性

図 4 −15　*LED* の駆動回路と電圧−電流特性

［解答］

LED（*Light Emitting Diode* の頭文字）とは、別名“発光ダイオード”のことをいいます。さまざまな電子デバイスや機器、装置の中で表示器やランプとして使われている代表的な発光素子です。*pn* 接合のダイオード構造において、順方向電圧によってキャリア（正孔またはホールと自由電子）が *pn* 接合間を移動し、その結果、順方向に電流が流れ、キャリアの移動途中でキャリアの再結合の際に発生するエネルギーとして光が放出されます。

図 4 −15（*a*）は *LED* の駆動回路で、抵抗は *LED* に定格電流を流すための電流制限用として使用します。

図 4 −15（*b*）の電圧—電流特性から、順方向電圧 V_d が1.5［*V*］を超えるあたりから、順方向電流 I が大きく流れはじめ、2.0［*V*］以上では比例的に電流が増加していく傾向が見られます。

キルヒホッフの第二法則から

電圧3.0［*V*］＝100［Ω］の電圧降下（100×*I*）＋*LED* の順方向電圧 V_d

から

$$3=100\times I+V_d$$

$$I=\frac{3-V_d}{100} \qquad (4-3)$$

となります（図4－15（b）の黒点線）。

式（4－3）は、LED の駆動回路の回路設計のための基本式でもあります。

式（4－3）を成立させる（V_d、I）の直線をグラフに描き込むと、交点である動作点は $V_d=2\,[V]$、$I=10\,[mA]$ となります。

LED のスペック表には、定格電流を流したときの LED の順方向電圧が記載されています。たとえば、定格電流 $I=20\,[mA]$ のときの順方向電圧 V_d を "V_F" という略号を使って $V_F=3.1\,[V]$ のように表記されています。

答：$V_d=2\,[V]$、$I=10\,[mA]$

4－1－6　太陽電池

pn 接合半導体の接合面の面積を大きくして、大きな光電流 I_p を得るようにしたのが太陽電池です。図4－16は負荷抵抗 R を付けたときの太陽電池の等価回路で、光電流はダイオードの順方向電流と逆方向に流れるので $-I_p$ の電流源があると表現します。図4－16は太陽電池の特性曲線で、式（4－4）と式（4－5）のグラフの交点が太陽電池の動作点になります。ここで、I_0 はダイオードの逆方向飽和電流です。

$$I=-I_p+I_0\left(e^{\frac{qV}{nkT}}-1\right) \qquad (4-4)$$

$$I=-V/R \qquad (4-5)$$

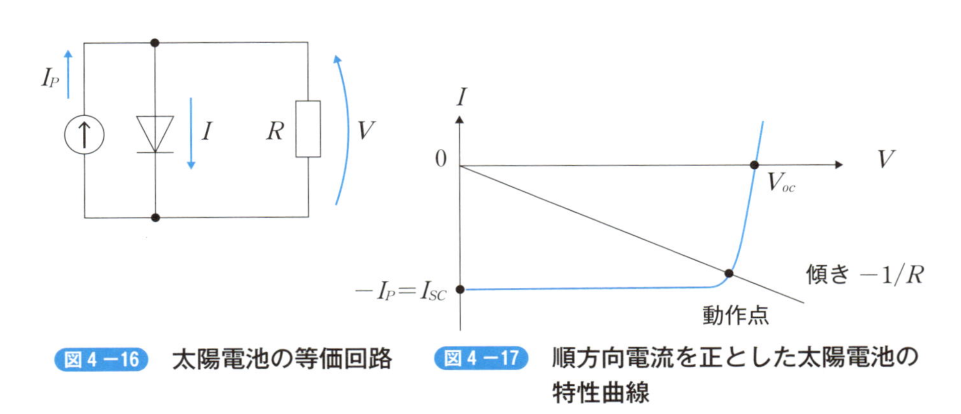

図4－16　太陽電池の等価回路

図4－17　順方向電流を正とした太陽電池の特性曲線

図4－17の I の向きを逆にしたグラフを太陽電池の発電グラフとします（図4－18）。太陽電池の出力を短絡すなわち $R=0\,[\Omega]$ としたときの電流を短絡電流 Isc、逆に両端を開放すなわち $R=\infty$ のときの電圧を開放電圧 Voc と呼びます。最大の発電電力を P_{max} とするとき、$P_{max}/(Voc\cdot Isc)$ を $Fill\ factor$ と呼び、Voc と Isc の値から発電電力を推定する目安になります。

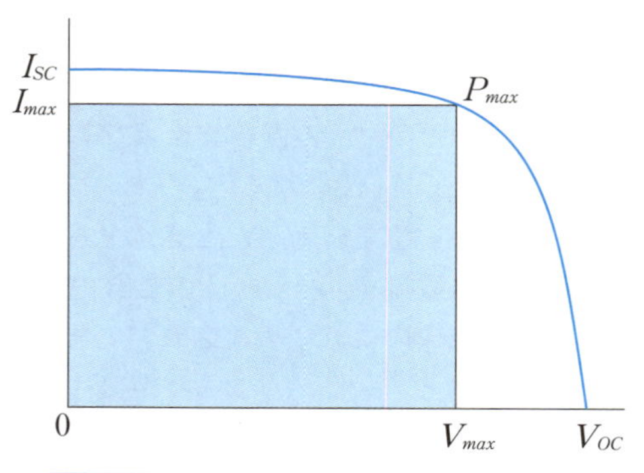

図4−18　**太陽電池の発電電力の最大値**

〈一口メモ：電圧源と電流源〉

電圧源とは、供給する電流の大きさにかかわらず、文字通り一定の起電力（電圧）を発生させることができる理想的な電源のことです。“定電圧源”ともいいます。そのため、電源の内部抵抗 r は $r=0$ [Ω] と考えます。電池などの実際の電圧源には内部抵抗が存在するため、内部抵抗に流れる電流による電圧降下で電源の端子電圧は変動します。電圧源と実際の電圧源を図4−19に示します。

電流源とは、電源の電圧の大きさにかかわらず、文字通り一定の電流を供給し続けることができる理想的な電源です。“定電流源”ともいいます。電圧源に比べるとイメージしにくい電源です。電源に接続される負荷の大きさにかかわらず常に一定の電流を流し続けるために、電源の内部抵抗は無限大（$r=\infty$）と考えます。また、電流を流すために閉じた回路（閉回路）が必要です。
実際の電流源は、理想的な電流源に並列に内部コンダクタンス g（抵抗の逆数）が存在し、端子電圧の大きさによって負荷に流れる電流が変動します。電流源と実際の電流源を図4−20に示します。

理想電圧源と理想電流源の新 *JIS* の図記号は図4−21のように書きます。

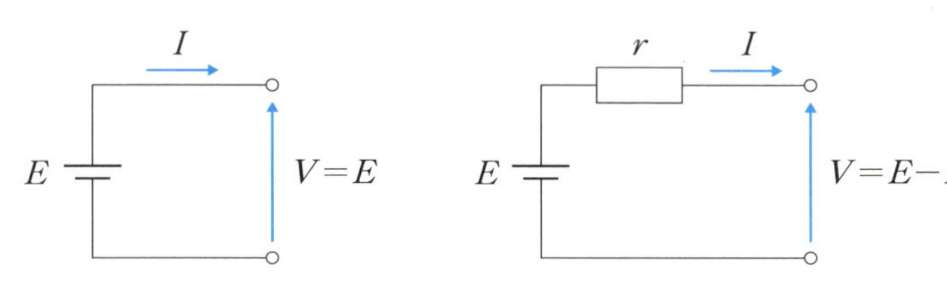

（a）電圧源　（b）実際の電圧源

図4−19　電圧源の回路

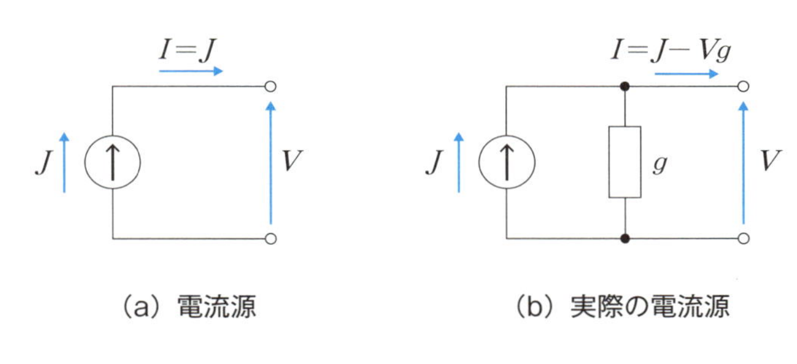

（a）電流源　（b）実際の電流源

図4−20　電流源の回路

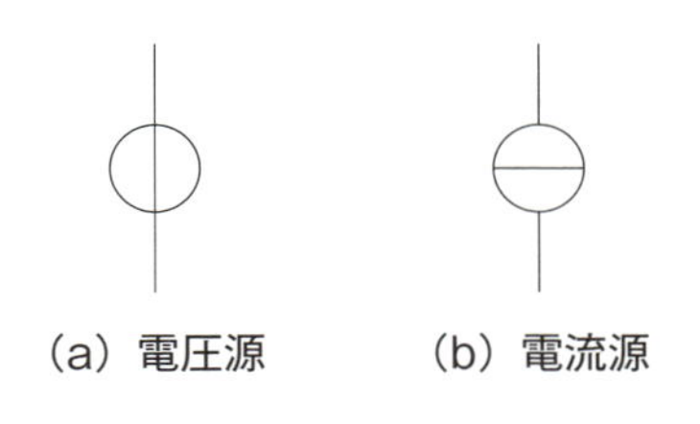

（a）電圧源　（b）電流源

図4−21　理想電源の新 JIS 記号

4−1−7　太陽電池の使用法

多数の太陽電池セルを集積した太陽電池パネルを安全に運用するためには、以下のような安全対策を施す必要があります。

◇運用1：逆電流防止ダイオード

太陽電池で発電した電力を電池に充電する場合を考えます。太陽電池パネルまたはセルに当たる光が弱くなったとき、そのままでは電池から太陽電池セルに順方向電流が流れてしまいます。この放電を防ぐために逆電流防止ダイオード D_i を使います。

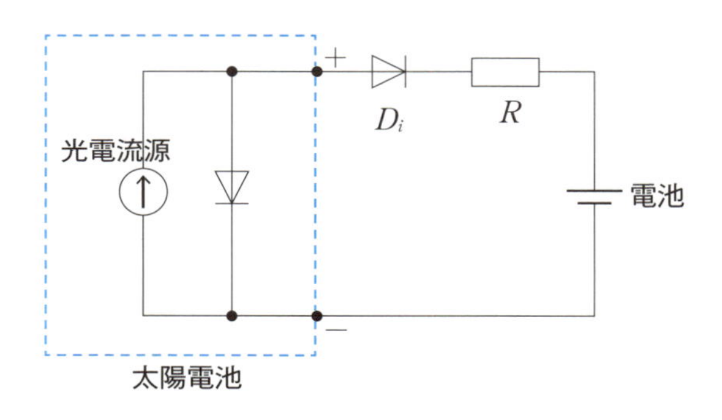

図4−22　逆電流防止ダイオード

◇運用2：逆電圧防止ダイオード（バイパスダイオード）

太陽電池の使用法で、例えば100 [V] のパワーコンディショナー※注を動作させる場合、単セルを積層して高い電圧を出力するようにします。もし、積層されたセルの一部が影になって発電しなくなったときにはそのセルは順方向と逆方向になるので、影になったセルで全体の光電流をブロックしてしまいます。これをシャドウ効果と呼びます。これを避けるため発電しなくなったセルを迂回するためのバイパスダイオードを各セルに並列に設けます。

※注：パワーコンディショナーとは、直流（太陽電池の出力）を交流（AC100V）に変換し、家庭用の電気機器などで利用できるようにするための変換器の1つ。

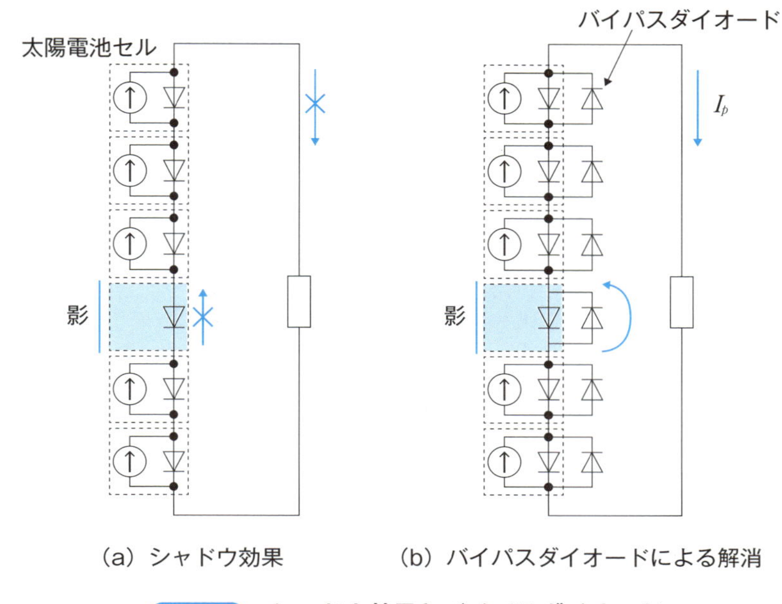

（a）シャドウ効果　（b）バイパスダイオードによる解消

図4−23　シャドウ効果とバイパスダイオード

[例題4−6]

逆電流防止ダイオードとバイパスダイオードを使用して、太陽電池セルの実際のスタック回路を図示しなさい。

[解答]

逆電流防止ダイオードとバイパスダイオードを組み合わせて実際のセルが積み上げられます。

各セルにバイパスダイオードD_bを設け、全体の出口に逆電流防止ダイオードD_iを設けます。

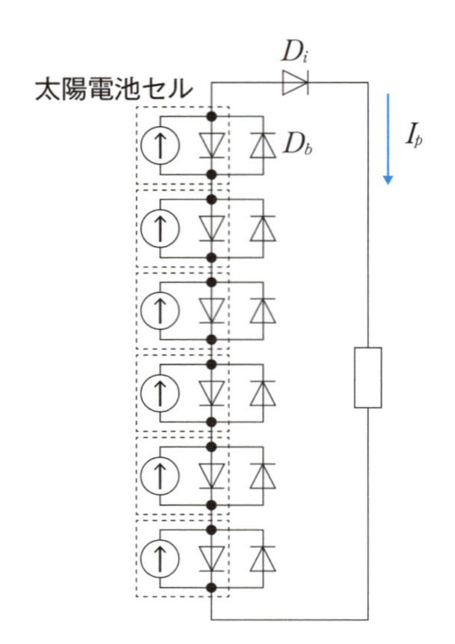

図4−24　ソーラーセルのスタック回路

答：図4−24

4－2 トランジスタ

トランジスタの静特性と測定例、トランジスタを用いた小信号増幅回路と h パラメータについて説明します。また、エミッタ接地増幅回路について説明します。

4－2－1　トランジスタの構造

不純物半導体を3層積み重ね、真ん中の半導体の幅を薄くした3層の接合ダイオードには、電流増幅作用が表れます。これがトランジスタで、接合方法によって図4－25のように pnp 型と npn 型があり、中央の電極をベース B、両端の電極のうち npn 型では電子を放出する極をエミッタ E、電子を取り込む極をコレクタ C と呼んでいます。記号の中の矢印の向きはエミッタとベース間の順方向を表しています。

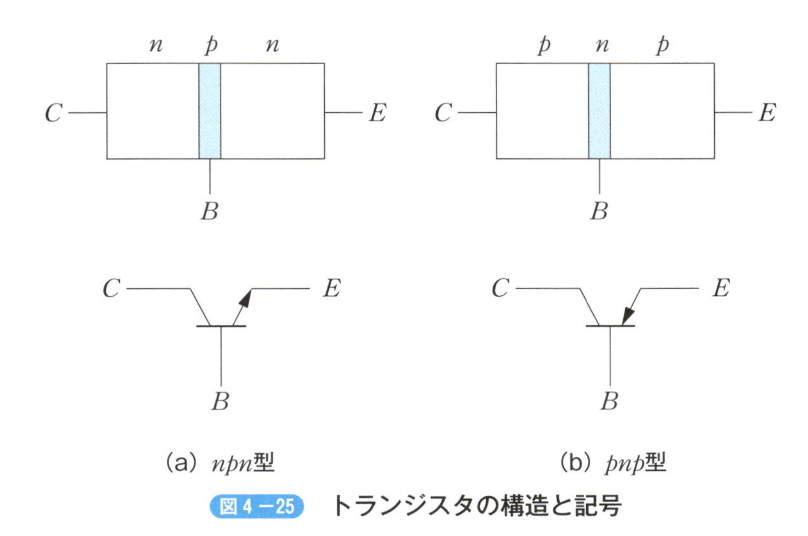

図4－25　トランジスタの構造と記号

トランジスタの名前（例えば2SC1815）の付け方は、2はトランジスタ（1はダイオード）、S は半導体 *Semiconductor* の頭文字を、続く A、B、C、D の記号は pnp 型では高周波用が A、低周波用では B、npn 型では高周波用が C、低周波用では D で表し、1815は（社）日本電子工業会 *EIAJ* の登録番号になります。1S1495という半導体部品は、ダイオードで登録番号が1495となります。

[例題４－７]

npn トランジスタの説明で、誤りがあれば訂正しなさい。

(1) npn トランジスタは pn 接合を２つ組み合わせた構造で、接合トランジスタまたはバイポーラトランジスタ（*bipolar transistor*）と呼ばれている。

(2) npn 接合の片方の n 領域をエミッタ、真ん中の p 領域をベース、反対側の n 領域をコレクタという。

(3) npn トランジスタの図記号は、図４－26である。

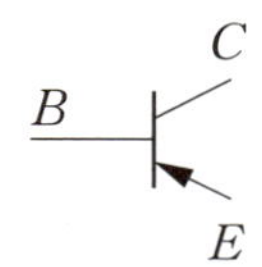

図４－26　*pnp* トランジスタの図記号

(4) npn トランジスタのベース領域の厚さは非常に薄く構成されており、エミッタ・ベース間の接合をエミッタ接合、ベース・コレクタ間の接合をコレクタ接合という

[解答]

誤りは、(3)です。正しい図記号は本文図４－25（a）です。上記の図記号は pnp トランジスタです。(1)、(2)、(4)は正しいです。

通常、npn 領域の不純物濃度をそれぞれ N_A（エミッタ）、N_D（ベース）、N_A（コレクタ）とすると、N_A（エミッタ）$>N_D$（ベース）$>N_A$（コレクタ）となるようにします。また、各領域の抵抗率を ρ_E、ρ_B、ρ_C とすると $\rho_E<\rho_B<\rho_C$ となります。

答：誤りは(3)で、正しい図記号は本文図４－25（a）

４－２－２　エミッタ接地増幅回路の特性

npn 型トランジスタのエミッタを接地し、ベースに0.6［V］程度のベース電位 V_{BE} を、コレクタに高い電圧 V_{CE} を加える回路をエミッタ接地増幅回路と呼びます（図４－27）。この回路に電流増幅作用が表れる理由を考えてみます。要点はベース層の厚さが薄いことと、コレクタ・ベース間には高い逆方向電圧を加え、ベース・エミッタ間に順方向の電圧をかけることです。コレクタ・ベース間には逆方向電圧がかかっているので整流作用のため電流は流れません。ところがベース・エミッタ間には順方向電圧がかかっているので順方向電流すなわちベース電

流 I_B が流れます。このベース電流をきっかけとして、ベース電流の何百倍もの電子がベースから高い電圧のコレクタに向けて薄い障壁を乗り越えて移動するようになります。この電流をコレクタ電流 I_C と呼びます。コレクタ電流 I_C はベース電流 I_B に比例し、この値を電流増幅率 β と呼んでおり、300倍ほどの値を持つトランジスタもあります。この β は直流電流増幅率を表す場合は h_{FE} と表記します。

$$I_C = \beta I_B \qquad (4-6)$$

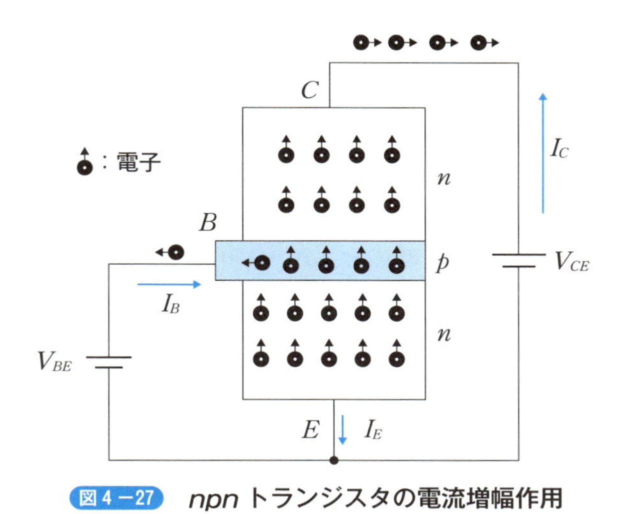

図4－27　npnトランジスタの電流増幅作用

次に、npn型Siトランジスタ2SC1815を使ったエミッタ接地増幅回路の入出力の電圧電流特性の測定例を説明します。

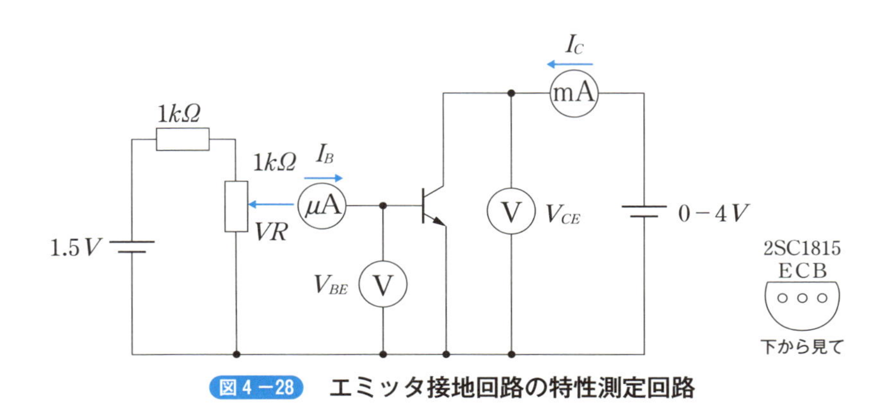

図4－28　エミッタ接地回路の特性測定回路

可変抵抗 VR を介してベースに加える電圧 V_{BE} と入力電流 I_B を測定し、このときのコレクタ電圧 V_{CE} とコレクタ電流 I_C を測定し４種類の特性グラフを作成していきます。

まず $V_{CE}=3$ [V] を一定として V_{BE} を変化させて I_B、I_C を測定し、これより $V_{BE}-I_B$ と I_B-I_C グラフを得ます（表４－１、図４－29）。次に、$I_B=0.3$ [μA] を一定として V_{CE} を変化させて I_C、V_{BE} を測定し、これにより I_C-V_{CE} と $V_{BE}-V_{CE}$ グラフを得ます（表４－２、図４－30）。

さらに、$V_{CE}=2$ [V] と４[V]、$I_B=0.2$ [μA] と0.4 [μA] にそれぞれ変化させた場合のグラフを追加してトランジスタ特性の全体像を得ます。

表４－１　測定データ（I_B 対 V_{BE} の関係と I_B 対 I_C の関係）

$V_{CE}=2V$			$V_{CE}=3V$			$V_{CE}=4V$		
V_{BE}[mV]	I_B[μA]	I_C[mA]	V_{BE}[mV]	I_B[μA]	I_C[mA]	V_{BE}[mV]	I_B[μA]	I_C[mA]
572	0.1	0.05	557	0	0.02	591	0.3	0.08
604	0.3	0.18	570	0.1	0.03	612	0.6	0.19
633	1.3	0.37	590	0.2	0.07	617	0.7	0.21
646	1.9	0.56	600	0.3	0.11	635	1.2	0.35
658	2.9	0.86	606	0.5	0.15	667	2.6	0.76
674	4.9	1.4	614	0.7	0.2	664	2.5	0.74
718	42	8.02	623	0.9	0.28	672	3.1	0.88
			626	1.1	0.31	686	4	1.16
			631	1.2	0.36	804	114	15.21

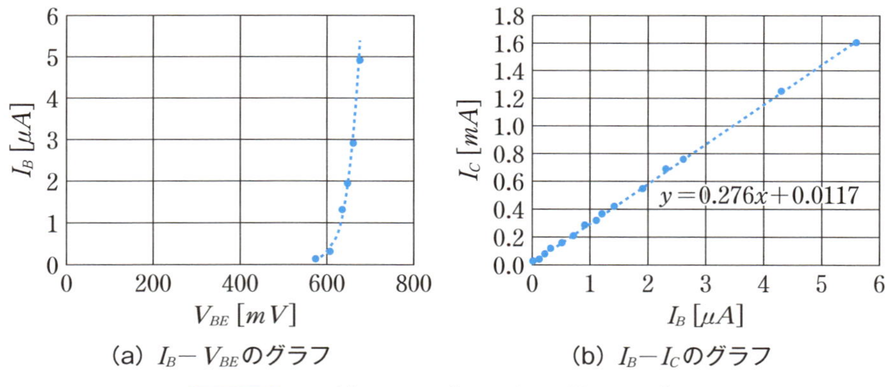

図４－29　I_B 対 V_{BE} のグラフと I_B 対 I_C のグラフ

表4－2　測定データ（I_C 対 V_{CE} の関係と V_{BE} 対 V_{CE} の関係）

$I_B=0.2\mu A$		
$V_{CE}[V]$	$I_C[mA]$	$V_{BE}[mV]$
2	0.07	587
3.18	0.07	589
4.74	0.07	586
6.04	0.07	586
8.61	0.07	586

$I_B=0.3\mu A$		
$V_{CE}[V]$	$I_C[mA]$	$V_{BE}[mV]$
1.33	0.1	595
1.54	0.09	591
1.74	0.08	592
1.9	0.09	594
2.6	0.09	594
4.31	0.09	594
6.16	0.09	594
9.71	0.09	594

$I_B=0.4\mu A$		
$V_{CE}[V]$	$I_C[mA]$	$V_{BE}[mV]$
2.97	0.13	602
3.7	0.13	602
4.99	0.13	602
8.59	0.13	600
9.96	0.13	602

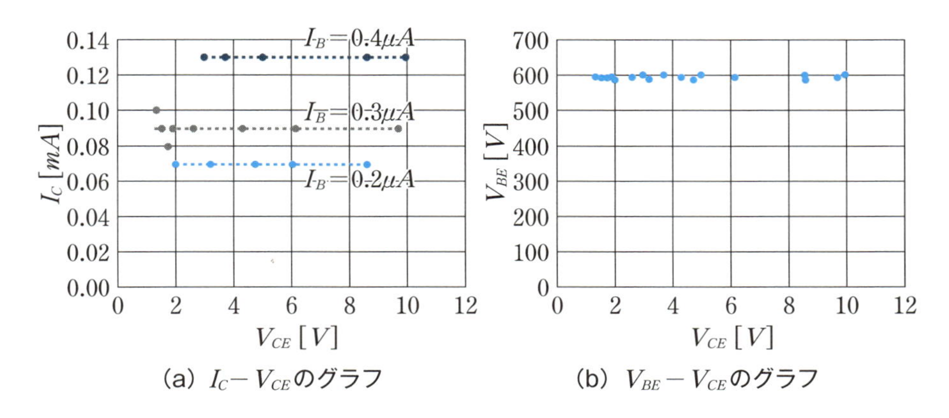

(a) I_C-V_{CE}のグラフ　　(b) $V_{BE}-V_{CE}$のグラフ

図4－30　I_C 対 V_{CE} のグラフと V_{BE} 対 V_{CE} のグラフ

この実験で得られた4つのグラフで原点近くの変化を見るのは精度の高い測定器を使用する必要があります。他の理想的な測定データを参考にしながら4つのグラフの共通軸をまとめた概念図は図4－31のようになります。

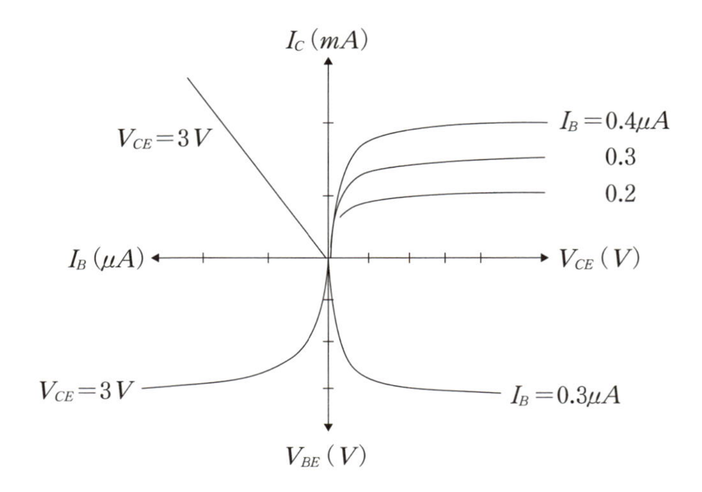

図4−31 エミッタ接地回路の特性グラフ

この静特性グラフにおいて、第2象限の $I_B - I_C$ グラフがトランジスタの電流増幅作用を表し、$I_B - I_C$ グラフの傾きが電流増幅率 β になります。図4−29の測定グラフでは図中の数式の傾きから276倍であることがわかります。第3象限は Si ダイオードの特性曲線そのもので、図4−3、図4−5、図4−8と同様に、立ち上がり電圧は $V_{BE}=0.6\,[V]$ 近くの値になります。第1象限では広い V_{CE} の電圧範囲において I_B の増加に比例した I_C が得られることから、I_B 信号の増幅に使えることを示しています。第4象限では I_B による V_{CE} の変化はほとんどなく、V_{CE} が変化しても V_{BE} や I_B には影響を与えないことを表しています。

［例題４－８］

図４－31のエミッタ接地回路の４つの特性グラフの模式図について、下記の説明について、誤りがあれば訂正しなさい。ただし、電圧と電流の変化分をΔで表すとする。

(1) I_B-I_C特性の傾き$\dfrac{\Delta I_C}{\Delta I_B}$は、電圧増幅率$h_{fe}$になる。

(2) $V_{BE}-I_B$特性の傾き$\dfrac{\Delta V_{BE}}{\Delta I_B}$は、入力インピーダンス$h_{ie}$になる。

(3) $V_{CE}-I_C$特性の傾き$\dfrac{\Delta I_C}{\Delta V_{CE}}$は、出力アドミッタンス$h_{oe}$になる。

(4) $V_{CE}-V_{BE}$特性の傾き$\dfrac{\Delta V_{BE}}{\Delta V_{CE}}$は、電圧帰還率$h_{re}$になる。

［解答］

(1)は誤りです。$\dfrac{\Delta I_C}{\Delta I_B}$は、ベース電流とコレクタ電流の変化分の比である電流増幅率h_{fe}になります。

(2)、(3)、(4)は正しいです。

なお、各hパラメータ（h_{fe}、h_{ie}、h_{oe}、h_{re}）については、次節（４－２－３）を参照してください。

答：誤りは(1)

４－２－３　小信号増幅回路

エミッタ接地増幅回路のV_{BE}に小さな交流電圧v_{in}を載せたとき、コレクタの出力電圧はどのような信号$V_{CE}+v_{out}$を出力するか調べてみます（図４－32）。ベースに加える電圧は$V_{BE}+v_{in}$になり、ベース電流はI_Bからi_b変化（I_B+i_b）し、コレクタ電流はI_Cからi_c変化（I_C+i_C）するとします。

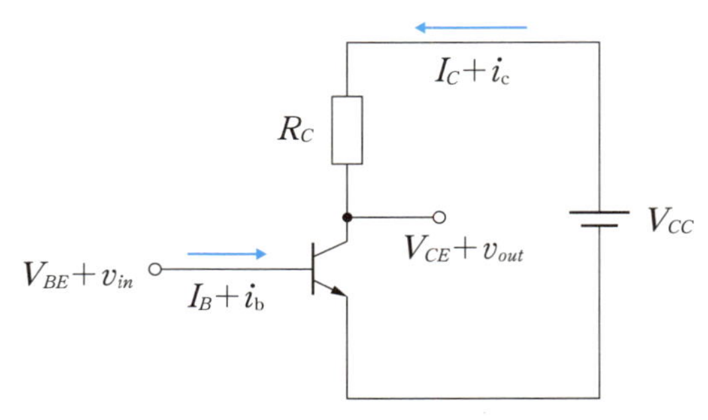

図4−32 エミッタ接地の小信号増幅回路

$v_{in}=0$ とき

$$I_C \ R_C+V_{CE}=V_{CC} \quad (4-7)$$

を満たすので $v_{in}\neq 0$ のときも

$$(I_C+i_c)R_C+V_{CE}+v_{out}=V_{CC} \quad (4-8)$$

を満たします。したがって式（4−6）より $i_c=\beta i_b$ と近似すると、

$$v_{out}=-i_cR_C=-\beta i_bR_C \quad (4-9)$$

が得られます。i_b は v_{in} によって変化するので電圧増幅率

$$A_V=\frac{v_{out}}{v_{in}} \quad (4-10)$$

が定義できます。これらの関係をトランジスタの特性グラフの上に表したのが図4−33です。

入力信号 v_{in} は I_B-V_{BE} グラフの P_B 点を中心にして変動し、ベース電流は I_B+i_b の変化をします。このベース電流が β 倍（電流増幅率）されて P_C 点を中心としたコレクタ電流 I_C+i_c になります。式（4−10）は振動の変動成分だけに着目して定義されており、A_V を小信号増幅回路の電圧増幅率と呼びます。この電流増幅率 β を h_{fe} と表し、添字の“*fe*”は小文字で表記します（直流増幅率の場合は h_{FE} のように“*FE*”は大文字で表記します。次節を参照）。

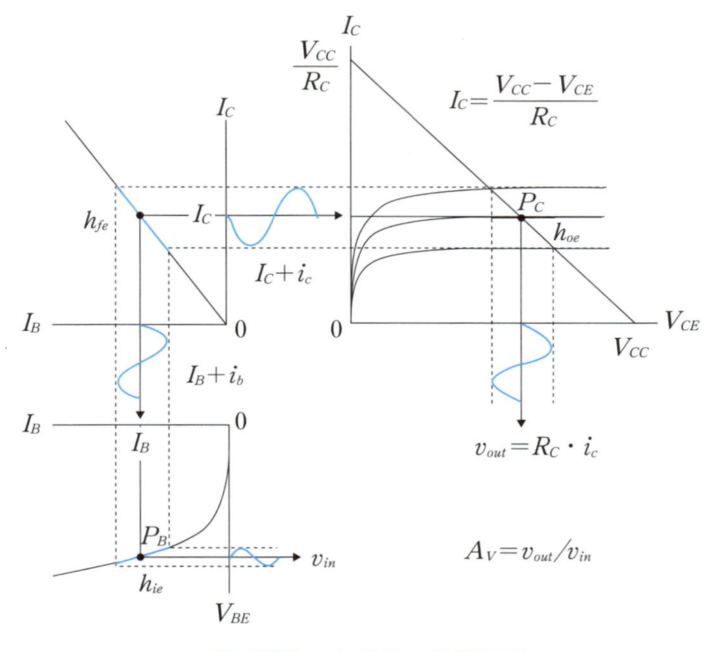

図4−33　小信号の増幅過程

4−2−4　hパラメータ

図4−33の $V_{BE}-I_B$ グラフにおいて、P_B 点の周りの I_B に対する V_{BE} の変化の割合は太い実線の傾きで表され、その値をハイブリッドパラメータと呼び

$$h_{ie} = \frac{dV_{BE}}{dI_B} \qquad (4-11)$$

と定義します。h_{ie} は P_B 点における接線の傾きを表しており、[Ω] の次元を持つので内部抵抗を表しています。h_{ie} の小文字（サフィックス）の i、e はそれぞれ *internal*、*emitter* 接地の頭文字です。

一方、原点0と P_B 点を結んだ直線の傾きは図4−34のように原点からの直流の変化の割合をあらわしているためサフィックスに大文字を使って

$$\frac{V_{BE}}{I_B} = h_{IE} \qquad (4-12)$$

と表します。

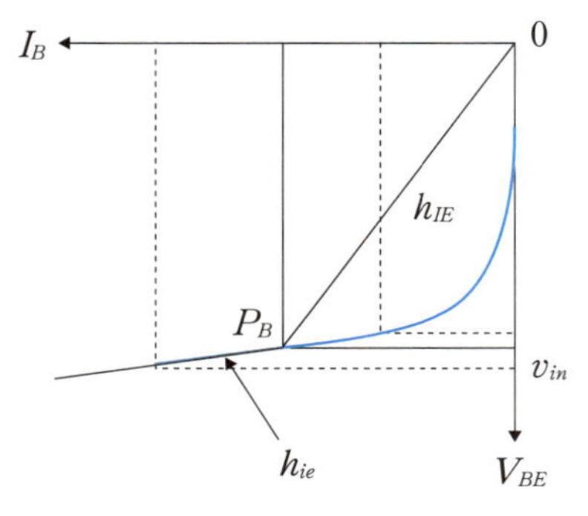

図4−34　h_{ie} と h_{IE} の違い

図4−33のその他のグラフの小信号の h パラメータは次のようになります。

I_B−I_C グラフ：電流増幅率で β と等しい。入力側から出力側の向きが *forward*。グラフの傾きはどこでも一定なので $h_{fe}=h_{FE}=\beta$。

$$h_{fe}=\frac{\partial I_C}{\partial I_B}=\frac{i_c}{i_b} \qquad (4-13)$$

V_{CE}−I_C グラフ：出力 *output* 側のアドミッタンス。単位は[S]（ジーメンスと発音）＝[1/Ω]。

$$h_{oe}=\frac{\partial I_C}{\partial V_{CE}} \qquad (4-14)$$

図4−33にはありませんが V_{BE}−V_{CE} のグラフでも h パラメータを定義できます。図4−30の測定結果が示すように、出力側から入力側への *reverse* の向きへの電圧帰還率を表す値はほとんど0になり、V_{CE} の変動は V_{BE} に影響を及ぼさないことを表しています。

$$h_{re}=\frac{\partial V_{BE}}{\partial V_{CE}}\risingdotseq 0 \qquad (4-15)$$

[例題4−9]

微小信号入出力 v_{be}、v_{ce} と小信号ベース電流 i_b、コレクタ電流 i_c が h パラメータを使って

$$\begin{pmatrix} v_{be} \\ i_c \end{pmatrix}=\begin{pmatrix} h_{ie} & h_{re} \\ h_{fe} & h_{oe} \end{pmatrix}\begin{pmatrix} i_b \\ v_{ce} \end{pmatrix} \qquad (4-16)$$

と表されることを示しなさい。

［解答］

I_B と V_{CE} を変数として V_{BE}、I_C の変化を表すと

$$\delta V_{BE}=v_{be}=\frac{\partial V_{BE}}{\partial I_B}\delta I_B+\frac{\partial V_{BE}}{\partial V_{CE}}\delta V_{CE}=h_{ie}i_b+h_{re}v_{ce}$$

$$\delta I_C=i_c=\frac{\partial I_C}{\partial I_B}\delta I_B+\frac{\partial I_C}{\partial V_{CE}}\delta V_{CE}=h_{fe}i_b+h_{oe}v_{ce} \quad (4-17)$$

となり、これをまとめると式（4－16）が得られます。

答：式（4－17）

式（4－16）は、入出力ベクトルの要素の次元が統一されていないため、行列要素は *hybrid parameter* と呼ばれ、ここから h パラメータの名前が付いています。h パラメータの値は同じ型番のトランジスタでも大きく異なる場合があります。表4－1に代表的な h パラメータの例を示します。

表4－1　h パラメータのエミッタ接地の例

h パラメータ	h_{ie}	h_{fe}	h_{oe}	h_{re}
代表例	1.5［$k\Omega$］	140	1.0×10^{-5}［S］	1.5×10^{-4}
条件	$I_C=2.5$［mA］、$V_{CE}=4.5$［V］			

〈一口メモ：偏微分記号「∂」〉

偏微分記号「∂」は、ギリシャ文字 δ に由来する数学記号です。*JIS* では、“デル”または“ラウンド”と発音します。偏微分の数学記号として使います。偏微分とは x、y、z などの複数の変数を含んだ式がある場合、決まった文字以外の変数を定数と考えて微分することをいいます。たとえば、$f(x, y, z)=x^2+y^2+z^2$ を x で偏微分したら $\frac{\partial f}{\partial x}=2x$ になり、z で偏微分したら $\frac{\partial f}{\partial z}=2z$ になります。

4-3 エミッタ接地増幅回路

トランジスタの固定バイアス法と特性測定例、および小信号増幅回路（電流帰還型増幅回路）と測定例について説明します。

4-3-1　固定バイアス回路

$h_{re}=0$ として小信号増幅特性を表す式（4 −17）を回路図で表わしてみると図 4 −35の回路になります。ここで $h_{fe}\ i_b$ は電流源で内部抵抗は∞としています。

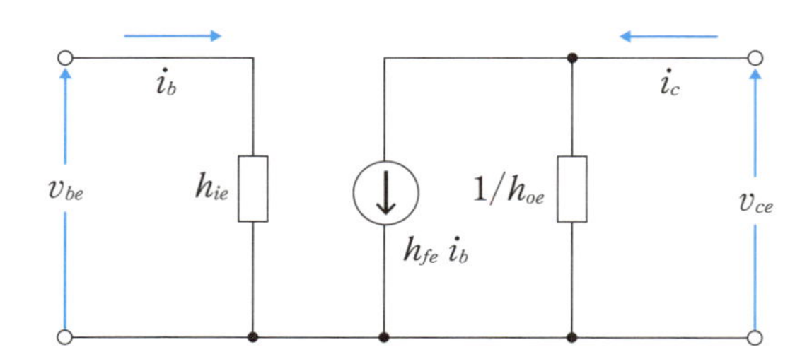

図 4 −35　エミッタ接地の小信号増幅回路の等価回路

実際のエミッタ接地の小信号増幅回路は V_{BE} を0.67 [V] 付近の P_B 点に保つ必要があるために、図 4 −36のように R_B を介して I_B を流します。バイアス抵抗 R_B でベース電位を保持するこの回路を、エミッタ接地の固定バイアス回路と呼びます。C_1、C_2 は直流を遮断し交流信号だけ通すためのコンデンサで、電解コンデンサを使う場合にはコンデンサに加わる直流電圧が高いほうを正極とします。

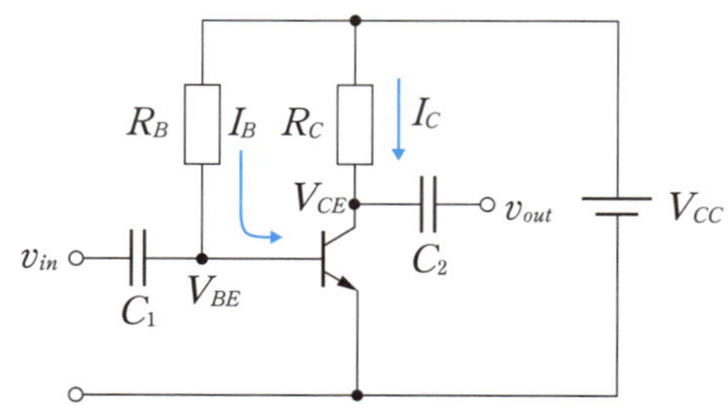

図 4 −36　エミッタ接地の固定バイアス回路

この回路の等価回路は図４－37のようになります。図４－36では R_B および R_C は V_{CC} に接続しているのに、図４－37の等価回路では接地されているように描かれています。これは電圧源の内部抵抗は０[Ω] であるため、交流信号は V_{CC} を通して接地されているとみなしてもよいからです。また交流を扱うため、コンデンサは短絡しています。そして、$v_{be}=v_{in}$ としています。

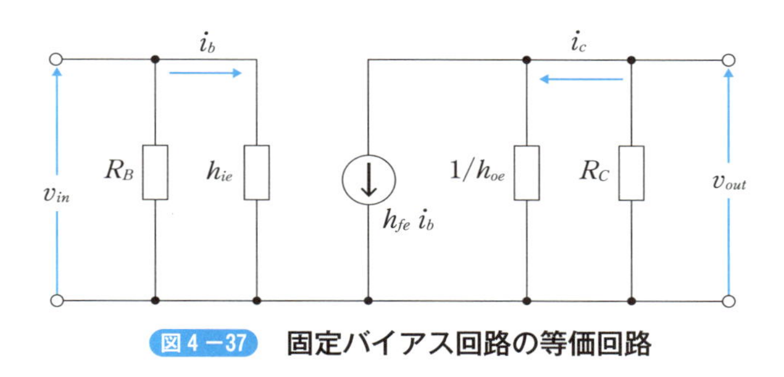

図４－37　固定バイアス回路の等価回路

[例題４－10]

図４－37の等価回路を用いて小信号電圧増幅率 A_V を求めなさい。

[解答]

図４－37から

$$v_{in}=i_b h_{ie}$$

$$v_{out}=-i_c R_C$$

が成り立ちます。したがって電圧増幅率は

$$A_V=\frac{v_{out}}{v_{in}}=-\frac{i_c R_C}{i_b h_{ie}}=-\frac{h_{fe} R_C}{h_{ie}} \qquad (4-18)$$

となり、負号は位相が180度ずれた反転増幅であることを表します。

答：式（４－18）

４－３－２　固定バイアス増幅回路の特性測定例

小信号電圧増幅率が220倍のエミッタ接地の固定バイアス増幅回路を設計し、電圧増幅率の周波数依存性の測定例について説明します。h パラメータには $h_{fe}=200$、$h_{ie}=1.5$ [kΩ] を用います。

式（４－18）よりコレクタ抵抗は $R_C=A_V h_{ie}/h_{fe}=1.65$ [kΩ] ですが、実際の回路では入手可能な抵抗 $R_C=1.8$ [kΩ] を使います。そしてトランジスタには汎用の2SC1815を用いることにします。$V_{CC}=9\ [V]$ のとき動作点を $V_{CC}/2=4.5\ [V]$ に持ってくるため、コレクタ電流は $I_C R_C=V_{CC}/2$ を満たします。これより $I_C=4.5\ [V]/1.8\ [k\Omega]=2.5\ [mA]$ になります。

このときベース電流は $I_B=I_C/h_{fe}=2.5\ [mA]/200=12.5\ [\mu A]$ です。これが R_B に流れて $V_{CC}-0.67\ [V]$ の電圧降下を生ずればよいことになります。すなわち $R_B\times 12.5\ [\mu A]=9-0.67\ [V]$ となり、これより $R_B=660\ [k\Omega]$ が得られます。

したがって、次の図4−38に示す回路を組み、電圧増幅率を測定します。

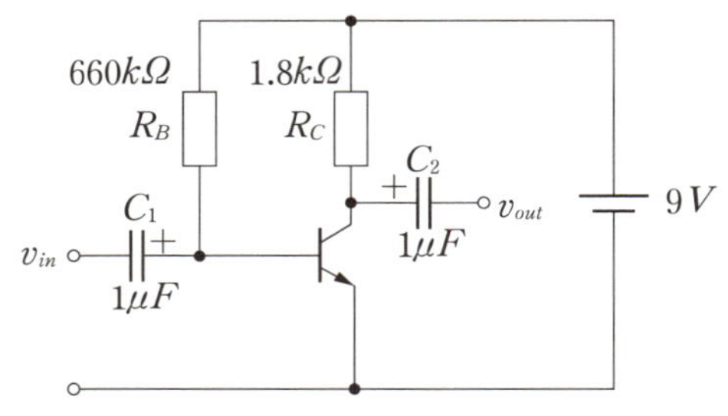

図4−38　設計した固定バイアス増幅回路

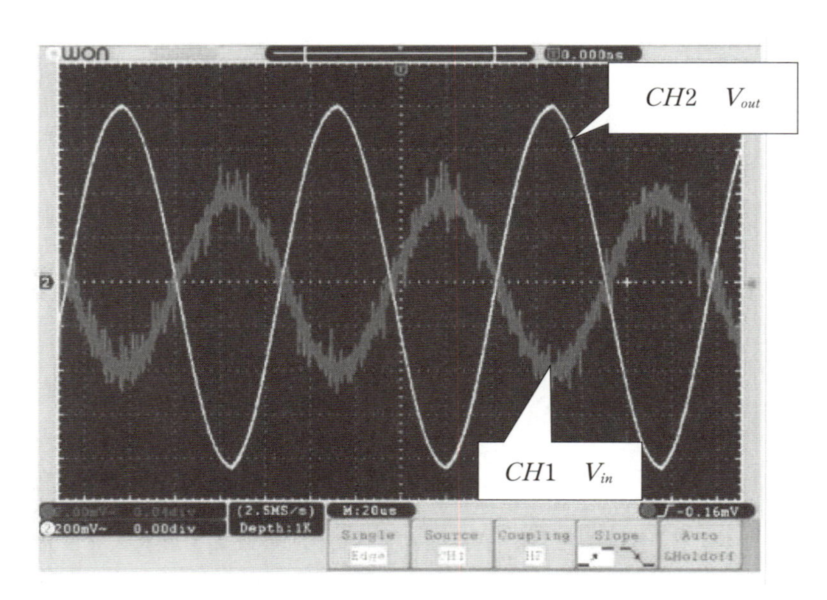

図4−39　固定バイアス回路の入出力波形（f=10 [kHz]、$CH1$：2mV/DIV、$CH2$：200mV/DIV、200μs/DIV）

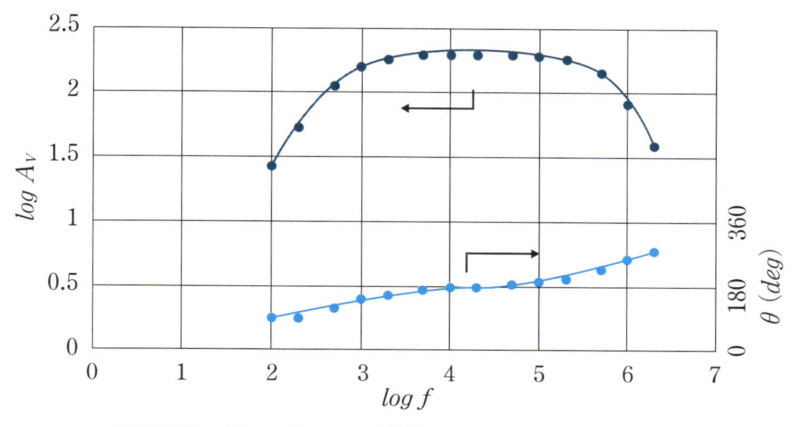

図4－40　固定バイアス増幅回路の電圧増幅率 A_V と遅れ位相角 θ の周波数依存性

10 [kHz] での小信号電圧増幅率はおよそ $A_V=800\ [mV]/4\ [mV]=200$倍となり、ほぼ設計通りの結果が得られました。このとき位相角は $\theta=180$度遅れているために、信号は反転しています。

4－3－3　電流帰還増幅回路

トランジスタの h パラメータにはバラツキがあり温度によっても値は変化します。安定に動作させるためにバイアスを工夫したり、負帰還によって増幅率を犠牲にしながら所定の特性を得ることなどが行われます。

代表的な回路を図4－41に示します。エミッタに抵抗を入れて接地すると I_C の増加によって V_E が増加するため V_{BE} が下がり I_C が減少する負帰還回路になり、動作が安定します。このような回路を電流帰還増幅回路と呼びます。

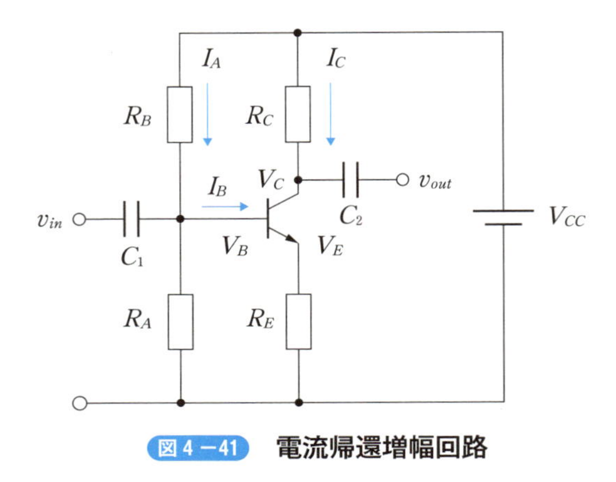

図 4 −41　電流帰還増幅回路

[例題 4 −11]

図 4 −41の電流帰還型の増幅回路の小信号についての等価回路を描き、電圧増幅率を求めなさい。

[解答]

図 4 −41の電流帰還型の回路はエミッタ抵抗 R_E に I_C+I_B の電流が流れることを考慮します。したがって、小信号等価回路は図 4 −42のようになります。

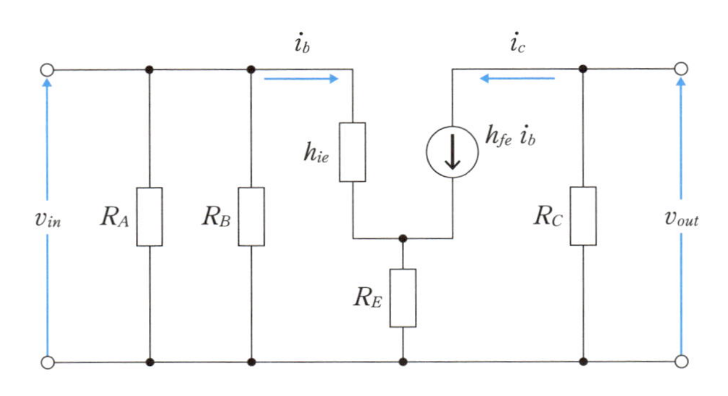

図 4 −42　電流帰還増幅回路の小信号等価回路

等価回路より入力と出力の電圧は

$$v_{in}=i_b h_{ie}+R_E(i_b+h_{fe}i_b)\fallingdotseq i_b(h_{ie}+R_E h_{fe})$$

$$v_{out}=-i_c R_C=-i_b h_{fe} R_C$$

となります。

したがって、小信号電圧増幅率は $h_{fe} \gg 1$ のため

$$A_v = -\frac{v_{out}}{v_{in}} = -\frac{h_{fe} R_C}{h_{ie} + h_{fe} R_E} \fallingdotseq -\frac{R_C}{R_E} \quad (4-19)$$

となります。

答：図４－42の等価回路。小信号電圧増幅率は式（４－19）

［例題４－12］

エミッタ抵抗に $R_E = 1\,[k\Omega]$ を用いた電流帰還型のエミッタ接地増幅回路を設計しなさい、

［解答］

トランジスタは汎用の2SC1815を用い、電源を $V_{CC} = 10\,[V]$ とします。そして代表的な h パラメータの値として $h_{fe} = 140$、$h_{ie} = 1.5\,[k\Omega]$ を用います。以下、エミッタ、ベース、コレクタの電圧を V_E、V_B、V_C と表示します。

電流帰還型の増幅回路の設計に当たり、最初に V_E と V_C の配分を決めます。まず V_E の V_{cc} に対する負帰還の割合を20%とすると、$V_E = I_E R_E \fallingdotseq I_c R_E = V_{cc}/5 = 2\,[V]$ から $I_c = 2\,[V]/1\,[k\Omega] = 2\,[mA]$ が決まります。

次に、V_C の動作点は $V_{CC} - V_E$ の中間とすると $V_C = V_{CC} - R_C I_C = V_E + (V_{cc} - V_E)/2$ から $R_C = 4\,[V]/2\,[mA] = 2\,[k\Omega]$ が決まります。

また、バイアス抵抗 R_B、R_A に流れる電流はベース電流 I_B の10倍程度にして、ベース電位を安定に $V_B = V_E + 0.65\,[V]$ となるようにします。$h_{FE} \doteqdot h_{fe}$ として h_{FE} から I_B を求めると $I_C = h_{FE} I_B$ より $I_B = 2\,[mA]/140 = 14.3\,[\mu A]$ が決まります。I_A は I_B の10倍にして、$V_B = V_E + 0.65 = 2.65\,[V]$ とするので $I_A R_B = 10 I_B R_B = 10 - 2.65\,[V]$ より $R_A = 7.35\,[V]/0.143\,[mA] = 52.5\,[k\Omega]$ となります。

同様に、$R_B = 2.65\,[V]/0.143\,[mA] = 18.5\,[k\Omega]$ が決まります。このようにして設計した電流帰還型増幅回路を図４－43に示します。

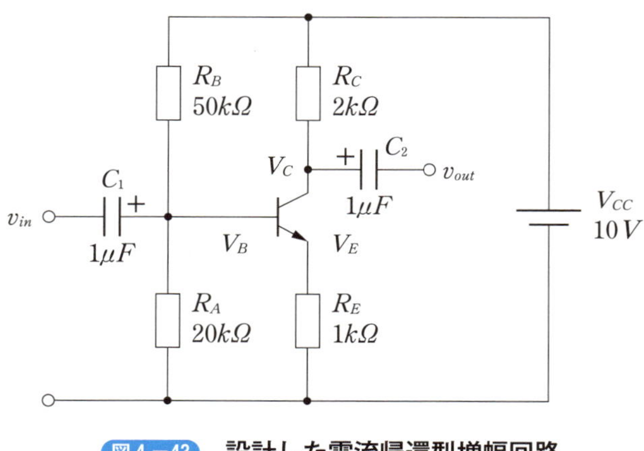

図4−43　設計した電流帰還型増幅回路

次に、図4−43の電流帰還バイアス増幅回路の周波数特性について測定します。

100 [Hz] から 2 [MHz] まで周波数を変化させたときの小信号電圧増増幅率 A_V と位相の遅れ角 θ の測定結果の例を図4−44のグラフに示します。横軸は周波数の常用対数で表しています。

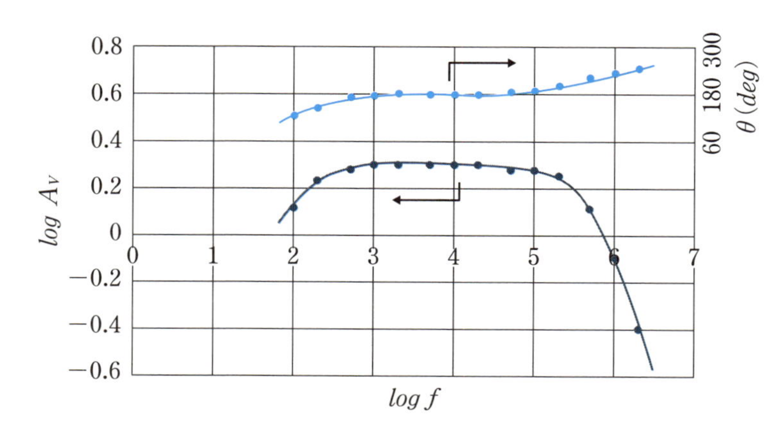

図4−44　電流帰還型増幅回路の電圧増幅率と位相の周波数変化

この測定結果から、1 [kHz] から200 [kHz] の広い周波数範囲で電圧増幅率は $A_V=2=R_C/R_E$ の予測値と一致していることがわかります。また、そのときの位相の遅れ角は180度となります。

[例題 4 −13]

電流帰還型エミッタ接地増幅回路の小信号電圧増幅率を200倍にする回路を設計しなさい。

[解答]

エミッタ抵抗 R_E を付加した図 4 −43の小信号電圧増幅率はわずか 2 倍の小さいものでした。電流帰還回路で大きな小信号電圧増幅率を得るには、交流的な電流帰還が効かなくなるようにします。このためにエミッタに大きな静電容量のバイパスコンデンサ C_E を追加すると、交流信号はアースにバイパスされるため、固定バイアス回路と同程度の大きな小信号電圧増幅率になることが期待できます。図 4 −43の回路に $C_E=1$ $[\mu F]$ を R_E に並列に接続します。

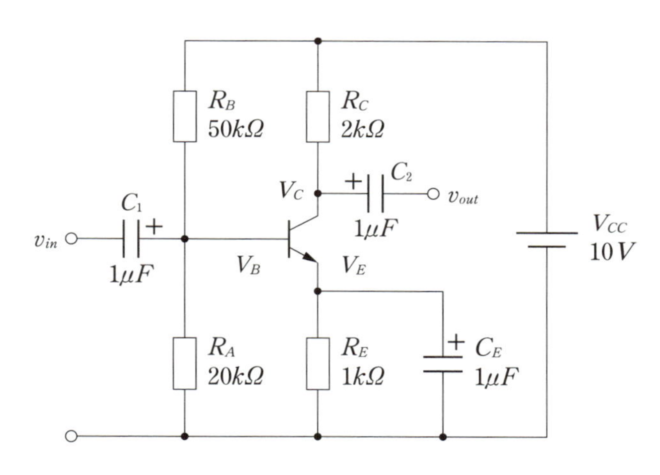

図 4 −45　C_E を追加した電流帰還型増幅回路

答：図 4 −45

図 4 −45の電圧増幅率および位相角の周波数変化の測定結果の例を図 4 −46に示します。

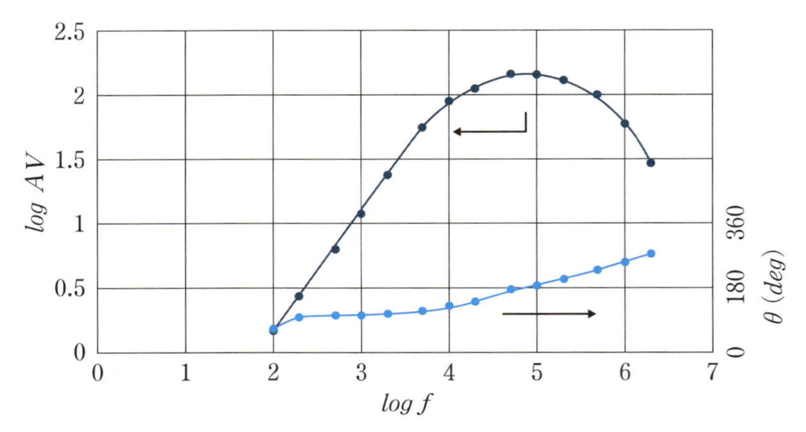

図4−46　電流帰還型の小信号増幅回路（C_E=1 [μF] あり）の位相と電圧増幅率の周波数変化

C_Eの影響により、この回路の電圧増幅率は$f=50$ [kHz] から100 [kHz] の間でおよそ150倍になります。このときの位相遅れは180度で、信号は反転しています。

4－4 発振回路

オペアンプを使用した移相形 RC 発振回路については、第５章の５－２－６節で説明します。本節ではトランジスタを用いた移相形 RC 発振回路について説明します。

4－4－1　移相形 RC 発振回路

トランジスタ増幅回路の入力 v_{in} と出力 v_{out} とは位相が反転していました。もし v_{in} に $-v_{out}$ に比例した信号が帰還入力されると、v_{out} は増幅されるループに入り、回路は発振します。この条件を与える回路部分を図４－47で F と表すと、F によって位相が180度ずれると発振条件を満たすことになります。図４－47のような R_B によるベース電圧の与え方は、自己バイアス回路と呼ばれています。C と R によってこの条件を満たす回路部分 F の一例が図４－48で、$V_0=v_{out}$、$V_3=v_{in}$ を表しています。またトランジスタによる電圧増幅率を A とすると、$V_0=A\ \ V_3$ が帰還を表します。

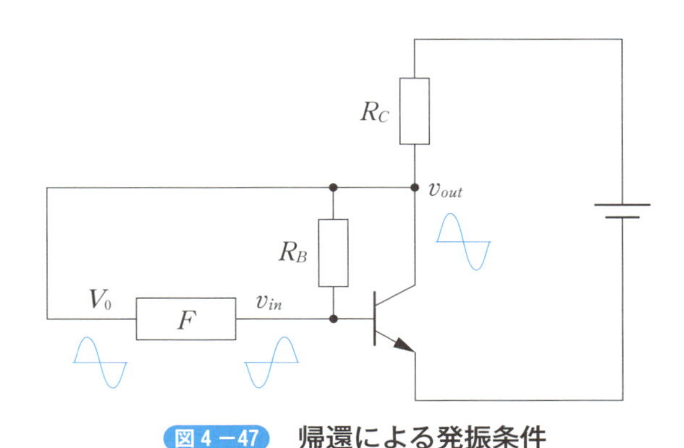

図４－47　帰還による発振条件

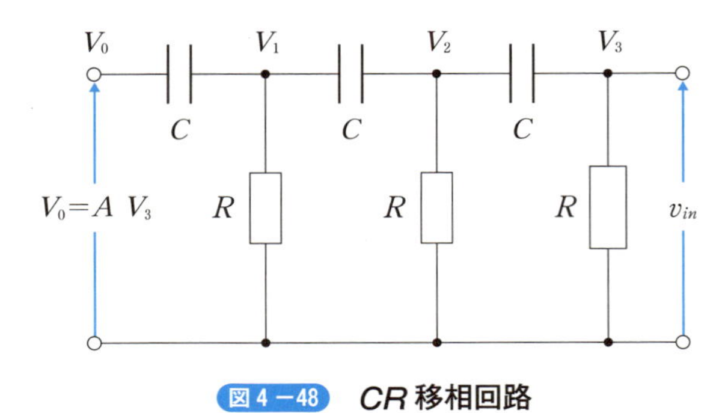

図4−48　CR移相回路

[例題4−14]

CとRによる図4−48の移相回路で、$V_0=A\ V_3$の帰還条件が与えられたとき、Aおよび発振周波数fの満たす関係を求めなさい。

[解答]

図4−48のV_1、V_2、V_3の各点において成り立つキルヒホッフの法則から帰還条件を与えたときに満たす恒等式を導きます。第3章で取り上げたように、周波数fの電流の大きさと位相を扱いますので、$\omega=2\pi f$として、

V_1点の電流保存則から

$$(V_0-V_1)j\omega C-\frac{V_1}{R}-(V_1-V_2)j\omega C=0 \qquad (4-20)$$

V_2点では

$$(V_1-V_2)j\omega C-\frac{V_2}{R}-(V_2-V_3)j\omega C=0 \qquad (4-21)$$

V_3点では

$$(V_2-V_3)j\omega C-\frac{V_3}{R}=0 \qquad (4-22)$$

また

$$V_0=A\ V_3 \qquad (4-23)$$

の4つの式からV_0、V_1、V_2、V_3を消去していくと

$$1-6\omega^2C^2R^2+j\omega CR(5-\omega^2C^2R^2+A\omega^2C^2R^2)=0 \qquad (4-24)$$

の恒等式が成り立ちます。実部、虚部とも0になるために

$$1-6\omega^2C^2R^2=0$$
$$5-\omega^2C^2R^2(1-A)=0 \qquad (4-25)$$

これより

$$f=\frac{\omega}{2\pi}=\frac{1}{2\pi\sqrt{6}\,CR} \qquad (4-26)$$

$$A=1-30=-29 \qquad (4-27)$$

の条件が得られます。Aの負号は反転することを表しており、29倍以上の反転増幅器があれば$f=\frac{1}{2\pi\sqrt{6}\,CR}$の周波数で発振します。このとき$V_1$、$V_2$、$V_3$の位相は$V_0$よりそれぞれ60度、120度、180度ずれ、$V_3$で$V_0$の信号が反転することを表しています※注。

答：$A=-29$および$f=\frac{1}{2\pi\sqrt{6}\,CR}$を満たす。

〈一口メモ：方程式と恒等式〉

等号である“＝（イコール）”で結ばれた等式は、大きく分けて2種類あります。「方程式」と「恒等式」（“こうとうしき”と発音）です。方程式とは変数が特定の値のときだけ成立する等式のことで、恒等式とは変数がどんな値のときでも成立する等式のことをいいます。たとえば、$2x-4=0$は変数$x=2$のときだけ等号が成立します。一方、$(x+1)^2=x^2+2x+1$は、変数はどんな値のときも成立する等式です。このような式を恒等式といいます。

［例題4－15］

自己バイアスのエミッタ接地回路を用いてCRによる移相発振回路を設計し、波形を観測しなさい。発振周波数を500［Hz］とし、Cには0.01［μF］を用いるものとする。

［解答］

エミッタ接地型の自己バイアス増幅回路は、図4－49のようにV_{CE}をR_Bを通してベース電圧にバイアスを与える増幅回路です。図4－38の固定バイアス回路に比べて帰還型になっています。この回路に図4－48の移相回路を組み込みます。$f=500$［Hz］、$C=0.01$［μF］を式（4－26）に代入すると$R=\frac{1}{2\pi\sqrt{6}\,fC}=\frac{10^5}{\pi\sqrt{6}}=13\times10^3=13$［$k\Omega$］であるので、実験には$R=15$［$k\Omega$］を用いることにします。したがって$CR$移相発振回路は図4－49になります。この回路の発振波形は図

※注：発振条件の求め方については、第5章の例題5－21も参照。

4 −50のようになりました。

発振波形の周波数はおよそ450 [Hz] で、V_0点の $CH1$の波形に対して V_1点の $CH2$の波形はおよそ60度進んでいることがわかります。

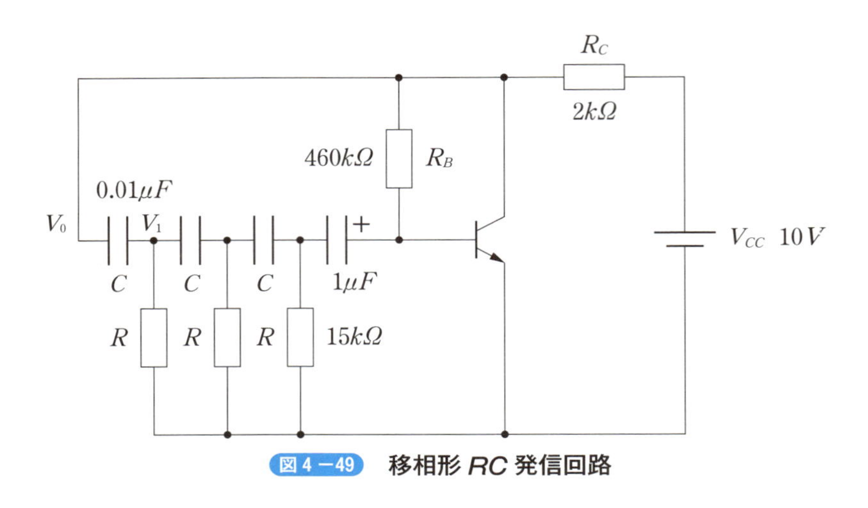

図 4 −49 移相形 RC 発信回路

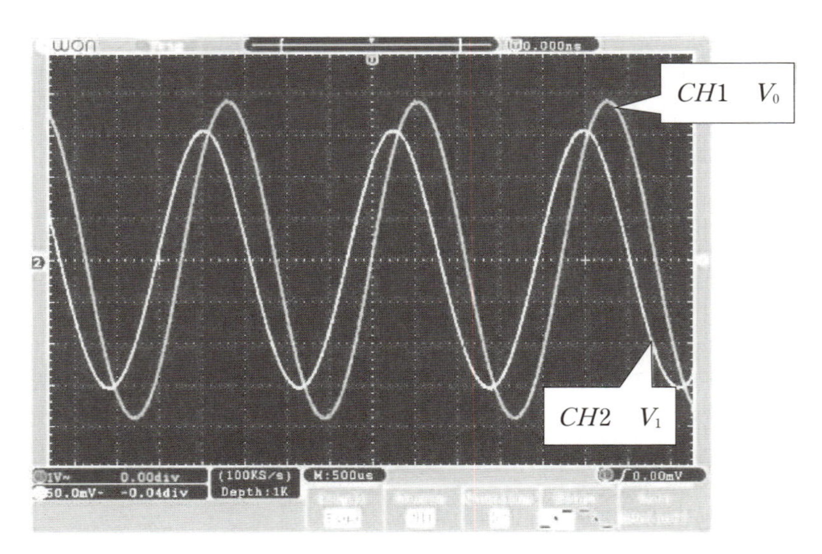

図 4 −50 CR 移相回路の発振波形（$CH1$：$1V/DIV$、$CH2$：$50mV/DIV$、$500\mu s/DIV$）

答：設計した回路図（図 4 −49）と450 [Hz] の発振波形（図 4 −50）

第5章 オペアンプの基本と応用回路

オペアンプはトランジスタと並んで電子回路でよく使われる電子部品の1つです。オペアンプの基本は反転増幅回路です。反転増幅回路の基本原理や特性を理解することにより非反転増幅回路、差動増幅回路、電圧加算回路、アクティブフィルタ、微分・積分回路、ウィーンブリッジ発振回路などの応用回路について理解することができます。

本章では、最初に理想的なオペアンプについて説明します。次にオペアンプの代表的な応用回路について説明します。基本的な実験例を通してオペアンプの基本原理と応用回路の回路動作や特性を理解します。

5－1 オペアンプの基本

オペアンプとは、“演算増幅器”と呼ばれる集積回路（*IC*：*Integrated Circuit*）のことです。“*IC*”とは、１枚のシリコン結晶基板（ウェハ）上にダイオード、トランジスタ、抵抗、コンデンサなどの素子を集積して回路構成したものです。

オペアンプは“*OP*アンプ”と記載します。“*Operatinal Amplifier*”の略です。

本章では、以降、*OP*アンプと表記します。

*OP*アンプの外観は、キャン・パッケージ（*Can Package*）、プリント基板挿入型のデュアルインライン・パッケージ（*Dual In－line Package*、略して*DIP*と称する）、プリント基板表面へのハンダ実装型のクワッドフラット・パッケージ（*Quad Flat Package*、略して*QFP*）の３種類があります。後者の２種類はプラスチックパッケージで構成されています。*DIP*の外観例を写真５－１に示します。*DIP*は１個または２個の*OP*アンプが入っています。本章では、２回路のデュアルインライン・パッケージを扱います。

*DIP*には目印が付けられており、パッケージの両サイドには複数本のピンが設けられています。８ピンの*OP*アンプの例で、パッケージを上から見たときの外観とピンの番号、配置を図５－１に示します。カタログや仕様書には、パッケージを上から見たときの図として“*Top view*（トップ ヴュー）”と表現されています。

写真５－１　８ピンの*OP*アンプの外観

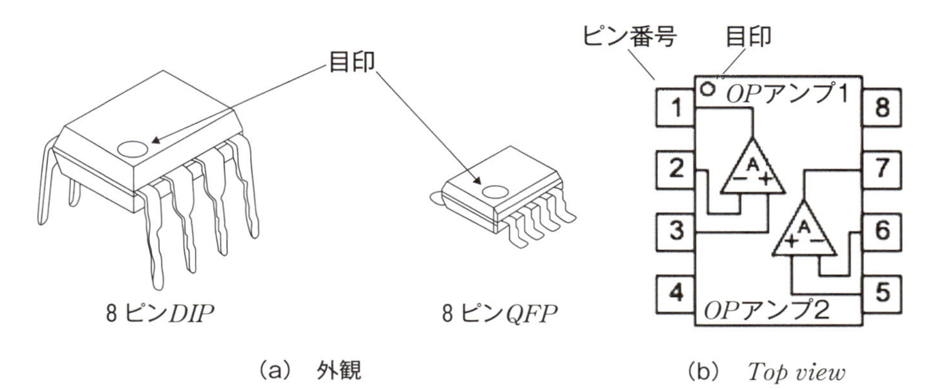

(a)　外観　　　　(b)　Top view

1	出力1
2	逆相入力（反転入力）1
3	同相入力（非反転入力）1
4	－電源（$-V$）
5	同相入力（非反転入力）2
6	逆相入力（反転入力）2
7	出力2
8	＋電源（$+V$）

(c)　ピン番号

図5－1　8ピン DIP（2回路）の外観、*Top view*、ピン番号

OP アンプの基本回路を図5－2に示します。この回路は、“反転増幅回路（はんてんぞうふくかいろ）”といいます。「オペアンプの基本回路＝反転増幅回路」というイメージです。*OP* アンプを動作させるには正負の同じ大きさの供給電源（$+V$、$-V$）が必要です。このような電源を両電源といいます。*OP* アンプの入力側の“－”表示の端子は反転入力端子といい、“＋”表示の端子を非反転入力端子といいます。また、R_i を入力抵抗、R_f を帰還抵抗またはフィードバック抵抗といいます。

OP アンプの基本回路を理解するためには、**理想的な OP アンプの条件**が必要になります。

理想的な *OP* アンプの条件を以下に示します。

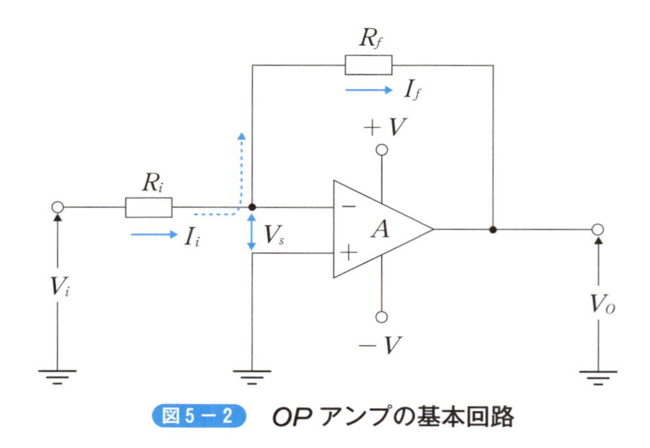

図5−2　OPアンプの基本回路

［1］OPアンプの入力側からみた入力インピーダンスは無限大である。
［2］OPアンプの出力側からみた出力インピーダンスはゼロである。
［3］OPアンプの電圧増幅度 A_{OP} は無限大である。増幅度のことを利得といいます。
［4］OPアンプの入力端子間電圧 V_S はゼロである。

ここで、“インピーダンス”とは抵抗と同じ概念で、交流理論で使われている用語です※注。ここでは、通常の抵抗と置き換えて説明します。

理想的なOPアンプの条件を使って、図5－2の反転増幅回路の動作原理を説明します。

入力電圧 V_i から反転入力端子に流れ込む入力電流 I_i は、入力インピーダンスが無限大であるため、OPアンプには流れず、帰還抵抗 R_f 側に流れ込みます。

このことから

$$I_i = I_f \qquad (5-1)$$

となります。

$V_i \rightarrow R_i \rightarrow V_S$ の閉回路（キルヒホッフの電圧の法則）から

$$V_i - V_S = R_i I_i \quad \Rightarrow \quad I_i = \frac{V_i - V_S}{R_i} \qquad (5-2)$$

となります。また、

$V_S \rightarrow R_f \rightarrow V_O$ の閉回路（キルヒホッフの電圧の法則）から

※注：インピーダンスについては、本書と同シリーズの『例題で学ぶ　はじめて電気回路』（臼田昭司著、技術評論社刊）第8章、第9章を参照。

$$V_S - V_O = R_f I_f \quad \Rightarrow \quad I_f = \frac{V_S - V_O}{R_f} \tag{5－3}$$

となります。

OP アンプの電圧増幅度 A_{OP} は

$$A_{OP} = \frac{V_O}{V_S} \tag{5－4}$$

となります。

次に、式（5－4）で、理想 OP アンプの条件［3］の $A_{OP}=\infty$ を適用すると

$$V_S = \frac{V_O}{A_{OP}} = \frac{V_O}{\infty} = 0$$

となります。これが理想 OP アンプの条件［4］の“入力端子間電圧 V_S がゼロ”となる理由です。

入力端子間電圧 V_S がゼロということは、反転入力端子（－）と非反転入力端子（＋）間の電圧差がゼロで、同じ電位であるということです。ここで、非反転入力端子はアースに接続されています。したがって、非反転入力端子と同電位である反転入力端子もグランド（またはアース）と同じ電位になります。見かけ上、グランド電位とみなすことができます。このとき、反転入力端子を“仮想接地”（“バーチャル・グランド”）または“仮想短絡”（または“イマジナリー・ショート”）といいます。

次に、式（5－2）と式（5－3）で、$V_S=0$ とおくと

$$I_i = \frac{V_i - V_S}{R_i} = \frac{V_i - 0}{R_i} = \frac{V_i}{R_i}$$

$$I_f = \frac{V_S - V_O}{R_f} = \frac{0 - V_O}{R_f} = -\frac{V_0}{R_f}$$

となり、式（5－1）の $I_i = I_f$ から

$$\frac{V_i}{R_i} = -\frac{V_O}{R_f}$$

となります。

これより

$$V_O = -\frac{R_f}{R_i} V_i \tag{5－5}$$

が得られます。

これが、反転増幅回路の入力電圧 V_i と出力電圧 V_O の関係式です。符号の“－”は、入力電圧と出力電圧の極性が反転することを意味します。出力電圧 V_O

は、入力抵抗と帰還抵抗の比である係数$\frac{R_f}{R_i}$を入力電圧 V_i に乗じたものに等しくなるので、別名、“係数器” といわれています。

反転増幅回路の電圧増幅度 A は

$$A=\frac{V_O}{V_i}=-\frac{R_f}{R_i} \qquad (5-6)$$

となります。

OP アンプの基本回路である反転増幅回路の基本形を図４－３に示します。

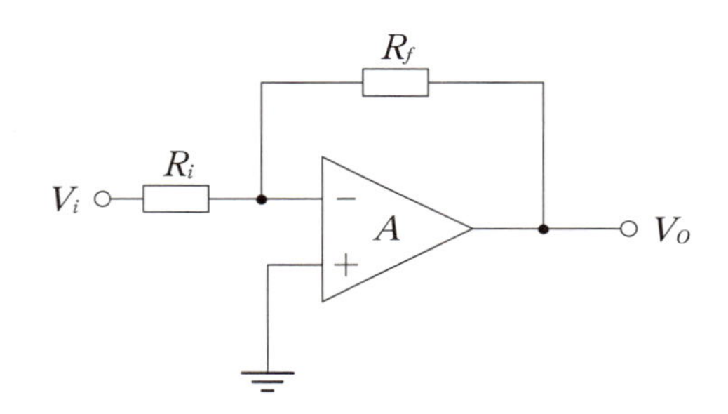

図５－３　反転増幅回路の基本形

［例題５－１］

理想的な OP アンプの説明について誤りがあれば訂正しなさい。

(a)　周波数帯域幅は無限大である
(b)　入力インピーダンスは無限大である
(c)　出力インピーダンスは無限大である
(d)　入力端子に流れ込む電流はゼロである
(e)　スルレートは無限大である
(f)　反転増幅回路では出力電圧の極性は入力電圧の極性と同じである

［解答］

(a) は正しいです。一般に OP アンプの周波数帯域幅は非常に広く、汎用の OP アンプでは、周波数30 [kHz]〜40 [kHz] までの交流電圧に対しては減衰することなく出力電圧を得ることができます。理想的な OP アンプは、周波数帯域幅は無限大とします。

(b) は正しいです。上記の説明の［１］です。

(*c*) は誤りです。上記［2］の *OP* アンプの出力側からみた出力インピーダンスはゼロです。

(*d*) は正しいです。(*b*) の説明から明らかなように、入力端子からみた入力インピーダンスは無限大なので、入力端子からは電流は流れ込みません。

(*e*) は正しいです。スルレート（*Slew Rate*、“*SR*” と略す、単位は $[V/\mu s]$）とはオペアンプの動作速度を表すパラメータです。出力電圧が単位時間当りに変化できる割合を表しています。例えば、$1\,[V/\mu s]$ は $1\,[\mu s]$ で $1\,[V]$ の電圧を変動させることができるという意味です。理想的なオペアンプはどのような入力信号に対しても忠実に出力信号を出力できるという意味で、スルレートは無限大になります。

(*f*) は誤りです。反転増幅回路では入力電圧と出力電圧の極性は反転します。上記の式（5－5）のマイナス（−）の記号はそのことを意味しています。

答：誤りは（*c*）と（*f*）

［例題 5－2］

図 5－3 の反転増幅回路で、電圧増幅度 $G=26\,[dB]$、入力抵抗 $R_i=100\,[k\Omega]$ としたときの帰還抵抗 R_f を求めなさい。ただし、$log_{10}2=0.3$とする。

［解答］

上記の式（5－6）の電圧増幅度 A のデシベル表記は

$$G=20log_{10}|A|=20log_{10}\left|-\frac{R_f}{R_i}\right|$$

です。

題意から $G=20log_{10}|A|=26\,[dB]$ になります。$log_{10}2=0.3$を使って、$26\,[dB]$ を次のように分けて計算します。

$$20log_{10}2=20\times0.3=6$$

$$26\,[dB]=20\,[dB]+6\,[dB]=20log_{10}10+20log_{10}2=20log_{10}(10\times2)$$

$$=20log\left|-\frac{R_f}{R_i}\right|$$

これより

$$\frac{R_f}{R_i}=20$$

となり、$R_i=100\,[k\Omega]$ より

$$R_f=20\times100\,[k\Omega]=2000\,[k\Omega]=2\,[M\Omega]$$

となります。

答：R_f＝2［$M\Omega$］

［例題５－３］

図５－４に示すように、*OP*アンプを使用した増幅回路で帰還抵抗に接続した直流電流計の指示値を求めなさい。ただし、*OP*アンプと電流計は理想的に働くものとする。

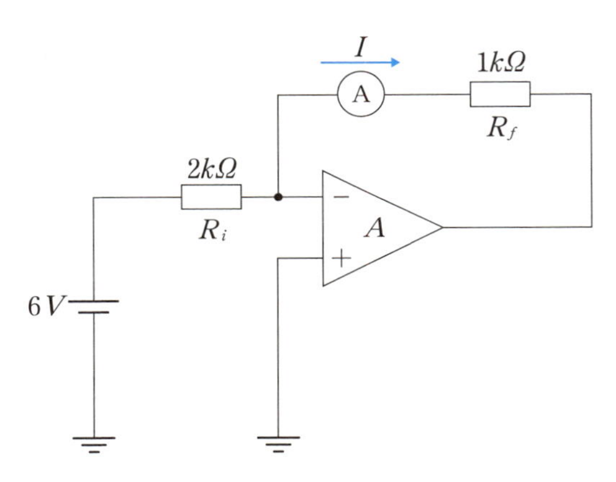

図５－４　帰還抵抗に流れる電流値を測定する

［解答］

図の回路は*OP*アンプの反転増幅回路です。入力抵抗 R_i に流れる入力電流を I_i とすると、上記の式（５－２）から I_i は、V_i＝6［V］、R_i＝2［$k\Omega$］とすると、

$$I_i=\frac{V_i-V_S}{R_i}=\frac{6-0}{2000}=0.003\,[A]=3\,[mA]$$

となります。

理想的な*OP*アンプは、入力インピーダンスは無限大なので、入力電流 I_i はすべて帰還抵抗 R_f に流れます。

したがって、

$$I=I_i$$

となり、電流計の指示値は3［mA］となります。

答：3［mA］

［例題５－４］

心電計、脳波計などの生体電気を計測する場合は、微小信号を増幅するために *OP* アンプを使用した生体電気増幅器が使用される。生体電気検出から信号増幅までの入力部の模式図を図５－５に示す。

図中で、

V_S：信号源電圧（臓器から発生している生体電気）

Z_e：信号源インピーダンス、増幅器の入力部から生体側をみたインピーダンス

V_e：電極部電圧

Z_{in}：増幅器の入力インピーダンス

V_{in}：増幅器入力電圧

とする。なお、信号源インピーダンスの中身は、信号源周囲（臓器）のインピーダンスと、皮膚と検出用電極部との接触インピーダンスが合成されたものである。

生体電気計測で入力インピーダンスの大きな増幅器が用いられる理由を説明しなさい。

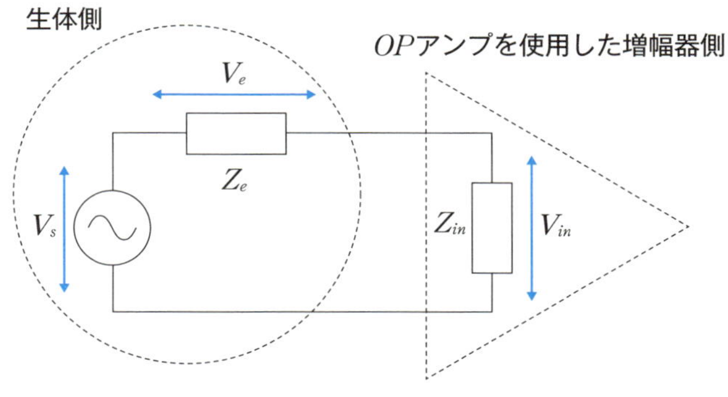

図５－５　生体電気増幅器の入力部の模式図

［解答］

模式図で増幅器に入力される電圧 V_{in} は

$$V_{in}=\frac{Z_{in}}{Z_e+Z_{in}}V_S$$

で表されます。

ここで、$Z_{in} \ll Z_e$ であれば、

$$V_{in}=\frac{Z_{in}}{Z_e+Z_{in}}V_S\approx\frac{Z_{in}}{Z_e}V_S$$

となり、入力電圧 V_{in} は信号源電圧 V_S より小さくなってしまいます。

一方、$Z_{in}\gg Z_e$（増幅器の入力インピーダンスを大きくする）であれば、

$$V_{in}=\frac{Z_{in}}{Z_e+Z_{in}}V_S\approx\frac{Z_{in}}{Z_{in}}V_S=V_S$$

となり、入力電圧 V_{in} は減衰することなく信号源電圧 V_S をそのまま増幅器の入力部に入力することができます。

OP アンプは入力インピーダンスが非常に高いので、生体電気増幅器に積極的に使用されます。

答：上記の説明

5−2 オペアンプの応用回路

オペアンプの応用回路として、非反転増幅回路、差動増幅回路、電圧フォロア、定電流回路、電流―電圧変換器と電圧―電流変換器、移相形 RC 発振回路、ウィーンブリッジ発振回路について、回路方式、基本特性について説明します※注。

5−2−1　非反転増幅回路

非反転増幅回路の基本形を図5−6に示します。非反転増幅回路の基本式を導きます。

P 点の電位 V_P は、出力電圧 V_O を抵抗 R_1 と R_2 の抵抗分圧で表せます。

$$V_P = \frac{R_1}{R_1 + R_2} V_O \qquad (5-7)$$

入力端子間電圧 V_S は理想 OP アンプでは $V_S \approx 0$ となるので、入力電圧 V_i は V_P に等しくなります。

$$V_i = \frac{R_1}{R_1 + R_2} V_O \qquad (5-8)$$

したがって、

$$V_O = \frac{R_1 + R_2}{R_1} V_i = \left(1 + \frac{R_2}{R_1}\right) V_i \qquad (5-9)$$

となります。すなわち、出力電圧 V_O は入力電圧 V_i の $1 + \frac{R_2}{R_1}$ 倍になります。電圧増幅度は $1 + \frac{R_2}{R_1}$ です、また、出力電圧の極性は入力電圧と同じになり、“非反転”になります。

注：これらの実験例については、次節「5−3　オペアンプ応用回路の実験」で説明する。

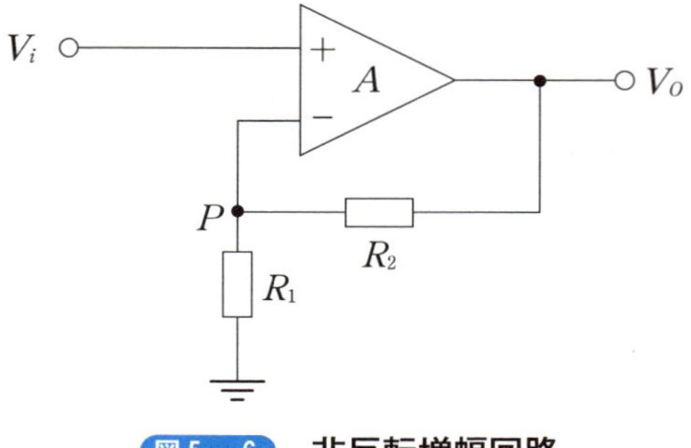

図 5 – 6 非反転増幅回路

[例題 5 – 5]

図 5 – 7 の *OP* アンプ増幅回路の説明で、誤りがあれば訂正しなさい。ただし、*A* は理想 *OP* アンプとする。

(*a*) 電圧増幅度は $\frac{R_2}{R_1}$ である

(*b*) 入力抵抗は R_1 である

(*c*) 抵抗 R_1 と抵抗 R_2 に流れる電流は等しい

(*d*) 抵抗 R_1 に加わる電圧は入力電圧 V_i に等しい

(*e*) 出力抵抗はゼロである

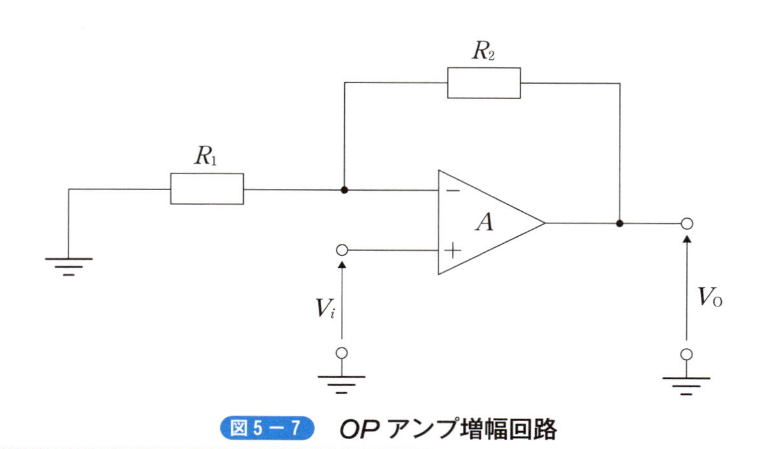

図 5 – 7 *OP* アンプ増幅回路

[解答]

図 5 – 7 の回路を書き直すと、図 5 – 6 の非反転増幅回路になります。

（a）は誤りです。電圧増幅度は上記の式（5 － 9）から$1+\dfrac{R_f}{R_1}$になります。

（b）は誤りです。OPアンプの入力端子は＋の同相入力（非反転入力）端子です。理想OPアンプの入力インピーダンス（または抵抗）は無限大になります。

（c）は正しいです。出力側から抵抗R_2を介して流れる電流は、－の逆相（反転入力）端子との分岐点（図5 － 6のP点）を通りすべて抵抗R_1側に向かいアースに流れます。すなわち、－の逆相端子の入力インピーダンスは無限大なので電流は流れません。

（d）は正しいです。仮想短絡（イマジナリー・ショート）により同相入力（非反転入力）端子と逆相（反転入力）端子が等電位となるため抵抗R_1に加わる電圧は入力電圧V_1と等しくなります。

（e）は正しいです。出力抵抗はOPアンプの出力インピーダンスに依存し、理想OPアンプでは0 [Ω]として扱います。

答：誤りは（a）、（b）

［例題5 － 6］

図5 － 8のOPアンプ増幅回路で、抵抗R_2＝20 [$k\Omega$]にかかる電圧が2 [V]のとき、入力電圧V_iと出力電圧V_oを求めなさい。ただし、Aは理想OPアンプとする。

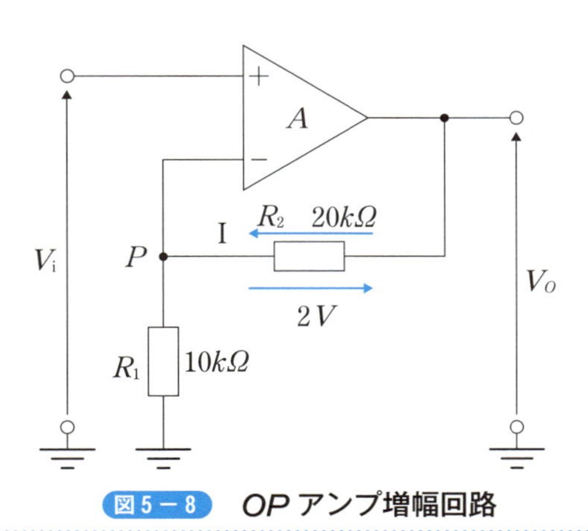

図5 － 8　**OPアンプ増幅回路**

［解答］

この回路は非反転増幅回路です。図5 － 6の回路と同じです。

上記の式（5 － 9）から

$$V_O=\left(1+\frac{R_2}{R_1}\right)V_i=\left(1+\frac{20}{10}\right)V_i=3V_i$$

となります。

抵抗 R_2 に流れる電流 I はオームの法則により

$$I=\frac{2\,[V]}{20\,[k]}=\frac{2}{20000}=0.0001\,[A]=0.1\,[mA]$$

となります。

この電流は、例題５－５の（c）より、抵抗 R_1 に流れるため P 点の電圧（抵抗 R_2 にかかる電圧）は

$$V_P=R_1\times I=10\,[k\Omega]\times 0.1\,[mA]=1\,[V]$$

となります。

イマジナリー・ショートから

$$V_i=V_P=1\,[V]$$

となります。

したがって

$$V_O=3V_i=3\times 1\,[V]=3\,[V]$$

となります。

答：$V_i=1\,[V]$、$V_O=3\,[V]$

[例題5－7]

図5－9のOPアンプ増幅回路で、入力電圧V_iと電圧V_mの関係、入力電圧V_iと出力電圧V_Oの関係を求めなさい。ただし、Aは理想OPアンプとする。

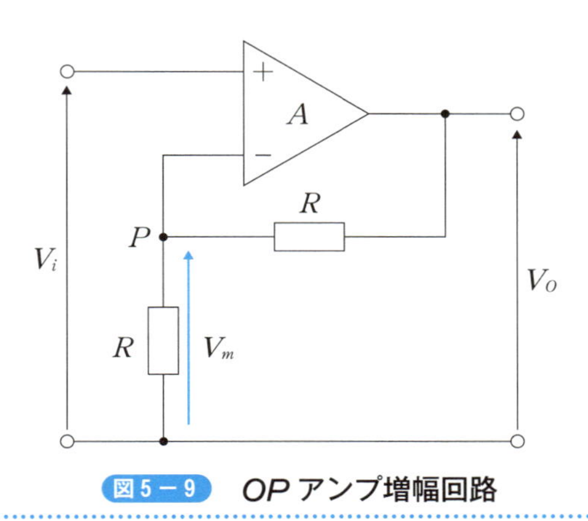

図5－9　OPアンプ増幅回路

[解答]

この回路も非反転増幅回路です。

イマジナリー・ショートで$V_i=V_m$となります。

出力電圧V_Oは上記の式（5－9）から

$$V_O=\left(1+\frac{R_2}{R_1}\right)V_i=\left(1+\frac{R}{R}\right)V_i=2V_i$$

となります。

答：$V_i=V_m$、$V_O=2V_i$

5－2－2　差動増幅回路

差動増幅回路は、反転増幅回路と非反転増幅回路を組み合わせたもので、反転入力端子と非反転入力端子の電圧差を増幅して出力します。この回路は、センサを使用した計測回路で最も多く使用される増幅回路の1つです。

差動増幅回路を図5－10に示します。差動増幅回路の基本式を導きます。

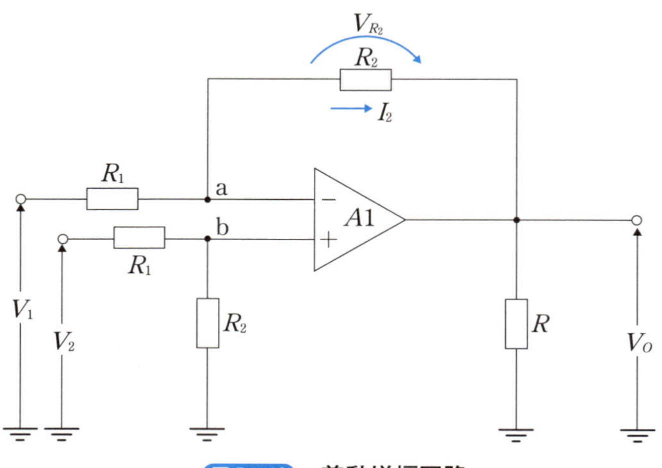

図5−10　差動増幅回路

図中の a 点、b 点の電圧をそれぞれ V_a、V_b とします。

b 点の電圧は抵抗分圧から

$$V_b = \frac{R_2}{R_1 + R_2} V_2 \tag{5-10}$$

となります。

次に、電流 I_2 は、イマジナリー・ショート（$V_a \approx V_b$）から次のようになります。

$$I_2 = \frac{V_1 - V_a}{R_1} = \frac{V_1 - V_b}{R_1} \tag{5-11}$$

これより、帰還抵抗 R_2 の電圧降下 V_{R2} は、

$$V_{R2} = -I_2 \times R_2 \tag{5-12}$$

となります。V_{R2} の方向（マイナス）は電流 I_2 と同じ方向としています

一方、OP アンプの出力電圧 V_O は、

$$V_O = V_a + V_{R2} = V_b + V_{R2} \tag{5-13}$$

です。

式（5 −13）に式（5 −10）、式（5 −11）、式（5 −12）を代入します。

$$\begin{aligned} V_O &= V_b + V_{R2} \\ &= V_b - I_2 \times R_2 \\ &= V_b - \frac{V_1 - V_b}{R_1} \times R_2 \end{aligned}$$

$$= \frac{R_1+R_2}{R_1} V_b - \frac{R_2}{R_1} V_1$$

$$= \frac{R_1+R_2}{R_1} \times \frac{R_2}{R_1+R_2} V_2 - \frac{R_2}{R_1} V_1$$

$$= \frac{R_2}{R_1} (V_2 - V_1) \qquad (5-14)$$

この式からわかるように、出力電圧 V_O は入力電圧 V_1 と V_2 の差の電圧を $\frac{R_2}{R_1}$ 倍に増幅したものになります。

[例題 5 − 8]

図 5 −12の差動増幅回路で入力電圧 $V_1=10$ [mV]、$V_2=20$ [mV]、抵抗 $R_1=1$ [$k\Omega$]、$R_2=100$ [$k\Omega$] であった。出力電圧 V_O を求めなさい。ただし、A は理想 OP アンプとする。

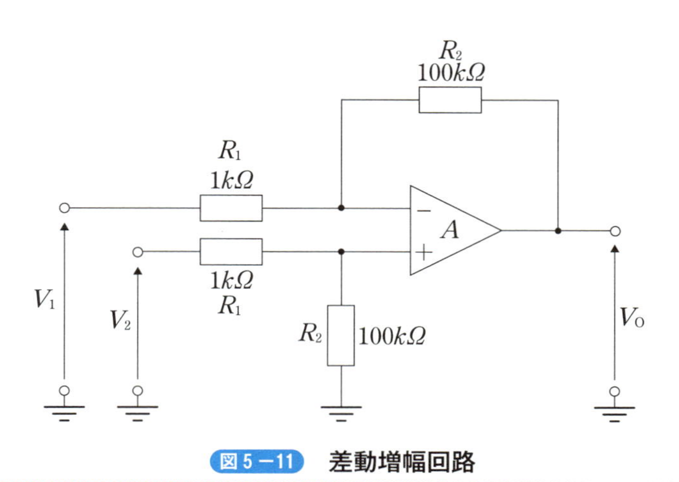

図 5 −11 差動増幅回路

[解答]

差動増幅回路の基本式である式（5 −14）に、$V_1=10$ [mV]、$V_2=20$ [mV]、抵抗 $R_1=1$ [$k\Omega$]、$R_2=100$ [$k\Omega$] を代入します。

$$V_O = \frac{R_2}{R_1}(V_2 - V_1) = \frac{100}{1}(20-10) = 1000\ [mV] = 1\ [V]$$

答：$V_O=1$ [V]

［例題５－９］

図５－12の差動増幅回路で入出力の電圧値（$V_1=1$［V］、$V_2=2$［V］、$V_O=3$［V］）を満たす抵抗 R_1 と R_2 の比を求めなさい。ただし、A は理想 OP アンプとする。

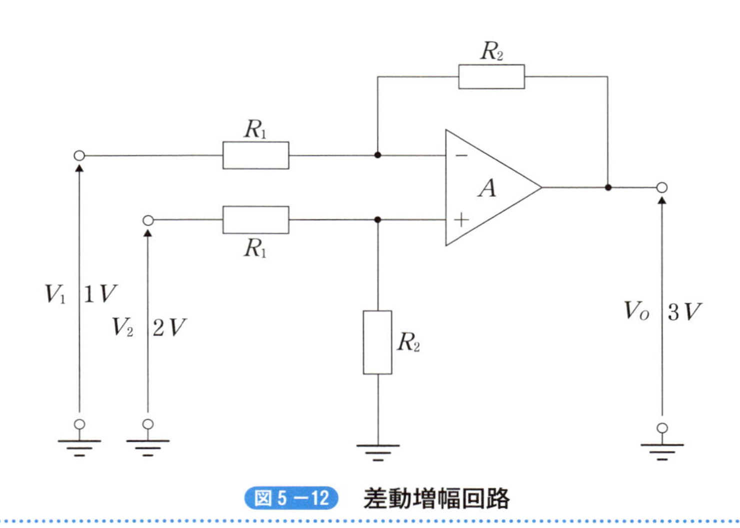

図５－12　**差動増幅回路**

［解答］

差動増幅回路の基本式である式（５－14）に $V_1=1$［V］、$V_2=2$［V］、$V_O=3$［V］を代入します。

$$V_O=\frac{R_2}{R_1}(V_2-V_1)=\frac{R_2}{R_1}(2-1)=3$$

これより

$$\frac{R_2}{R_1}=3$$

が得られます。

抵抗 R_1 と R_2 の比は $R_1:R_2=1:3$ となります。

答：$R_1:R_2=1:3$

[例題 5 −10]

図 5 −13（a）の差動増幅回路に同図（b）のように変化する電圧 v_1 と v_2 を入力したときの出力電圧 v_O の波形を同図（c）に作図しなさい。

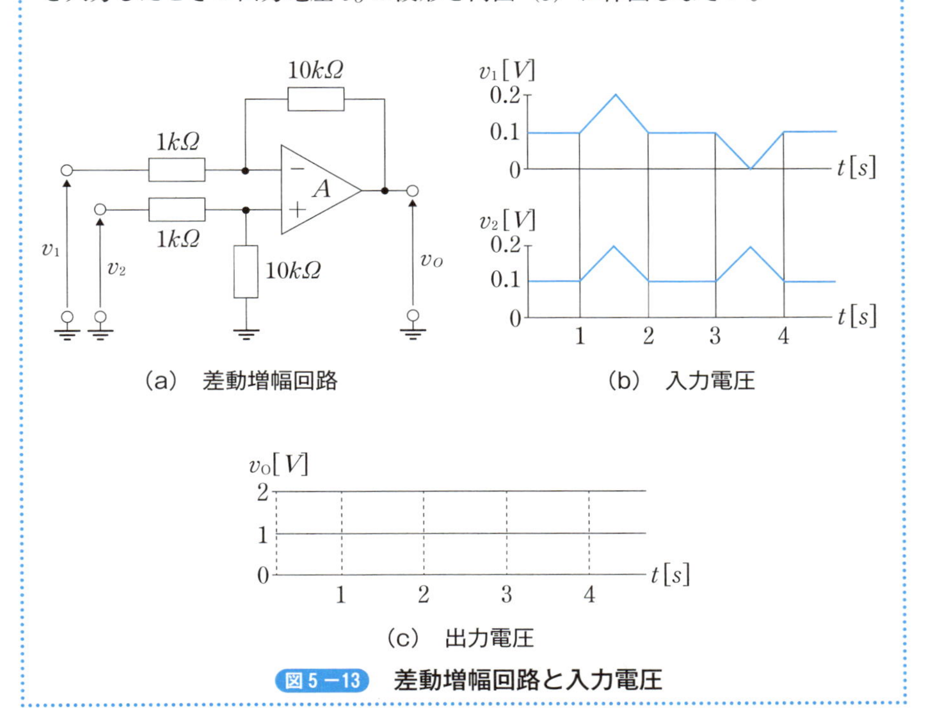

(a)　差動増幅回路　　(b)　入力電圧

(c)　出力電圧

図 5 −13　差動増幅回路と入力電圧

[解答]

差動増幅回路の基本式である式（5 −14）に $R_1=1$ [$k\Omega$]、$R_2=10$ [$k\Omega$] を代入します。

$$V_O=\frac{R_2}{R_1}(V_2-V_1)=\frac{10}{1}(V_2-V_1)=10\,(V_2-V_1)$$

入力電圧 v_1 と v_2 は図 5 −13（b）のように時間帯により変化するため、時間帯で分けて考えます。

◇ $t=0\sim1$ [s]、$2\sim3$ [s]、4 [s]$\sim$

$v_1=v_2=0.1$ [V]（一定）であるため、v_O は

$$V_O=10\,(V_2-V_1)=10\,(0.1-0.1)=0\ [V]$$

になります。

◇ $t=1\sim2$ [s]

v_1 の最大値$=0.2$ [V]、v_2 の最大値$=0.2$ [V] で、v_1 と v_2 は同相であるため、

v_O の最大値は

$$V_O=10(V_2-V_1)=10(0.2-0.2)=0\ [V]$$

になります。

◇ $t=3\sim4\ [s]$

v_1 の最大値＝0 [V]、v_2 の最大値＝0.2 [V] より、v_O の最大値は

$$V_O=10(V_2-V_1)=10(0.2-0)=2\ [V]$$

になります。

したがって、上記時間帯で出力電圧 v_O の波形を描くと、図5 −14のようになります。

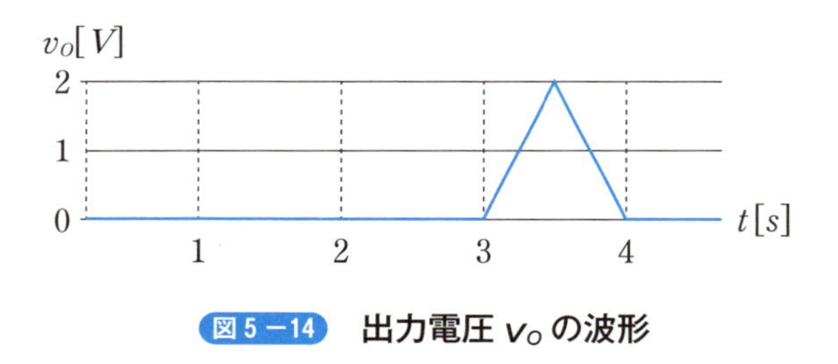

図5 −14　出力電圧 v_O の波形

答：図5 −14

5 − 2 − 3　差動増幅回路の同相弁別比

雑音（ノイズ、*Noise*）には、内部雑音と外部雑音があります。内部雑音は増幅回路自体が発生するノイズで、このノイズはあると出力信号の波形に歪みが生じます。外部雑音は入力信号に含まれるノイズで、主に、電源回路などから混入するノイズです。この種のノイズは商用交流雑音（ハム）といわれています。

反転増幅回路や非反転増幅回路における負帰還回路は、内部雑音の抑制には寄与しますが、外部雑音に対しては抑制効果はありません。

差動増幅回路の特徴を列記すると以下のようになります。

- 外部雑音を除去できるのは差動増幅器である。
- 反対位相信号（または逆相信号、差動増幅器の入力信号になる2点間の信号電圧）を増幅して、同位相信号（同相信号）、主に商用交流雑音を抑制することができる。
- 2点間の電位差を増幅できる。
  多重センサ計測、心電図や脳波測定に有効

・電源電圧の変動（ドリフト）に対して安定的に働く。
・直流バイアスが重畳した交流信号に対して、交流信号だけを増幅することができる。直流バイアスは打ち消してゼロとなる

差動増幅器の性能を評価する指標として、“同相信号除去比（*CMRR*、*Common Mode Rejection Ratio* の略）”があります。

2点間の信号電圧（反対位相信号を V_1、V_2）の差動信号電圧 V_d を

$$V_d = V_1 - V_2 \qquad (5-15)$$

とします。

同相信号（商用交流雑音）を V_c とし、差動増幅器の差動信号増幅率（差動成分増幅率）を A_d、同相信号増幅率（同相成分増幅率）を A_c とすると、

差動増幅器の出力信号 V_{out} は、$V_d = V_1 - V_2$ であるので、

$$\begin{aligned} V_{out} &= (A_d V_1 + \overbrace{\cancel{A_d V_c}}^{重畳}) - (A_d V_2 + \overbrace{\cancel{A_d V_c}}^{重畳}) + A_c V_c \\ &= A_d V_1 - A_d V_2 + A_c V_c \\ &= A_d (V_1 - V_2) + A_c V_c \\ &= A_d V_d + A_c V_c \qquad (5-16) \end{aligned}$$

となります。

ここで、$V_{out\_1} = A_d V_d$、$V_{out\_2} = A_c V_c$ として

$$差動信号増幅率（差動成分増幅率）：A_d = \frac{V_{out\_1}}{V_d} \qquad (5-17)$$

$$同相信号増幅率（同相成分増幅率）：A_c = \frac{V_{out\_2}}{V_c} \qquad (5-18)$$

です。

同相信号（商用交流雑音）を考慮した差動増幅器の動作イメージを図5－15に示します。

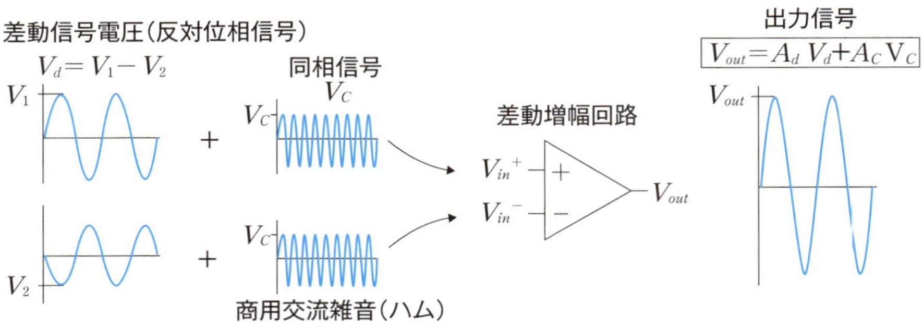

図5−15 差動増幅器の動作イメージ

同相信号除去比(同相除去比または弁別比)$CMRR$ は

$$CMRR = \frac{A_d}{A_c} \qquad (5-19)$$

で定義されます。

同相信号除去比は「差動利得/同相利得」の比で求められ、この比が大きいほど差動増幅器として性能が高くなります。差動増幅器の“望ましい差動利得”と“望ましくない同相利得”の比をとって増幅回路の特性を表す指標の1つです。$CMRR$ の値が大きいほど商用交流雑音(ハム)などの外部雑音に対しては抑制効果が大きいといえます。

$CMRR$ 値はデシベル(dB)で求めることができます。デシベル計算は

$$CMRR\,[dB] = 20log_{10}\frac{A_d}{A_c} \qquad (5-20)$$

です。

[例題5−11]

ある差動増幅器において差動入力信号 $V_d = 1\,[mV]$ のとき、差動出力信号は $V_O = 1\,[V]$ であった。また、同相信号が $V_c = 1\,[V]$ のとき同相出力信号は $V_O = 10\,[mV]$ であった。この差動増幅器の同相信号除去比 $CMRR$ をデシベル(dB)単位で求めなさい。また、このときの差動増幅器の出力信号 V_{out} を求めなさい。

[解答]

差動信号増幅率(差動成分増幅率):$A_d = \frac{差動出力電圧}{差動入力信号} = \frac{1\,[V]}{1\,[mV]} = 1000$

同相信号増幅率（同相成分増幅率）：$A_c=\dfrac{同相出力電圧}{同相入力信号}=\dfrac{10\ [mV]}{1\ [V]}=0.01$

$$CMRR=\frac{A_d}{A_c}=\frac{1000}{0.01}=100000\ [倍]$$

$CMRR$のデシベル計算は、

$$20log_{10}CMRR=20log_{10}100000=20log_{10}10^5=100log_{10}10=100\ [dB]$$

となります。

また、出力信号 V_{out} は

$$V_{out}=A_dV_d+A_cV_c=1000\times1\ [mV]+0.01\times1\ [V]=1+0.01=1.01\ [V]$$

となります。

答：$CMRR=100\ [dB]$　$V_{out}=1.01\ [V]$

[例題 5 －12]

差動増幅器の入力端子間に 2 [mV] を入力したとき、4 [V] の出力が得られた。この入力端子間を短絡し、入力端子とアース間に 1 [V] を入力したとき200 [mV] の出力が得られた。この差動増幅器の同相信号除去比（$CMRR$）をデシベル（dB）単位で求めなさい。

[解答]

上記の式（5 －17）と式（5 －18）から差動信号増幅率（差動成分増幅率）A_d と同相信号増幅率（同相成分増幅率）A_c を求めます。

$$A_d=\frac{V_{out\_1}}{V_d}=\frac{4\ [V]}{2\ [mV]}=2000$$

$$A_c=\frac{V_{out\_2}}{V_c}=\frac{200\ [mV]}{1\ [V]}=0.2$$

したがって、同相信号除去比（$CMRR$）は

$$CMRR=\frac{A_d}{A_c}=\frac{2000}{0.2}=10^4$$

$$20log_{10}CMRR=20log_{10}10^4=80\ [dB]$$

となります。

同相信号増幅率（同相成分増幅率）の測定方法は、図 5 －16に示すように、入力端子間を短絡し、入力端子とアース間に信号 V_c を加えたときの出力電圧 V_{out_2} を測定します。

そして $A_c=\dfrac{V_{out\_2}}{V_c}$ を測定します。

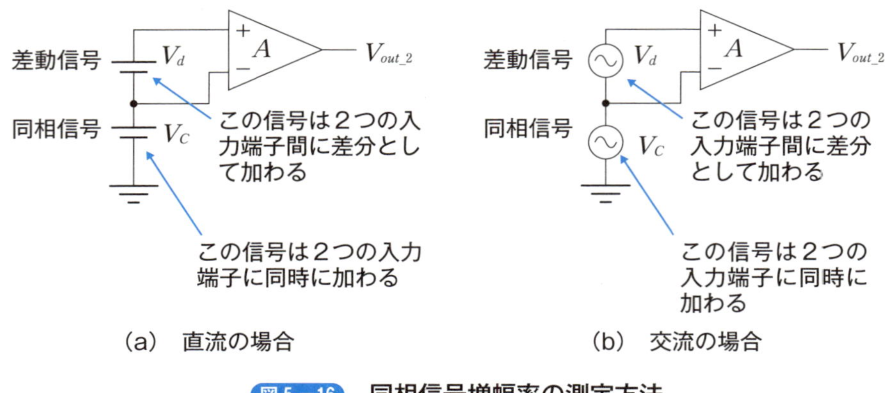

図５−16 同相信号増幅率の測定方法

答：80 [dB]

[例題５−13]

差動増幅器の入力端子間に振幅１ [mV] の差動信号と振幅２ [V] の同相信号が入力された。出力側では差動信号が２ [V] に増幅され、同相信号が 100 [mV] に減衰した。この差動増幅器の同相信号除去比（CMRR）をデシベル（dB）単位で求めなさい。ただし、$log_{10}2=0.3$とする。

[解答]

上記の式（５−17）と式（５−18）から差動信号増幅率 A_d と同相信号増幅率 A_c を求めます。

$$A_d=\frac{V_{out\_1}}{V_d}=\frac{2\,[V]}{1\,[mV]}=2000$$

$$A_c=\frac{V_{out\_2}}{V_c}=\frac{100\,[mV]}{2\,[V]}=0.05$$

したがって、同相信号除去比（CMRR）は

$$CMRR=\frac{A_d}{A_c}=\frac{2000}{0.05}=4\times10^4$$

$$20log_{10}CMRR=20log_{10}(4\times10^4)=20log_{10}2^2+20log_{10}10^4$$
$$=40\times0.3+80=92\,[dB]$$

となります。

答：92 [dB]

[例題5－14]

電圧増幅度が60 [dB] の差動増幅回路に100 [μV] の差動信号を入力したとき、出力におけるSN比が40 [dB] となった。出力における雑音成分の大きさを求めなさい。

[解答]

SN比とは、信号（“S”、*signal*の頭文字）対雑音（“N”、*Noise*の頭文字）の比のことをいいます。この比が大きいほど増幅器の雑音に関する性能が高いことを表します。

一般的には、次のデシベル値で評価します。OPアンプを使用した増幅回路ではできるだけ雑音の影響を少なくする必要があります。SN比は重要なファクターになります。

$$SN\text{比}\ [dB]=20log_{10}\left|\frac{S}{N}\right| \qquad (5-21)$$

題意の電圧増幅度60 [dB] から、入出力の電圧比$A=\dfrac{V_2}{V_1}$とすると、

$$60\ [dB]=20log_{10}A$$

から

$$A=10^3$$

となります。

差動信号である入力電圧は、$V_1=100\ [\mu V]=100\times10^{-6}\,[V]$ であるので、出力電圧 V_2は

$$A=\frac{V_2}{V_1}=\frac{V_2}{100\times10^{-6}}=10^3$$

から

$$V_2=100\ [mV]=0.1\ [V]$$

となります。

次に、出力における雑音電圧Nを求めます。

式（5－21）に、SN比＝40 [dB]、$S\,(=V_2)=0.1\ [V]$ を代入します。

$$40\ [dB]=20log_{10}\left|\frac{0.1}{N}\right|$$

これから$\dfrac{0.1}{N}=10^2$となり、雑音電圧は$N=\dfrac{0.1}{10^2}=0.001\ [V]=1\ [mV]$となり、これが出力の雑音成分になります。

答：雑音成分は1 [mV]

5－2－4　電圧フォロワ

非反転増幅回路（図５－６）で、$R_1=\infty$、$R_2=0$にしたと考えると、図５－17の回路になります。この回路は電圧フォロワ（ボルテージフォロワ）またはバッファ増幅器（インピーダンス変換器）と呼ばれています。この回路は入力インピーダンスZ_iが大きく、出力インピーダンスZ_Oは小さくなります（理想的には$Z_i=\infty$、$R_O=0$）。計測回路で２つの回路間を接続するときに用いらえています。

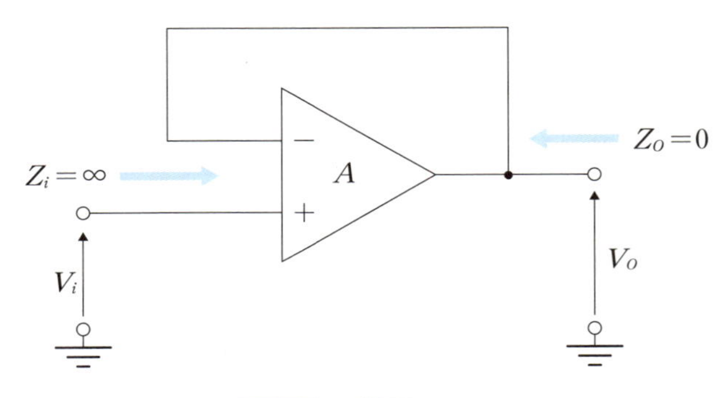

図５－17　電圧フォロワ

［例題５－15］

図５－17の電圧フォロワの説明について誤りがあれば訂正しなさい。ただし、Aは理想的なOPアンプとする。

（a）入力インピーダンスは無限大である

（b）電圧増幅度は０［dB］である

（c）入力電圧 V_iと出力電圧 V_Oは逆位相である

（d）正帰還が用いられる

（e）インピーダンス変換の働きをする

［解答］

（a）は正しいです。入力端子が直接OPアンプの入力部となるため、理想的なOPアンプの入力インピーダンスは無限大となります。

（b）は正しいです。上記の式（５－９）から

$$V_O=\left(1+\frac{R_2}{R_1}\right)V_i=\left(1+\frac{0}{\infty}\right)V_i=V_i$$

となり、入力電圧 V_i と出力電圧 V_O が等しくなります。電圧増幅度 $\frac{V_O}{V_i}$ が1倍（10^0）となるため、デシベル値は $20log_{10}10^0 = 0$ [dB] となります。

（c）は誤りです。非反転入力端子（＋端子）を入力として使用しているので、入出力位相は同相になります。

（d）は誤りです。出力を反転入力端子に直結する帰還型の回路構成です。

（e）は正しいです。電圧増幅度は1倍で、入力インピーダンスが無限大、出力インピーダンスは0であるためインピーダンス変換として働きます。

まとめると、（a）、（b）、（e）は電圧フォロワの特徴となります。

答：正しいのは（a）、（b）、（e）

5－2－5　定電流回路

定電流回路を図5－18に示します。半導体式圧力センサの検出回路やセンサ計測に使われます。

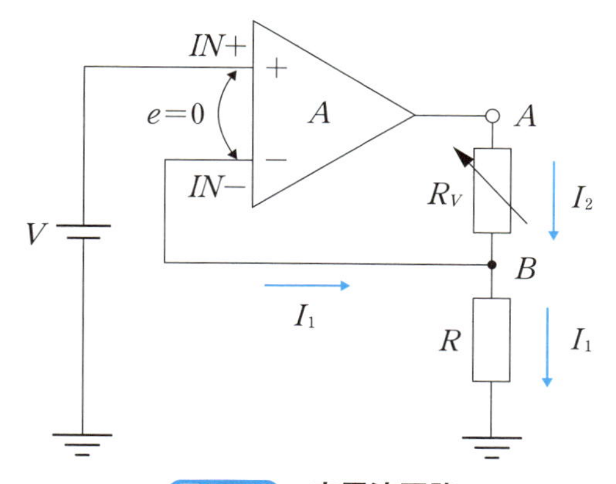

図5－18　定電流回路

OPアンプの入力端子 $IN+$ に電圧 V[V] が加えられているとすると、端子 $IN-$ の電圧はイマジナリー・ショート（$e=0$）から V[V] になります。この電圧は B 点の下の抵抗 R[Ω] にかかるので、抵抗に流れる電流はオームの法則から $I_1 = \frac{V}{R}$ [A] になります。

一方、理想 OPアンプの入力インピーダンスは無限大であるので、端子 $IN-$ へも端子 $IN-$ からも電流は流れません。したがって、この電流 I_1 は AB 間に接続した可変抵抗 R_V から流れてきた電流 I_2 に等しいことになります。すなわち、

$I_1=I_2$です。この関係は理想 *OP* アンプでは常に成立し、R_Vの値に依存しません。

このような回路を定電流回路と呼んでいます。定電流値は、端子 *IN*+の入力電圧と *B* 点の下の抵抗値で決まります。

[例題 5 −16]

図 5 −19の定電流回路の端子 *AB* 間に流れる電流を求めなさい。

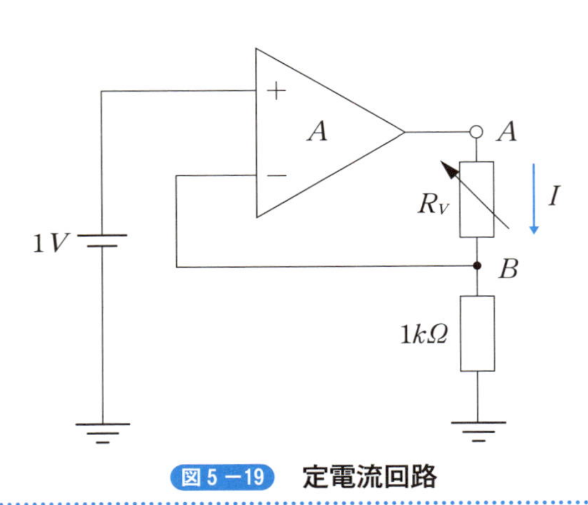

図 5 −19　定電流回路

[解答]

抵抗 1 [*kΩ*] に流れる電流を I_1とすると、オームの法則から

$$I_1=\frac{V}{R}=\frac{1\ [V]}{1000\ [\Omega]}=0.001\ [A]=1\ [mA]$$

となります。

この電流は可変抵抗 R_Vに流れる電流 *I* に等しいので、$I=I_1=1\ [mA]$となります。

答：1 [*mA*]

[例題５－17]

半導体式圧力センサを使用した圧力測定回路を図５－20に示す。定電圧ダイオードによるP点の電圧（電源電圧）$V_{ZD}=5\ [V]$、抵抗$R_C=500\ [\Omega]$とする。半導体式圧力センサに圧力が加わらないときのセンサのブリッジ抵抗を$R_1=R_2=R_3=R_4=4\ [k\Omega]$とする。抵抗$R_C$に流れる電流$I$と$Q$点の電圧$V_{ref}$を求めなさい。また、ブリッジ抵抗の出力端子の出力電圧$V_O(=V_+-V_-)$を求めなさい。

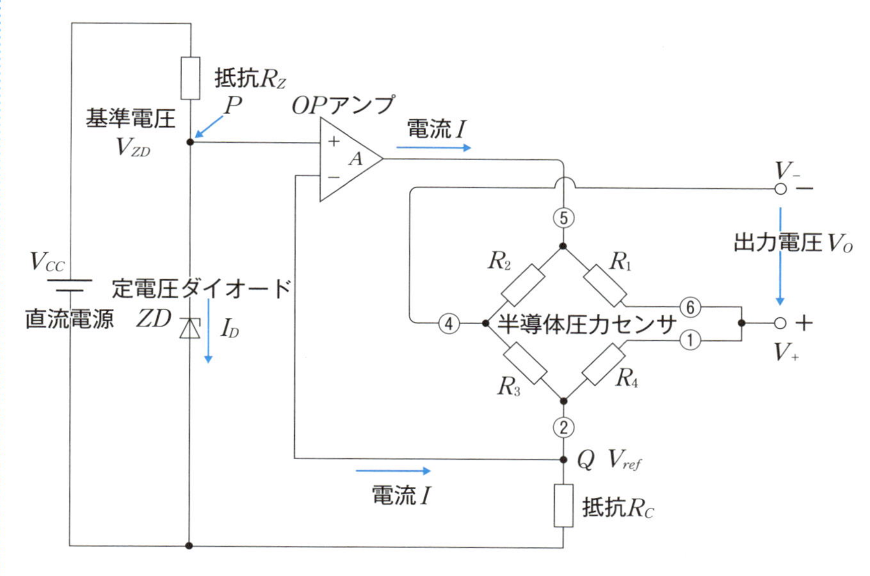

図５－20　半導体式圧力センサを使用した圧力測定回路

[解答]

半導体式圧力センサの等価回路は、４つの抵抗（R_1、R_2、R_3、R_4）をブリッジ回路に組み合わせた構成になっています。センサに圧力が加わらないときは、各抵抗が等しくなり（$R_1=R_2=R_3=R_4=R$）、出力端子のV_+とV_-が等しくなり、出力電圧V_Oは０になります。センサに圧力が加わると４つの抵抗値に差異が生じ、端子電圧V_+とV_-の差として出力電圧$V_O(=V_+-V_-)$が出力されます。

具体的に、説明します。

抵抗R_Cに流れる定電流Iは、Q点の電圧V_{ref}はイマジナリー・ショートから$V_{ref}=V_{ZD}=5\ [V]$であるので、

$$I=\frac{V_{ZD}}{R_C}=\frac{5\,[V]}{500\,[\Omega]}=0.01\,[A]=10\,[mA]$$

となります。

センサに圧力が加わらないときの出力端子の電圧 V_+ と V_- は

$$V_+=V_-=V_{ref}+R\times\frac{I}{2}=5+4000\times\frac{0.01}{2}=25\,[V]$$

となり、$V_O=V_+-V_-=0$ となります。ここで、$\frac{I}{2}$ となる理由は、定電流 I が R_1 と R_4 の直列接続の合成抵抗2R と、R_2 と R_3 の直列接続の合成抵抗2R で２分割されるためです。

答：定電流 $I=10\,[mA]$、Q 点の電圧 $R_{ref}=5\,[V]$、出力電圧 $V_O=0\,[V]$

5−2−6　電流—電圧変換器、電圧—電流変換器

OP アンプを使用した「電流—電圧変換器」と「電圧—電流変換器」をそれぞれ図５−21（a)、(b）に示します。

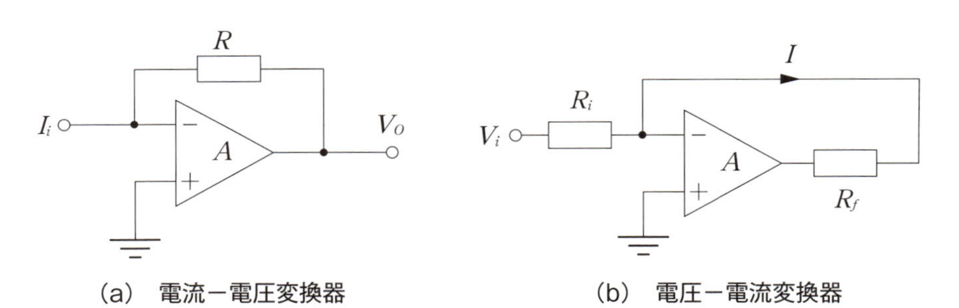

図５−21　電流−電圧変換器と電圧−電流変換器

両回路の基本式は、OP アンプの入力インピーダンスが大きく（無限大）、入力電流のすべてが帰還回路（フィードバック回路）に流れるということから導くことができます。

電流—電圧変換器の基本式を導きます。

反転増幅回路の反転端子（−端子）への入力電流 I_i はすべて帰還抵抗 R に流れます。

したがって、出力電圧 V_O は

$$V_O=-R\times I_i \qquad (5-22)$$

となります。電流 I_i が電圧 V_O に変換されます。マイナスの記号は抵抗の端子電

圧 $R\times I_i$ と V_O の極性が逆になるためです。

[例題 5 －18]

図 5 －21（*b*）の電圧―電流変換器の基本式を導きなさい。ただし、*A* は理想的な *OP* アンプとする。

[解答]

反転増幅回路の反転端子（－端子）への入力電流 *I* はすべて帰還抵抗 R_f 側に流れます。

したがって、入力電圧 V_i、入力抵抗 R_i、電流 *I* の関係はオームの法則から

$$I=\frac{V_i}{R_i} \qquad (5-23)$$

となります。電圧 V_i が電流 *I* に変換されます。これが電圧―電流変換器の基本式です。

答：$I=\dfrac{V_i}{R_i}$

5 － 2 － 7　移相形 RC 発振回路

正帰還発振回路の原理について説明します。図 5 －22は正帰還発振回路の原理イメージを示したものです。増幅回路は位相反転型（入出力の位相が180度ずれる）を使用します。入力と位相が180度ずれた出力をさらに帰還回路で180°位相をずらせば入力と同じ位相（同相）になります。このような帰還のことを“正帰還”、帰還回路のことを“正帰還回路”と呼んでいます。

正帰還発振回路は、移相反転型増幅回路と180度位相回路の組み合わせになります。

増幅回路の電圧増幅度を *A*、帰還回路の帰還率を *β* とすると、次式が成り立ちます。

$$A\cdot V_i+A\cdot(\beta\cdot V_O)=V_O$$

または

$$A(V_i+\beta\cdot V_O)=V_O \qquad (5-24)$$

これより正帰還増幅回路のループの電圧増幅度（電圧利得またはゲイン）は

$$G=\frac{V_O}{V_i}=\frac{A}{1-A\beta} \qquad (5-25)$$

となります。

$V_i=0$ でも発振が持続するためには、$1-A\beta=0$ を満たすことが必要です。す

なわち、

$$A\beta=1 \quad (5-26)$$

です。

このときゲイン G は無限大となり回路は発振状態となります。

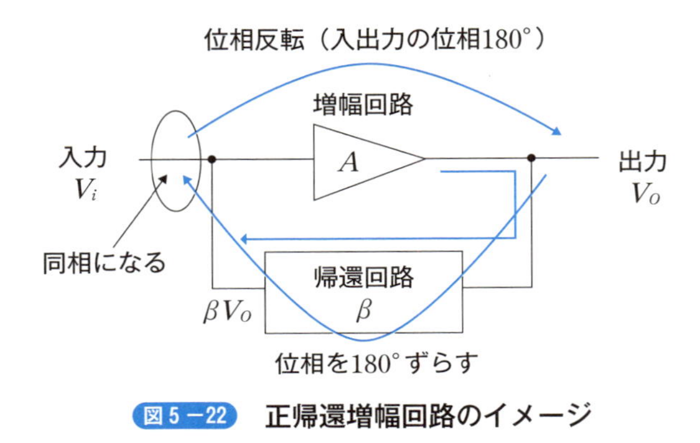

図5−22　正帰還増幅回路のイメージ

次に、移相形 RC 発振回路について説明します。

移相形 RC 発振回路の原理イメージを図5−23に示します。位相反転型増幅器（増幅度 A）と移相回路（位相をシフトさせる回路、帰還率 β）で正帰還ループを構成した回路です。移相回路における位相のシフトが60度ずつ3段通して計180度になるようにします。同図（b）の移相回路は、位相を進めて正帰還を行う HPF（ハイパスフィルタ）型といわれています。いわゆる“進相形（微分形）RC 移相発振回路”です。

一方、位相を遅らせる正帰還を LPF（ローパスフィルタ）型といい、“遅相形（積分形）RC 移相発振回路”といいます。

OP アンプを使用した進相形 RC 移相発振回路を図5−24に示します。OP アンプは反転増幅回路を使用します。

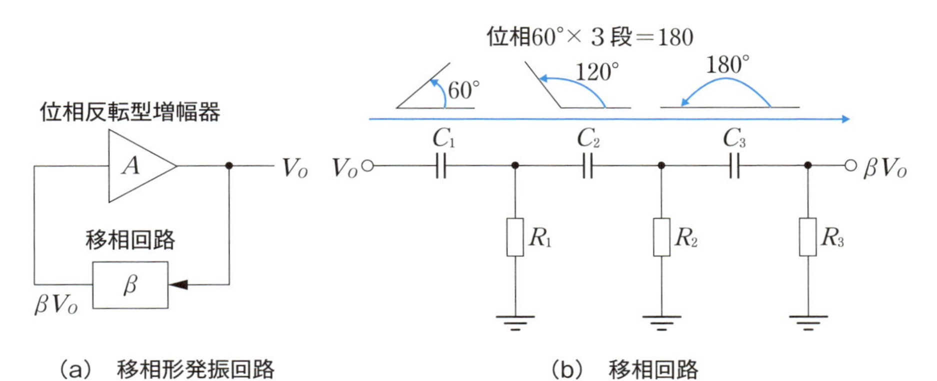

図 5 −23　移相形 *RC* 発振回路

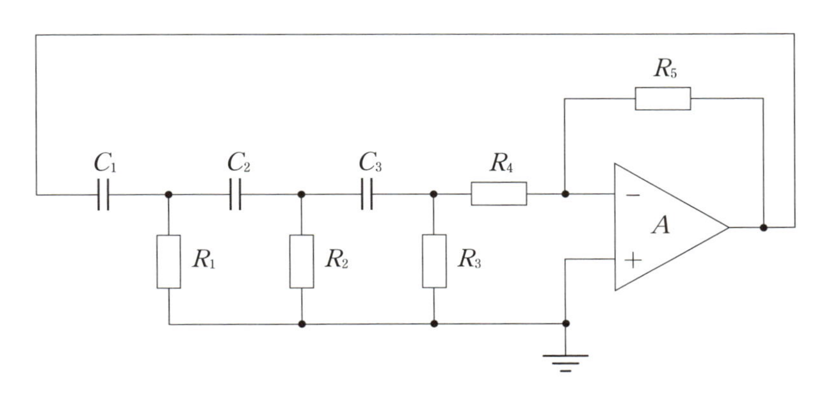

図 5 −24　進相形 *RC* 移相発振回路

[例題 5 −19]

図 5 −25の RC 微分回路の入力電圧 E と出力電圧 v_O の関係を導きなさい。また、時間 t と出力電圧 v_O の関係をグラフに表しなさい。ただし、入力電圧は大きさ 1 の単位ステップ電圧とする。また、時定数を $\tau=CR$ とする。

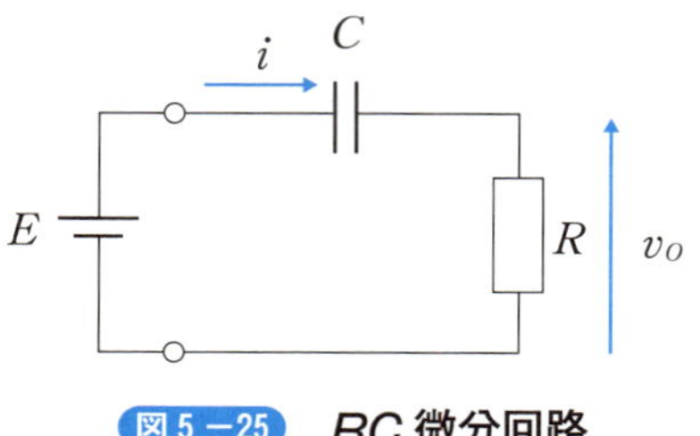

図 5 −25 **RC 微分回路**

[解答]

電流 i に関する回路方程式は

$$E=Ri+\frac{1}{C}\int_0^t idt \tag{5 −27}$$

$$v_O=Ri \tag{5 −28}$$

になります※注。

式（5 −27）をラプラス変換の表示に書き直します。

$$E\rightarrow\frac{E}{s}$$

$$Ri\rightarrow RI(s)$$

$$\int idt\rightarrow\frac{1}{s}I(s)$$

したがって、式（5 −27）は

$$\frac{E}{s}=RI(s)+\frac{1}{C}\cdot\frac{1}{s}I(s) \tag{5 −29}$$

となります。電流 $i(t)$ のラプラス変換の式が得られます。

次に、式（5 −29）をラプラス逆変換します。

$$\frac{E}{s}=RI(s)+\frac{1}{C}\cdot\frac{1}{s}I(s)=\frac{CsRI(s)+I(s)}{Cs}=\frac{I(s)(CRs+1)}{Cs}$$

※注：回路方程式については、本書と同シリーズの『例題で学ぶ　はじめて電気回路』（臼田昭司著、技術評論社刊）第14章、第15章を参照。

両辺の分母の s を打ち消して

$$E=\frac{I(s)(CRs+1)}{C}$$

これから

$$I(s)=\frac{EC}{CRs+1} \tag{5-30}$$

が得られます。

式（5 −30）をラプラス逆変換します。

$$I(s)=\frac{EC}{CRs+1}=\frac{E}{R}\cdot\frac{1}{s+\frac{1}{CR}}$$

これから

$$i(t)=\frac{E}{R}e^{-\frac{1}{CR}t} \tag{5-31}$$

が得られます。

したがって、出力電圧 v_O は式（5 −28）から

$$v_O=Ri=R\frac{E}{R}e^{-\frac{1}{CR}t}=Ee^{-\frac{1}{CR}t} \tag{5-32}$$

となります。

題意の $E=1$、$\tau=CR$ を代入すると

$$v_O=e^{-\frac{t}{\tau}} \tag{5-33}$$

これから、例えば、$\frac{t}{\tau}=1$（$t=\tau$）のときは $v_O=0.368$、$\frac{t}{\tau}=2$ のときは $v_O=0.135$、$\frac{t}{\tau}=3$ のときは $v_O=0.050\cdots$ となります。

これをグラフにすると図5 −26のように描くことができます。このようなグラフを単位ステップ応答といいます。RC 回路の微分波形になります。

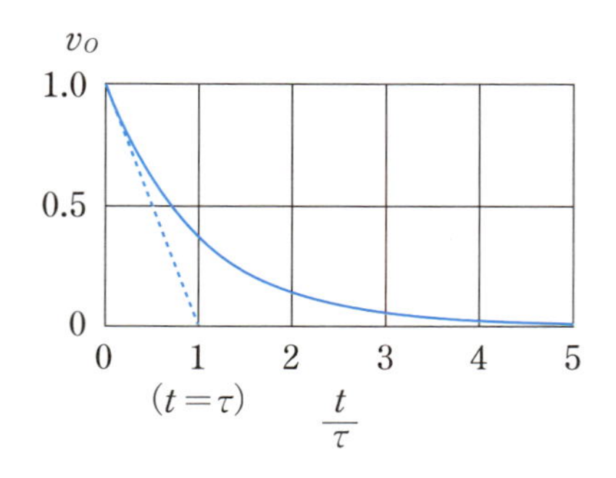

図5−26　出力電圧 v_O の単位ステップ応答

[例題5−20]

図5−27の進相形RC移相発振回路において、$C_1=C_2=C_3=C$、$R_1=R_2=R_3=R$としたときの帰還回路の帰還率βの式を導きなさい。

[解答]

図5−27の回路で、破線で囲んだ帰還回路のCとRに流れる電流と端子電圧をそれぞれi_1、i_2、i_3、V_1、V_2、V_iとします（図5−27）。

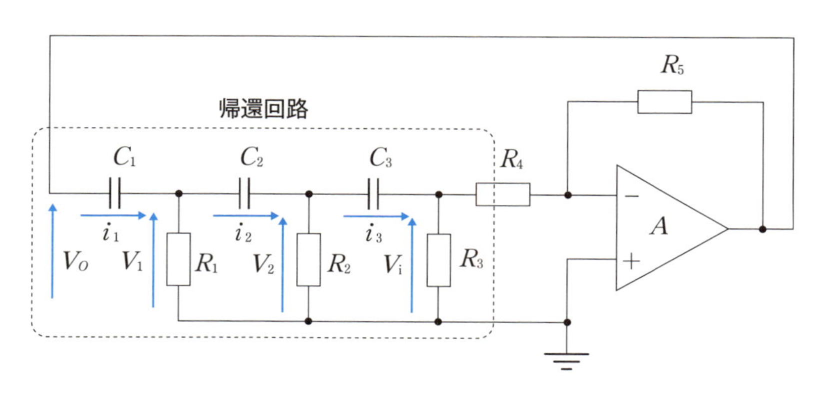

図5−27　帰還回路の電圧と電流の定義

以下の各式が得られます。

$$V_i=R_3 i_3 \tag{5−34}$$

$$V_2 = R_2(i_2 - i_3) = \frac{1}{j\omega C_3} i_3 + V_i \tag{5-35}$$

$$V_1 = (i_1 - i_2)R_1 = \frac{1}{j\omega C_2} i_2 + V_2 \tag{5-36}$$

$$V_O = \frac{1}{j\omega C_1} i_1 + V_1 \tag{5-37}$$

式（5 －34）より $i_3 = \dfrac{V_i}{R_3}$ となるので、これを式（5 －35）に代入すると

$$V_2 = R_2(i_2 - i_3) = R_2\left(i_2 - \frac{V_i}{R_3}\right) = \frac{1}{j\omega C_3 R_3} V_i + V_i = \left(1 - j\frac{1}{\omega C_3 R_3}\right) V_i \tag{5-38}$$

これより $R_2 i_2$ を求めると

$$R_2 i_2 = \left(1 + \frac{R_2}{R_3} - j\frac{1}{\omega C_3 R_3}\right) V_i$$

$$i_2 = \left(1 + \frac{R_2}{R_3} - j\frac{1}{\omega C_3 R_3}\right) \frac{V_i}{R_2} \tag{5-39}$$

これを式（5 －36）に代入します。

$$\begin{aligned} V_1 &= (i_1 - i_2)R_1 \\ &= i_1 R_1 - \left(1 + \frac{R_2}{R_3} - j\frac{1}{\omega C_3 R_3}\right) \frac{R_1}{R_2} V_i \qquad (5-40) \\ &= \frac{1}{j\omega C_2}\left(1 + \frac{R_2}{R_3} - j\frac{1}{\omega C_3 R_3}\right) \frac{V_i}{R_2} + \left(1 - j\frac{1}{\omega C_3 R_3}\right) V_i \end{aligned}$$

これより $R_1 i_1$ は

$$\begin{aligned} R_1 i_1 &= \left(1 + \frac{R_2}{R_3} - j\frac{1}{\omega C_3 R_3}\right) \frac{V_i}{R_2}\left(R_1 + \frac{1}{j\omega C_2}\right) + \left(1 - j\frac{1}{\omega C_3 R_3}\right) V_i \\ &= \left\{\left(1 + \frac{R_2}{R_3} - j\frac{1}{\omega C_3 R_3}\right)\left(\frac{R_1}{R_2} - j\frac{1}{\omega C_2 R_2}\right) + \left(1 - j\frac{1}{\omega C_3 R_3}\right)\right\} V_i \end{aligned}$$

$$i_1 = \left\{\left(1 + \frac{R_2}{R_3} - j\frac{1}{\omega C_3 R_3}\right)\left(\frac{R_1}{R_2} - j\frac{1}{\omega C_2 R_2}\right) + \left(1 - j\frac{1}{\omega C_3 R_3}\right)\right\} \frac{V_i}{R_1} \tag{5-41}$$

式（5 －40）と式（5 －41）を式（5 －37）に代入します。

$$\begin{aligned} V_O = \frac{1}{j\omega C_1} i_1 + V_1 = \frac{1}{j\omega C_1}&\left\{\left(1 + \frac{R_2}{R_3} - j\frac{1}{\omega C_3 R_3}\right)\left(\frac{R_1}{R_2} - j\frac{1}{\omega C_2 R_2}\right)\right. \\ &\left. + \left(1 - j\frac{1}{\omega C_3 R_3}\right)\right\} \frac{V_i}{R_1} + \frac{1}{j\omega C_2}\left(1 + \frac{R_2}{R_3} - j\frac{1}{\omega C_3 R_3}\right) \frac{V_i}{R_2} + \left(1 - j\frac{1}{\omega C_3 R_3}\right) V_i \end{aligned}$$

$$=\frac{V_i}{j\omega C_1R_1}\left\{\left(1+\frac{R_2}{R_3}-j\frac{1}{\omega C_3R_3}\right)\left(\frac{R_1}{R_2}-j\frac{1}{\omega C_2R_2}\right)+\left(1-j\frac{1}{\omega C_3R_3}\right)\right\}$$

$$+\frac{V_i}{j\omega C_2R_2}\left(1+\frac{R_2}{R_3}-j\frac{1}{\omega C_3R_3}\right)+\left(1-j\frac{1}{\omega C_3R_3}\right)V_i$$

$$V_O=\left[\frac{-j}{\omega C_1R_1}\left\{\left(1+\frac{R_2}{R_3}-j\frac{1}{\omega C_3R_3}\right)\left(\frac{R_1}{R_2}-j\frac{1}{\omega C_2R_2}\right)+\left(1-j\frac{1}{\omega C_3R_3}\right)\right\}\right.$$

$$\left.+\frac{-j}{\omega C_2R_2}\left(1+\frac{R_2}{R_3}-j\frac{1}{\omega C_3R_3}\right)+\left(1-j\frac{1}{\omega C_3R_3}\right)\right]V_i \qquad (5-42)$$

ここで、$R_1=R_2=R_3=R$、$C_1=C_2=C_3=C$ とおくと

$$V_O=\left[\frac{-j}{\omega CR}\left\{\left(2-j\frac{1}{\omega CR}\right)\left(1-j\frac{1}{\omega CR}\right)+\left(1-j\frac{1}{\omega CR}\right)\right\}\right.$$

$$\left.+\frac{-j}{\omega CR}\left(2-j\frac{1}{\omega CR}\right)+\left(1-j\frac{1}{\omega CR}\right)\right]V_i$$

が得られます。

ここで、上の式の第1項と第2項を分けて式を整理します。

$$第1項=\frac{-j}{\omega CR}\left\{\left(2-j\frac{1}{\omega CR}\right)\left(1-j\frac{1}{\omega CR}\right)+\left(1-j\frac{1}{\omega CR}\right)\right\}$$

$$=\frac{-j}{\omega CR}\left(3-j\frac{4}{\omega CR}-\frac{1}{\omega^2C^2R^2}\right)=-j\frac{3}{\omega CR}-\frac{4}{\omega^2C^2R^2}+j\frac{1}{\omega^3C^3R^3}$$

$$第2項=-j\frac{2}{\omega CR}-\frac{1}{\omega^2C^2R^2}+1-j\frac{1}{\omega CR}=-j\frac{3}{\omega CR}-\frac{1}{\omega^2C^2R^2}+1$$

第1項と第2項を合わせると

$$V_O=\left[-\frac{4}{\omega^2C^2R^2}-\frac{1}{\omega^2C^2R^2}+1-j\frac{3}{\omega CR}+j\frac{1}{\omega^3C^3R^3}-j\frac{3}{\omega CR}\right]V_i$$

$$=\left[\left(1-\frac{5}{\omega^2C^2R^2}\right)-j\left(6-\frac{1}{\omega^2C^2R^2}\right)\frac{1}{\omega CR}\right]V_i \qquad (5-43)$$

が得られます。

したがって、帰還率は

$$\beta=\frac{V_i}{V_O}=\frac{1}{\left(1-\frac{5}{\omega^2C^2R^2}\right)-j\left(6-\frac{1}{\omega^2C^2R^2}\right)\frac{1}{\omega CR}} \qquad (5-44)$$

となります。

答：$\beta=\dfrac{1}{\left(1-\frac{5}{\omega^2C^2R^2}\right)-j\left(6-\frac{1}{\omega^2C^2R^2}\right)\frac{1}{\omega CR}}$

［例題 5 −21］

図 5 −27の進相形 RC 移相発振回路において、回路の発振条件を導きなさい。ただし、$R_1=R_2=R_3=R$、$C_1=C_2=C_3=C$ とする。

［解答］

図 5 −27の OP アンプの反転増幅回路の電圧増幅度 A は、

$$A=\frac{V_O}{V_i}=-\frac{R_5}{R_4}$$

です。

発振条件は上記の式（5 −25）から $A\beta=1$ で与えられので、式（5 −42）を使って $A\beta$ を求めると次式が得られます。複素数になります。

$$A\beta=-\frac{R_5}{R_4}\frac{1}{\left(1-\frac{5}{\omega^2C^2R^2}\right)-j\left(6-\frac{1}{\omega^2C^2R^2}\right)\frac{1}{\omega CR}}$$

$$=\frac{-\frac{R_5}{R_4}}{\left(1-\frac{5}{\omega^2C^2R^2}\right)-j\left(6-\frac{1}{\omega^2C^2R^2}\right)\frac{1}{\omega CR}}$$

$$=\frac{-\frac{R_5}{R_4}\left\{\left(1-\frac{5}{\omega^2C^2R^2}\right)+j\left(6-\frac{1}{\omega^2C^2R^2}\right)\frac{1}{\omega CR}\right\}}{\left\{\left(1-\frac{5}{\omega^2C^2R^2}\right)-j\left(6-\frac{1}{\omega^2C^2R^2}\right)\frac{1}{\omega CR}\right\}\left\{\left(1-\frac{5}{\omega^2C^2R^2}\right)+j\left(6-\frac{1}{\omega^2C^2R^2}\right)\frac{1}{\omega CR}\right\}}$$

$$=\frac{-\frac{R_5}{R_4}\left\{\left(1-\frac{5}{\omega^2C^2R^2}\right)+j\left(6-\frac{1}{\omega^2C^2R^2}\right)\frac{1}{\omega CR}\right\}}{\left(1-\frac{5}{\omega^2C^2R^2}\right)^2+\left(6-\frac{1}{\omega^2C^2R^2}\right)^2\frac{1}{\omega^2C^2R^2}}$$

$$=\frac{-\frac{R_5}{R_4}\left(1-\frac{5}{\omega^2C^2R^2}\right)}{\left(1-\frac{5}{\omega^2C^2R^2}\right)^2+\left(6-\frac{1}{\omega^2C^2R^2}\right)^2\frac{1}{\omega^2C^2R^2}}$$

$$+j\frac{\left(6-\frac{1}{\omega^2C^2R^2}\right)\frac{1}{\omega CR}}{\left(1-\frac{5}{\omega^2C^2R^2}\right)^2+\left(6-\frac{1}{\omega^2C^2R^2}\right)^2\frac{1}{\omega^2C^2R^2}}$$

これより、$A\beta$ の実数部 $Re\,(A\beta)$ と虚数部 $Im\,(A\beta)$ は

$$Re\,(A\beta)=\frac{-\dfrac{R_5}{R_4}\left(1-\dfrac{5}{\omega^2C^2R^2}\right)}{\left(1-\dfrac{5}{\omega^2C^2R^2}\right)^2+\left(6-\dfrac{1}{\omega^2C^2R^2}\right)^2\dfrac{1}{\omega^2C^2R^2}} \qquad (5-45)$$

$$Im\,(A\beta)=\frac{\left(6-\dfrac{1}{\omega^2C^2R^2}\right)\dfrac{1}{\omega CR}}{\left(1-\dfrac{5}{\omega^2C^2R^2}\right)^2+\left(6-\dfrac{1}{\omega^2C^2R^2}\right)^2\dfrac{1}{\omega^2C^2R^2}} \qquad (5-46)$$

となります。

$A\beta$ が複数数で与えられるときは、発振条件は

$$Re\,(A\beta)=1 \qquad (5-47)$$

$$Im\,(A\beta)=0 \qquad (5-48)$$

を満たす必要があります。

具体的に求めると、$Im\,(A\beta)=0$ から ω を求めると

$$\left(6-\frac{1}{\omega_0{}^2C^2R^2}\right)\frac{1}{\omega_0CR}=0$$

から $6-\dfrac{1}{\omega_0{}^2C^2R^2}=0$ が得られ、これより w_0

$$\omega_0=\frac{1}{\sqrt{6}\,CR} \qquad (5-49)$$

となります。

次に、式（5 −49）を $Re\,(A\beta)=1$ に代入し、式を整理します。

$$分子=-\frac{R_5}{R_4}\left(1-\frac{5}{\omega_0{}^2C^2R^2}\right)=-\frac{R_5}{R_4}\cdot-29=29\frac{R_5}{R_4}$$

$$分母=\left(1-\frac{5}{\omega_0{}^2C^2R^2}\right)^2+\left(6-\frac{1}{\omega_0{}^2C^2R^2}\right)^2\frac{1}{\omega_0{}^2C^2R^2}$$

$$=29^2-0$$

$$=29^2$$

したがって

$$Re\,(A\beta)=\frac{29\dfrac{R_5}{R_4}}{29^2}=1$$

となり、

$$\frac{R_5}{R_4}=29 \qquad (5-50)$$

が得られます。実際には、正帰還増幅回路のループの電圧増幅度（電圧利得またはゲイン）$G=\frac{V_O}{V_i}=\frac{A}{1-A\beta}$ を1以上にするためには、

$$\frac{R_5}{R_4}\geq 29$$

とします。

答：発振条件：$\omega_0=\frac{1}{\sqrt{6}\,CR}$、$\frac{R_5}{R_4}=29$

5－2－8　ウィーンブリッジ発振回路

ウィーンブリッジ発振回路（*Wein Bridge Oscillator*）は、発振させたい周波数帯だけを通すバンドパスフィルタと3倍の非反転増幅回路とで構成されています。*OP* アンプを使用したウィーンブリッジ発振回路を図5－28に示します。

この回路を図5－29にように書き変えます。

OP アンプの出力を分圧して入力に戻していると考えます。右側が増幅度3倍の非反転増幅回路になり、左側がバンドパスフィルタになります。すなわち、右側は負帰還回路となり、*OP* アンプの出力から非反転増幅回路の増幅度を決める抵抗で分圧して－入力（反転入力）に戻しています。抵抗 R_3 と R_4 を使って増幅度 $\left(A=1+\frac{R_3}{R_4}\right)$ を決めています。具体的には、$R_3=2R_4$ として、$1+\frac{R_3}{R_4}=3$、$\frac{R_4}{R_3+R_4}=\frac{1}{3}$ としています。増幅度 $A=3$ は発振条件になります。

左側は正帰還回路で、*OP* アンプの出力からバンドパスフィルタを通して＋入力（非反転入力）に戻しています。これで発振周波数を設定します。

（正帰還）
発振周波数の設定

R_1 C_1 C_2 R_2 A V_O R_3 R_4

増幅率の制御

図 5 −28　OP アンプを使用したウィーンブリッジ発振回路

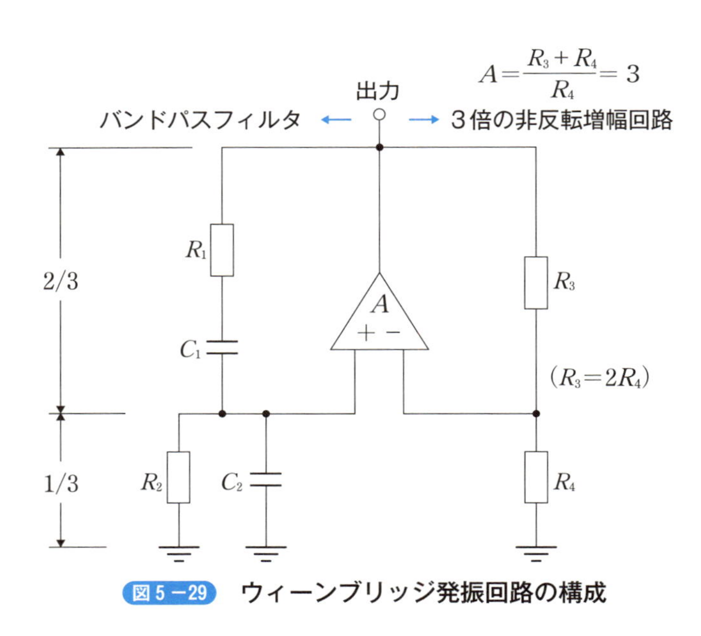

図 5 −29　ウィーンブリッジ発振回路の構成

図 5 −30において、V_1とV_2の関係を導きます。ここで、$R_1 = R_2 = R$、$C_1 = C_2 = C$とします。

端子 T_A と T_B 間のインピーダンスは

$$Z_{AB}=R+\frac{1}{j\omega C}=\frac{j\omega CR+1}{j\omega C} \qquad (5-51)$$

端子 T_B と T_C 間のインピーダンスは

$$Z_{BC}=\frac{R\frac{1}{j\omega C}}{R+\frac{1}{j\omega C}}=\frac{R}{1+j\omega CR} \qquad (5-52)$$

したがって、端子 T_A と T_C 間のインピーダンスは

$$Z_{AC}=\frac{j\omega CR+1}{j\omega C}+\frac{R}{1+j\omega CR} \qquad (5-53)$$

となります。

振幅比 $\frac{V_2}{V_1}$ を求めると

$$\frac{V_2}{V_1}=\frac{Z_{BC}}{Z_{AC}}=\frac{\frac{R}{1+j\omega CR}}{\frac{j\omega CR+1}{j\omega C}+\frac{R}{1+j\omega CR}}=\frac{\frac{R}{1+j\omega CR}}{\frac{(1+j\omega CR)^2+j\omega CR}{j\omega C(1+j\omega CR)}}$$

$$=\frac{j\omega CR}{(1+j\omega CR)^2+j\omega CR}=\frac{j\omega CR}{1+j2\omega CR-(\omega CR)^2+j\omega CR}$$

$$=\frac{j\omega CR}{1+j3\omega CR-(\omega CR)^2}=\frac{1}{\frac{1}{j\omega CR}+3+j\omega CR}$$

$$=\frac{1}{3+j\left(\omega CR-\frac{1}{\omega CR}\right)} \qquad (5-54)$$

となります。

ここで、$\omega_0=\frac{1}{CR}=\frac{1}{\sqrt{C_1C_2R_1R_2}}$、$CR=\frac{1}{\omega_0}$ とすると、

$$\frac{V_2}{V_1}=\frac{1}{3+j\left(\omega CR-\frac{1}{\omega CR}\right)}=\frac{1}{3+j\left(\omega\frac{1}{\omega_0}-\frac{1}{\omega}\omega_0\right)}$$

$$=\frac{1}{3+j\left(\frac{\omega}{\omega_0}-\frac{\omega_0}{\omega}\right)} \qquad (5-55)$$

となります。

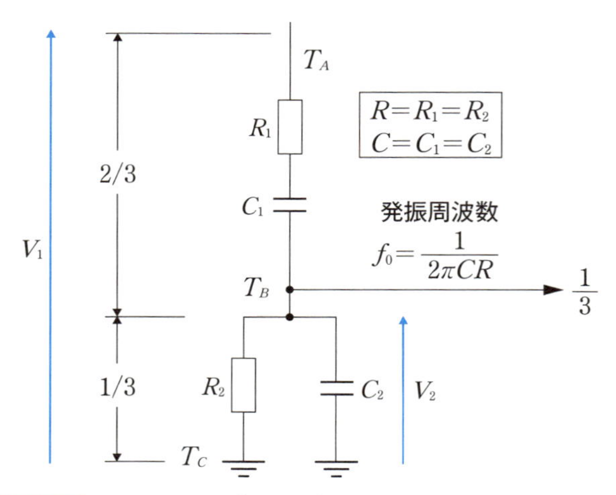

図 5 −30 ウィーンブリッジ発振回路左側の正帰還回路

さらに、式（5 −55）は

$$\frac{V_2}{V_1}=\frac{3-j\left(\frac{\omega}{\omega_0}-\frac{\omega_0}{\omega}\right)}{\left\{3+j\left(\frac{\omega}{\omega_0}-\frac{\omega_0}{\omega}\right)\right\}\left\{3-j\left(\frac{\omega}{\omega_0}-\frac{\omega_0}{\omega}\right)\right\}}$$

$$=\frac{3-j\left(\frac{\omega}{\omega_0}-\frac{\omega_0}{\omega}\right)}{9+\left(\frac{\omega}{\omega_0}-\frac{\omega_0}{\omega}\right)^2}=\frac{3}{9+\left(\frac{\omega}{\omega_0}-\frac{\omega_0}{\omega}\right)^2}-\frac{j\left(\frac{\omega}{\omega_0}-\frac{\omega_0}{\omega}\right)}{9+\left(\frac{\omega}{\omega_0}-\frac{\omega_0}{\omega}\right)^2}$$

のように表され、

$$\frac{V_2}{V_1}\text{の大きさ}=\sqrt{\left(\frac{3}{9+\left(\frac{\omega}{\omega_0}-\frac{\omega_0}{\omega}\right)^2}\right)^2+\left(\frac{\left(\frac{\omega}{\omega_0}-\frac{\omega_0}{\omega}\right)}{9+\left(\frac{\omega}{\omega_0}-\frac{\omega_0}{\omega}\right)^2}\right)^2}$$

$$\text{位相}\ \theta=-tan^{-1}\frac{\frac{\omega}{\omega_0}-\frac{\omega_0}{\omega}}{3}$$

が得られます。

ここで、$\frac{\omega}{\omega_0}=0.01$、$\frac{\omega}{\omega_0}=1$、$\frac{\omega}{\omega_0}=100$について、振幅比$\frac{V_2}{V_1}$と位相$\theta$をそれぞれ計算すると、

$\frac{\omega}{\omega_0}=0.01$のとき、

$$\frac{V_2}{V_1}\text{の大きさ}=\sqrt{\left(\frac{3}{9+\left(0.01-\frac{1}{0.01}\right)^2}\right)^2+\left(\frac{0.01-\frac{1}{0.01}}{9+\left(0.01-\frac{1}{0.01}\right)^2}\right)^2}$$

$$=\sqrt{0.0003^2+(-0.01)^2}$$

$$=0.01$$

$$\theta=-tan^{-1}\frac{\frac{\omega}{\omega_0}-\frac{\omega_0}{\omega}}{3}=-tan^{-1}\frac{0.01-\frac{1}{0.01}}{3}=88.3\ [deg]$$

$\frac{\omega}{\omega_0}=1$ のとき、

$$\frac{V_2}{V_1}\text{の大きさ}=\sqrt{\left(\frac{3}{9+\left(1-\frac{1}{1}\right)^2}\right)^2+\left(\frac{1-\frac{1}{1}}{9+\left(1-\frac{1}{1}\right)^2}\right)^2}=\frac{1}{3}$$

$$\theta=-tan^{-1}\frac{\frac{\omega}{\omega_0}-\frac{\omega_0}{\omega}}{3}=-tan^{-1}\frac{1-\frac{1}{1}}{3}=0\ [deg]$$

$\frac{\omega}{\omega_0}=100$のとき、

$$\frac{V_2}{V_1}\text{の大きさ}=\sqrt{\left(\frac{3}{9+\left(100-\frac{1}{100}\right)^2}\right)^2+\left(\frac{100-\frac{1}{100}}{9+\left(100-\frac{1}{100}\right)^2}\right)^2}$$

$$=\sqrt{0.0003^2+(-0.01)^2}$$

$$=0.01$$

$$\theta=-tan^{-1}\frac{\frac{\omega}{\omega_0}-\frac{\omega_0}{\omega}}{3}=-tan^{-1}\frac{100-\frac{1}{100}}{3}=88.3\ [deg]$$

が得られます。

縦軸に$3\frac{V_2}{V_1}$を、横軸に$\frac{\omega}{\omega_0}$をプロットすると、図５－31に示す周波数特性が得られます。

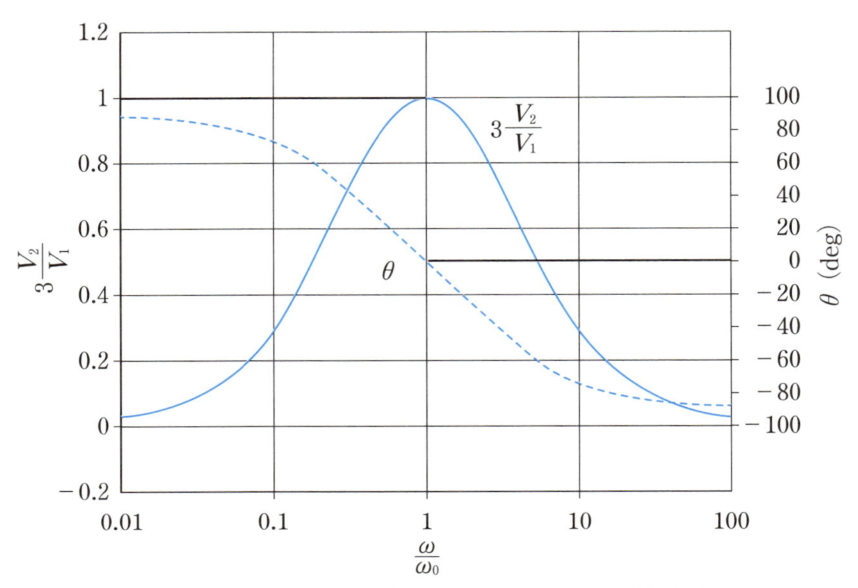

図5−31 ウィーンブリッジ発振回路の周波数特性

$\frac{V_2}{V_1}$の大きさは、発振周波数$f_0=\frac{1}{2\pi CR}\left(\omega=\omega_0=\frac{1}{CR}\right)$のときが最大で、振幅$V_2$は$OP$アンプから出力される信号$V_1$の$\frac{1}{3}$となります。このとき位相$\theta$は0になります。$f_0$より低い周波数または高い周波数のときは、振幅$V_1$は$OP$アンプから出力される信号$V_1$の$\frac{1}{3}$以下となり、位相差が出てきます。

［例題５－22］

ウィーンブリッジ発振回路の説明で、誤りがあれば訂正しなさい。

(*a*) ウィーンブリッジ発振回路は、コンデンサ（C）と抵抗（R）、インダクタンス（L）で構成される RLC 発振回路の一種で、正弦波を生成する発振回路である。

(*b*) 2 個のコンデンサと 2 個の抵抗からなるバンドパスフィルタを構成し、発振出力を入力に戻す正帰還によって発振動作を行う。

(*c*) ウィーンブリッジ発振回路の発振波形は正弦波だけでなく矩形波も発振できる。

(*d*) ウィーンブリッジ発振回路は波形ひずみが少なく、周波数の可変域が広いという特性がある。そのためアナログ式の発振器などによく用いられ、構成部品が入手しやすいという利点がある。

(*e*) 発振周波数は、$f_0=\dfrac{1}{2\pi\sqrt{CR}}$（$R_1=R_2=R$、$C_1=C_2=C$ の場合）で与えられる。

(*f*) OP アンプの非反転増幅回路の増幅度 A は抵抗 R_3 と R_4 で決められ、$R_3=3R_4$ である。

［解答］

(*a*) は誤りです。ウィーンブリッジ発振回路は、コンデンサ（C）と抵抗（R）で構成される CR 発振回路の一種です。

(*b*) は正しいです。ローパスフィルタとハイパスフィルタの構成を図５－32に示します。ローパスフィルタは周波数の低い信号は通過しますが、周波数が高くなるほど信号が通過しにくくなる特性をもっています。一方、ハイパスフィルタは逆に周波数が高い信号は通過しますが、周波数が低くなるほど信号が通過しにくくなる特性をもっています。

この 2 つのフィルタを組み合わせると、特性が重なった周波数の領域で信号が通過します（図５－33）。このようなフィルタを“バンドパスフィルタ”といいます。特定の周波数帯（バンド）だけを通す（パス）フィルタという意味です。

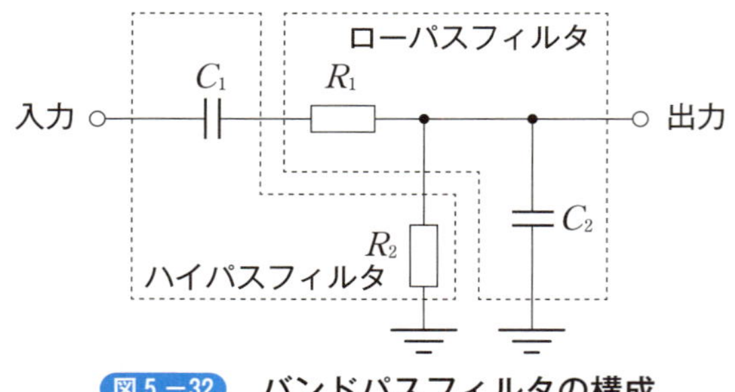

図 5 −32　バンドパスフィルタの構成

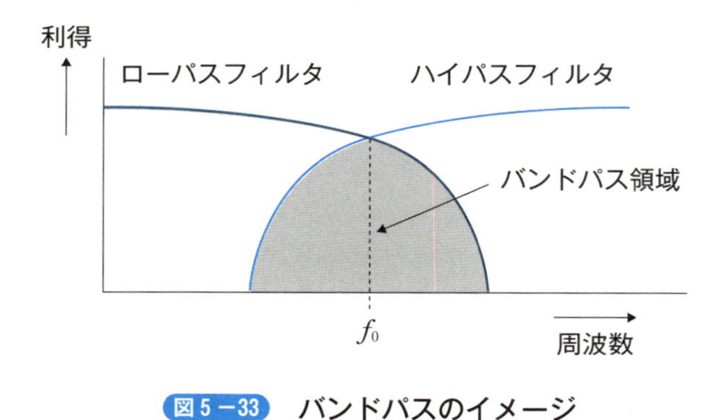

図 5 −33　バンドパスのイメージ

(c) は誤りです。ウィーンブリッジ発振回路は、別名、“正弦波発振器”といわれています。矩形波は発振しません。

(d) は正しいです。図 5 −29の抵抗 R_1 と R_2 の一対の連動可変抵抗器を調整することにより発振周波数を可変することができます。

(e) は誤りです。正しくは、$f_0=\dfrac{1}{2\pi CR}=\dfrac{1}{2\pi\sqrt{C_1C_2R_1R_2}}$ です。

(f) は誤りです。正しくは、$R_3=2R_4$ です。

答：誤りは (a)、(c)、(e)、(f)

5－3 OPアンプの特性測定例

反転増幅回路の直流特性と交流信号を加えたときの周波数特性、また、差動増幅回路の入出力特性、最後に、移相形 CR 発振回路、ウィーンブリッジ発振回路の回路製作例と実験例について説明します。

5－3－1　反転増幅回路の直流特性

測定回路を図5－34に示します。汎用の2回路入り OP アンプを使用します。入力抵抗は $R_i=3.3$ [$k\Omega$]、帰還抵抗は $R_f=16$ [$k\Omega$] です。OP アンプの＋入力端子に接続した抵抗 $R_1=5.1$ [$k\Omega$] と出力側に接続した抵抗 $R_2=10$ [$k\Omega$] は、測定を安定させるために使用します。測定値には影響はありません。

測定条件は、入力電圧 V_i を -3 [V]～3 [V] の範囲で変化させたときの出力電圧 V_O を測定します。

測定結果を図5－35に示します。入出力関係は反転し、直線性が得られます。直線の勾配から増幅度は約4.86倍になります。基本式から得られる増幅度は、

$$A=\left|-\frac{R_f}{R_i}\right|=\frac{16\ [k\Omega]}{3.3\ [k\Omega]}\approx 4.85$$

となるので、測定値と理論値はほぼ合っているといえます。

なお、出力電圧が12 [V] 付近で飽和しているのは、OP アンプの供給電源（図5－1の4番ピンと8番ピンに加える両電源）が±12 [V] であるためです。

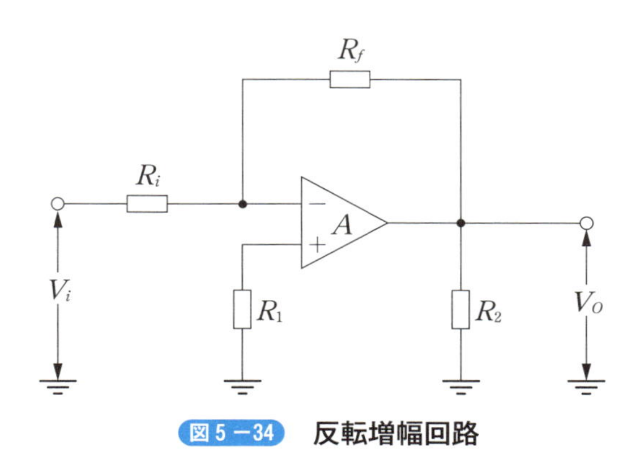

図5－34　反転増幅回路

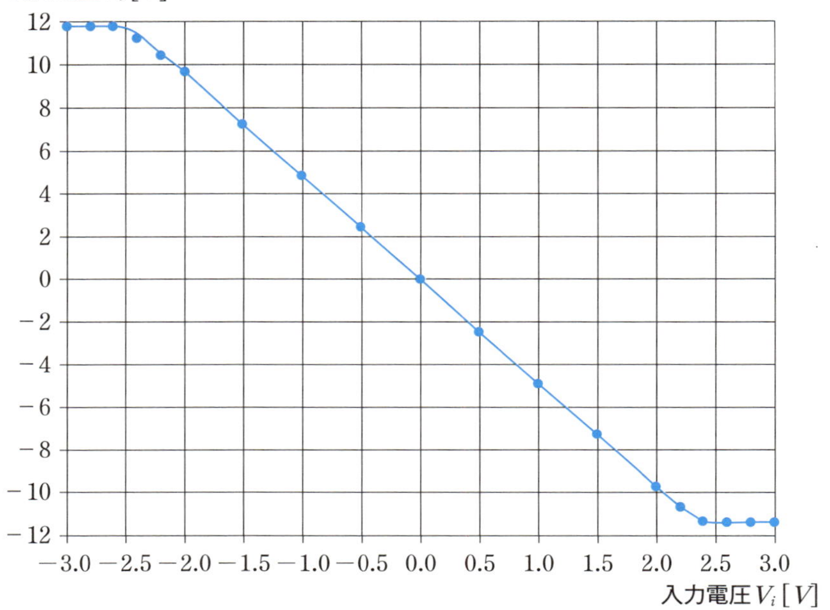

図 5 −35　OP アンプの直流特性

5 − 3 − 2　反転増幅回路の周波数特性

測定回路は図 5 −34をそのまま使用します。入力抵抗は $R_i=10$ [$k\Omega$]、帰還抵抗は $R_f=100$ [$k\Omega$] です。抵抗 R_1 と抵抗 R_2 は同じです。

測定条件は、入力電圧 V_i は正弦波交流電圧（大きさ $V_{P-P}=1.2$ [V] 一定）を加え、周波数を100 [Hz]〜1 [MHz] の範囲で変化させたときの出力電圧 Vo_{P-P}（以下 Vo とする）と入出力間の位相 θ を測定します。電圧増幅率 $A=\dfrac{V_O}{V_i}$ は、対数表記であるゲインとして $G=20log_{10}A$ を求めます。

測定結果を図 5 −36に示します。

同図（a）をゲイン特性、同図（b）を位相特性といいます。縦軸は方眼表示に、横軸は対数表示にします。

ゲイン特性でフラットな特性（20 [dB]）から −3 [dB] 下がる周波数 f_C をカットオフ周波数または折れ点周波数（おれてんしゅうはすう）といいます。図に示すように、漸近線との交点とゲイン特性とのゲイン差が 3 [dB] になります。カットオフ周波数は、ゲイン特性が変化する境界と考えることができます。カットオフ周波数f_Cをグラフから読み取ると約60 [kHz] になります。

また、カットオフ周波数f_C=60 [kHz] のときの位相θを、同図（b）の位相特性から読み取ると約−230 [deg] になります。

これらのことから、反転増幅回路を交流で使用する際には、カットオフ周波数以下の周波数で使用することが望まれます。

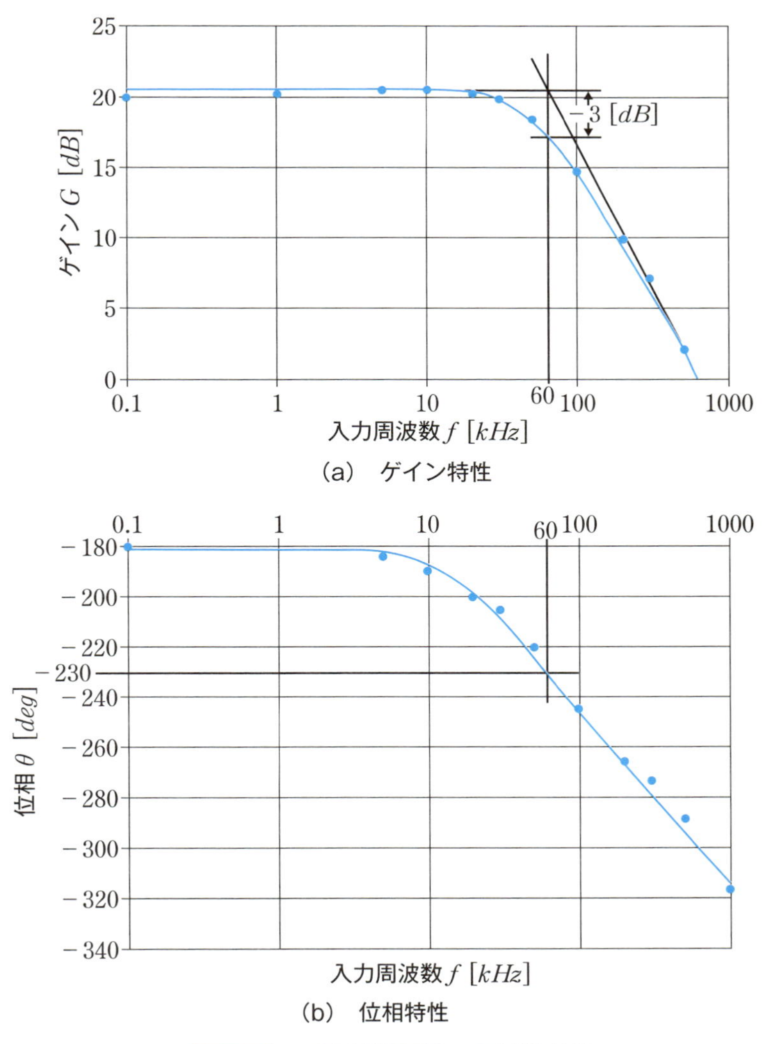

図5−36　反転増幅回路の周波数特性

[例題 5 −23]

上記の反転増幅回路の周波数特性の測定で、周波数 $f=100$ [kHz] で、$V_O=6.56$ [V] の出力電圧が得られた。電圧増幅度をデシベル表示（ゲイン）で求めなさい。

[解答]

入力電圧 V_i は大きさ $V_{P-P}=1.2$ [V] なので、ゲイン G は

$$G=20log_{10}\frac{6.56}{1.2}=14.75\ [dB]$$

となります。図 5 −31（a）のゲイン特性は、各周波数におけるゲインを計算しプロットしたものです。

答：$G=14.75$ [dB]

5 − 3 − 3　差動増幅回路の入出力特性

測定回路を図 5 −37に示します。抵抗は $R_1=10$ [$k\Omega$]、R_2 は10 [$k\Omega$] と20 [$k\Omega$] の 2 種類です。OP アンプの出力側に接続した抵抗 R_3(=10 [$k\Omega$]) は、測定を安定させるために使用したものです。

測定条件は、反転入力端子（−）に直流電圧 $V_1=3$ [V]（固定）を入力し、非反転入力端子（+）に 0 [V]〜10 [V] の範囲の電圧 V_2 を加えます。V_2 を変化させたときの出力電圧 V_O を測定します。$R_2=10$ [$k\Omega$] と20 [$k\Omega$] の場合について測定します。

測定結果を図 5 −38に示します。入出力の関係は直線性が得られています。また、$R_2=10$ [$k\Omega$] に比較して20 [$k\Omega$] の場合は、約 2 倍の出力電圧が得られています。

測定結果から、差動増幅回路の基本式である式（ 5 −14）で、$R_1=10$ [$k\Omega$]、$R_2=20$ [$k\Omega$]、$V_1=3$ [V]、$V_2=6$ [V] の場合は、

$$V_O=\frac{R_2}{R_1}(V_2-V_1)=\frac{20}{10}(6-3)=6\ [V]$$

となります。一方、測定値は $V_O=5.69$ [V] が得られたので、ほぼ同じ値になります。

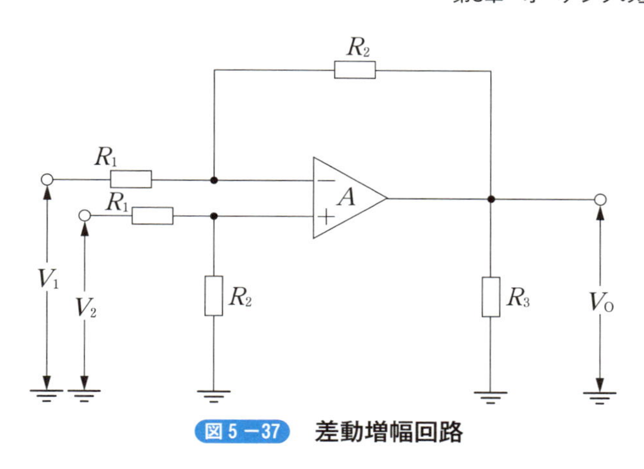

図5－37　差動増幅回路

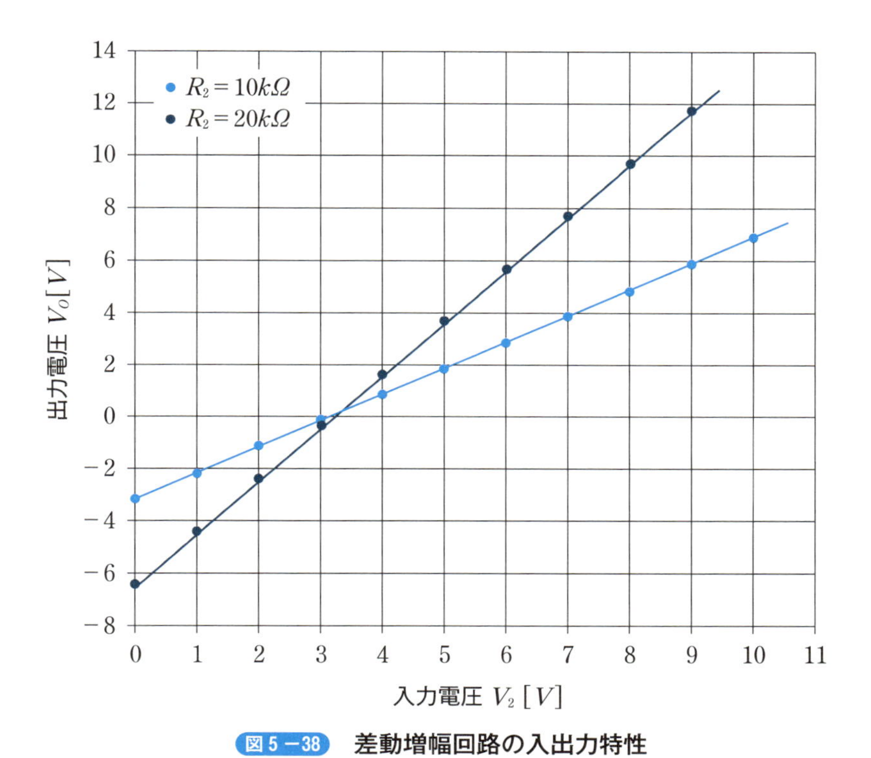

図5－38　差動増幅回路の入出力特性

［例題 5 －24］

測定例の図 5 －38において、入力電圧 V_2 と出力電圧 V_o の関係が直線になることを説明しなさい。

［解答］

差動増幅回路の基本式は

$$V_O = \frac{R_2}{R_1}(V_2 - V_1)$$

で与えられます。

ここで、$\frac{R_2}{R_1} = \frac{20\,[k\Omega]}{10\,[k\Omega]} = 2$ で一定です。また、$V_1 = 3\,[V]$ 一定なので、

$$V_O = \frac{R_2}{R_1}(V_2 - V_1) = 2(V_2 - 3)$$

となり、出力電圧 V_O は入力電圧 V_i に比例し、直線関係が得られます。ここで、$V_i = 3\,[V]$ のときは $V_O = 0$ になり、図 5 －34の測定結果もそのようになっています。

答：上記の説明

5 － 3 － 4　移相形 RC 発振回路の製作と測定

移相形 RC 発振回路を製作します。ブレッドボードに電子部品を挿入して回路構成します。製作する回路図を図 5 －39に示します。位相回路の C と R は、$C_1 = C_2 = C_3 = C = 10\,[nF]$、$R_1 = R_2 = R_3 = R = 680\,[\Omega]$ と同じ値にし、反転入力端子の入力抵抗を $R_4 = 15\,[k\Omega]$、帰還抵抗を $R_5 = 510\,[\Omega]$ とします。OP アンプの両電源は $V^+ = V^- = 7.5\,[V]$ にします。AC アダプタ（$DC15V$ 用）の出力電圧を、センターをグランドにした抵抗分割で両電源を作ります。

測定用のリード線は、グランド側、移相回路の各電圧端子 V_1、V_2、V_3、出力電圧端子 V_O からの計 5 本です。製作した移相形 RC 発振回路を写真 5 － 2 に示します。

オシロスコープの $CH1$、$CH2$、$CH3$、$CH4$のプローブを移相回路の各電圧端子（V_1、V_2、V_3）と出力電圧端子（V_O）に接続し、発振波形を同時観測します。観測した発振波形の例を図 5 －40に示します。歪みのない正弦波が得られています。

図 5 －23で移相のイメージを説明しましたが、オシロスコープの画面右側に、移相回路の入力電圧（出力電圧の帰還）V_O と 3 段目の電圧 V_1 の位相差が表示されています。この観測例では、174.7 [°] が表示されています。すなわち、174.7

[°] 位相を進めています。また、V_1とV_2の位相差とV_2とV_3の位相差はそれぞれ65.9 [°]、63.2 [°] が表示されています。

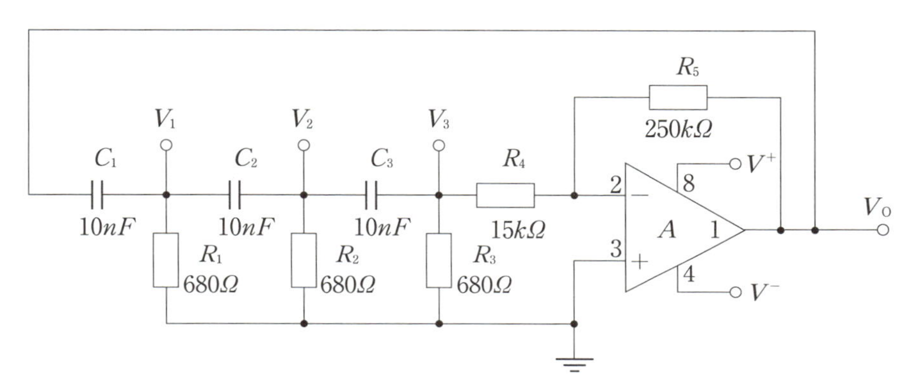

図5－39　製作する移相形 *CR* 発振回路

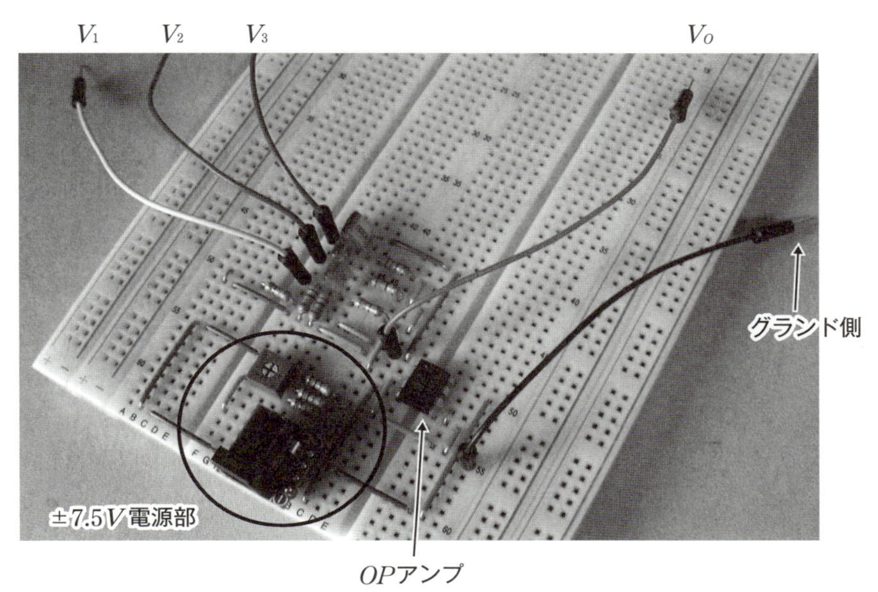

写真5－2　ブレッドボードに製作した移相形 *RC* 発振回路

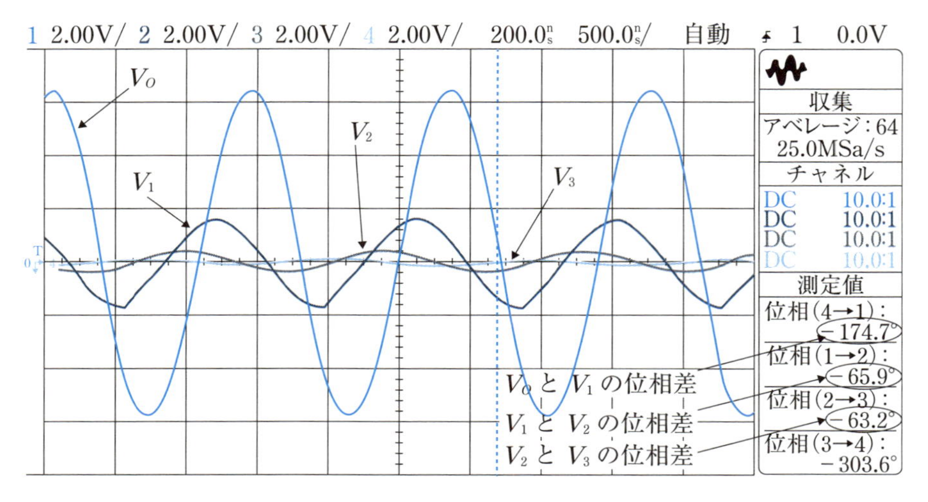

図 5 −40　製作した移相形 *CR* 発振回路
（電圧レンジ：2*V*/*DIV*、プローブ倍率：10：1、時間レンジ：50*μs*/*DIV*）

[例題 5 −25]

図 5 −40から発振波形の周波数を求めなさい。また、上記の式（5 −49）の $\omega_0=\dfrac{1}{\sqrt{6}\,CR}$ から求めた周波数と比較しなさい。

[解答例]

発振波形から周期 T は

$$T=3\times 50\mu s/DIV=150\ [\mu s]$$

が得られます。

したがって、周波数 f は

$$f=\frac{1}{T}=\frac{1}{150\ [\mu s]}=6.67\ [kHz]$$

となります。

次に、$\omega_0=\dfrac{1}{\sqrt{6}\,CR}$ から、$C=10\ [nF]$、$R=680\ [\Omega]$ を代入し、理論式から求めた発振周波数は

$$f_0=\frac{1}{2\pi\sqrt{6}\,CR}=\frac{1}{2\pi\sqrt{6}\times 10\times 10^{-9}\times 680}=9.56\ [kHz]$$

となります。

実測値と理論値の間には少し差異が認められます。

コンデンサと抵抗には許容誤差（それぞれ±10%、±５%）があります。仮に、いずれも＋２%の誤差があるとして、上記の計算をすると

$$f_0=\frac{1}{2\pi\sqrt{6}\,CR}=\frac{1}{2\pi\sqrt{6}\times(10\times10^{-9})\times1.2\times680\times1.2}=6.64\ [kHz]$$

になります。

少しの誤差でも大きな差異が生じます。

答：測定値：6.67 [kHz]、計算値：9.56 [kHz]

5－3－5　ウィーンブリッジ発振回路の製作と測定

ブレッドボード上に電子部品を挿入して、ウィーンブリッジ発振回路を製作します。製作する回路図を図５－41に示します。回路左側の抵抗 R_1 と R_2 は固定にします（$R_1=R_2=680$ [Ω]）。コンデンサは $C_1=C_2=22$ [nF] または $C_1=C_2=33$[nF] とします。また、回路右側の抵抗は、$R_4=100$ [$k\Omega$]、$R_3=200$ [$k\Omega$] または $R_3=270$ [$k\Omega$] とします。また、抵抗 R_3 と直列に半固定抵抗 $R_v=30$ [$k\Omega$] を接続します。OP アンプの両電源は、移相形 CR 発振器と同様に、$V^+=V^-=7.5$ [V] とします。

測定用のリード線は、グランド側と、出力電圧端子（V_O）、非反転入力端子（V_{ip}）の計３本です。製作したウィーンブリッジ発振回路を写真５－３に示します。

オシロスコープの $CH1$（5V/DIV、プローブ倍率10：1）と $CH2$（1V/DIV または 2V/DIV、プローブ倍率10：1）のプローブはそれぞれ出力電圧端子（V_O）と非反転入力端子（V_{ip}）に接続し、発振波形を同時観測します。波形観測の時間レンジは20$\mu s/DIV$ または50$\mu s/DIV$ です。

観測した発振波形の例を図５－42に示します。同図（a）は $C_1=C_2=22$ [nF]、$R_3=200$ [$k\Omega$] の場合で、歪みのない正弦波が得られています。歪みがある場合は、半固定抵抗 R_v を調整し、歪みが最小になるようにします。同図（b）は $C_1=C_2=33$ [nF]、$R_3=270$ [$k\Omega$] の場合で、発振波形に歪が生じています。

出力の発振波形は非反転入力端子の発振波形と同相になります。図中に示したように V_O と V_{ip} の大きさ（$_{P-P}$）を読み取ると、$V_O=9.6$ [V]、$V_{ip}=3.1$ [V] となり、$V_O:V_{ip}\fallingdotseq3:1$ が得られ、図５－30で示したように、OP アンプの出力を

$$\frac{R_4}{R_3+R_4}=\frac{100\ [k\Omega]}{(200+30)[k\Omega]+100\ [k\Omega]}\fallingdotseq\frac{1}{3.3}$$

で分圧して、反転入力に戻していることがわかります。

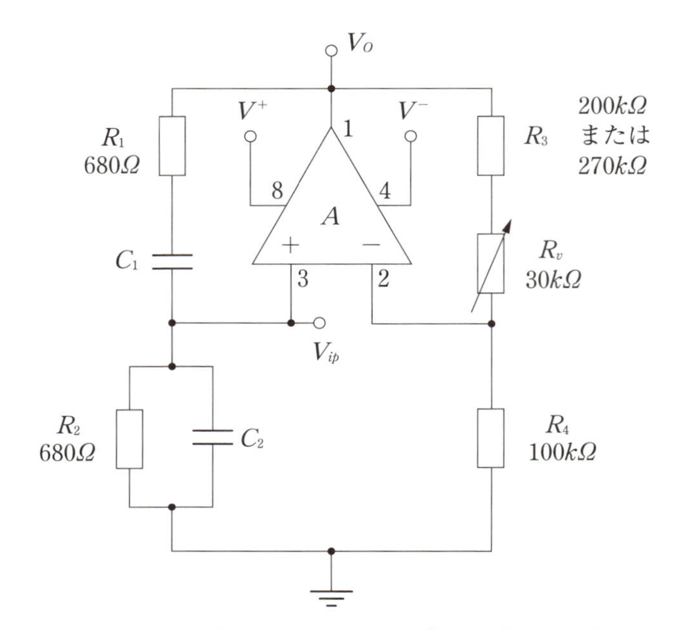

図 5 −41　製作するウィーンブリッジ発振回路

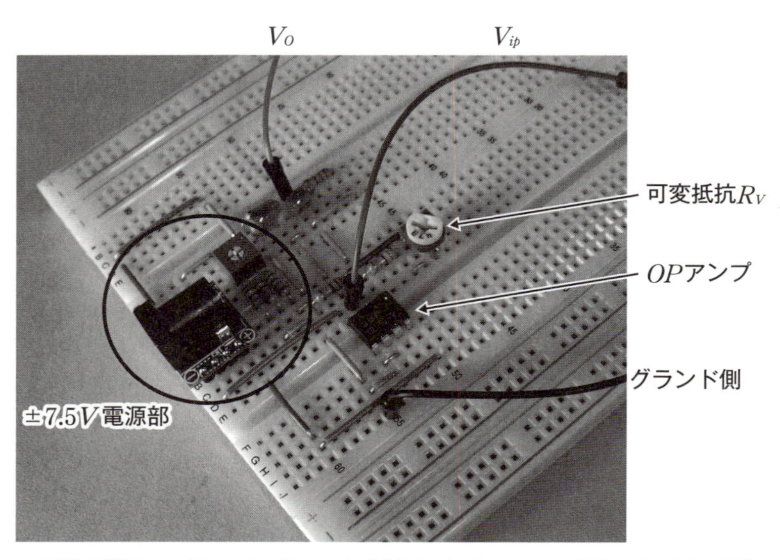

写真 5 − 3　ブレッドボードに製作したウィーンブリッジ発振回路

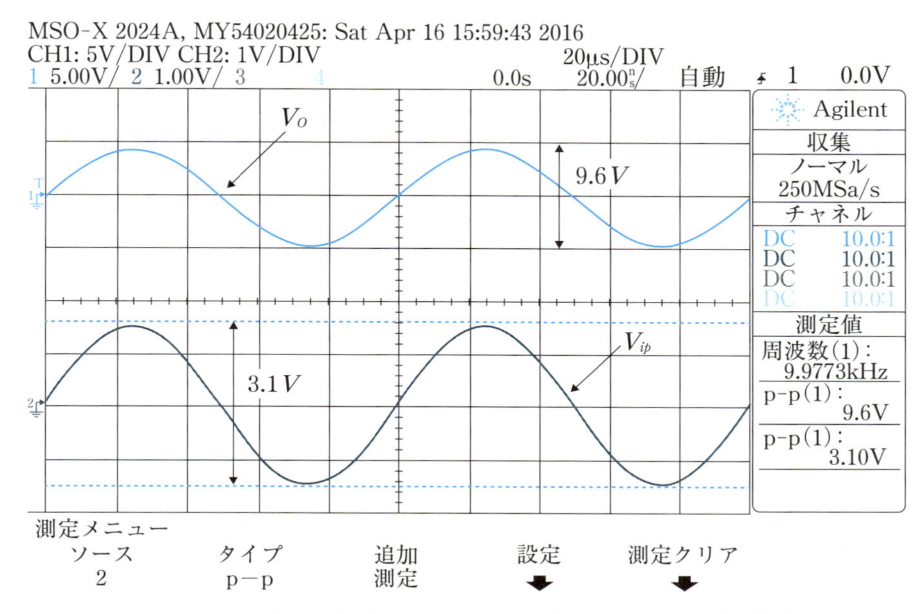

(a)　歪のない発振波形（$C_1=C_2=22$ [nF]、$R_3=200$ [$k\Omega$]の場合）

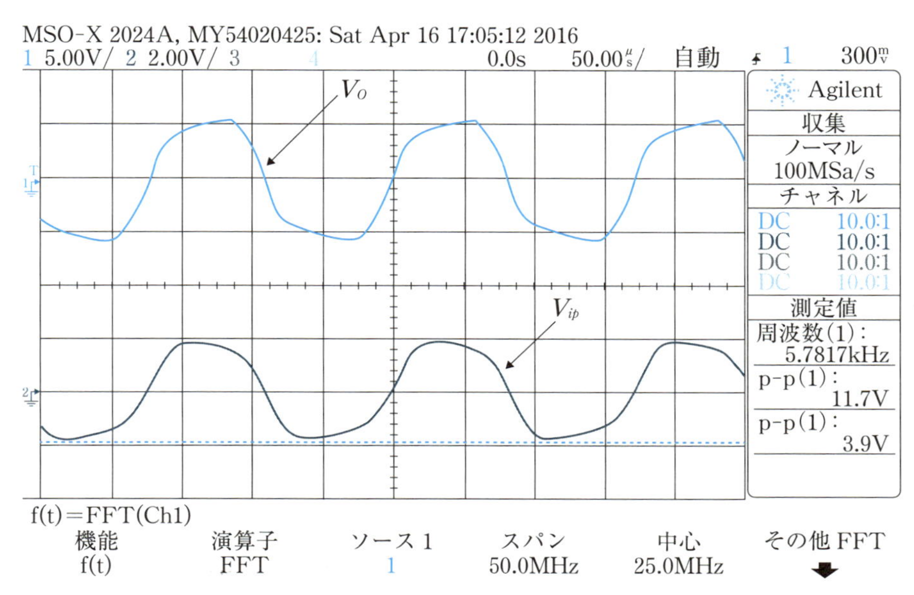

(b)　歪のある発振波形（$C_1=C_2=33$ [nF]、$R_3=270$ [$k\Omega$]の場合）

図5−42　ウィーンブリッジ発振回路の発振波形

［例題 5 −26］

図 5 −42（*a*）から発振波形の周波数を求めなさい。また、発振周波数の理論式 $f_0=\dfrac{1}{2\pi CR}=\dfrac{1}{2\pi\sqrt{C_1C_2R_1R_2}}$ から求めた周波数と比較しなさい。

［解答］

発振波形から周期 T は

$$T=5\times 20\mu s/DIV=100\ [\mu s]$$

が得られます。

したがって、周波数 f は

$$f=\frac{1}{T}=\frac{1}{100\ [\mu s]}=10\ [kHz]$$

となります。

次に、$f_0=\dfrac{1}{2\pi CR}$（5 − 2 − 7 項と例題 5 −22を参照）に $C=22\ [nF]$、$R=680\ [\Omega]$ を代入します。

理論式から求めた発振周波数は

$$f_0=\frac{1}{2\pi CR}=\frac{1}{2\pi\times 22\times 10^{-9}\times 680}=10.639\ [kHz]$$

となります。

実測値と理論値はほぼ同程度になります。

答：測定値：10 [kHz]、計算値：10.639 [kHz]

第 6 章

デジタル回路の基本

デジタル回路はアナログ回路と比べると雑音に強いといわれます。それは線 1 本に ON か OFF の 2 種類の値のみを用いるためです。 2 状態しかないということは 2 進数と相性が良いといえます。これらのことはコンピュータの基礎を支える大切な考え方です。本章では、デジタル回路と論理の関係を説明します。基本ゲートを用いて動作確認をします。さらに基本ゲートを組み合わせることで発振や記憶や演算ができることを説明します。

6－1 デジタル回路と論理

デジタル回路は論理回路の実現の仕方の1つです。1と0の2つの値しか持たず、それの論理を扱うのでブール代数です。数学では四則演算が定義され、さまざまな演算が行われます。ブール代数は「0と1」のみを前提とする代数です。演算の基本の3要素は*AND*、*OR*、*NOT*です。インターネットの詳細検索で用いる*AND*、*OR*、*NOT*検索の基礎になっています。事柄*A*と*B*の論理を、ベン図を使って図6－1に示します。

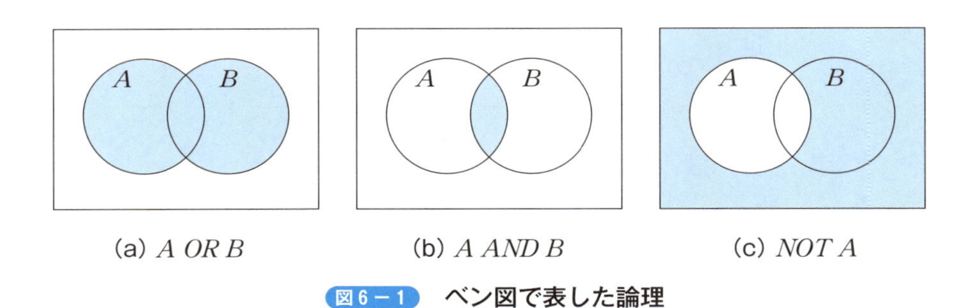

(a) *A OR B*　(b) *A AND B*　(c) *NOT A*

図6－1 ベン図で表した論理

ベン図で表した場合、(*a*)を例にすると、円の内側の値（真理値）が真（1または*H*）で図では青色に、外側が偽（0または*L*）で図では白色で表示してあります。全体を携帯電話の集合として、事柄*A*を「赤色の携帯電話」とします。事柄*B*を「価格が2万円以下の携帯電話」とします。論理演算の結果、真である場合を青色で、偽である場合を白色で示しました。(*a*)は*A*と*B*の論理和であり、両方および重なり部分が青色で表現され、真であることを表しています。「赤色の携帯電話、または価格が2万円以下の携帯電話」の集合を表します。論理式では(*A OR B*)と書きます。(*b*)は、論理積であり、*A*と*B*の重なり部分が青色で、真であることを表しています。「赤色で、かつ価格が2万円以下の携帯電話」の集合です。論理式では(*A AND B*)です。(*c*)は*A*の否定で、*A*の円内部が白色で偽、*A*の円内部以外が青色で真を表します。「赤色以外の携帯電話」の集合です。論理式では*NOT A*です。

入力に対して出力がどう応答するかを表したのが真理値表です。基本となる演算、「積（*AND*）、和（*OR*）、否定（*NOT*）」を表6－1に示します。

表6－1　ブール代数の真理値表

A	B	A AND B	A OR B	NOT A
0	0	0	0	1
0	1	0	1	1
1	0	0	1	0
1	1	1	1	0

コラム　ブール代数とは

ブール代数は *George Boole* により1847年に発表されたものです。発表から100年以上たってから、デジタルコンピュータの誕生で、デジタル回路設計に役立つことがわかり、注目を集めました。数学の力を感じます。

これらの演算には次の基本法則があります。

交換則：$(A\ AND\ B)=(B\ AND\ A)$、$(A\ OR\ B)=(B\ OR\ A)$

結合則：$(A\ AND\ B)\ AND\ C=A\ AND\ B\ AND\ C$

$(A\ OR\ B)\ OR\ C=A\ OR\ B\ OR\ C$

分配則：$A\ AND\ (B\ OR\ C)=(A\ AND\ B)\ OR\ (A\ AND\ C)$

$(A\ OR\ B)\ AND\ (A\ OR\ C)=A\ OR\ (B\ AND\ C)$

さらに、ド・モルガンの法則があります。文字の上線を「否定」として用いると

$(\overline{A\ AND\ B})=\overline{A}\ OR\ \overline{B}$→$(A\ AND\ B)$ の否定は A の否定もしくは B の否定

$(\overline{A\ OR\ B})=\overline{A}\ AND\ \overline{B}$→$(A\ OR\ B)$ の否定は A の否定、かつ B の否定

表6－1や基本法則、ド・モルガンの法則の論理を実現するのがデジタル回路です。

デジタル回路をつくるために使用する *IC* をデジタル *IC* といいます。デジタル *IC* は入力電圧に境目を設けて、境目より高い電圧の入力があった場合 *HIGH* とし、低い場合 *LOW* とします。この章で用いるデジタル *IC* は *TTL IC* を用います。電圧値が2.0 *V* 以上は *HIGH*、0.8 *V* 以下を *LOW* として区別します。表6－1で示したブール代数では0か1で示しましたが、デジタル *IC* では電圧が高いか低いかで表すため高い場合 *HIGH* を *H*、電圧が低い場合 *LOW* を *L* として表6－2の真理値表を使います。論理は表6－1と同じです。

表6−2 デジタルICの真理値表

A	B	A AND B	A OR B	NOT A
L	L	L	L	H
L	H	L	H	H
H	L	L	H	L
H	H	H	H	L

コラム 否定の否定

否定の否定はド・モルガンの法則で見たように、論理では有用ですが、実生活での使用は避けましょう。報告書などで否定の否定表現を用いると、曖昧な文章になります。

デジタル回路を組むときは論理回路をパッケージにしたICを用います。デジタル回路を勉強する上で必要なことは、入力信号と出力信号を見える形で示すことです。本書では「ロジック回路学習ボートMLCTB−BASE」を用います。このボードは入力用のHとL信号を出すスイッチが用意され、出力信号HとLをLEDの点灯消滅で知らせる機能が用意されています。ICで実現できる論理のことをゲートとも呼びます。

「ロジック回路学習ボートMLCTB−BASE」を写真6−1に示します。回路を組み付けるブレッドボードと入力スイッチCN1、出力表示用LED CN3、その他から構成されています※注。

ブレッドボードに使用するデジタルICの外観とピン接続図を図6−2に示します。

デジタル回路を扱ううえで、入力にHやLを入れる方法、出力結果を示す方法を確認します。

入力に関しては、プルアップとプルダウンがあります。プルアップは図6−3(a)に示すようにICの入力端子に抵抗を付けてVccに接続されています。この抵抗をプルアップ抵抗といいます。入力部はSWがOFFのとき抵抗を通じてVccに接続され、H状態です。SWでONのときGNDに接続され、L状態です。IC入力にHIGH(5V)かLOW(0V)かを確実に伝えるためです。もし抵抗がない場合、入力は不安定になり、ICが誤動作する可能性があります。

※注：ブレッドボートの使い方は「付録A ブレッドボートと使い方」を参照。

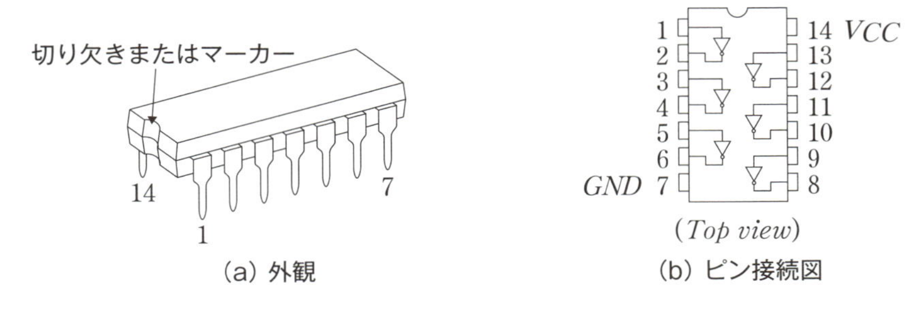

図6－2　ICの外観とピン接続図（NOTゲートの例）

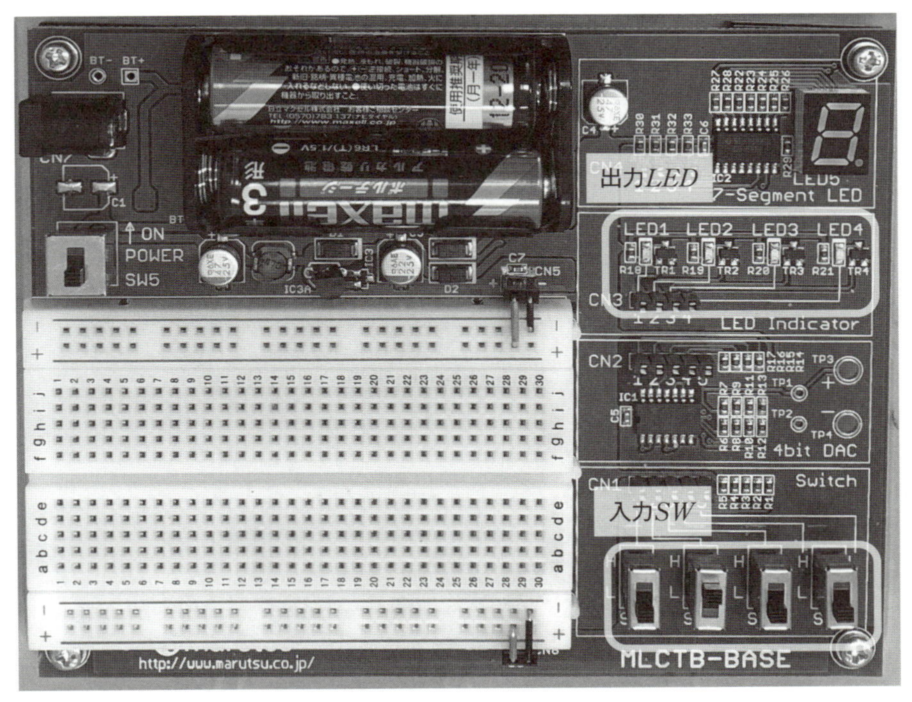

写真6－1　ロジック回路学習ボード

プルダウンは図6－3（b）に示すようにICの入力端子はGNDに接続されています。入力部はSWでOFFのときGNDに接続され、L状態です。SWでONのとき抵抗を通じてVccに接続され、H状態です。いずれもIC入力端子にHIGH（5V）かLOW（0V）かを確実に伝えるためです。

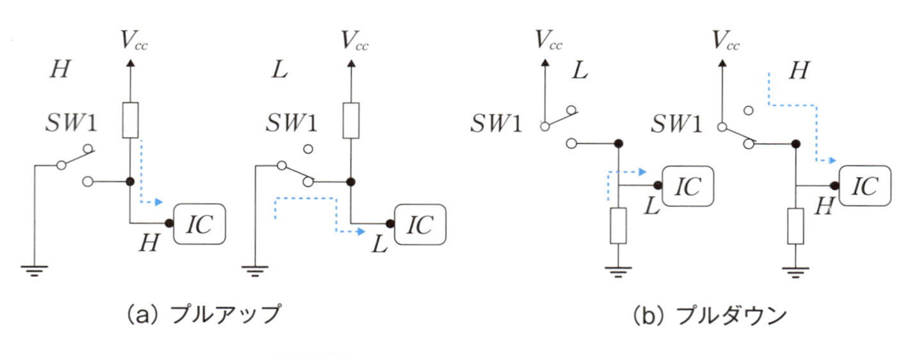

図6−3　プルアップとプルダウン

出力はH状態のときLEDを点灯させます。デジタルICの出力をそのままLEDに接続してもLEDを点灯することは可能ですが、ICから供給された電流は小さいためLEDの点灯は暗くなります。そこで、トランジスタを使って増幅をしてLEDを点灯させます。回路を図6−4に示します。本章の回路では、このトランジスタ回路部分を箱で表現し、脇に「Tr」と表記します。

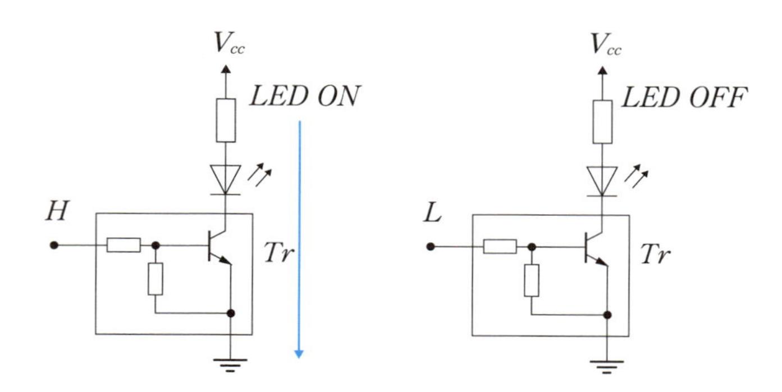

図6−4　トランジスタによる増幅でLEDを点灯する回路

6－2 基本ゲート

基本ゲート*AND*、*OR*、*NOT*回路の動作を確認します。この3つがあれば、あらゆるデジタル回路をつくることができます。

6－2－1　ANDゲート

*AND*は論理では「*A*であり、かつ*B*である」と表現します。図6－5で示す直列回路を見てください。スイッチ*A*と*B*の両方が*ON*になる場合だけ、電球が点灯する回路です。

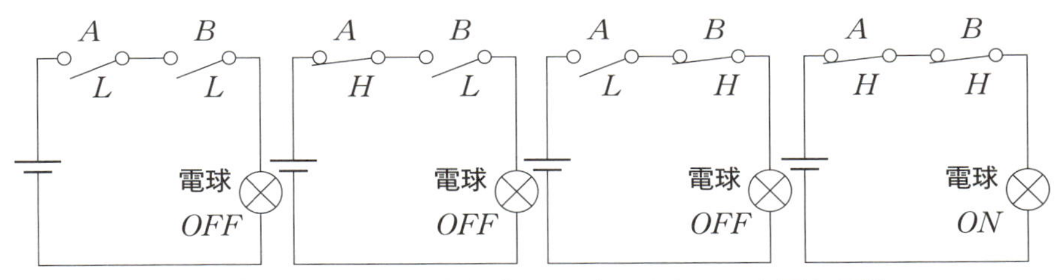

図6－5　AND回路を表すスイッチを用いた電気回路

*AND*ゲートは図6－6に示す記号を用います。この記号は*MIL*記号と呼ばれています。*JIS*で定められた記号とは異なります。入力は2つで出力が1つです。*IC*は74*LS*08を用います。*IC*のピン配置を図6－7に示します。

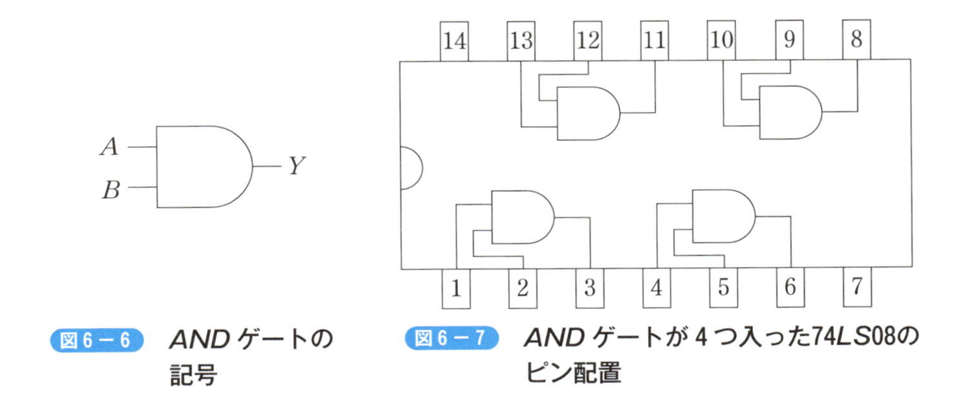

図6－6　ANDゲートの記号

図6－7　ANDゲートが4つ入った74LS08のピン配置

IC ピン14が *Vcc*（5ボルト電源）、ピン7が *GND*（グランド）です。電源 *Vcc* と *GND* は本章で用いる *IC* すべてで同じピン配置です。

［例題６－１］

図6－8の *AND* ゲート回路を組み立て、動作を確かめなさい。

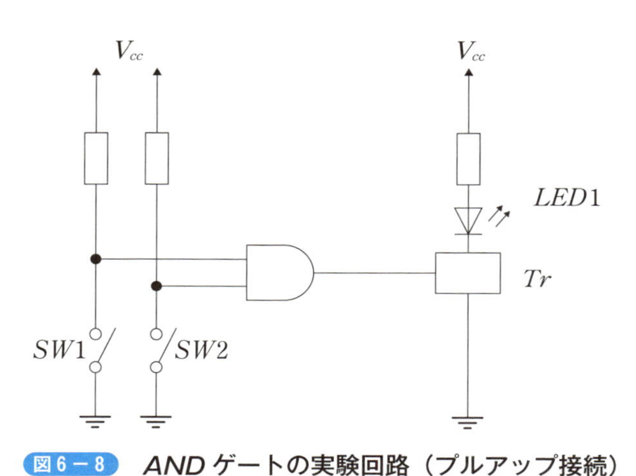

図6－8　*AND* ゲートの実験回路（プルアップ接続）

［解答］

図6－8で使われている回路は *SW*1と *SW*2の2つの入力と1つの出力があります。「ロジック回路学習ボート *MLCTB−BASE*」には入力用の *SW* はプルアップされています。*SW* のラベルには *H*、*L* と表示されていますので、表示に従って操作してください。出力状態が *H* か *L* かを示す *LED* が用意されています。入力スイッチとしてボートの *CN*1、出力 *LED* としてポート *CN*3を使います。*AND* ゲート *IC*74*LS*08（図6－7）の4つのゲートの内、左下のゲートを使います。*IC* のピン1と2が入力、3が出力です。*IC* の入力端子1を *CN*1の1に、入力端子2を *CN*1の2に接続します。出力端子3を *CN*3の1に接続します。*IC* の端子14を5ボルト、7を *GND* に接続します。ジャンプワイヤーで接続した様子を図6－9に示します。

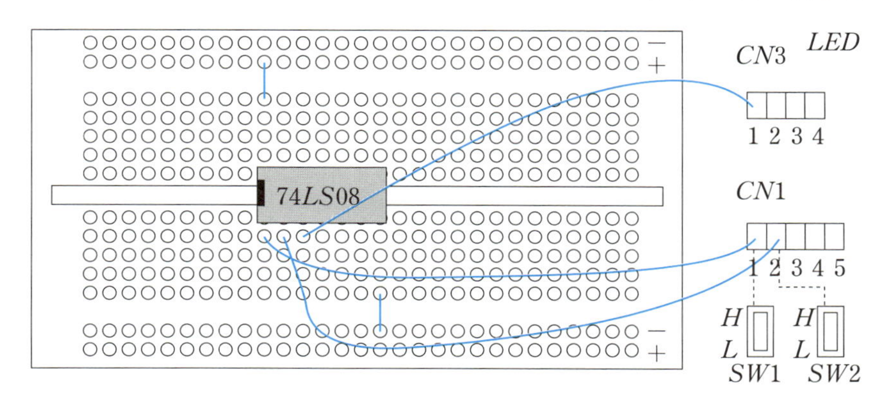

図6－9　ボートに接続した様子

AND ゲートの真理値表は表6－3になります。

表6－3　*AND* 回路の真理値表

A	*B*	*A AND B*
L	*L*	*L*
L	*H*	*L*
H	*L*	*L*
H	*H*	*H*

ボートの *CN*1にある *SW*1、*SW*2を *H*、*L* に切り替えて、表6－3の真理値表のように作動するか、確かめてください。*SW*1と *SW*2両方が *H* のときのみ出力は *H* になり *LED* が点灯し、それ以外では出力は *L* になり *LED* は点灯しません。論理回路では「積」に相当します。

答：図6－9で示した実体配線図と表6－3の真理値表

6－2－2　ORゲート

OR は論理では「*A* または *B* である」と表現します。図6－10に示す電気回路を見てください。*A* または *B* が *ON* になると電球が点灯します。

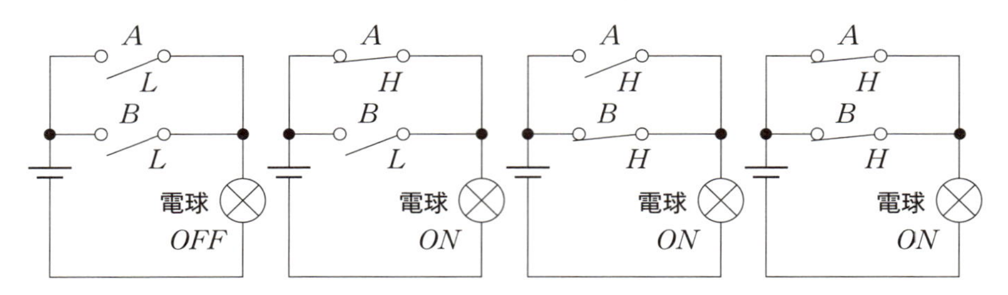

図6−10　*OR* 回路を表すスイッチを用いた電気回路

OR ゲートは図 6 −11に示す記号を用います。入力は 2 つで出力が 1 つです。*IC* は74*LS*32を用います。ピン配置を図 6 −12に示します。

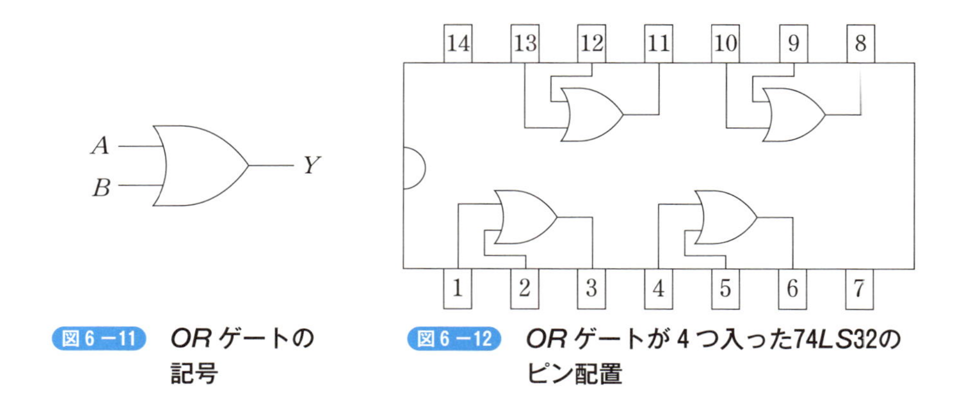

図6−11　*OR* ゲートの記号

図6−12　*OR* ゲートが 4 つ入った74*LS*32のピン配置

AND 回路が入った74*LS*08と同じくピン14が *Vcc*（5 ボルト電源）、ピン 7 が *GND*（グランド）です。

[例題６－２]

図６－13の *OR* ゲート回路を組み立て、動作を調べなさい。

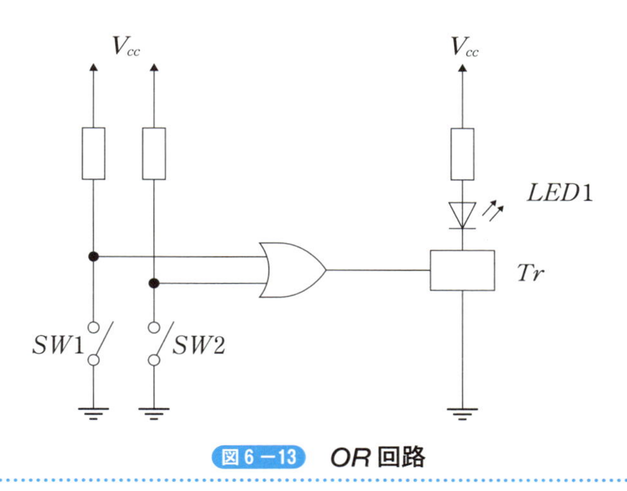

図６－13　*OR* 回路

[解答]

AND ゲートと同様にプルアップ接続を用います。入力スイッチとしてボートの *CN*1、出力 *LED* として *CN*3 を使います。*IC* の入力端子１を *CN*1 の１に、入力端子２を *CN*1 の２に接続します。出力端子３を *CN*3 の１に接続します。*IC* の端子14を５ボルト、７を *GND* に接続します。すなわち、例題６－１の *AND* 回路で用いた74*LS*08を74*LS*32に入れ替えれば回路は完成です。*OR* ゲートの真理値表は表６－４になります。

表６－４　*OR* 回路の真理値表

A	*B*	*A OR B*
L	*L*	*L*
L	*H*	*H*
H	*L*	*H*
H	*H*	*H*

ボートの *CN*1 にある *SW*1、*SW*2 を *H*、*L* に切り替えて、表６－４の真理値表のように作動するかどうか、確かめてください。*SW*1 と *SW*2 のどちらかが

*H*のとき出力は*H*になり*LED*が点灯し、両方が*L*では出力は*L*となり*LED*は点灯しません。

答：図6−9で示した実体配線図の*IC*を74*LS*32に入れ替えたものと表6−4の真理値表

6−2−3 NOTゲート

*NOT*は論理では否定です。入力*A*を否定した結果が出力されます。*NOT*回路は図6−14に示す記号を用います。入力が1つ、出力が1つです。*IC*は74*LS*04を用います。ピン配置を図6−15に示します。

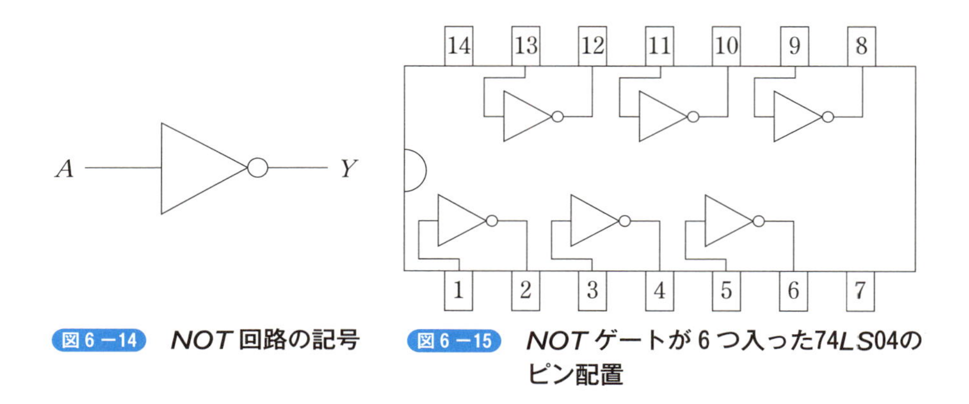

図6−14 *NOT*回路の記号　図6−15 *NOT*ゲートが6つ入った74*LS*04のピン配置

*AND*回路、*OR*回路の*IC*と異なりゲートが6つあります。ピン1と2を使います。ピン14が*Vcc*（5ボルト電源）、ピン7が*GND*（グランド）です。

*NOT*ゲートの作成をします。*AND*、*OR*ゲートと同様にプルアップ接続を用います。入力は1つでスイッチ*SW*1を使います。出力は*AND*、*OR*回路と同じ1つです。*IC*の入力端子1を*CN*1の1に、出力端子2を*CN*3（*LED*）の1に接続します。*NOT*回路の真理値表は表6−5になります。

表6－5　*NOT* 回路の真理値表

A	$NOT\ A$
L	H
H	L

表６－５の真理値表のように作動するか、確かめてください。$SW1$を H にすると出力は L で LED は消え、L にすると出力は H で点灯します。

6－3 その他の基本ゲート

6－2節で説明した基本回路があれば、各種機能を持ったデジタル回路をつくることができます。しかし、少ない部品で他の機能を実現するために、組み合わせたロジック回路*IC*が用意されています。代表的な3つのゲート回路（入力が2つ、出力が1つのゲート*IC*）について説明します。*NAND*ゲート、*NOR*ゲート、*EX－OR*ゲートです。

6－3－1　NANDゲート

*NAND*は2つの入力が*H*のときのみ出力が*L*になり、その他は*H*になる論理をもちます。*NAND*回路は図6－16に示す記号を用います。*IC*は74*LS*00を用います。ピン配置を図6－17に示します。

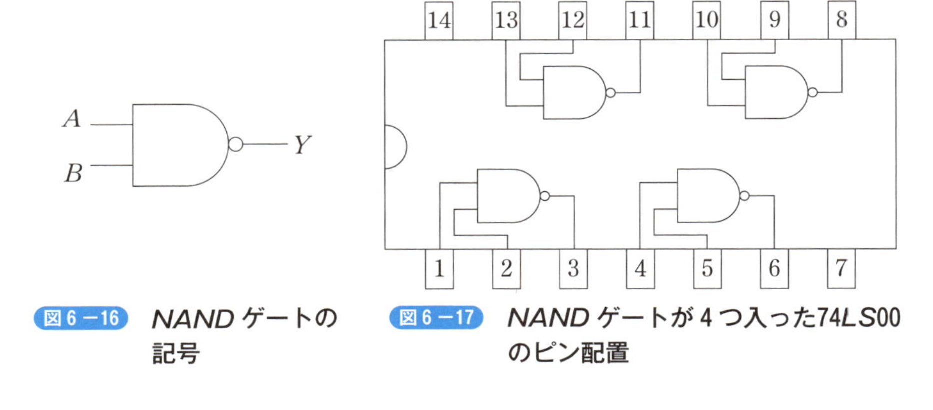

図6－16　*NAND*ゲートの記号

図6－17　*NAND*ゲートが4つ入った74*LS*00のピン配置

*AND*回路が入った74*LS*08と同じくピン14が*Vcc*（5ボルト電源）、ピン7が*GND*（グランド）です。

図6－18の*NAND*回路をつくりましょう。

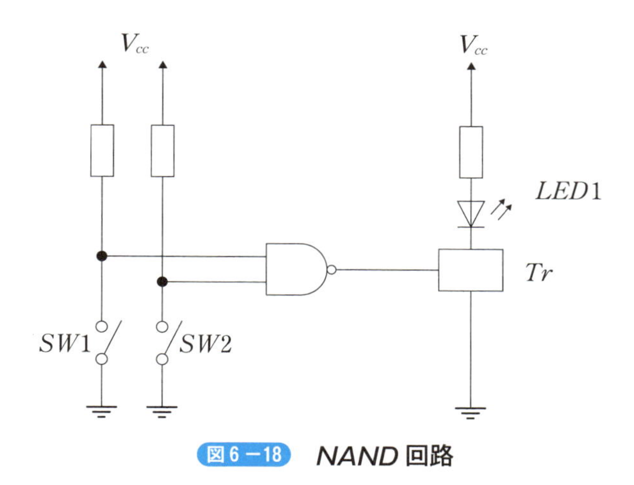

図6－18　*NAND* 回路

プルアップ接続を用います。入力スイッチとしてボートの*CN*1、出力*LED*として*CN*3を使います。*IC*の入力端子1を*CN*1の1に、入力端子2を*CN*1の2に接続します。出力端子3を*CN*3の1に接続します。*IC*の端子14を5ボルト、7を*GND*に接続します。*AND*、*OR*回路で用いた74*LS*08や74*LS*32を74*LS*00に入れ替えれば回路は完成です。*NAND*回路の真理値表は表6－6になります。

表6－6　*NAND* 回路の真理値表

A	*B*	*A NAND B*
L	*L*	*H*
L	*H*	*H*
H	*L*	*H*
H	*H*	*L*

ボートの*CN*1にある*SW*1、*SW*2を*H*、*L*に切り替えて、表6－6の真理値表のように作動するか、確かめてください。*SW*1と*SW*2のどちらかが*H*か*L*のとき、および両方が*L*のとき出力は*H*で*LED*が点灯し、両方が*H*のときのみ出力は*L*になり*LED*は点灯しません。

[例題６−３]

AND 回路と *NOT* 回路から *NAND* 回路をつくり、動作を確かめなさい。

[解答]

NAND 回路と等価な回路を *AND* と *NOT* 回路でつくります。回路は図６−19に示すように *AND* 回路の出力を *NOT* 回路に入れた組み合わせです。論理式では *NOT* (*A AND B*) です。

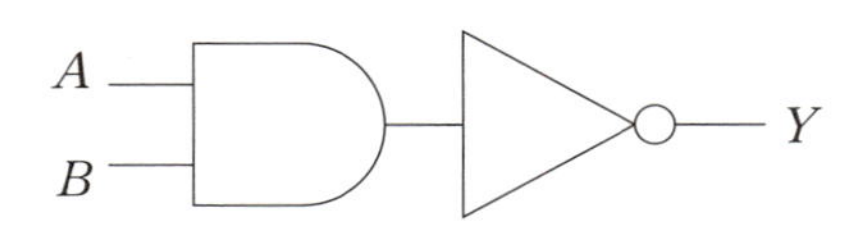

図６−19　*AND* 回路と *NOT* 回路の組み合わせ

プルアップ接続を用います。入力スイッチとしてボートの *CN*1、出力 *LED* として *CN*3 を使います。*IC*1 として74*LS*08、*IC*2 として74*LS*04を使います。*IC*1 の入力端子１を *CN*1 の１に、入力端子２を *CN*1 の２に接続します。出力端子３を *IC*2の１に、*IC*2 の出力端子２を *CN*3 の１に接続します。２つの *IC* の端子14を５ボルト、７を *GND* に接続します。*NAND* ゲートの真理値表６−６と同じ動作をするか確かめましょう。

答：図６−19の回路と表６−６真理値表

６−３−２　NOR ゲート

NOR 回路は図６−20（*a*）に示す記号を用います。図の（*b*）に示すように *OR* 回路の出力を *NOT* 回路の入力に入れます。論理式では *NOT* (*A OR B*) です。

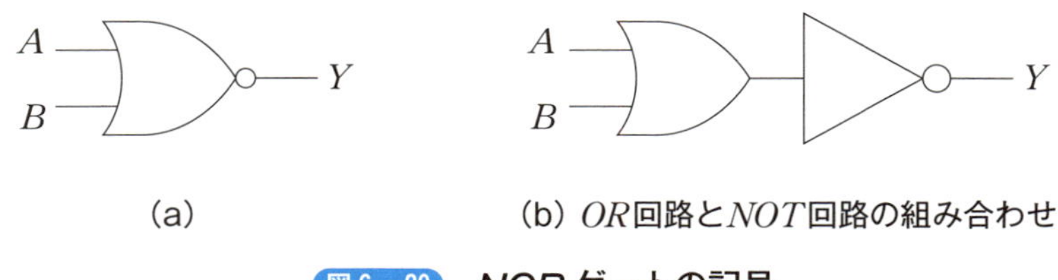

(a)　　(b) *OR*回路と*NOT*回路の組み合わせ

図６−20　*NOR* ゲートの記号

IC は74*LS*02を用います。ピン配置を図６−21に示します。

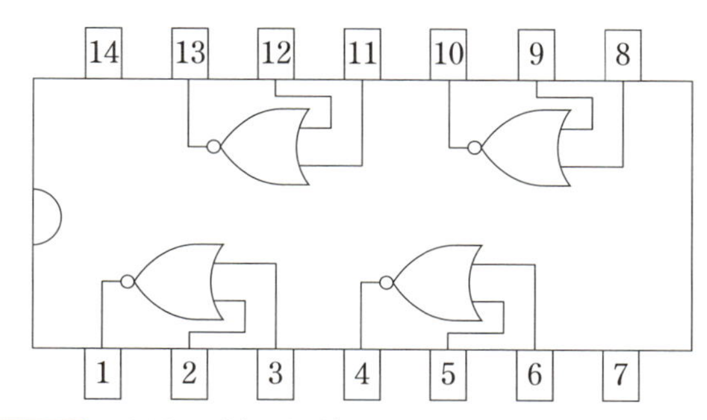

図6－21　*NOR* ゲートが４つ入った74*LS*02のピン配置

AND 回路が入った74*LS*08と同じくピン14が *Vcc*（５ボルト電源）、ピン７が *GND*（グランド）です。入力、出力のピンが他のゲートとは逆です。

［例題6－4］

図６－22の *NOR* 回路を組み立て、動作を確かめなさい。

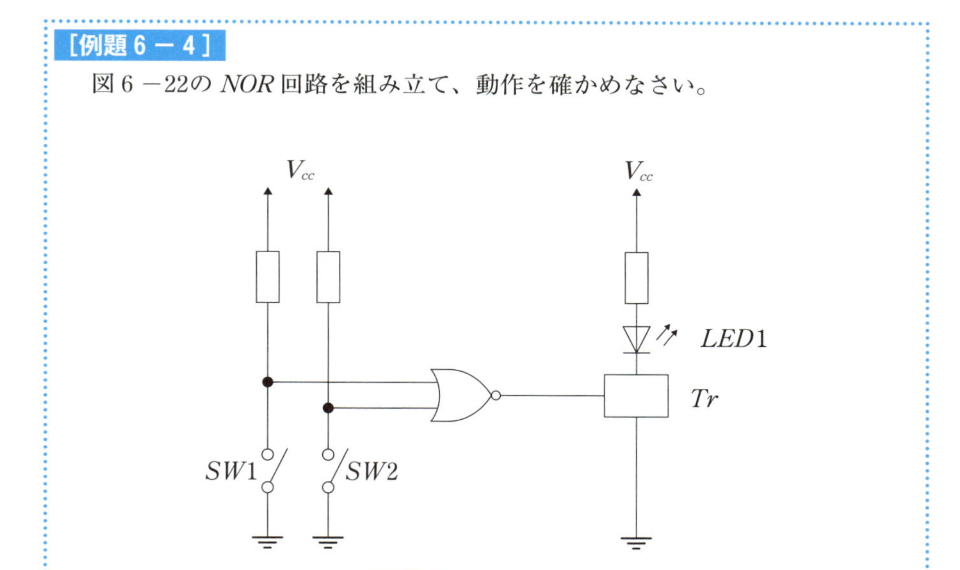

図6－22　*NOR* ゲート

［解答］

プルアップ接続を用います。入力スイッチとしてボートの *CN*1、出力 *LED* として *CN*3を使います。*IC* の入力端子２を *CN*1の１に *CN*1の２を３に接続します。出力端子１を *CN*3の１に接続します。*IC* の端子14を５ボルト、７を *GND* に接続します。*NOR* 回路の真理値表は表６－７になります。

表6−7　NOR回路の真理値表

A	B	A NOR B
L	L	H
L	H	L
H	L	L
H	H	L

ボートの*CN*1にある*SW*1、*SW*2を*H*、*L*に切り替えて、表6−7の真理値表のように作動するか、確かめてください。*SW*1と*SW*2の両方が*L*のときのみ出力は*H*になり*LED*が点灯し、どちらかが*H*か*L*のとき、および両方が*H*のとき出力は*L*で*LED*が点灯しません。

答：図6−22の回路と表6−7の真理値表

6−3−3　EX-ORゲート

EX−*OR*回路は図6−23に示す記号を用います。2つの入力が異なるときに*H*、同じときに*L*を出力します。*IC*は74*LS*86を用います。ピン配置を図6−24に示します。

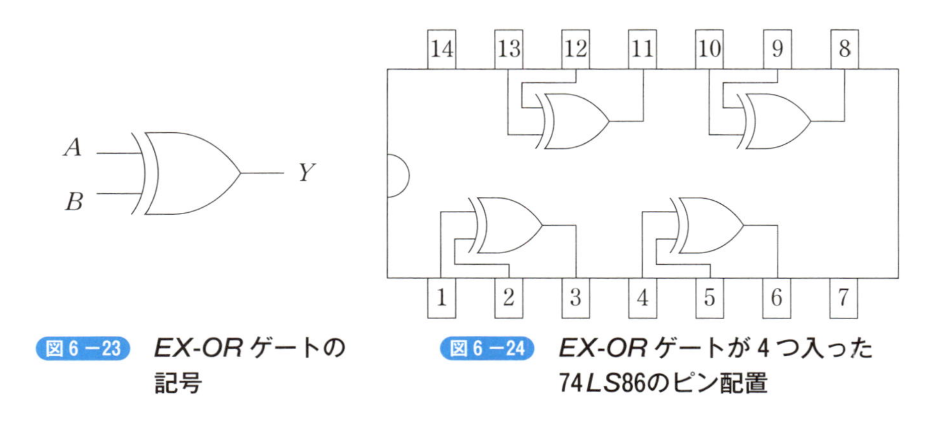

図6−23　EX-ORゲートの記号

図6−24　EX-ORゲートが4つ入った74LS86のピン配置

*AND*回路が入った74*LS*08と同じくピン14が*Vcc*（5ボルト電源）、ピン7が*GND*（グランド）です。

［例題 6 － 5］

EX－*OR* 回路を組み立て、動作を確かめなさい。

［解答］

プルアップ接続を用います。入力スイッチとしてボートの *CN*1、出力 *LED* として *CN*3を使います。*IC* の入力端子 1 を *CN*1の 1 に *CN*1の 2 を 2 に接続します。出力端子 3 を *CN*3の 1 に接続します。*IC* の端子14を 5 ボルト、7 を *GND* に接続します。*AND* 回路で用いた74*LS*08を74*LS*86に入れ替えれば回路は完成です。*EX*－*OR* 回路の真理値表は表 6 － 8 になります。

表 6 － 8　EX-OR 回路の真理値表

A	*B*	*A EX*－*OR B*
L	*L*	*L*
L	*H*	*H*
H	*L*	*H*
H	*H*	*L*

ボートの *CN*1にある *SW*1、*SW*2を *H*、*L* に切り替えて、表 6 － 8 の真理値表のように作動するか、確かめてください。*SW*1と *SW*2の入力値が異なるときのみ出力は *H* になり *LED* が点灯し、入力値が等しいとき出力は *L* で *LED* が点灯しません。

答：図 6 － 9 で示した実体配線図の *IC* を74*LS*86に入れ替えたものと表 6 － 8 の真理値表

ここまでで用いた基本ゲートの *IC* 名をまとめて表 6 － 9 に示します。

表6−9　基本ゲートと *IC*

論理	*IC* 名 *TTL*
AND	74*LS*08
OR	74*LS*32
NOT	74*LS*04
NAND	74*LS*00
NOR	74*LS*02
EX−*OR*	74*LS*86

6－4　基本ゲートの組み合わせ回路

デジタル基本回路を組み合わせて、さまざまな回路をつくることができます。2つの例を紹介します。二重反転回路と *NOT* 回路です。

6－4－1　二重反転回路

NOT 回路を組み合わせます。*NOT* 回路は信号を反転させる機能を持っています。これを2つ組み合わせると反転の反転、すなわち元の信号が出力されます。元の信号が出力されるなら回路を組む意味がないのでは？と疑問に思われるかもしれません。実用上はとても大切な機能です。バッファと呼ばれています。電気信号が長い距離を通過すると弱まります。弱まった信号に二重反転回路を通すと、元の強度に戻すことができます。遠方に信号を伝える大切な技術です。この機能はバッファ（*buffer*）といわれ、1つの *IC74LS*125で提供されています。

二重反転回路の実験をするには、*NOT* 回路で用いた74*LS*04を使います。回路図は図6－25です。

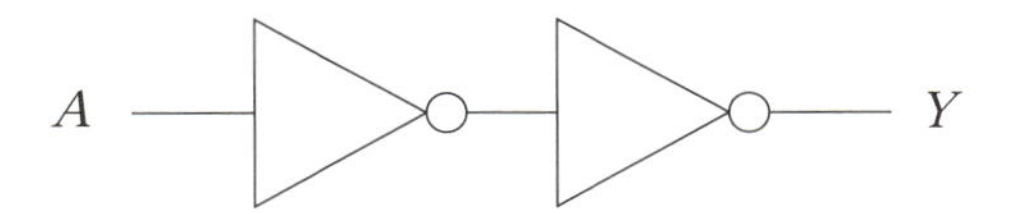

図6－25　二重反転回路 *NOT* 回路を組み合わせる

NOT ゲートの図6－15の端子「1と2」、および「3と4」を使います。*IC* の入力端子1を *CN*1（*SW*）の1に、出力端子2を入力端子3に接続し、出力端子4を *CN*3（*LED*）の1に接続します。

入力の *SW* が *H* のとき、出力は *H* で *LED* が点灯します。*L* のときは *L* で *LED* が消灯します。入力した値がそのまま出力されます。

6－4－2　NANDゲートまたはNORゲートでNOT回路をつくる

NAND ゲートを使って *NOT* 回路をつくります。*NOT* 回路は入力信号を反転させますが、その機能を *NAND* でつくります。図6－26のように、2つの入力端子に同じ信号を入れます。

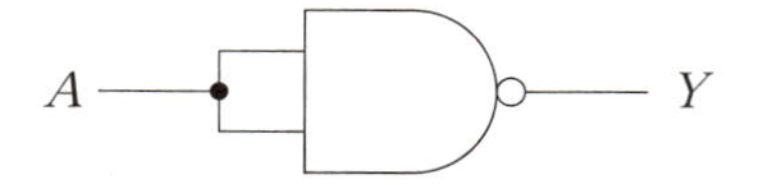

図6−26　*NAND* からつくる *NOT* 回路

表6−10の *NAND* 真理値表で確かめます。入力 *A* と *B* が一致するところをマークして表6−10に示します。

表6−10　*NAND* 回路の入力を一致させた真理値表

A	*B*	*A NAND B*
L	*L*	*H*
L	*H*	*H*
H	*L*	*H*
H	*H*	*L*

入力値が反転した値が出力されています。すなわち、*NAND* ゲートの入力 *A*、*B* に同じ信号を入れると出力は反転します。すなわち *NOT* ゲートと同じ動作をします。

［例題6−6］

NOR 回路の入力 *A*、*B* に同じ信号を入れると *NOT* 回路になることを、真理値表6−11を完成させて確かめなさい。

表6−11　*NOR* 回路の入力を一致させた真理値表

A	*B*	*A NOR B*
L	*L*	
L	*H*	
H	*L*	
H	*H*	

[解答]

回路は図 6 －27です。

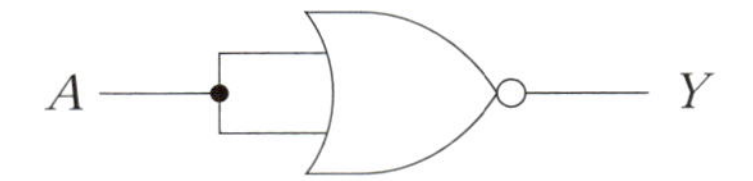

図 6 －27　NOR 回路から NOT 回路をつくる

NOR 回路の真理値表 6 －11から、入力が一致する行を取り出すと、表 6 －12になります。入力値が反転して出力されていることがわかります。

表 6 －12　NOR 回路の入力を一致させた真理値表

A	B	A AND B
L	L	H
L	H	L
H	L	L
H	H	L

答：図 6 －27の回路と表 6 －12の真理値表

6－5 ド・モルガンの法則

ド・モルガンの法則をデジタル回路でつくって確かめます。ド・モルガンの法則はとても抽象的で何に役立つかが理解しにくいです。しかし、実際に回路をつくってみると、論理和と論理積を結びつける大切な役割を果たしていることがわかります。

6－5－1 NORゲート

ド・モルガンの法則の1つである

$$\overline{A+B}=\overline{A}\cdot\overline{B}$$

を考えます。これは、左辺のAとBの論理和、すなわちORを取って、否定した結果は、右辺のAの否定とBの否定の論理積ANDに等しいことを表しています。前述の携帯電話の例で考えてみます。左辺は、Aは「赤色の携帯電話」、Bは「2万円以下の携帯電話」です。($A+B$) の否定は「赤色または2万円以下の携帯電話」の否定になります。右辺は、「赤色じゃない携帯電話」と「2万円以上の携帯電話」の論理積になり、「赤色じゃなく、かつ2万円以上の携帯電話」です。確かに、左辺の文章の否定になっています。図6－28に示したベン図で確かめてください。

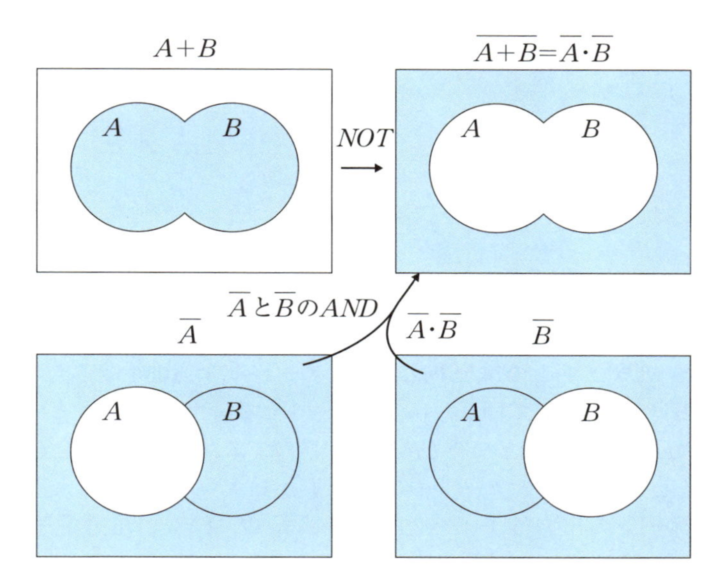

図6－28　ベン図によるド・モルガンの法則　*NOR* 回路の論理

［例題6－7］

ド・モルガンの法則 $\overline{A+B}=\overline{A}\cdot\overline{B}$ を回路で実現し、確かめなさい。

［解答］

ド・モルガンの法則 $\overline{A+B}=\overline{A}\cdot\overline{B}$ は左辺が「*OR* の否定」で、右辺の「2つの入力の否定の *AND*」に等しいことを示しています。すなわち、

左辺は *NOR* ゲート

右辺は *NOT* の *AND*

です。右辺の論理を回路にするため、入力 A と B を否定して、*AND* ゲートの入力に入れる回路をつくります。図6－29に回路を示します。この回路をつくって、左辺の *NOR* ゲートの真理値表（表6－7）と同じ動作をするか確かめます。

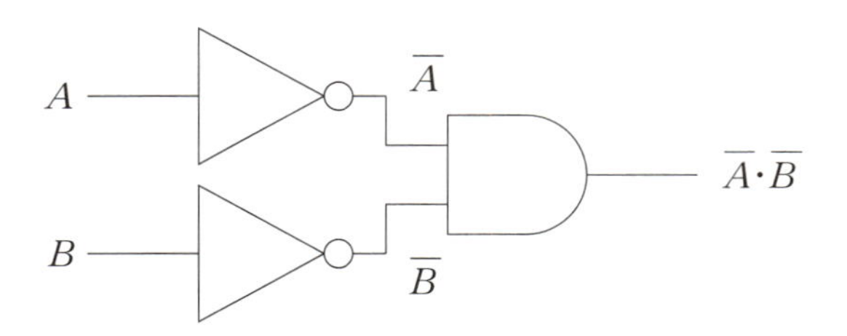

図6−29　ANDとNOTからつくるNOR回路

*IC*として*NOT*ゲートの74*LS*04と*AND*ゲートの74*LS*08を組み合わせます。2つの*NOT*ゲートとして図6−15の端子「1と2」、および「3と4」を使います。*IC*74*LS*04の入力端子1を*CN*1（*SW*）の1に、入力端子3を*CN*1（*SW*）の2に接続します。*NOT*ゲートの出力端子2を*AND*の74*LS*08入力端子の1に、*NOT*ゲートの出力端子4を2に接続します。*AND*の出力端子3を*CN*3（*LED*）の1に接続します。

*SW*1, 2を*ON*、*OFF*して、表6−7の*NOR*の真理値表を満たすか確認してください。

答：図6−29の回路と表6−7の真理値表

6−5−2　NANDゲート

ド・モルガンの法則の1つである

$$\overline{A\cdot B}=\overline{A}+\overline{B}$$

を考えます。これは、左辺の*A*と*B*の論理積、*AND*を取って、否定した結果は、右辺の*A*の否定と*B*の否定の論理和、*OR*に等しいことを表しています。前述の携帯電話の例で考えましょう。左辺は、*A*は「赤色の携帯電話」、*B*は「2万円以下の携帯電話」です。(*A*・*B*) の否定は「赤色、かつ2万円以下の携帯電話」の否定になります。右辺は、「赤色じゃない携帯電話」と「2万円以上の携帯電話」の論理和になり、「赤色ではなく、または2万円以上の携帯電話」です。確かに、左辺の文章の否定になっています。図6−30に示したベン図で確かめてください。

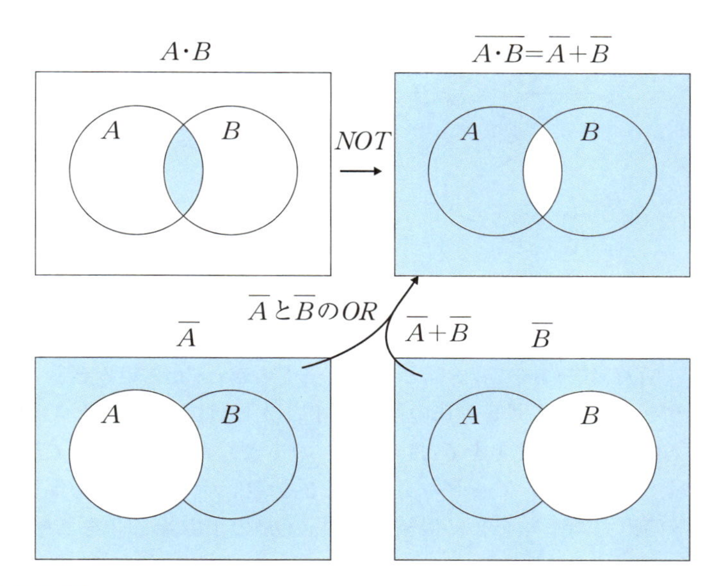

図6－30　ベン図によるド・モルガンの法則（*NAND* 回路の論理）

［例題6－8］

ド・モルガンの法則 $\overline{A\cdot B}=\overline{A}+\overline{B}$ を回路で実現し、動作を確かめなさい。

［解答］

ド・モルガンの法則 $\overline{A\cdot B}=\overline{A}+\overline{B}$ は左辺が「*AND* の否定」で、右辺の「2つの入力の否定の *OR*」に等しいことを示しています。すなわち、

　　左辺は *NAND* ゲート

　　右辺は *NOT* そして *OR*

です。右辺の回路、入力 *A* と *B* を否定して、*OR* ゲートの入力に入れる回路をつくります。図6－31に回路を示します。この回路をつくって、左辺の *NAND* ゲートの真理値表（表6－6）と同じ動作をするか確かめます。

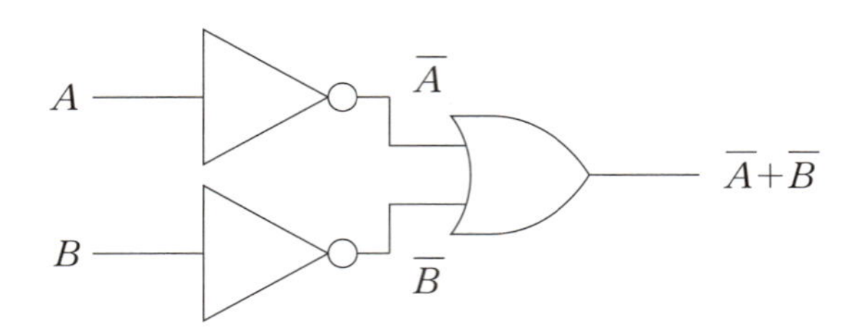

図６−31　ANDとNOTからつくるNAND回路

*IC*として*NOT*ゲートの74*LS*04と*OR*ゲートの74*LS*32を組み合わせます。２つの*NOT*ゲートとして図６−15の端子「１と２」、および「３と４」を使います。*IC* 74*LS*04の入力端子１を*CN*1（*SW*）の１に、入力端子３を*CN*1（*SW*）の２に接続します。*NOT*ゲートの出力端子２を*OR*の74*LS*32入力端子の１に、*NOT*ゲートの出力端子４を２に接続します。*OR*の出力端子３を*CN*3（*LED*）の１に接続します。

*SW*1、２を*ON*、*OFF*して、表６−６の*NAND*の真理値表を満たすか確認してください。

答：図６−31の回路と表６−６の真理値表

*NOR*ゲートと*NAND*ゲートの作成から見たように、ド・モルガンの法則は論理和と論理積が別の概念ではなく、「論理和は論理否定と論理積」から、「論理積は論理否定と論理和」から計算できることを意味します。

6－6 基本ゲートの応用回路

基本ゲートを組み合わせることで、実用的な回路を組むことができます。代表的な応用回路について説明します。

6－6－1　フリップフロップ回路

フリップフロップ回路とは入力信号を記憶する回路です。*AND*、*OR*、*NOT* 等の回路は入力の信号により出力の値が変わりますが、値の保持はできません。そこで、記憶、すなわち値の保持を電気回路でできるように工夫されたのがフリップフロップ回路です。

ループ回路に電流が流れている *H*、流れていない *L*、という *H* と *L* 状態を保持できれば記憶ができたことになります。ループ回路が超電導状態ならば、保持できます。しかし、通常の状態ではできません。そこで、工夫をします。

工夫１：ループ回路に図６－32（*a*）に示すように *OR* ゲートの入力の１つと出力を入れ、もう１つの入力は未接続にします。*OR* ゲートは入力のどちらか１つが *H* であれば、出力は *H* になるので、*OR* ゲートの未接続の入力を *H* にすると、そのループ回路は *H* の状態を保持できます。しかし、これだけでは *L* の状態にすることができません。

工夫２：先ほどのループ回路に図６－32（*b*）のように *AND* ゲートの入力の１つと出力を入れ、もう１つの入力は未接続にします。*AND* ゲートは２つの入力が *H* であると出力は *H* になりますが、入力の１つが *L* になると *L* を出力します。*AND* ゲートの未接続入力を *L* にすると、ループ回路は *L* になり、その状態を保持します。*AND* ゲートの未接続入力を *H* にすると、ループ回路は *H* になり、その状態を保持できます。

工夫３：ド・モルガンの法則から *OR* ゲートを *AND* ゲートと *NOT* ゲートに置き換えます。図６－32（*c*）に示します。

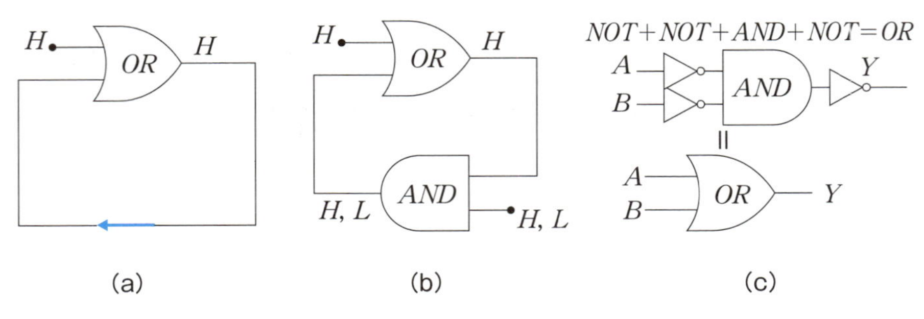

図6－32 状態を保持する回路の考え方

図6－32の（*b*）の*OR*ゲートを（*c*）を使って*NOT*と*AND*ゲートに置き換えたのが図6－33です。論理式では $NOT\ (\overline{A}\ AND\ \overline{B}) = NOT\ (\overline{A\ OR\ B}) = A + B$ です。図6－33の上の*AND*ゲートの入力についている*NOT*ゲートを下の*AND*ゲートの出力に移動して、*AND*ゲートの代わりに*NAND*ゲートを使った回路が図6－34です。

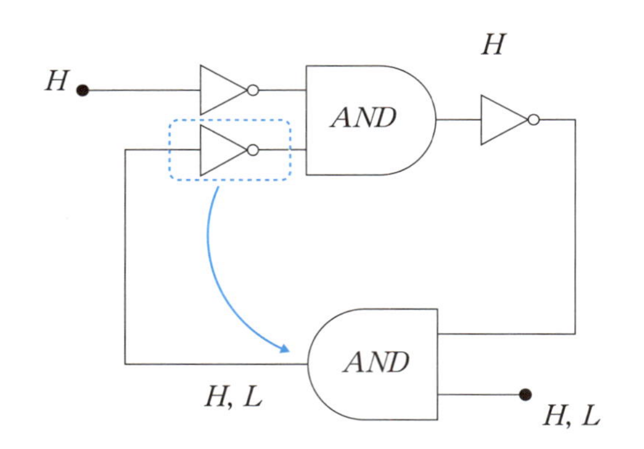

図6－33 *NOT*と*AND*でつくった状態保持回路

工夫1と工夫2を合わせ、論理和を否定と論理積に置き換えることで、ループ回路で*H*または*L*状態を保持できます。*NAND*ゲートの出力を入力にフィードバックすることで記憶ができる回路になります。*NAND*ゲートで構成したフリップフロップ回路を示します。*RS*フリップフロップ回路と呼ばれています。

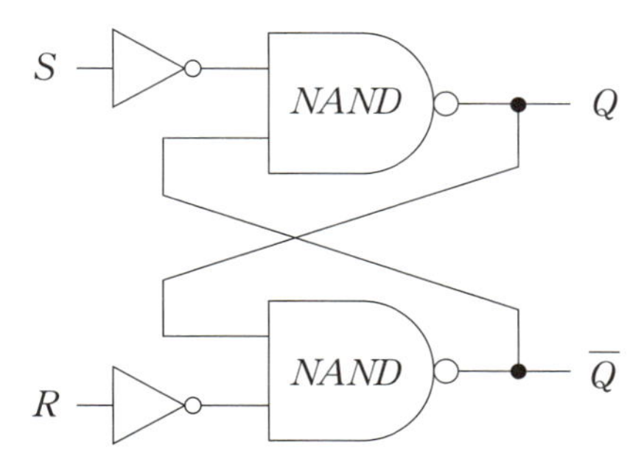

図6－34　*NAND* ゲートで構成したフリップフロップ回路

この回路の真理値表を表6－13に示します。

表6－13　*NAND* ゲート＋*NOT* ゲートで構成されたフリップフロップ回路の真理値表

入力		出力		動作
S／セット	*R*／リセット	*Q*	$\overline{Q}$	
L	*L*	変化せず	変化せず	記憶保持
L	*H*	*L*	*H*	リセット状態
H	*L*	*H*	*L*	セット状態
H	*H*	*H*	*H*	禁止

S はセット、*R* はリセットで、*S* に入力された値が *Q* に保持されて出力されます。*R* を *H* にすると *Q* の値がリセットされます。

［例題6－9］

RS フリップフロップ回路で値が保持されることを確かめなさい。

［解答］

値保持は真理値表を見ただけでは、判りづらいです。時間経過を見ることで、ある時点で入力された値が保持されていることを確かめます。

図6－34の回路をつくります。入力部に *NOT* ゲートの74*LS*04を、フリップフロップ部に *NAND* ゲートの74*LS*00を用います。

S の入力値が保持されることを次の操作で確かめます。*S* と *R* の論理を確かめ

ます。入力 S に $SW1$を、入力 R に $SW2$を用います。出力 Q に $LED1$を用います。

1）準備：$SW1$を L に、$SW2$を L にします。この状態で本体の電源を ON にします。出力を示す $LED1$は $SW1$（S）の値 L を反映して消灯しています。
2）値入力：$SW1$（S）を H にすると、$LED1$が点灯し、Q への出力が H であることを表示します。
3）値保持確認：ここで、$SW1$（S）を L や H に切り替えても $LED1$は点灯したままです。すなわち、$SW2$（R）が L の場合、2で操作した $SW1$の入力値を、その後の $SW1$（S）の変化があっても保持しています。
4）リセット：$SW2$（R）を H（リセット）にすると値はリセットされ、その時点の $SW1$の値を出力します。すなわち、保持された値はリセットされ、$SW1$が L なら $LED1$は消灯します。H なら $LED1$は点灯しますが、この組み合わせ ($S=H$、$R=H$) は不安定で禁止されています※注。

1）から4）の操作を複数回繰返した様子を S と R の入力値と出力値 Q の H および L レベル表示を図6−34に示します。横軸は時間経過と考えてください。最初入力 $SW1$が L でリセット信号 $SW2$が L なら、出力 Q も L です。$SW1$を H にすると出力 Q は H になり、$SW1$を L に切替えても出力 Q は H を保持し $LED1$は点灯したままです。$SW2$を H にするとリセットされ、その時点での $SW1$の値、H が Q から出力されます。ただし、$S=H$、$R=H$ は禁止されていて、出力値は不定です。図6−35では「禁止」と表示してあります。$SW2$が H の場合は、値保持はされません。$SW2$を L にすると、その時点での $SW1$の値が出力され、図では L ですので、その値が保持され、$SW1$を切替えても $LED1$は消灯したままです。回路を作成して、確かめてください。

※注：表6−13の最終行参照。

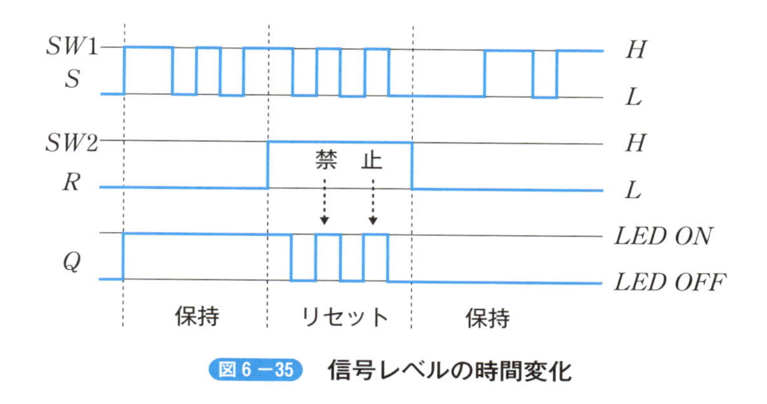

図6－35　信号レベルの時間変化

答：図6－34の回路と表6－13の真理値表、図6－35の信号レベルの時間変化

ポイント：RSフリップフロップ回路は、一瞬の信号をデータとして記憶できる特性があります。

6－6－2　自励発振回路

一定の繰り返し信号を発生させる回路を発振回路といいます。入力信号がなくても連続して発振を続ける回路をつくります。原理を図6－36に示します。コンデンサと抵抗からなる回路です。図6－37の（*a*）の回路は右のHから左のLに電流が流れ、コンデンサに充電されます。電流は反時計周りです。*H*と*L*を入れ替えると電流は時計回りに流れ、コンデンサは放電されます。*H*と*L*を入れ替えることで電流の向きが反転します。この*H*と*L*の入れ替えを*NOT*回路でつくります。

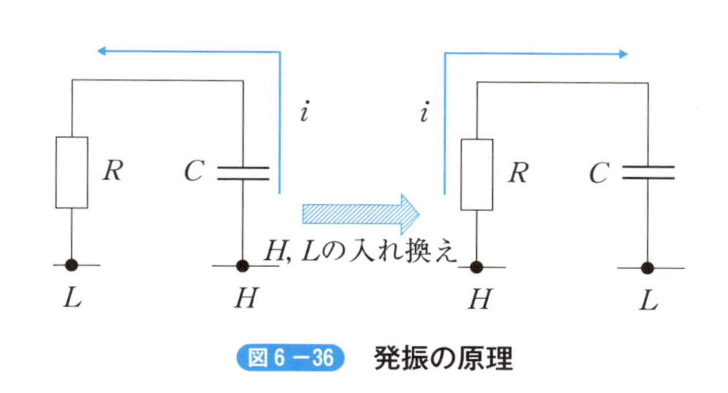

図6－36　発振の原理

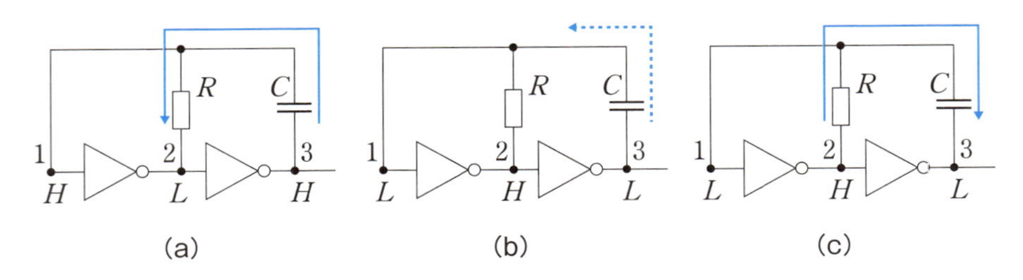

図 6 −37　NOT 回路でつくる発信回路

NOT 回路を使った原理を図 6 −37に示します。(*a*) が電源を入れた直後の状態です。回路内に左から 1 、 2 、 3 と番号を付けましたが、 3 は *H* で、 2 が *L* なので 3 から 2 へ反時計回りで電流が流れ、コンデンサに充電します。電流は矢印の方向に流れ、回路の 1 ではHです。このとき、 2 はLです。コンデンサへの充電が終わると、(*b*) になり、充電電流は止まります。図では点線で電流が減少し停止する様子を示しています。回路内の 2 は *H* になり、 1 、 3 は *L* になります。*H* と *L* が反転したので、電流は時計回りに流れ、(*c*) のようにコンデンサ経由で放電されます。放電が終わると、回路の 3 は *H* になり、再び (*a*) の状態になります。このように (*a*) → (*b*) → (*c*) → (*a*) と繰り返されます。すなわち *NOT* ゲートを使った発振です。

なお、コンデンサと抵抗を含む回路では、コンデンサへの充電する過程は過渡状態といわれ、目的の電圧になるのに少し時間がかかります。電源 *ON* した瞬間から電圧が上がり最大電圧の63%のところまで充電するのにかかる時間を時定数と呼びます。時定数 $\tau = R \times C$ で計算できます。充電がほぼ終了するのは、時定数の 4 、 5 倍ぐらいの時間がかかります。放電の場合もほぼ同じです。

[例題 6 −10]

NOT 回路で発振回路をつくりなさい。

[解答]

回路を図 6 −38に示します。原理で示した図 6 −37の回路に抵抗 *R*1、*R*2を加えました。これは *NOT* 回路保護のために入れました。

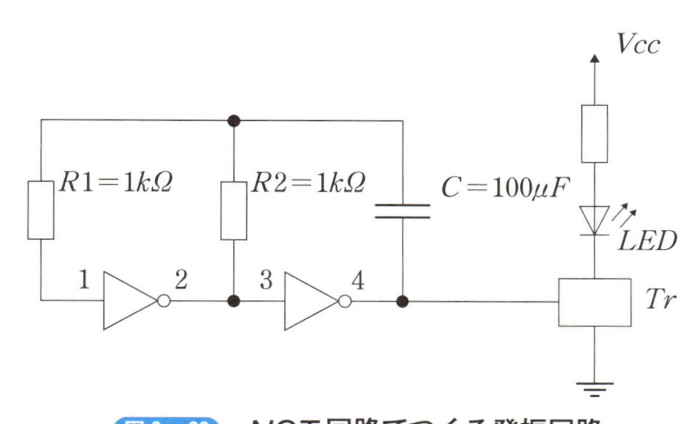

図6－38　*NOT* 回路でつくる発振回路

図6－38の回路内の1、2、3、4は *NOT* ゲート *IC* である74*LS*04の端子番号を示します。ここで用いるコンデンサは100μFと大きいので、電解コンデンサを用います。端子4番に接続する側がプラスです。

発振に伴い *LED* が点滅します。*LED* の点滅速度は充放電の時定数により変わります。$\tau = 1k\Omega \times 100\mu F = 0.1s$ です。したがって0.5秒程度で充放電を繰り返す計算になります。コンデンサや抵抗の値を小さくすれば、*LED* の点滅速度は速くなります。

答：図6－38の回路

図6－38の4とグランド間の発振波形の測定例を写真6－2に示します。

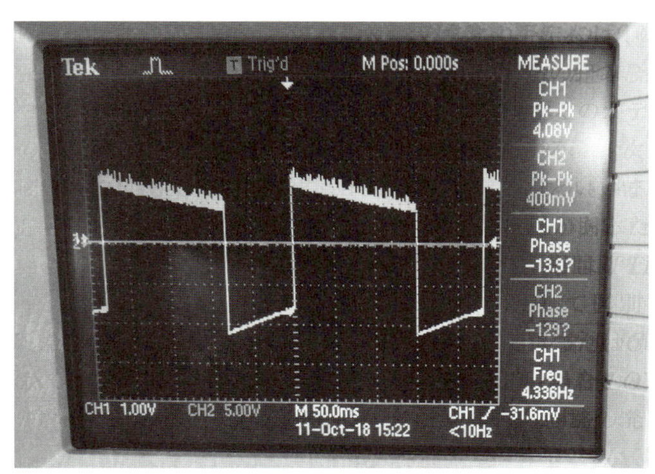

写真6－2　発振波形の例

6－6－3　多数決する回路

入力が3つの場合を扱います。3つの入力のうち、多い状態を出力する回路をつくります。すなわち、多数決する回路です。

入力が*LLL*や*LLH*や*LHL*や*HLL*なら出力は*L*、*HHL*や*HLH*や*LHH*や*HHH*なら出力は*H*を出力する回路です。

[例題6－11]

多数決する回路の真理値表6－14を完成しなさい。そして、多数決をする回路をつくりなさい。

表6－14　多数決する回路の真理値表

入力			出力
A	*B*	*C*	*Y*
L	*L*	*L*	
L	*L*	*H*	
L	*H*	*L*	
L	*H*	*H*	
H	*L*	*L*	
H	*L*	*H*	
H	*H*	*L*	
H	*H*	*H*	

[解答]

3つの入力値に対して、多い状態を出力するので、表6－15になります。

表6－15　多数決する回路の真理値表

入力			出力
A	B	C	Y
L	L	L	L
L	L	H	L
L	H	L	L
L	H	H	H
H	L	L	L
H	L	H	H
H	H	L	H
H	H	H	H

この真理値表を満たす回路をつくります。順を追って考えると、

手順１：入力A、B、Cのそれぞれの２つの組み合わせ「AとB」、「AとC」、「BとC」の論理積を求めます。

３つの演算結果の中に１でも出力「H」があれば、A、B、C入力の中に「H」が２つ以上あることになります。「H」がなければ、「H」の入力は１つ以下になります。

手順２：手順１の、３つの演算結果を論理和すれば、多数決した出力が得られます。

手順１を実現する回路はAND回路を３つ用意して、それぞれの入力に対して論理積とり、O_1、O_2、O_3に出力します。図６－39になります。手順２を実現するために、３つの出力O_1、O_2、O_3の論理和を取ります。OR回路を２つ用意して、それぞれに対して論理和を取ります。回路は図６－40になります。これらの回路をまとめると、図６－41になります。これが多数決する回路です。

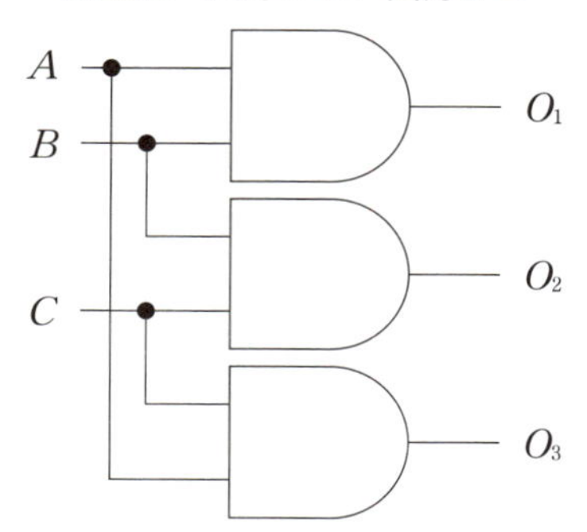

図6-39 多数決する回路の手順1を実現する回路

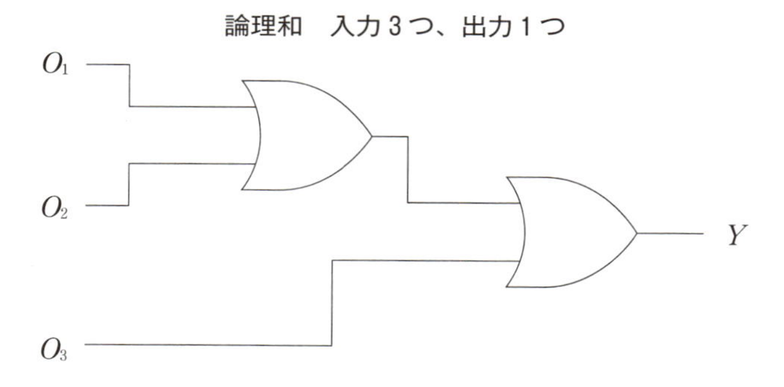

図6-40 多数決する回路の手順2を実現する回路

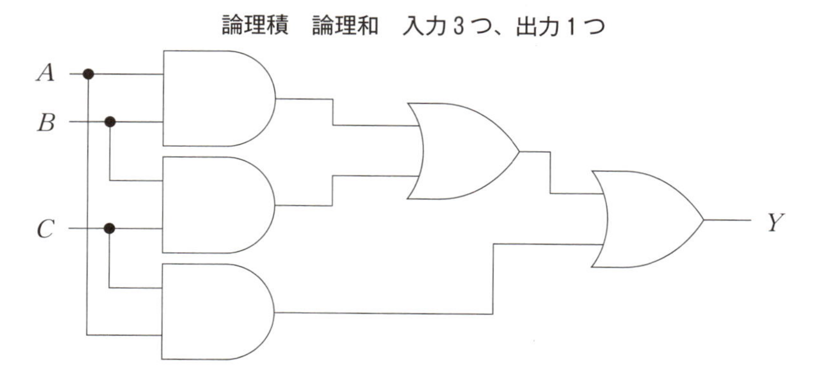

図6-41 多数決する回路

回路で SW を2つ以上押したときに LED が点灯します。3つの入力に対して、SW を2つ押すと言うことは H が2つ、L が1つで、多数決状態が出力されたことを示します。

答：図6－41の回路と表6－15の真理値表

6－6－4　半加算回路

デジタル回路はコンピュータの2進数計算の基礎をなしています。2進数の計算は0と1しかないので、簡単ではありますが、桁上りが多発します。たとえば、1＋1＝10です。1＋1＝2としてしまいそうですが、2進数に2はないので、桁を上げることで対応しています。このような1桁の加算を表す回路を半加算回路と呼んでいます。

[例題6－12]

2進数の桁上げ計算をする回路、半加算回路をつくりなさい。

2進数の加算を考える。10進数と同様の加算ができる。

0＋0＝0　　0＋1＝1　　1＋0＝1　　1＋1＝10

この桁上げ計算をするデジタル回路をつくりなさい。

桁上げ

[解答]

2つの入力に対して、2つ出力します。1つは和の結果で S と表します。もう1つは桁上げの有無で C と表し、桁が上がらない場合を0、桁上げがある場合を1とします。真理値表は表6－16です。

表6－16　半加算回路の真理値表

A	B	C	S
0	0	0	0
0	1	0	1
1	0	0	1
1	1	1	0

$$\begin{array}{r} A \\ +\ \ B \\ \hline CS \end{array}$$

表6－16では A と B が1のときのみ、桁上りが生じます。入力 A と B の加算結果が C と S に表示されます。出力 C は「桁上げ」を S は「和」とすると、2

進数の加算と同じ結果になります。

デジタル回路では真理値表6－16の0をL、1をHに読み替えます。「和」(Sに出力)と「桁上げ」(Cに出力)の部分を分けて考えます。「和」の真理値表を表6－16から取り出すと、$EX-OR$ゲートの真理値表(表6－8参照)になります。「桁上げ」の真理値表は表6－16から取り出すと、ANDゲートの真理値表(表6－3参照)になります。すなわち、入力A、Bの1桁目の「和」の回路は$EX-OR$ゲートを、2桁目の「桁上げ」はANDゲートをつなぎます。回路図を図6－42に示します。

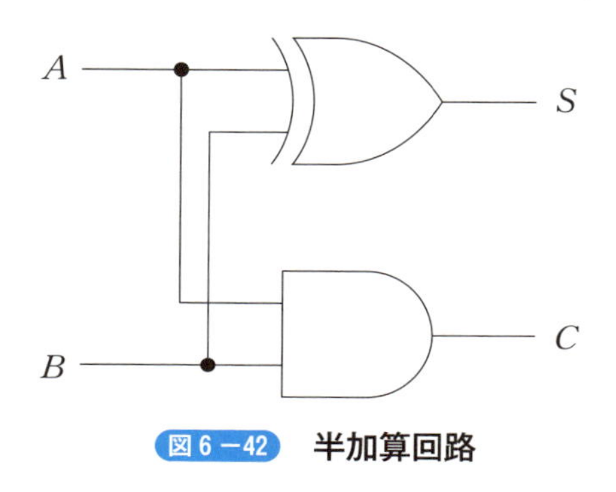

図6－42　半加算回路

この回路をつくって、A、Bの入力値に対する出力S、Cの値を確かめてください。

答：図6－42の回路と表6－16の真理表

第7章

センサと電気・電子回路

　私たちはさまざまな環境で暮らし、そこで計測をしています。温度、明るさ、重さ、長さを体で感じ生活をしています。温度や明るさなどの物理量をセンサは電圧値や電流値に変換して出力します。これらを測ることで物理量を感覚ではなく数値として得ることができます。

　実験では基本量として電圧の測定をします。電圧を出力するセンサは電圧値を利用します。電流や抵抗値の変化を出力するタイプのセンサは電圧に変換をします。後半は、ワンボードマイコンのArduinoとセンサを組み合わせ、センサの出力量（アナログ量）をデジタル量に変換してセンシングする使用例について説明します。

7－1 光強度を測る

光の強さを検知するセンサはいくつかありますが、可視光センサの代表である *CdS* セルを使用した実験例について説明します。*CdS* セルは光が当たると抵抗値が下がります。外観を写真７－１に示します。

写真７－１ *CdS* セル

図７－１（*a*）の回路を作って、*CdS* セルの抵抗値変化を調べます。光があたらないように *CdS* セルの上に覆いをかけます。そのときの抵抗値、および覆いをとり、光があたったときの抵抗値を記録します。抵抗値はテスターで測定しました。結果は表７－１のようになりました。

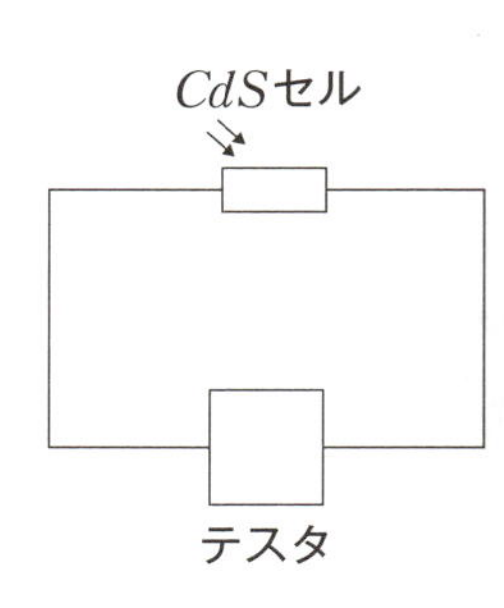

(a) *CdS*セルの抵抗測定回路

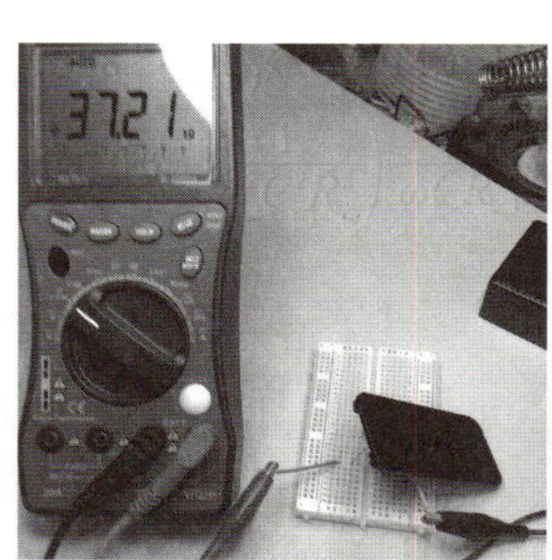

(b) 覆いをした測定

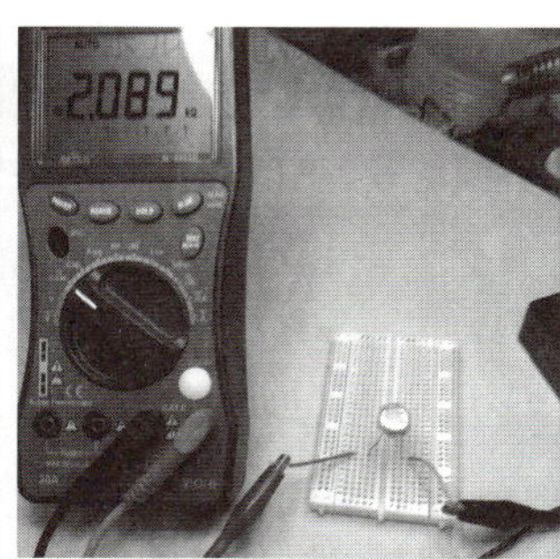

(c) 覆いなしの測定

図７－１ *CdS* セルの抵抗値測定

表7－1　Cds セルの光 OFF-ON の抵抗値

光の状態	CdS セルの抵抗値
光　OFF	37.21　[kΩ]
光　ON	2.089 [kΩ]

光があたると抵抗値が下がります。すなわち電気が通りやすくなっています。

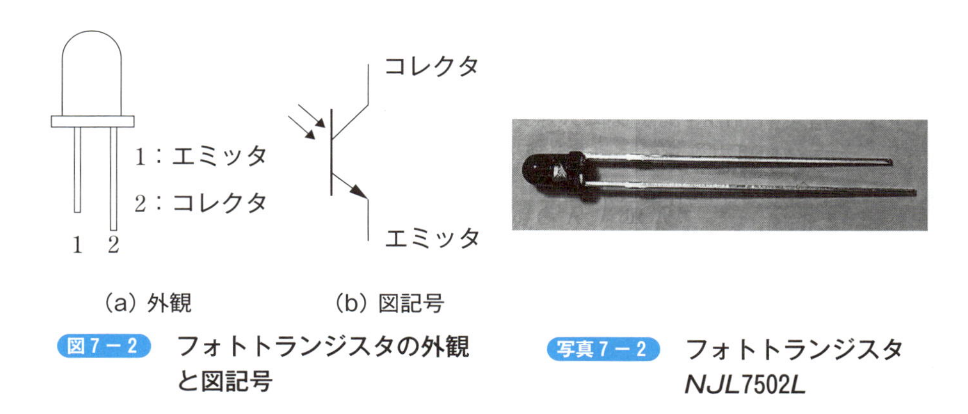

図7－2　フォトトランジスタの外観と図記号

写真7－2　フォトトランジスタ NJL7502L

次に、フォトトランジスタを使って、光強度を測ります。フォトトランジスタとして、感度特性が人間の視感度特性に近い *NJL*7502*L*（ピーク波長が560*nm* 付近、すなわち緑色付近の感度が高い）を用います。外観を写真7－2に示します。このフォトトランジスタは *npn* 型です。フォトトランジスタは図7－2に示すように、足の長い方がコレクタで、短い方がエミッタです。*npn* 型フォトトランジスタ *NJL*7502*L* は光強度によりコレクタからエミッタへ流れる電流が変化します。その電流変化を計測することで光強度の変化を測定することができます。

［例題7－1］

npn 型フォトトランジスタ *NJL*7502*L* を使い光強度の変化を測定しなさい。第1章の図1－9[※注]の *LED* に流れる電流を測定する例（間接法）を参考にしながら、電流を抵抗の両端の電圧に変換する計測回路を作り、測定しなさい。

※注：p.24を参照。

[解答]

コレクタからエミッタに流れる電流を測定するため、図７−３の回路を使います。明るさに応じて回路の抵抗間の電圧が変化します。電流を測定するのに抵抗の両端の電圧を測る方法を用いましたが、正確さを要する場合は、オペアンプを使います※注1。間接測定に用いる抵抗は１[$k\Omega$]を使いました。抵抗値は測定をしたい明るさの程度を考えて決めます。

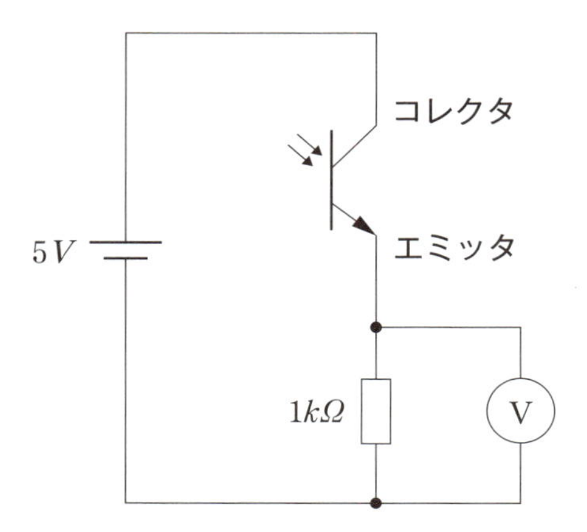

図７−３　フォトトランジスタによる光強度の測定回路

測定結果を表７−２に示します。

表７−２　フォトトランジスタの光 *OFF-ON* の電流

光の状態	抵抗１[$k\Omega$]間の電圧[V]	回路内の電流[mA]
光　*OFF*	0.005	0.005
光　*ON*　室内	0.481	0.481
光　*ON*　屋外	1.155	1.155

NJL7520L の仕様書には特性グラフ（照度※注2と光電流の関係）と表７−３の電気的光学的特性が掲載されています。表には明るさの目安を示しました。

※注１：５章の５−２−６節「電流−電圧変換器」を参照。
※注２：対象物の明るさを表現したものが照度で、単位はルクス[Lux]を用いる。

表7－3　フォトトランジスタ $NJL7502L$ の電気的光学的特性

最大電流 $[mA]$	照度 $[Lux]$	明るさの目安
1.0	3000	屋外　曇り空
0.5	1000	室内　手元照明あり
0.1	300	室内

室内で手元照明がある場合1000ルクス程度です。期待される電流値は0.5 $[mA]$ 程度なので、1 $[k\Omega]$ の抵抗を用いると、オームの法則 $R \times I = V$ より予想される電圧は0.5 $[V]$ 程度になります。実際に計測をした表7－2の「光 ON 室内」の電圧値は0.481 $[V]$ なので電流を計算すると0.481 $[mA]$ となり表7－3の室内の値0.5 $[mA]$ に近い値となります。「光 ON 屋外」は屋外で測定した値を示します。1.155 $[V]$ となるので、1.155 $[mA]$ が得られ、屋外で予想される1.0 $[mA]$ に近い値になります。

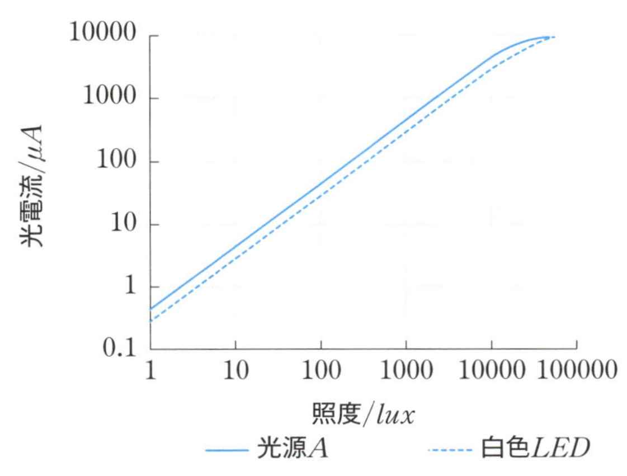

図7－4　フォトトランジスタ $NJL7502L$ の照度と光電流

光をあてた方が高い電圧が得られます。手で光を遮るなどして、光の強さに応じて電圧が変化する様子を観測してください。

答：回路図は図7－3、測定結果の例は表7－2

[例題 7 − 2]

半導体である CdS セルやフォトトランジスタは、光が当たると抵抗値が下がり電流が流れやすくなる。電流が増すのは、半導体のキャリアである自由電子が増えるからである。その理由を半導体のエネルギー準位を考えながら説明しなさい。

[解答]

金属、半導体、絶縁体のエネルギー準位は図 7 − 5 のようになっています。n 型半導体は伝導帯に近い位置にエネルギーレベルを作るため、低いエネルギーでも伝導帯まで飛び上がり、電気伝導を生じます。p 型半導体は価電子帯に近い位置にエネルギーレベルを作るため、低いエネルギーでも価電子帯の電子が飛び上がり、価電子帯に電子が抜けた穴（正孔）ができて、伝導性を生じます。CdS セルは n 型半導体であり、光があたることで、光エネルギーを吸収して伝導帯へ電子が飛び上がり（励起され）、伝導性が増します。すなわち、抵抗値が下がります。npn 型や pnp 型のフォトトランジスタも同様に光が当たることで電子が励起され、伝導性が増します。

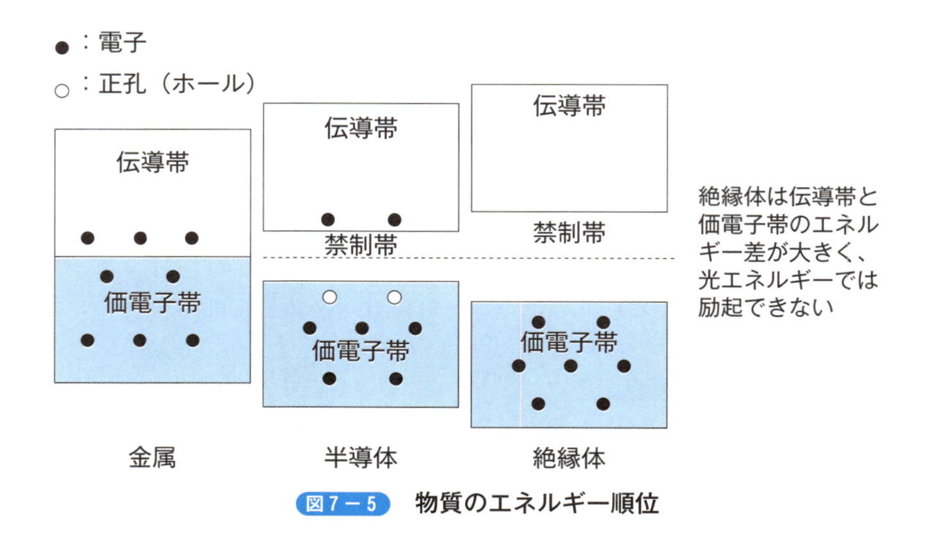

図 7 − 5　物質のエネルギー順位

答：上記の説明と図 7 − 5

7－2 温度を測る

温度を測るセンサとしていろいろな種類の温度センサがあります。半導体温度センサの代表例としてサーミスタがあります。サーミスタとその測定例について説明します。サーミスタは金属の酸化物を高温で焼いたセラミック半導体がよく使われます。市販のサーミスタ（*SEMITEC* 株式会社）の外観を写真７－３に示します。これは温度上昇に伴い、抵抗値が減少するタイプの製品です[注1,2]。このサーミスタ103*AT*－2 は、25℃での抵抗値は10 [$k\Omega$] です。

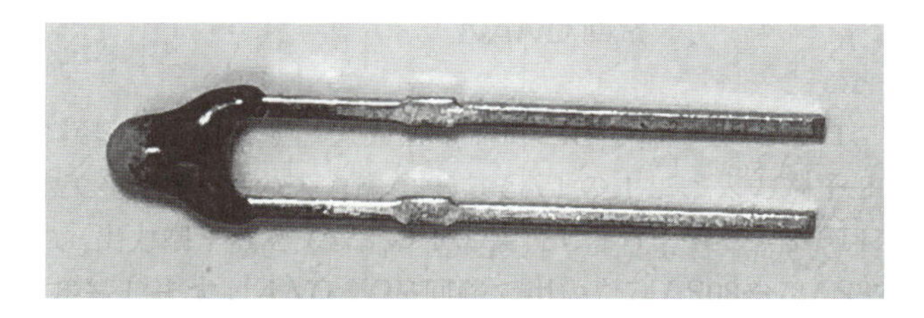

写真７－３　サーミスタ（型式103*AT*－2）

サーミスタによる温度測定をします。温度は抵抗値から換算して求めます。まず、サーミスタの抵抗値を求めます。そのためにサーミスタに流れる電流値を求める必要があります。フォトトランジスタで利用したのと同様の回路を使います。図７－６の回路です。ただし、フォトトランジスタの場合は光強度の「変化」を測定するのが目的でしたので、電圧に変換するための抵抗の値は概略を把握していればよかったのですが、サーミスタの場合は、測定で得られたサーミスタの抵抗値の絶対値を計算に用いるために、電圧換算用の抵抗の値を知っておく必要があります。ここでは、簡易的にテスターで電圧換算用の抵抗値を測定しておきます。この測定では電源電圧（電位差）として５[V]、抵抗 9.90 [$k\Omega$] を用いました。

※注１：サーミスタには温度上昇とともに抵抗値が減少するタイプ（NTC)、増加するタイプ（PTC)、ある温度で抵抗値が急変する（スイッチングする）タイプ（CTR）がある。

※注２：サーミスタの温度特性のバリエーションについては、本書と同シリーズの『例題で学ぶ　はじめての半導体』（臼田昭司著、技術評論社刊）の９章３節を参照。

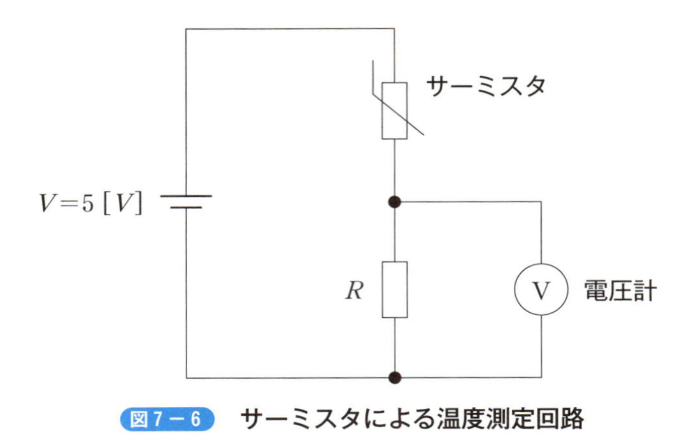

図7－6 サーミスタによる温度測定回路

この回路で温度変化が小さい抵抗にかかる電圧を測定して、サーミスタの抵抗値を求めます。3種類の温度条件で電圧を求めます。測定結果を表7－4に示します。

表7－4 サーミスタによる電圧計測結果

状態	室温	手で温めた	ドライヤで熱した
得られた電圧 [V]	2.684	2.978	3.300

この測定結果から、それぞれの状態の温度を求めます。
手順は次の2つです。室温を例に手順を示します。

◇手順1：電圧からサーミスタの抵抗値を求める

1. 電圧から回路の電流を求めます。
   $I=V/R$ から、室温では $I=2.684\ [V]/(9.9\times10^3\,[\Omega])=0.271\ [mA]$ です。
2. 電流値から回路全体の抵抗値 Ra を求めます。
   室温では $Ra=5\ [V]/(0.271\times10^{-3}\,[A])=1.84\times10^4\,[\Omega]$ です。
3. 回路全体の抵抗値 Ra から計測（電圧変換）のために入れた抵抗の値（ここでは9.90 $[k\Omega]$）を引いてサーミスタの抵抗値 Rt を求めます。
   $Rt=Ra-R$ から、室温では $Rt=1.84\times10^4-9.90\times10^3=8.54\times10^3=8.54\ [k\Omega]$

◇手順2：サーミスタの抵抗値から温度を計算する
サーミスタの抵抗値 Rt から温度を計算します。

今回使用したサーミスタのデータシートから、抵抗－温度特性表を抜き書きすると、表7－5が得られます。

表7－5　サーミスタの抵抗－温度特性

温度[℃]	−50	−40	−30	−20	−10	0	10
103*AT* 抵抗値[*kΩ*]	329.5	188.5	111.3	67.77	42.47	27.28	17.96
温度[℃]	20	25	30	40	50	60	70
103*AT* 抵抗値[*kΩ*]	12.09	10	8.313	5.827	4.16	3.02	2.228
温度[℃]	80	85	90	100	110		
103*AT* 抵抗値[*kΩ*]	1.668	1.451	1.266	0.9731	0.7576		

表7－5をグラフにすると、図7－7になります。

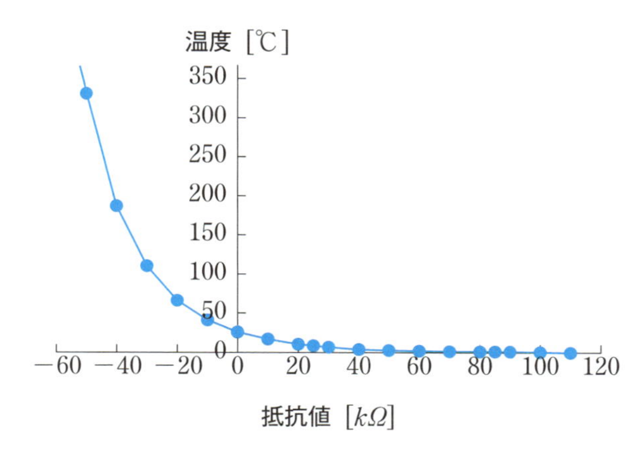

図7－7　温度（縦軸）と抵抗（横軸）の関係（サーミスタ103*AT*）

手順1で得たサーミスタの抵抗値は室温では8.54 [*kΩ*] でした。図7－7のグラフから抵抗値に対応する温度を詳細に読み取るのは困難であり、読み取り誤差も出やすいので、表7－5の値を用います。そこで、抵抗値から温度を導き出す変換数式を作ります。

変換式は

$$t=\frac{1}{\frac{1}{B}ln\frac{R}{R_0}+\frac{1}{t_0+273.15}}-273.15 \quad (7-1)$$

または

$$R=R_0 exp\left\{B\left(\frac{1}{t+273.15}-\frac{1}{t_0+273.15}\right)\right\} \quad (7-2)$$

です※注。ここで用いた記号は

t：温度

t_0：ここでは25℃

R：サーミスタの抵抗値。実験で得る。

R_0：25℃でのサーミスタの抵抗値10 [$k\Omega$]

B：B係数といわれ、サーミスタの温度係数を表す。ここでは3435K（ケルビン）。

ln：自然対数。底がeの対数$log_e x$で、計算するには*Excel*を使うと便利。例えば、*Excel*で$ln(10.0)$を計算するには、任意のセルに"$=ln(10.0)$"と入れる。値が2.302585と計算される。

273.15：摂氏温度から絶対温度へ変換する値。0℃＝273.15K（ケルビン）であることから、差分を取る。

この変換式のRに室温で得られた8.54 [$k\Omega$] を代入して計算すると、温度tは29.13℃になります。

[例題7－3]

表7－4の実験結果から「手で温めた」「ドライヤで熱した」ときの温度を算出しなさい。

[解答]

表7－4の得られた電圧から手順1で示した方法で、室温の場合と同様に抵抗値を計算します。

室温の場合：電圧2.684 [V]　→ 電流値0.271 [mA]
→ サーミスタの抵抗値8.54 [$k\Omega$]

手で温めた場合：電圧2.978 [V]→ 電流値0.301 [mA]
→ サーミスタの抵抗値6.72 [$k\Omega$]

ドライヤで熱した：電圧3.3 [V]→ 電流値0.333 [mA]

※注：http://seppina.cocolog-nifty.com/blog/2015/06/----71d0.html より引用。

→ サーミスタの抵抗値5.1 [$k\Omega$]

これらの抵抗値を変換式7－1に入れて温度を計算すると、手で温めた場合は35.65℃、ドライヤで熱した場合は43.51℃になります。まとめると表7－6になります。

表7－6　サーミスタによる温度計測結果

状態	室温	手で温めた	ドライヤで熱した
得られた電圧 [V]	2.684	2.978	3.300
計算された抵抗値 [$k\Omega$]	8.54	6.72	5.1
温度の計算値 [℃]	29.13	35.65	43.51

計算された結果、摂氏で表した温度29.13℃、35.65℃、43.51℃は実験をした状態の値と一致します。すなわち、実験した室温は30℃程度でしたので一致しています。また、手で温めると体温よりやや低い程度ですが、これも一致しています。さらに、ドライヤは弱風で遠くから当てた場合（手で触るとやや熱い程度）は40℃ぐらいであろうと思われますが、これもほぼ近い値になります。

答：表7－6の値

7－3 圧力を測る

圧力センサには機械式圧力センサと半導体式圧力センサがあります。半導体式圧力センサ※注1を使用した大気圧の測定例を説明します。

市販の圧力センサ（*MPS*－2407－015*AD*）の外観を写真7－4に示します。

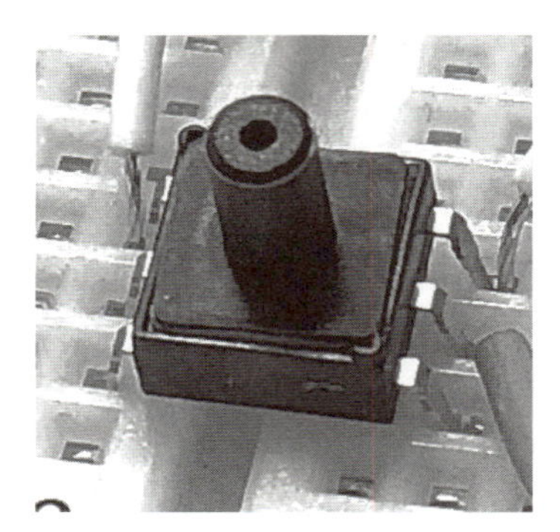

写真7－4 圧力センサ *MPS*-240

圧力差（大気圧との圧力差、差圧という）による応力をピエゾ抵抗の変化に変換します。センサの回路を図7－8に示します。

抵抗値変化は微小であるため、ホイートストン・ブリッジの出力電圧（「－*out*」と「＋*out*」間の電圧）として取り出します。大気圧に比例した出力電圧が得られます。

MPS－240のデータシートによると、駆動電圧が5［*V*］、圧力が15［*PSI*］のとき、出力される電圧差は170［*mV*］（オフセット誤差 ±25［*mV*］）とあります。ここで使われた圧力単位*PSI*は、アメリカやヨーロッパでタイヤの空気圧などに使われている実用単位です。*PSI*とは1平方インチあたりに何ポンドの力がかかるかで示しています。力の単位がポンドです。国際*SI*単位であるパスカル※注2に変換すると

$$1\,[PSI]=6894.757\,[Pa]$$

です。

※注1：半導体式圧力センサの電子回路的な詳細は5章の例題5－17を参照。

※注2：1パスカルとは1平方メートルの面積に1N（ニュートン）の力が作用する圧力のこと。日本では圧力として国際SI単位であるパスカル（Pa）が用いられている。

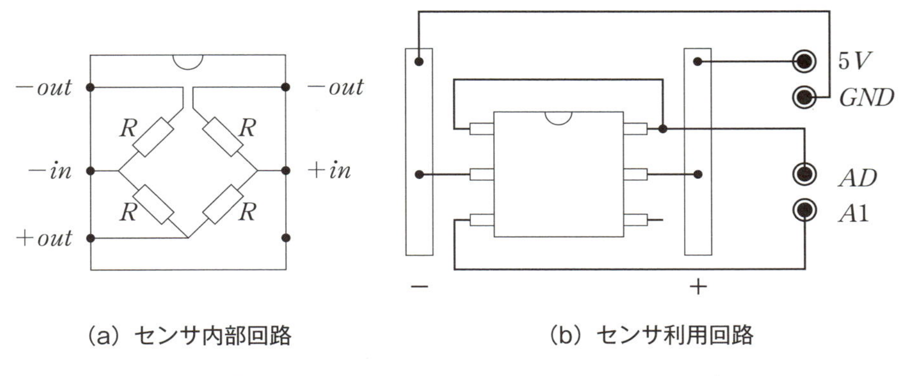

図7－8　大気圧センサ *MPS*-2407-015*AD* の回路図

図７－８の端子「$-out$」と「$+out$」間の電圧 E から、気圧で通常用いられるヘクトパスカル（昔のミリバールと値は同じ）に換算するには、気圧を X として

$$X\,[Pa] = (6894.757 \times 15/170) \times E\,[V]$$

となります。実験をすると、曇り空のときに5 [V] の駆動電圧で183 [mV] でした。これから気圧を求めると111330 [Pa]＝1113.3 [hPa] となります。曇天にしては気圧が高いです。計測地点の計測時刻での気圧は、気象庁の *Web* サイトを見ると、次のようでした。

　　気象庁データ　1022.7 [hPa]　気温18℃

用いたセンサには ±25 [mV] のオフセット誤差があります。気象庁データをもとに、得られるはずの電圧を逆算すると168.1074 [mV] です。観測値との差は168.1074－183＝－14.89 [mV] となります。オフセット誤差の範囲内に入っています。１気圧は1013.25 [hPa] となるので、曇天とはいえ高気圧の一部に覆われていたのでしょう。用いたセンサのオフセットを求めるには、気圧条件が異なる場合に測定をして、気象庁で発表されている値を用いて補正する必要があります。気圧を人為的に変動させることはとても難しいので、使ったセンサのオフセット誤差を実験で求めることは時間がかかります。天気が良いときや台風の目が通過しているときに測定をして比較をすると気圧変動が数値として実感できるかもしれません。

7－4 センサ出力の値をデジタルで処理

本節では、センサが出力するデータをデジタルで処理する例を距離センサを使用して説明します。センサが出力するデータがアナログの電圧、あるいは抵抗変化の場合は、電流として電圧に変換した値をアナログ―デジタル変換（*AD*変換）して処理します。デジタル値として出力する場合はそのデジタル値を受け取り処理する方法の例を示します。そのためのデジタル処理機器として、ワンボードマイコンとして知られた *Arduino*（アルディーノ）を利用します。

7－4－1　Arduinoの概要

*Arduino*の基板（ハードウェア）について概略を示します。*Arduino*は入門用 *IoT* 機器として利用されています。*CPU*として *Atmel AVR* マイクロコントローラを用い、マイクロコントローラの *I/O* ピンが利用可能で、*USB* 経由でプログラムが可能なハードウェアです。用意されている *I/O* ピンは、５つの基本機能があります。

1. デジタル *I/O*：デジタル情報の入力や出力ができる。
2. *AD* 変換機能：アナログからデジタルへ変換する。入力されたアナログ値を10ビットでデジタル量へ変換する。
3. *PWM* 機能ピンを持っていて、パルス周期の出力や入力ができる。この機能で *LED* の明るさやモータの速度を変えたりできる。
4. シリアル通信機能で、主に *PC* とのデータ通信に使用する。
5. *I2C* 機能がある。*I2C* 機能のあるセンサとデータのやりとりができる。

外観を写真７－５に、ピン配置を図７－９に示します。基板の大きさは７×5*cm* です。

写真7－5　Arduinoの外観

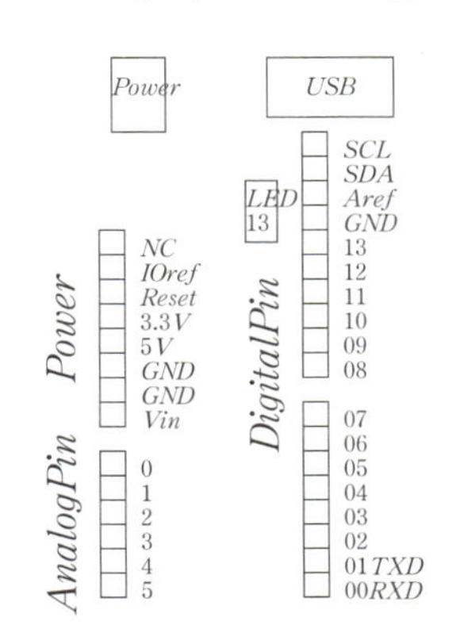

図7－9　Arduinoのピン配置

ピンの配置は、USBコネクタと電源コネクタを上側に置いたときに左側と右側にピンが並んでいます。右のピンがデジタルピンでI/Oや通信などの機能を持っています。左にあるピンが電源出力とアナログ入力ピンです。駆動するための電源（5V）はUSB経由またはパワーコネクタから供給可能です。

Arduinoを作動させるためプログラムはPC上で作成します。またArduinoで取得したデータをPCで処理することができます。PC上でのArduinoプログラム開発について述べます。

開発環境は総合開発環境Arduino IDEが利用可能で、Javaを簡略化した言語によりプログラムで開発が可能であり、豊富なライブライを利用することで、初心者でもI/O操作が可能なように設計されています。総合開発環境Arduino IDEは次のサイトから入手が可能です。

https://www.arduino.cc/

https://www.arduino.cc/en/Main/Software

開発環境の使い方を書きます。ArduinoとPCをUSBケーブルで接続します。IDEを起動すると、図7－10になります。起動時にすでにLED点滅プログラムが書かれています。用いるArduinoのCPUや型番とPCのシリアルポートに合わせる設定をします。[ツール]−[シリアルポート]から使っているシリアルCOMポートの番号を選びます。さらにArduinoの基板に書かれた型名称（本書ではArduino Uno）とCPUの名称を[ツール]−[ボート]から設定します。白く表示された最大面積部にプログラムを入力します。入力が終わったら、左上にあるチェックマークのボタンを押して、コンパイルをします。コンパイルが成功したら、チェックマークボタンの右隣の「右向き→」ボタンを押して、プログラムをArduinoに書き込みます。Arduino IDEの下部に黄色い帯が出て書き込み中であることを表示します。書き込みが終わったら、*PC*でのプログラム開発は終わり、センサからのデータを*USB*経由で*PC*へ送ることができます（作成したプログラムの指示により動作は変わります）。

図７−10に表示されているプログラムをリスト７−１に示します。

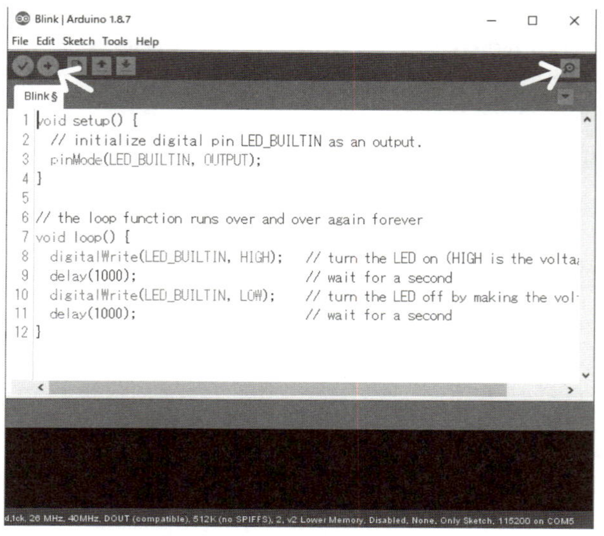

図７−10　*Arduino IDE*の外観

リスト７−１　*Arduino IDE*初回起動時に表示されるプログラム

```
// the setup function runs once when you press reset or power the
board
 void setup() {                                   起動時の最初に１回だけ実行される
  // initialize digital pin 13 as an output.
  pinMode(13, OUTPUT);                            13番ピンを出力モードに設定
 }

 // the loop function runs over and over again forever
 void loop() {                                    プログラムが終了するまで繰り返す
  digitalWrite(13, HIGH);                         Hを出力
                    //turn the LED on (HIGH is the voltage level)
```

```
  delay(1000);       //wait for a second                 1000ミリ秒待つ
  digitalWrite(13, LOW);                                  LOWを出力
                     // turn the LED off by making the voltage LOW
  delay(1000);       //wait for a second                 1000ミリ秒待つ
}
```

行頭にある // はコメント記号であり、これ以降の行末までがコメントになり、実行されません。プログラムが基板に書き込まれたら、基板のリセットスイッチを押します。これでプログラムが実行されます。デジタルピン13番は図7－9に示す *Arduino* 基板の *LED* に接続されているので、この *LED* が1秒間隔で点滅します。リスト7－1の delay(1000) の1000を100に変更して、再度基板に書き込みをして実行すると0.1秒間隔で点滅します。

7－4－2　Arduinoのアナログ―デジタル（A/D）変換を使う

長さは基本単位のうち最も重要な量です。そこで、距離を計測するセンサを使い *A/D* 変換を確かめます。

光の反射原理を使った距離センサを *Arduino* で処理します。このセンサは距離に応じてアナログ値を出力します。そこで、*Arduino* のアナログ量をデジタル量へ変換機能を使います。コンピュータとは *USB* 経由でつなげ、変換結果を *PC* で表示します。

距離センサ *GP2Y0A21YK*（シャープ製）を用います。外観を写真7－6に示します。

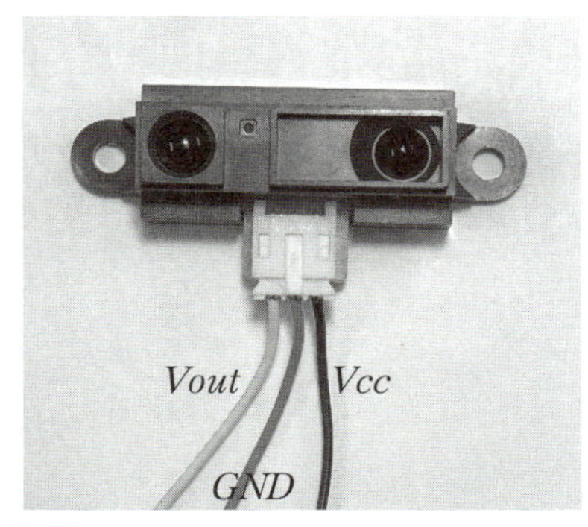

写真7－6　距離センサ *GP2Y0A21YK* の外観

赤外線 *LED* と位置センサの組み合わせにより反射光の位置のずれから非接触で距離を計測します。この素子はアナログ電圧で計測結果を出力します。この素子から出るリード線は写真7−6に示すように、接続部を下向きに置くと、上部左が赤外線発射部、右が受光部です。また、ピンは左から *Vout*（白色）、*GND*（茶色）、*Vcc*（黒色）です。黒色は *GND* であると思い込んで配線をしないでください。

Arduino と距離センサを接続した様子を写真7−7に示します。ピン配置の接続を図7−11に示します。距離センサの *Vcc*（黒色）を *Arduino* の5[*V*]出力ピンに、*GND*（茶色）を *GND* ピンに、出力線 *Vout*（白色）を *ANALOG*0ピンに接続します。これにより、プログラムはanalogRead(0)という命令文で、10ビットで *A/D* 変換された値を読み取ることができます。

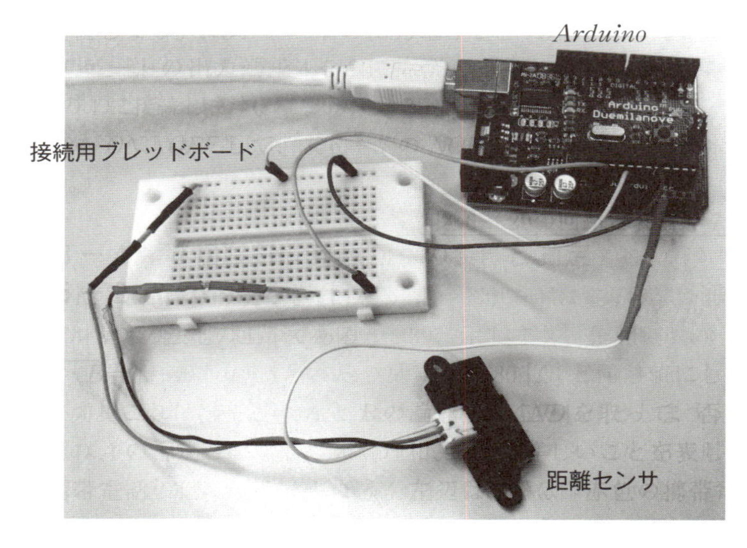

写真7−7　*Arduino* と距離センサの接続

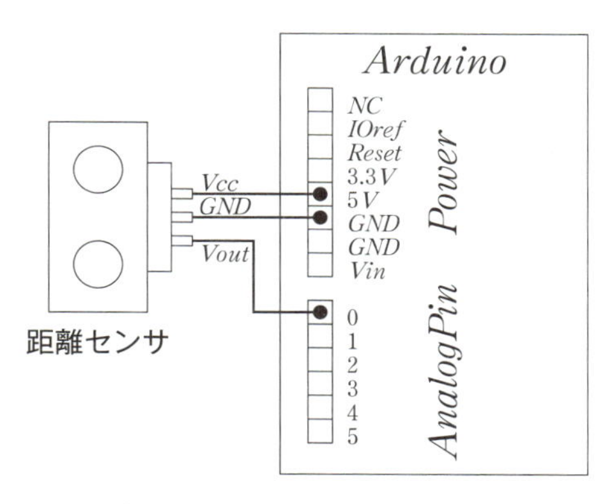

図7－11　*Arduino* と距離センサの接続（*Arduino* のアナログ端子へ距離センサの出力端子を接続し *A/D* 変換する）

プログラムをリスト7－2に示します。

リスト7－2　距離センサから出力されるアナログ値を10ビットのデジタル量に変換表示する

```
int value;                  //AD 変換値を入れる変数 value を整数として宣言
void setup(){
Serial.begin(9600);         //USB のシリアル通信設定9600bps で
}
void loop(){                // 繰り返し処理
 value = analogRead( 0 );       // アナログ 0 番ピンの値を読取りデジタル
                                  に変換して value に代入
 Serial.println(value);//AD 変換結果をシリアル通信に出力
 delay(200);                //200ms 待つ
}
```

このプログラムにより1秒間に5回（=1000 [*ms*]/200 [*ms*]）、*A/D* 変換した結果を指定したシリアルポートから出力します。距離センサから出力される値は0から5ボルトのアナログ値です。*Arduino* から出力される値はアナログ値を10ビットでデジタル量に変換された値です。10ビット$=2^{10}=1024$ですから1024階調、すなわち、0から1023までの値に変換されます。0ボルトなら値は0、出力値が5ボルトなら1023です。

シリアルポートからの値を *PC* で表示するには *Arduino IDE* の右上にある虫眼鏡のマーク「シリアルモニタ」を起動します。距離センサを机の上に固定して、距離センサから10*cm* 弱離れた場所に箱を置きました。センサから箱までの距離を計測します。実行のシリアルモニタの様子を図７－12に示します。

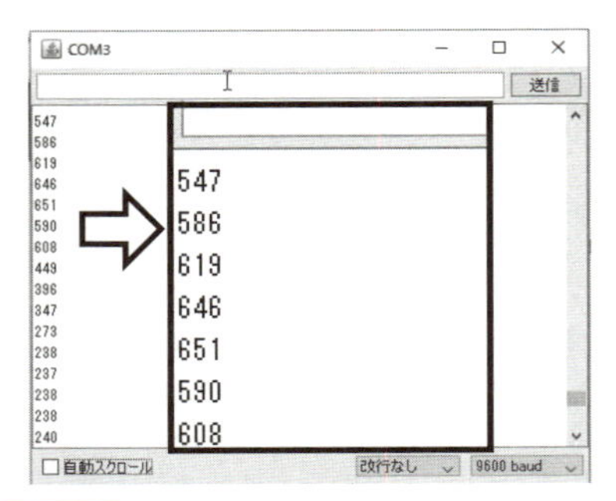

図７－12　*Arduino* のシリアルモニタ

ここでデジタルに変換された値を出力する代わりに距離計から出力された電圧を出力するように変更するには、リスト７－２の Serial.println(value) と出力する文を次のようにします。

Serial.println((float)value *5 / 1023)

Arduino の *A*/*D* 変換機能を使うことで、今まで紹介をしてきたセンサからの出力をデジタルに変換することで、データを *PC* で自動処理することが可能になります。そして *Arduino* で計算をしてその結果を *PC* に送ることも可能です。ここで示したように、*Arduino* は10ビットで *A*/*D* 変換をします。10ビット出力値を電圧 *E* にするために、次の式を用います。

$E\,[V] = (10\text{ビット出力値}/1023) \times 5\,[V]$

距離センサのマニュアルには、センサの出力する電圧は距離の逆数に比例すると記述されています。

［例題7－4］

距離センサと $Arduino$ の組み合わせから表7－8のデータが得られた。距離センサが出力する電圧と距離の関係を求めなさい。

表7－8　距離センサ出力値と10ビット A/D 変換結果

距離［cm］	7	10	15	20	25	30	35
10ビット出力値	626	490	358	288	256	237	229

［解答］

距離センサが出力する値を $Arduino$ で10ビット A/D 変換した実験結果が表7－8の2行目です。表示された値を電圧に変換します。変換結果を表7－9に示します。

表7－9　距離センサ出力値と10ビット A/D 変換結果の計算結果

距離［cm］	7	10	15	20	25	30	35
10ビット変換値	626	490	358	288	256	237	229
電圧［V］	3.06	2.39	1.75	1.41	1.25	1.16	1.12

距離と電圧の関係をグラフにすると図7－13になります。

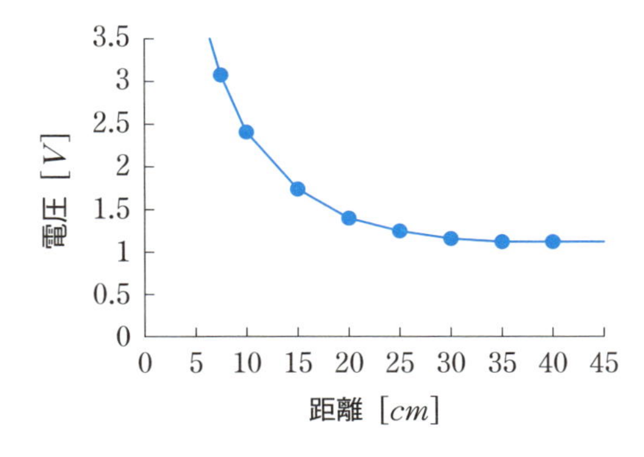

図7－13　距離と電圧の関係

このグラフは反比例のグラフと似ています。X 軸の距離の逆数と電圧を取ったグラフを図７－14に示します。

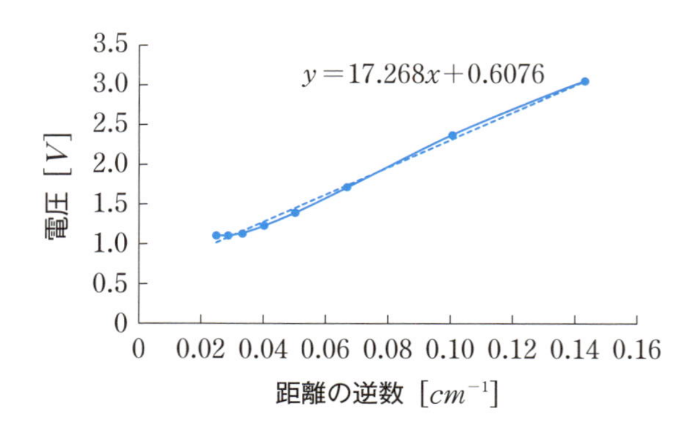

図７－14　距離の逆数と電圧の関係

ほぼ直線になりました。これから、距離計が出力する電圧と距離の関係に次の式になります。グラフ内に表示された式は、*Excel*の近似式を求めるツールを使いました。グラフから近似式を求めるには、グラフ内のデータ点を右クリックして、表示されるメニューから［近似曲線の追加］を選びます。図７－14では、電圧をyで、距離の逆数をxで表した式を表示しています。

答：距離の逆数と出力される電圧が比例する関係であり、
関係式は「$y=17.268x+0.6076$」になる。

７－４－３　Arduinoのi2cを使う

物理量をデジタル値として出力するセンサが増えています。その場合、デジタル量を通信で他の機器に送付します。通信方式として*i2c*や*spi*が用いられます。ここでは*i2c*通信※注による例を示します。

加速度、角速度を取得してデジタルで出力をする*MPU*9250を使って、加速度および角速度を取得表示します。*MPU*9250の外観を写真７－８に示します。センサの*X*軸が写真の上向き、*Y*軸が写真の左向き、*Z*軸が基板に垂直な方向です。*Arduino*と*MPU*9250は図７－15のように接続します。電源は3.3［*V*］を供給します。

注：i2c通信（inter−integrated circuit）は周辺デバイスとシリアル通信する方式で、マスタ側とスレーブ側に分けて、マスタ側がすべての制御を行う。クロック信号SCLとデータ信号SDAの２本線で接続する。ここではArduinoがマスタ側となる。

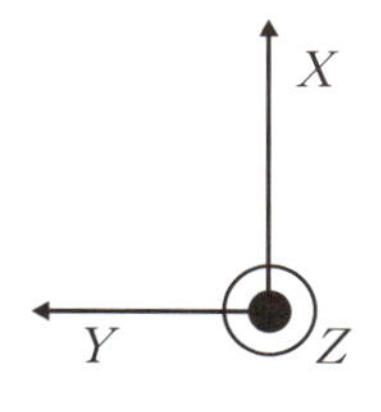

写真7－8　加速度センサ（*MPU*9250）と *X*、*Y*、*Z* 軸方向

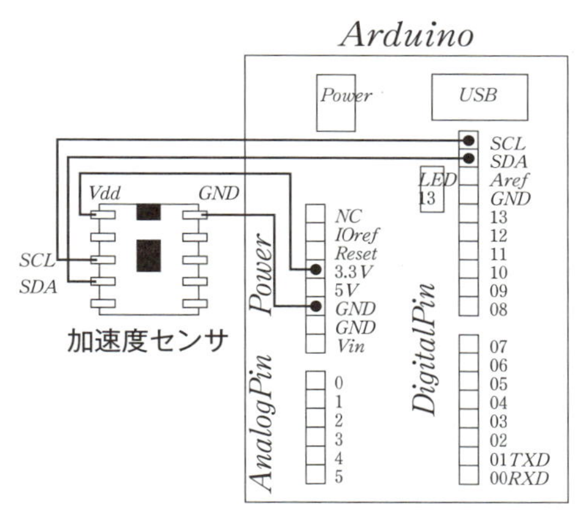

図7－15　加速度センサと *Arduino* の接続

表7－10　加速度センサ（*MPU*9250）のピン

*MPU*9250	*Arduino*	利用するピン
Vdd	*Power*3.3*V*	左の上から4番ピン
GND	*Power GND*	左の上から6番、7番ピン
SCL	*SCL* または *A*5	右の上から1番ピンまたは 左の下から1番目のピン *AN*5

SDA	*SDA* または *A4*	右の上から２番ピンまたは 左の下から２番目のピン *AN4*

*MPU*9250からデータを取得するプログラムをリスト７－３に示します。

リスト７－３ Arduinoで MPU9250の加速度、角速度データ取得するプログラム※注

```
#include<Wire.h>        //i2c と通信するためのライブラリ呼出設定
const int MPU_addr=0x68;                    //MPU9250の i2c アドレス
float AcX,AcY,AcZ,Tmp,GyX,GyY,GyZ; // 加速度、角速度を入れる変数
宣言
void setup(){
  Wire.begin();
  Wire.beginTransmission(MPU_addr);
  Wire.write(0x6B);       //PWR_MGMT_1 register
  Wire.write( 0 );        //MPU9250の起動
  Wire.endTransmission(true);
  Serial.begin(9600);     // シリアルポートとの通信速度を9600bps に設定
}
void loop(){
  Wire.beginTransmission(MPU_addr);
  Wire.write(0x3B);       // レジスタから読み込み開始 0x3B (ACCEL_
                            XOUT_H)
  Wire.endTransmission(false);
  Wire.requestFrom(MPU_addr,14,true);        //14レジスタ要求（その
                                               うち12レジスタ利用）
  AcX=Wire.read()<<8 |Wire.read();    //0x3B (ACCEL_XOUT_H) &
                                        0x3C (ACCEL_XOUT_L)
  AcY=Wire.read()<<8 |Wire.read();    //0x3D (ACCEL_YOUT_H) &
                                        0x3E (ACCEL_YOUT_L)
  AcZ=Wire.read()<<8 |Wire.read();    //0x3F (ACCEL_ZOUT_H) &
                                        0x40 (ACCEL_ZOUT_L)
```

※注：加速度センサのデータ取得プログラムのURL：http://playground.arduino.cc/Main/MPU－6050

```
  Tmp=Wire.read()<<8|Wire.read();
  GyX=Wire.read()<<8|Wire.read();    //0x43 (GYRO_XOUT_H) &
                                       0x44 (GYRO_XOUT_L)
  GyY=Wire.read()<<8|Wire.read();    //0x45 (GYRO_YOUT_H) &
                                       0x46 (GYRO_YOUT_L)
  GyZ=Wire.read()<<8|Wire.read();    //0x47 (GYRO_ZOUT_H) &
                                       0x48 (GYRO_ZOUT_L)
  Serial.print(AcX/16384);          // 重力加速度で割った値に変換するため
  Serial.print("¥t "); Serial.print(AcY/16384); //16384で除して書き出し
  Serial.print("¥t "); Serial.print(Acz/16384); // "¥t" はタブ出力を見やす
                                                    くするため
  Serial.print("¥t"); Serial.print(GyX/131);          // 分解能131で割る
  Serial.print("¥t"); Serial.print(GyY/131);
  Serial.print("¥t"); Serial.println(GyZ/131);
}
```

リスト7－3を*Arduino IDE*で作成後、*Arduino*に書き込みます。書き込み後、*Arduino*のシリアルモニタ（*Arduino IDE*の右上にある虫眼鏡マーク）を起動すると、図7－16のように、1列目、加速度X成分、2列目加速度Y成分、3列目加速度Z成分、および角速度の3成分が出力されます。*MPU*9250を水平に置いた状態で計測したので、Z軸が上に向いた状態です。3列目のZ成分が1.0程度の値になっています。これは、センサから出力される加速度値は重力加速度9.8［m/s^2］で割った値だからです。X、Y成分は水平方向に置かれているので重力の影響を受けず、ゼロ付近の値です。

今回の設定では加速度は重力加速度で割っているので単位は無次元で、最大値は2、最小値が－2です。角速度の単位は度/sで、最大値は250度/s、最小値が－250度/sです。図7－16のデータを取得した時の状態は、センサを静置していたので、角速度の値は最大最小値±250から見ると1％未満の値です。

図7−16　*Arduino* のシリアルモニタからの出力

[例題7−5]

*MPU*9250と *Arduino* で3つの状態の加速度を計測したら図7−17のグラフが得られました。ステージ1、ステージ2、ステージ3の加速度センサの配置（向き）を推定しなさい。

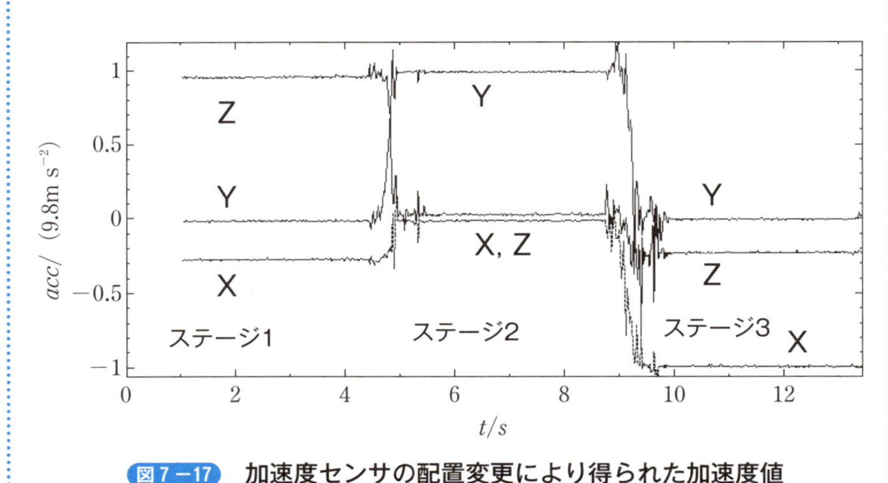

図7−17　加速度センサの配置変更により得られた加速度値

[解答]

ステージ1では Z の値が1で、X、Y の値がゼロに近いので、写真7−8から、センサは Z 軸が上に向き、X 軸がほぼ水平、および Y 軸が水平であることが推定できる。センサは水平に置かれている状態だと推定できる。

ステージ2では Y の値が1で、X、Z の値がゼロに近いので、センサは Y 軸が上に向き、X 軸および Z 軸が水平であることが推定できる。センサは写真7－8の右長辺を下にして立てられた状態だと推定できる。

ステージ3では X の値が－1で、Y、Z の値がゼロに近いので、センサは X 軸が下に向き、Y 軸が水平、および Z 軸がほぼ水平であることが推定できる。センサは写真7－8の下短辺を下にして立てられた状態だと推定できる。

これらをまとめると図7－18のような配置であると推定できる。

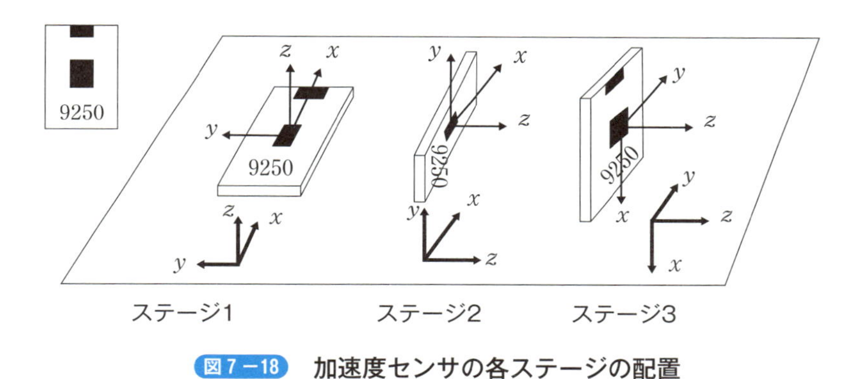

図7－18　加速度センサの各ステージの配置

答：解答の説明と図7－18

付録

付録A ブレッドボードと使い方

ブレッドボードとは、電子部品やリード線を差すだけで配線できる電子基板のことです。はんだ付けの作業は不要です。

ブレッドボードにはいろいろの種類があります。ブレッドボードの例を写真Ａ－１に示します。

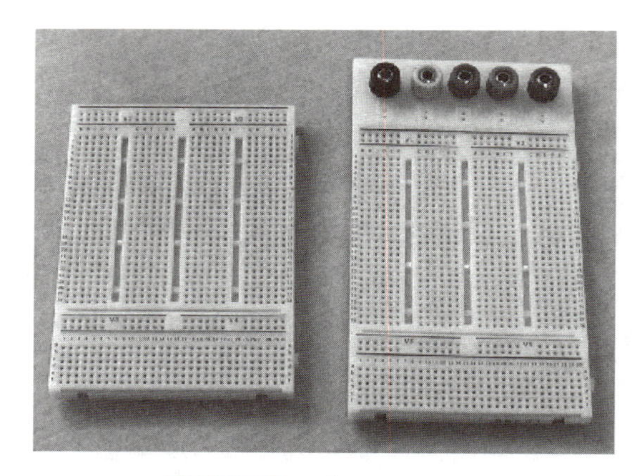

写真 A－1 ブレッドボード

ブレッドボードの使い方は難しくはありません。

ブレッドボードの穴に電子部品の足とジャンプワイヤ（リード線）と呼ばれている専用のリード線を差して回路配線します。

この際、配線に注意することがあります。穴の６個が対になっています（写真Ａ－２）。この６個の穴は、基板の裏面側で、銅ニッケル板で接続されています。（写真Ａ－３）。すなわち、６個の穴は導通（ショート）状態になっています。

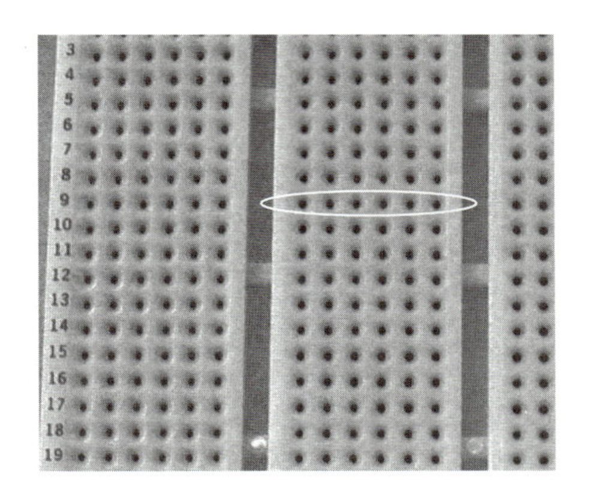

写真 A－2　6 個の穴が対になっている

写真 A－3　6 個の穴が導通状態

隣どうしの 6 個の穴は、互いに独立しているので、導通状態にはなりません。これらのことに注意して配線します。

抵抗とリード線を穴に差す場合は、写真 A－4 のようにします。また、*IC* を差す場合は写真 A－5 のようにします。

本文図 5－41 のウィーンブリッジ発振回路のブレッドボード上の配線図の例を図 A－1 に示します。この配線図に従って実際にブレッドボードに回路構成したものが本文写真 5－3 になります。

慣れてしまえば、難しくありません。

はんだ付けが要らないことから、実験や試作の回路配線する場合には非常に便利です。特に、部品を交換したり、回路を見直す場合には利便性があります。

写真A－4 抵抗とリード線を差す

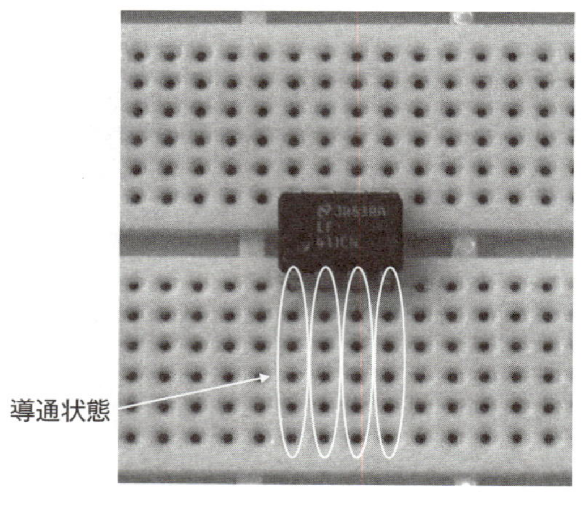

写真A－5 *OP* アンプを差し込む

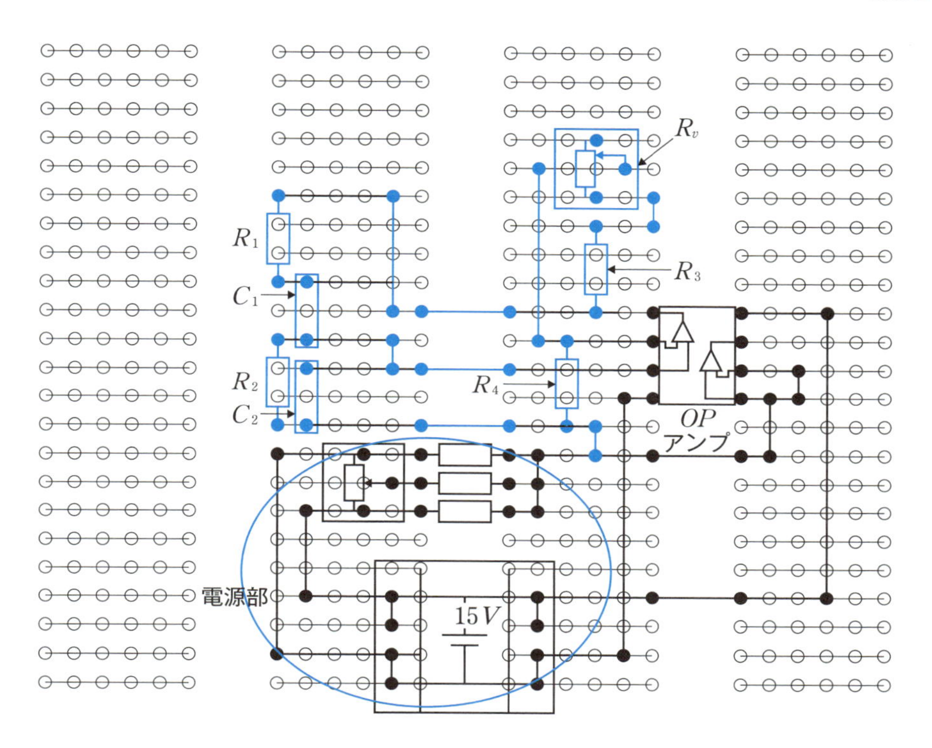

図 A－1　ウィーンブリッジ発振回路のブレッドボード上の配線図

付録B ノギスとマイクロメータ

旋盤やフライス盤の加工現場では、ノギスは最も基本的な測定工具です。電気電子系の実験でノギスやマイクロメータを使用することがあります。

ノギスは、150*mm*、300*mm* などのサイズがあります。標準ノギスの他に、デジタルノギスやダイヤル付きノギスなどのバリエーションがあります。ノギスとマイクロメータの例を写真B－1、写真B－2に示します。

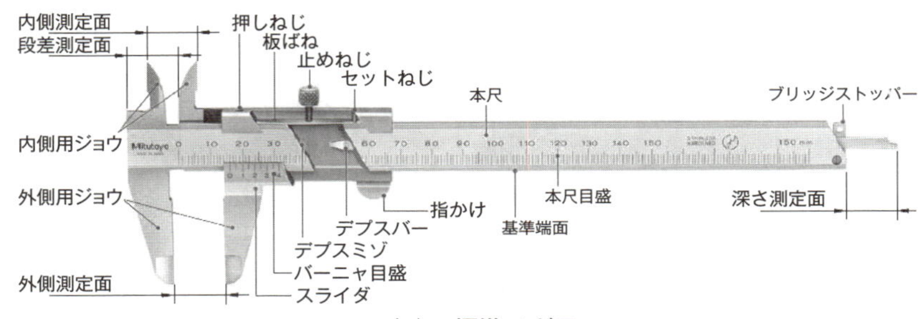

(a) 標準ノギス

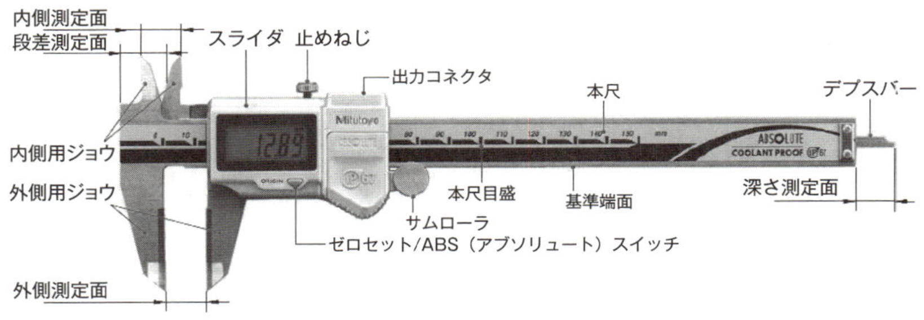

(b) デジタルノギス

写真B－1 標準ノギスとデジタルノギス

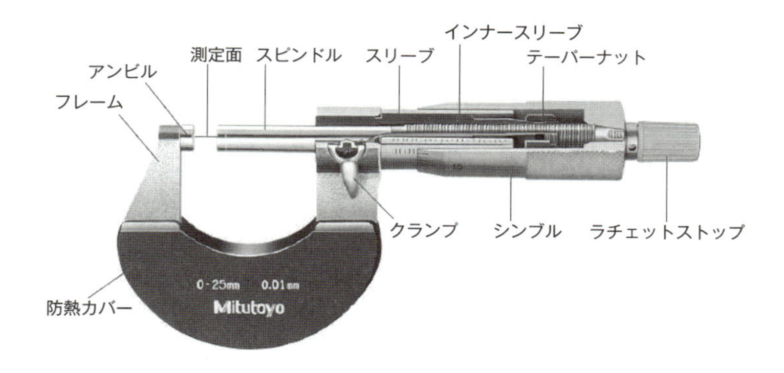

（a） 標準マイクロメータ

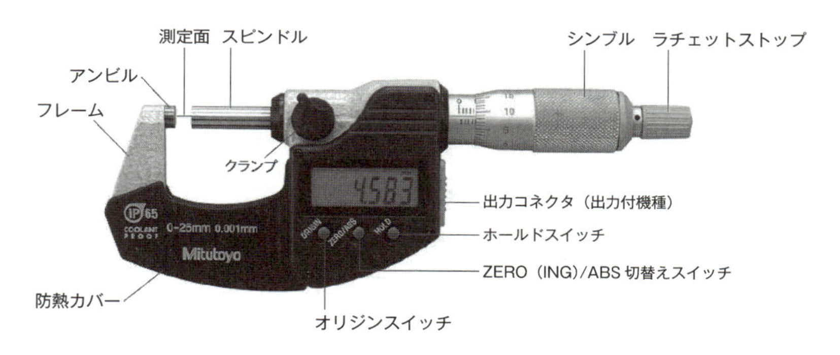

（b） デジタルマイクロメータ

写真 B－2　デジタルマイクロメータとデジタルマイクロメータ

ノギスとマイクロメータの誤差について説明します。

ノギスとマイクロメータの誤差は、幾何学的な誤差、読み取り誤差、視差があります。

B－1　幾何学的な誤差

幾何学的な誤差は、“アッペ（*Abbe*）の原理”に基づいています。

被測定物と測定器の目盛線とを同一直線上に置いたとき、測定の誤差を最も小さくすることができるというものです。

マイクロメータはアッペの原理に基づいた構造ですが、ノギスはそうではないため、マイクロメータに比べて誤差が大きくなる可能性があります。ノギスの場合は、アッペの原理に合致しない誤差があるという意味です。

ノギスとマイクロメータの誤差は、図B－1の式から求められます。

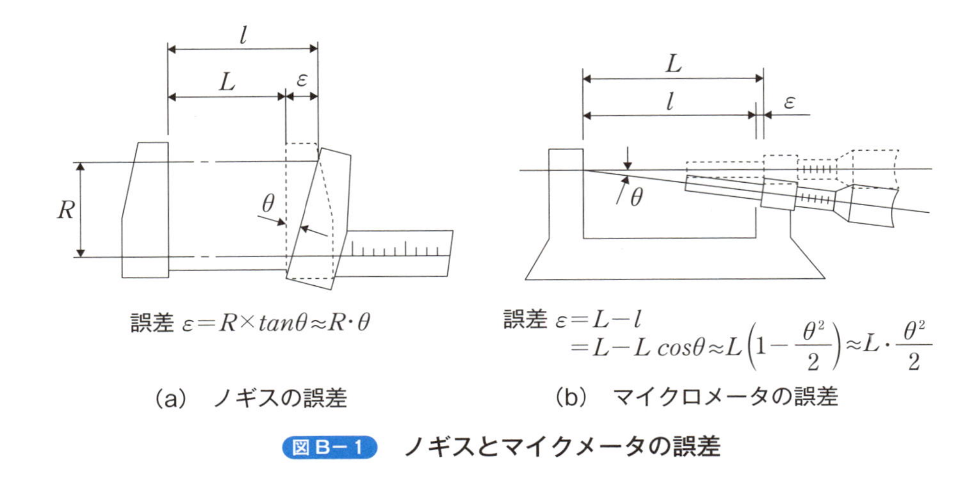

誤差 $\varepsilon = R \times tan\theta \approx R \cdot \theta$

(a) ノギスの誤差

誤差 $\varepsilon = L - l = L - L\cos\theta \approx L\left(1 - \frac{\theta^2}{2}\right) \approx L \cdot \frac{\theta^2}{2}$

(b) マイクロメータの誤差

図B－1 ノギスとマイクメータの誤差

B－2 読み取り誤差

人間の眼の分解能（近接した2点を識別する能力）は、正常な眼の場合、明視距離250*mm*において約0.06*mm*（視覚50秒）であるといわれています。また、直線のずれを認識する能力は0.02*mm*（視覚15秒）、最良状態で0.01*mm*（視角8秒）であるといわれています。

人間の眼の分解能には限界があるため、それ以上の分解能を必要とするときには、ルーペや顕微鏡などの光学機器が用いられます。しかし、これらもレンズの収差や光の波動性による回折現象のために分解能には限界があります。

B－3 視差

同一平面上にない目盛線を読み取るとき、目盛線を垂直に観測しないことによって生じる誤差を視差（パララックス、*parallax*）といいます。図B－2に例示するように、*A*または*B*のような誤差が生じます。

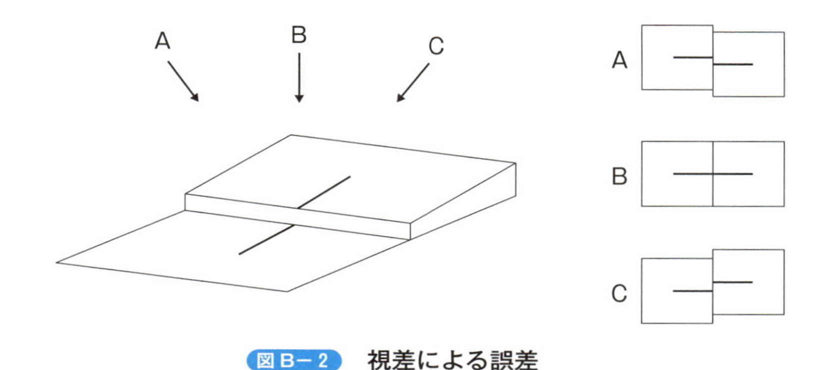

図B－2 視差による誤差

次に、ノギスとマイクロメータの測定例について説明します。

ノギスの測定例を図B－3に示します。

副尺の0が、主尺の11*mm*と12*mm*の間にあることから、ここで測定する物の長さはこの間にあることがわかります。小数点以下については、副尺と主尺の一致したところの副尺の目盛を読めばよいので、図の例では、副尺の7の目盛（14番目の目盛）が主尺の目盛に一致しているので、この場合には11.70*mm*となります。

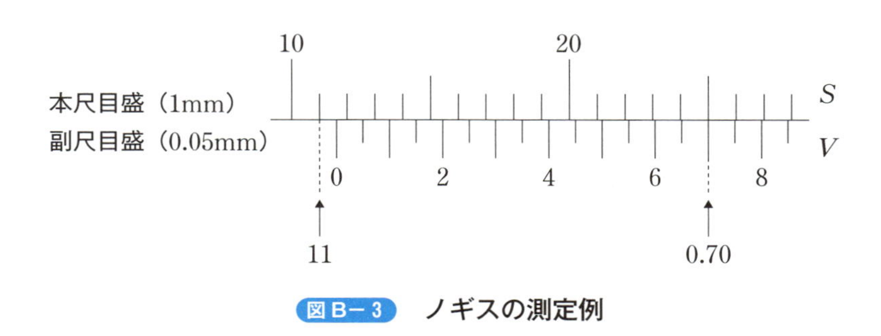

図B－3 ノギスの測定例

マイクロメータの構成と測定例を図B－4に示します。

試料は同図（a）のSとCの間にはさんで、その長さを測定します。A、B、C、Dは一体になっており、KとSも一体になっています。Kを一回転させると、Sは0.5*mm*だけ左または右に移動し、その進みは、目盛Aで読み取ることができます。Kの左端には一周を50等分した目盛がふってあり、目盛Aの横線を使って読み取るようになっています。この目盛を目分量で1／10まで読み取れば、1／1000*mm*まで測定することができます。試料の長さは、目盛AとKの値を加え合わせることによって求めることができます。読み取り例を同図（*b*）と（*c*）に示します。

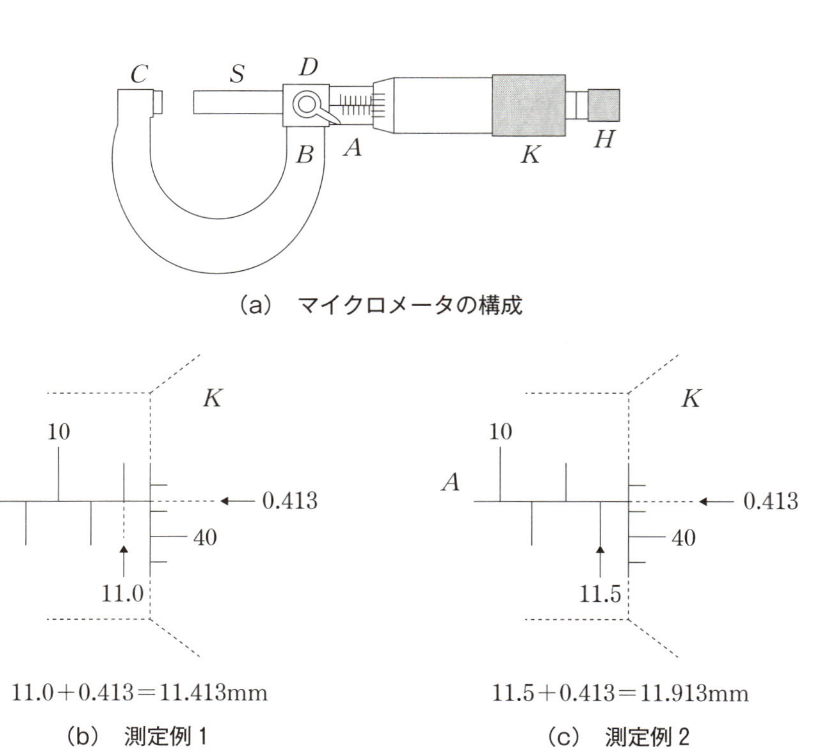

（a） マイクロメータの構成

（b） 測定例 1

（c） 測定例 2

図 B－4 マイクロメータの構成と測定例

付録C 球ギャップによる高電圧実験

大学などの教育機関において電気工学系学科では、第二・第三種電気主任技術者試験（いわゆる“電験”）の資格取得を目的に、資格取得に必要な科目を開講し、関連の実験を行っています。卒業後、所定の実務経験を経ることで資格を取得することができます。資格取得に必要な科目の１つとして、高電圧工学やその関連の科目、実験では交流高電圧による放電実験やインパルス実験（雷実験）があります。

球ギャップを用いた交流高電圧実験について説明します。

一般に、電極間の高電圧放電は２種類の放電形態があります。電極間に電圧を加えていくと、はじめにコロナ放電が発生し、電圧の上昇とともにこれが発達して電極間を短絡し火花放電に至る場合と、コロナ放電を経由せずに直ちに火花放電が発生する場合です。一般には、電極近くの電界が強く、電極から離れると弱くなる不平等電界の場合にはコロナが発生します。通常、火花放電のことを“スパークオーバ（*sparkover*）”または“フラッシオーバ（*flashover*）”といいます。気体中の電極間が放電路によって橋絡する場合はスパークオーバといい、これに対して碍子などの表面で発生する火花放電（沿面放電）は“フラッシオーバ（*flashover*）”といいます。

球ギャップによる高電圧実験は、コロナ放電に至らないで直ちにスパークオーバとなる領域で行います。すなわち、球間隙であるギャップ長が球の直径に比較して小さく、球ギャップは平等電界とみなせる領域です。この領域では測定値のバラツキが少なく誤差も小さくなります。

写真 C－1　１球接地の球電極装置

表C－1 ギャップ長とスパークオーバ電圧の関係

ギャップ長 l [mm]	高圧電圧計 $V_{SparkOver}$ [kV]	スパークオーバ電圧波高値 V_m [kV]	Vmの平均値 V_m ($Ave.$) [kV]	標準スパークオーバ電圧 V_{ms} [kV]	平均電界 E [kV/mm]	標準球ギャップの50%スパークオーバ電圧 V_n [kV]	誤差 ε [%]
5	11.5	16.26	15.84	15.56	3.11	16.8	7.39
	11.0	15.56					
	11.5	16.26					
	10.5	14.85					
	11.5	16.26					
5.5	12.5	17.68	17.25	16.95	3.08	18.4	7.89
	12.0	16.97					
	12.5	17.68					
	12.0	16.97					
	12.0	16.97					
6	13.0	18.38	18.67	18.34	3.06	19.9	7.85
	13.0	18.38					
	13.0	18.38					
	13.5	19.09					
	13.5	19.09					
6.5	14.5	20.51	20.36	20.00	3.08	21.5	6.96
	14.0	19.80					
	14.5	20.51					
	14.5	20.51					
	14.5	20.51					
7	15.0	21.21	21.35	20.98	3.00	23.0	8.80
	15.5	21.92					
	15.5	21.92					
	14.5	20.51					
	15.0	21.21					

（測定条件：気圧1018 [$mbar$]、16.0 [℃]、湿度68.0 [%]）

球電極の直径は$2cm$～$200cm$までのバリエーションがあり、“標準球電極”と称しています。以下の実験例は直径$12.5cm$の球電極を使用した場合です。ギャップ調整可能な球電極装置を写真$C-1$に示します。片側の球電極が接地されている1球接地型です。

交流高電圧の発生は、巻線式ネオントランス（1次側：$100V$、2次側：$15kV$、$50/60Hz$）を使用し、トランス1次側をスライダックで電圧上昇させます。スパークオーバ時に印加電圧をすぐに遮断させるために、押し釦スイッチをONにすることによりリレーでスライダックの1次側を遮断するようにシーケンスを組んでいます。

測定結果の例を表C－1と図C－1に示します。

表C－1で、ギャップ長を$l\,[mm]$、スパークオーバ電圧（電圧計の読み、実効値）を$V_{SparkOver}\,[kV]$、スパークオーバ電圧の波高値を$V_m=\sqrt{2}\,V_{SparkOver}\,[kV]$、スパークオーバ電圧の波高値の平均値を$V_m\,(Ave.)[kV]$、標準スパークオーバ電圧を$V_{ms}\,[kV]=\dfrac{V_m(Ave.)}{\delta}$、平均電界を$E\,[kV/mm]=\dfrac{V_{ms}}{l}$、標準球ギャップの50%スパークオーバ電圧を$V_n\,[kV]$、誤差を$\varepsilon\,[\%]=\dfrac{V_n-V_{ms}}{V_n}\times 100$としています。

δは相対空気密度のことで、次式から求めることができます。δの値により測定電圧を補正する必要があります。

$$\delta=\frac{P}{1013}\times\frac{273+20}{273+t}=0.289\frac{P}{273+t}$$

表の下の測定条件（気圧$P=1018\,[mbar]$と温度$t=16.0\,[℃]$）を代入すると

$$\delta=1.02$$

が得られます。

δの値が$0.95<\delta<1.05$のときは、測定したスパークオーバ電圧$V_m\,(Ave.)$は標準状態（気圧1013 $[mbar]$、温度20 $[℃]$）におけるスパークオーバ電圧V_{ms}に比例するとして

$$V_{ms}=\frac{V_m(Ave.)}{\delta}$$

の補正をします。表C－1の計算はこの場合です。

一方、δの値が0.95以下または1.05以上の場合は、

$$V_{ms}=\frac{V_m(Ave.)}{k}$$

で求め、表C－2の補正係数kの値で補正します。

表C－2　補正係数

δ	0.70	0.75	0.80	0.85	0.90	0.95	1.05	1.10	1.15
k	0.72	0.77	0.82	0.86	0.91	0.95	1.05	1.09	1.13

標準球ギャップの50％スパークオーバ電圧は日本工業規格（*JIS*）で規定されています。この値は球電極の大きさによって異なります。12.5*cm* の球電極の場合は、表C－1の V_n の値になります。同じ電圧を多数回印加したときに、印加した回数の半分でスパークオーバが起きたときの電圧を“50％スパークオーバ電圧”と定義しています。

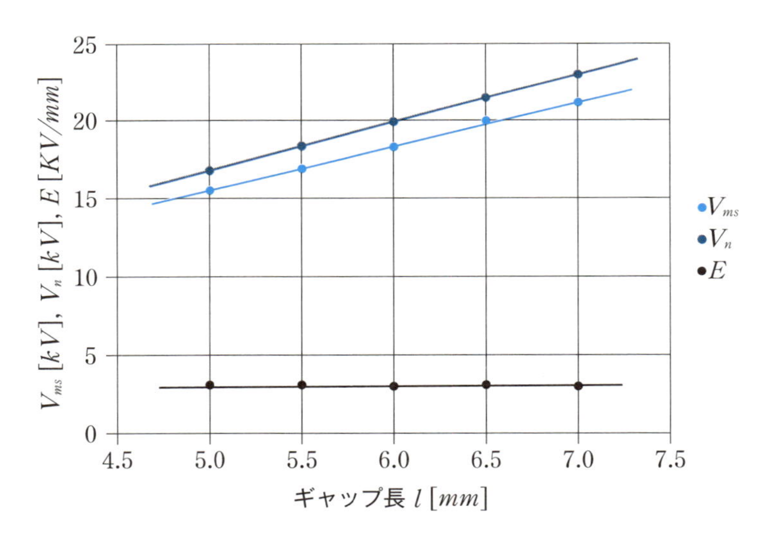

図C－1　ギャップ長 l とスパークオーバ電圧 V_{ms} と V_n、平均電界 E の関係

測定結果から標準スパークオーバ電圧 V_{ms} と50％スパークオーバ電圧 V_n との間には８％程度の誤差がありますが、大略近い値が得られています。また、平均電界 E はギャップ長に依存せずほぼ一定の値が得られています。平等電界が維持されていると考えられます。

〈一口メモ〉

筆者の１人は、北海道大学の高電圧研究室で液体絶縁物の電気伝導について研究をしました。そのときに出会った名著です（写真Ｃ－２）。書籍は絶版になりましたが、この分野のバイブル的な書籍でした。

写真Ｃ－２　Ignacy Adamczewski 著『Ionization Conductivity and Breakdown in Dielectric Liquids』TAYLOR & FRANCIS LTD（London, 1969年）

付録D　クリドノグラフによる衝撃電圧の測定

クリドノグラフ（*Klydonograph*）とは、別名、サージ記録計といわれています。特殊な電圧測定装置の１つです。主に、衝撃電圧（インパルス電圧）の波高値の測定に用いられます。電極対を構成する１つの電極である金属板上に写真乾板を置きます。さらに、乾板の上部にはもう１つの電極となる針状電極を置きます。両電極間に衝撃電圧を印加した後に、乾板を現像すると美しい放射状の模様が現れます。これをリヒテンベルク図形（*Lichtenberg figure*）といいます。この図形は針状電極が正極性のときは放射状に、負極性のときは円形模様となる傾向が見られます。図形の大きさは印加電圧によって変わります。この現象を利用して電圧を測定する装置がクリドノグラフです。雷や偶発的な異常電圧の測定などに用いられます。精度はあまり良くないので、測定の絶対値というよりも相対的な傾向を知ることができます。

クリドノグラフの構成イメージを図Ｄ－１に示します。写真乾板の代わりに、石松子（せきしょうし）の粉末を使用します。石松子は、北海道から九州、北半球の温帯、暖帯に広く分布する植物であるヒカゲノカズラの胞子です。淡黄色の粉末なので、クリドノグラフにはリヒテンベルク図形をみやすくするために着色したものを使用します。

金属板の上に置いたベークライト板上に石松子の粉末を均一に散布します。同図右側は石松子の散布イメージです。散布後に散布エリアの中央付近に針状電極を置きます。

衝撃電圧の波高値、波頭長、波尾長の定義を図Ｄ－２に示します。横軸は時間を、縦軸が電圧を規格化（%表示）して示してあります。波高値は縦軸 $C-F_1$ 間の最大電圧 V_m（100%）です。波頭長 T_1 は横軸 F_0-F_1 間の時間で、波尾長 T_2 は F_0-F_2 の間の時間として定義されます。

実験で使用する衝撃電圧発生器は、設定する印加電圧は衝撃電圧の波高値になります。衝撃電圧の波頭長と波尾長は固定（$T_1=1.2$ [μs]、$T_2=40$ [μs]）で、印加電圧は10 [kV]～20 [kV] の範囲で設定します。オシロスコープによる衝撃電圧の波形観測例を写真Ｄ－１に示します。実際の出力電圧をシャント抵抗により $\frac{1}{100}$ に分圧した電圧を波形観測します。

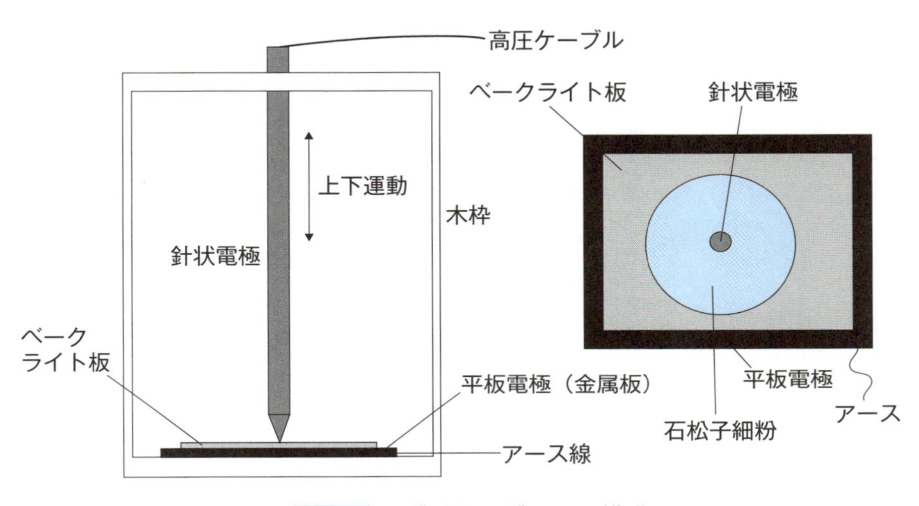

図D－1 グリドノグラフの構成

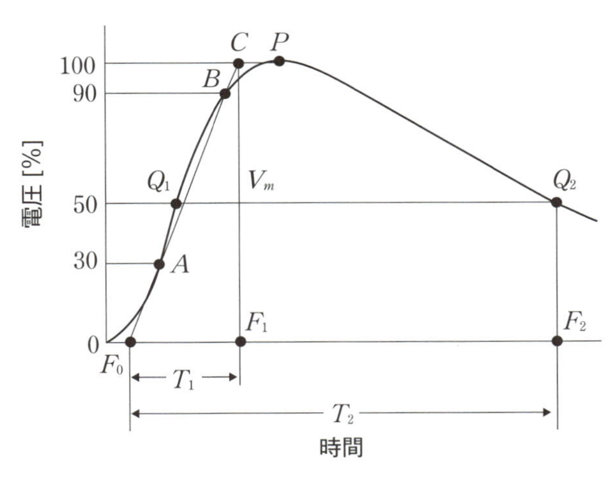

図D－2 衝撃電圧の定義

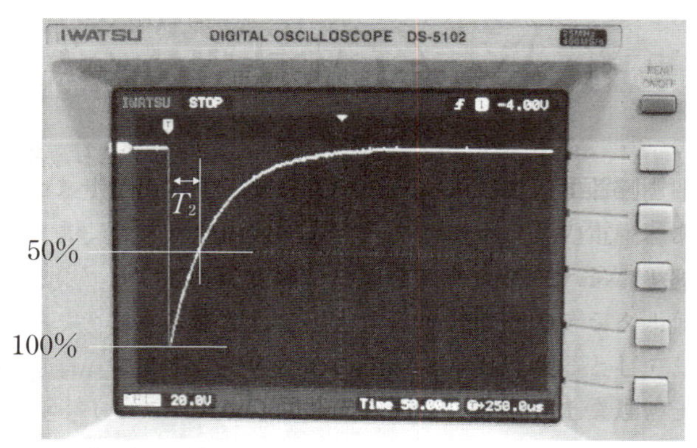

（電圧レンジ：20 [V/DIV]、時間レンジ：50 [$\mu s/DIV$]、プローブ減衰率10：1）

写真D－1 衝撃電圧の波形例（負極性）

波形観測から波高値と波頭長、波尾長を読み取ると、

$V_m = 6cm \times 20\,V/DIV \times 10$倍$\times 100 = 12$ [kV]

$T_1 \approx 1$ [μs] 程度（波形からは読みとりにくいですが、大略この程度の値です）

$T_2 \approx 50$ [μs] 程度（大略横軸１目盛分です）

と推定できます。

衝撃電圧の波高値（衝撃電圧発生器の印加電圧）とリヒテンベルク図形の大きさの関係を測定します。正負の両極性について測定します。リヒテンベルク図形の大きさは、任意の形状になるので、楕円と仮定し、長径 R_1 と短径 R_2 をノギス※注1で測ります。大きさの測定値としては、円とみなして平均直径 $R = \dfrac{R_1 + R_2}{2}$ をとります。測定結果を図D－３に示します。図D－４は、横軸にリヒテンベルグ図形の平均直径 R を、縦軸に印加電圧 V_m をとったものです。バラツキが大きい場合は、最小二乗法で回帰直線を求めることができます※注2。

実際に測定したリヒテンベルグ図形の例を写真D－２に示します。

※注１：付録Bを参照。

※注２：第１章１－６－２節を参照。

表D－1　印加電圧とリヒテンベルグ図形の大きさの関係

極性	印加電圧 V_m [kV]	リヒテンベルグ図の大きさ（半径）			
		長径 R_1 [mm]	短径 R_2 [mm]	平均直径 R [mm]	R の平均 R (Ave.)[mm]
負極性	14	3.59	1.85	2.72	2.09
		1.91	1.53	1.72	
		2.53	1.14	1.84	
	16	4.48	2.50	3.49	3.18
		3.04	2.21	2.63	
		4.43	2.43	3.43	
	18	4.60	3.10	3.85	4.58
		6.16	3.03	4.60	
		6.39	4.20	5.30	
	20	6.68	4.93	5.81	5.67
		7.28	2.61	4.95	
		9.67	2.82	6.25	
正極性	14	7.69	4.10	5.90	5.50
		6.00	3.93	4.97	
		7.16	4.13	5.65	
	16	10.48	6.96	8.72	7.59
		8.82	6.38	7.60	
		7.46	5.45	6.46	
	18	11.10	10.85	10.98	10.39
		9.86	8.79	9.33	
		12.97	8.79	10.88	

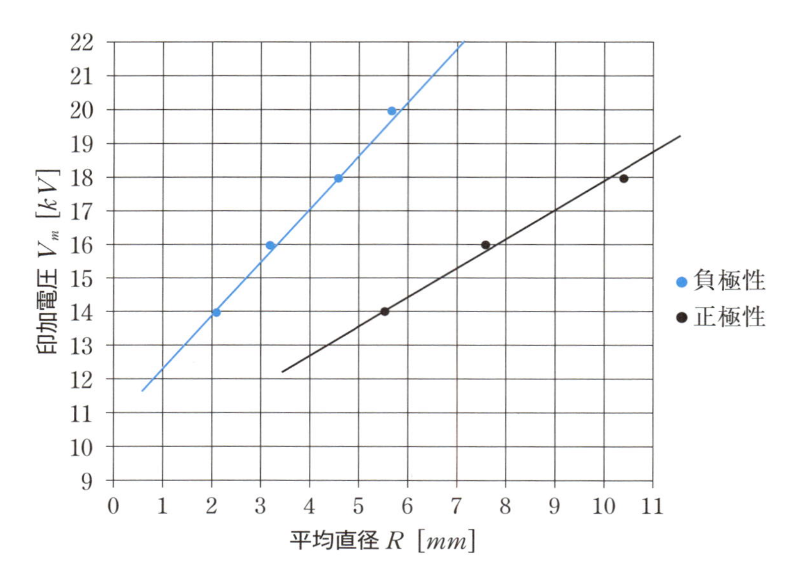

図D－3　印加電圧とリヒテンベルグ図形の大きさの関係

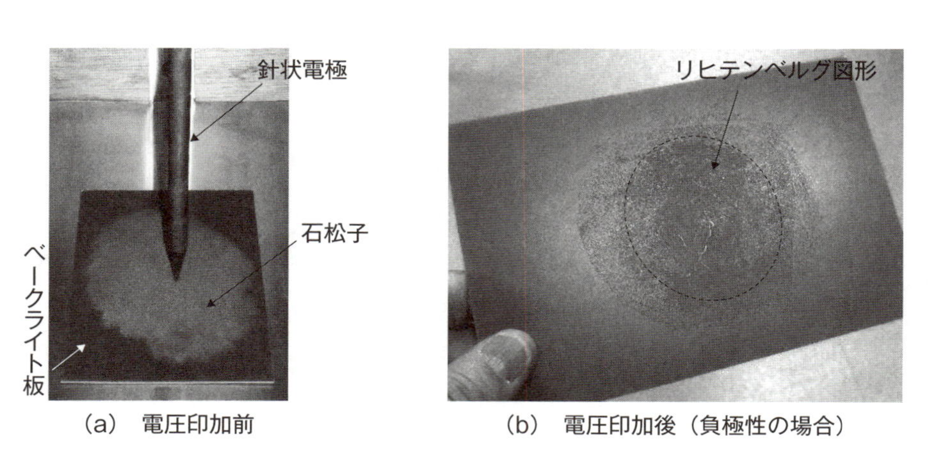

（a）　電圧印加前

（b）　電圧印加後（負極性の場合）

写真D－2　リヒテンベルグ図形の例

付録E　変圧器の諸特性

変圧器（*Transformer*）は、トランスまたは変成器ともいいます（写真E－1）。鉄心により形成される1つの共通磁心のまわりに、2つ以上のコイルを巻き、電磁誘導作用によって、相互に交流電圧または電流の変換機能をもった電気機器です。大容量の電力用変圧器から通信機器や電子機器に使用される小型、小容量のものまで多種多様です。一次、二次コイルの巻数をそれぞれn_1、n_2とし、一次コイルに交流電圧v_1を加えると、電磁誘導によって二次コイル両端に電圧$v_2=\frac{n_2}{n_1}v_1$が生じます。$n_2>n_1$であれば昇圧し、二次電圧のほうが高くなります。$n_2<n_1$であればその逆で、降圧し、二次電圧は低くなります。また、変圧器は、理想的には一次、二次間で電力の増減はありませが、鉄心のヒステリシスや渦電流による鉄損、銅線の抵抗（巻線抵抗という）による損失があります。変圧器の構造は、鉄心とコイルの位置関係から内鉄型と外鉄型に分けられます。鉄心には炭素量がきわめて低い軟鋼にケイ素を4～6％程度加えた鋼板（ケイ素鋼板）が用いられ、鉄損を小さくしてしています。

実際の変圧器の等価回路を図E－1に示します。一次巻線数をn_1、二次巻線数をn_2、変圧比を$a=\frac{v_1}{v_2}=\frac{n_1}{n_2}$、一次側インピーダンスを$z_1=r_1+jx_1$、二次側インピーダンスを$z_2=r_2+jx_2$、負荷インピーダンスを$z=r+jx$としています。通常、変圧器は自己インダクタンス$L_1$を十分大きくしているので、励磁電流$I_0$は一次側電流$i_1$に対して無視できます。漏れリアクタンスがなく、励磁電流が無視できるような変圧器を理想変圧器といいます[※注]。

※注：理想変圧器の説明は、本書と同シリーズの『例題で学ぶ　はじめて電気回路』（臼田昭司著、技術評論社刊）の12－1節を参照。

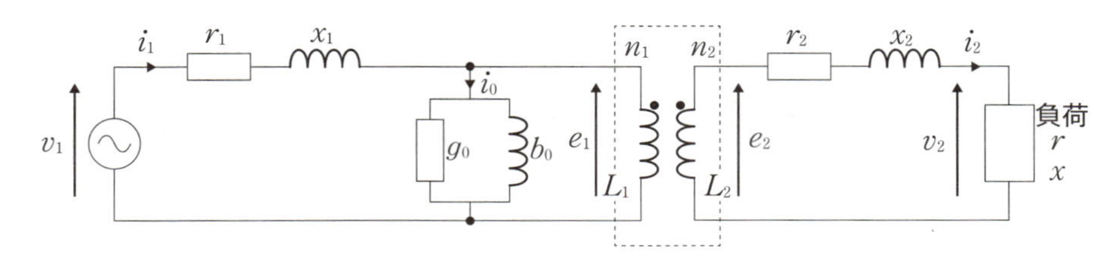

v_1：一次側供給電圧
i_1：一次側入力電流
e_1：一次巻線誘導起電力
r_1：一次巻線抵抗
x_1：一次漏れリアクタンス
i_0：励磁電流
g_0：励磁コンダクタンス
b_0：励磁サセプタンス
v_2：二次側端子電圧
i_2：二次側負荷電流
e_2：二次巻線誘導起電力
r_2：二次巻線抵抗
x_2：二次漏れリアクタンス
r：負荷抵抗
x：負荷リアクタンス
L_1、L_2：一次側、二次側コイルの自己インダクタンス

図E－1　変圧器の等価回路

変圧器の諸特性について測定例を説明します。使用した変圧器は一次：200V、二次100V（容量1KVA）の降圧型の単層変圧器（公称変圧比$a=2$）です。

E－1　巻線抵抗の測定

直流電源を使用して一次側、二次側の電圧（V_1、V_2）と電流（I_1、I_2）を測定し、巻線抵抗r_1、r_2は$r_1=\dfrac{V_1}{I_1}$、$r_2=\dfrac{V_2}{I_2}$より得られます。温度t[℃]における一次側に換算した全巻線抵抗r_tは

$$r_t=r_1+a^2r_2$$

で与えられます。

温度$t=20$[℃]における測定値（$r_1=0.169$ [Ω]、$r_2=0.0492$ [Ω]）を代入すると、

$$r_{20}=0.169+2^2\times0.0492=0.366\ [\Omega]$$

が得られます。

E－2　無負荷試験

二次側を開放して一次側に定格電圧v_1を加えたときの一次側の電流i_1と電力w_1を測定します。電力は一次側に接続した電力計で直接測定します。測定される電力は無負荷損と呼ばれ、これから巻線抵抗による損失（$r_1i_1^2$）を引くことに

より鉄損 p_i を求めることができます。

$$p_i = w_1 - r_1 i_1^2$$

無負荷の場合は、一次側の電流 i_1 は励磁電流 i_0 そのものになります。励磁電流は鉄心を磁化するだけの小さな電流です。二次側に負荷がかかると、一次側の電流は励磁電流と負荷電流の和になります。

実験では、一次側を開放し、二次側に定格電圧（$v_2(rated) = 100\ [V]$）を加えます。得られた測定値（$i_2 = 0.315\ [A]$、$w_2 = 31.5\ [W]$、$r_2 = 0.0492\ [\Omega]$）を上式に代入します。

鉄損は

$$p_i = 31.5 - 0.0492 \times 0.315^2 = 31.5\ [W]$$

が得られます。

E－3　短絡

変圧器の二次側を短絡し、一次側に除々に電圧を印加し一次側電流が定格電流に達したときの一次側短絡電流 i_{1s}、一次側の電圧 v_{1s}、電力 w_{1s} をそれぞれ測定します。短絡試験では、励磁電流は無視することができます。測定される電力は主に銅損（負荷損）になります。負荷損とは変圧器に負荷電流を流すことにより発生する損失で、巻線中の銅損、鉄損、巻線や鉄心を締め付ける金具などの構造物や外箱などに発生する漂遊負荷損などで構成されます。

得られた測定値（$i_{1s} = 6.2\ [A]$、$v_{1s} = 19.5\ [V]$、$w_{1s} = 147\ [W]$）から、負荷損は一次側に接続した電力計の測定値174 $[W]$ となります。また、二次側を一次側に換算した全巻線抵抗 r と漏れリアクタンス x は次式で与えられます。

$$r = \frac{w_{1s}}{{i_{s1}}^2} \qquad x = \sqrt{\left(\frac{v_{1s}}{i_{1s}}\right)^2 + \left(\frac{w_{1s}}{{i_{1s}}^2}\right)^2}$$

得られた測定値を代入すると、

$$r = \frac{174}{6.2^2} = 4.5\ [\Omega] \qquad x = \sqrt{\left(\frac{19.5}{6.2}\right)^2 + \left(\frac{147}{6.2^2}\right)^2} = \sqrt{9.89 + 20.49} = 5.51\ [\Omega]$$

が得られます。

E－4　実負荷試験

変圧器の二次側に負荷として抵抗負荷と誘導性負荷（リアクタ）を並列接続します。一次側電圧を一定（$v_1(rated) = 200\ [V]$）に保ち、二次側負荷電流 i_2 を 0～125％の範囲で可変したときの i_1、w_1、v_2、w_2 を測定します。電力計（w_1、w_2 の測定）は一次側、二次側に接続します。この実験の目的は、負荷力率と変圧器の電圧変動率および効率の関係を実験的に求めることにあります。リアクタを可変し、力率は$\theta=0.8$と１（抵抗負荷のみ）の場合について測定します。測定例を図E－２に示します。

電圧変動率εと効率γは次式で求めます。

$$\varepsilon\,[\%]=\frac{v_2\,(rated)-v_2}{v_2}\times100 \qquad \gamma\,[\%]=\frac{w_2}{w_1}\times100$$

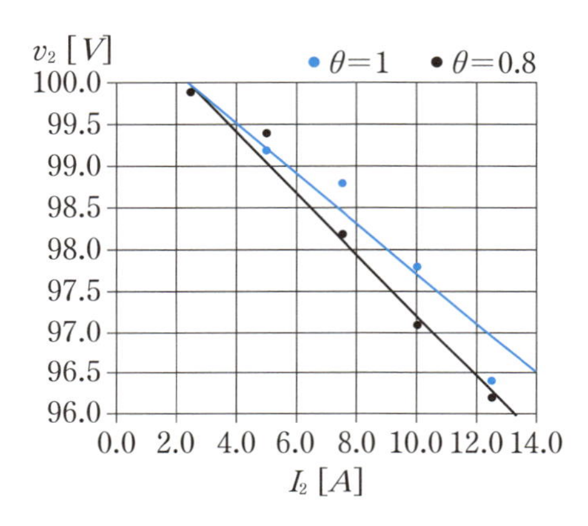

(a)　二次側電流と電圧の関係

(b)　二次側電流と効率の関係

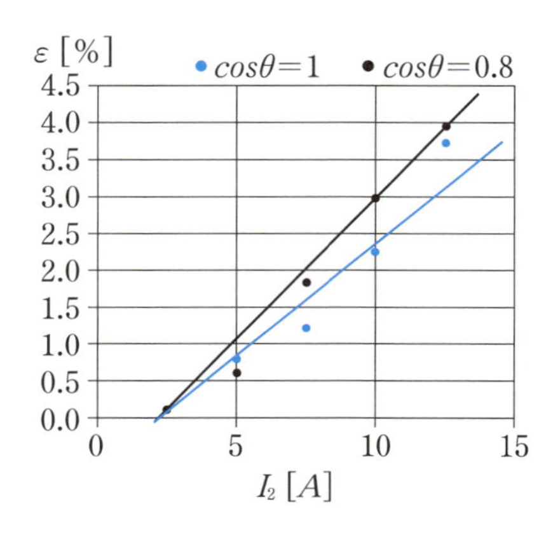

(c)　二次側電流と電圧変動率の関係

図E－２　実負荷試験の諸特性

写真E－１　1KVA 単層変圧器
（153W×160D×175H、12.5kg）

付録F エプスタイン装置を用いた電力計法によるケイ素鋼板の鉄損測定

エプスタイン装置とは*JIS C* 2550に規定されている電磁鋼板の磁気測定に用いられる試験器をいいます。一次コイルと二次コイルが巻かれたコイル枠の中に短冊状の試料を井桁状に入れた構造です（図F－1）。使用する試料片の枚数は材料の板厚やコイル枠の大きさにより異なりますが、0.35*mm*～0.5*mm* 厚みの試料を数10枚程度使用します。4つのコイル枠には同じ巻数の一次コイル（励磁）と二次コイル（誘起電圧）が巻かれており、4つのコイルはそれぞれ直列に接続されています。直流または交流で励磁を行い、鉄損、$B-H$ 曲線、ヒステリシス損などの磁気特性を測定します。

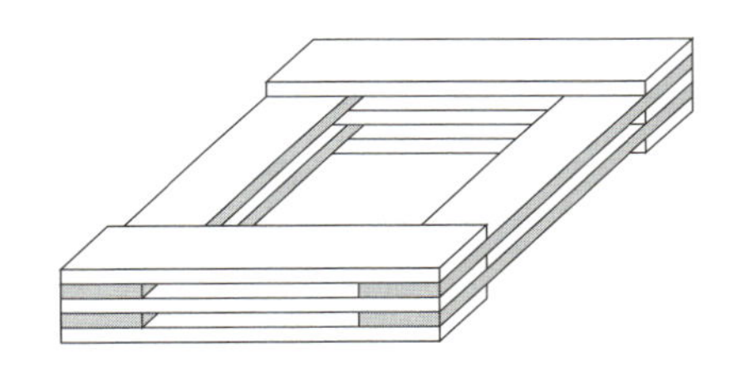

(a)　短冊状試料（鉄心）の構造

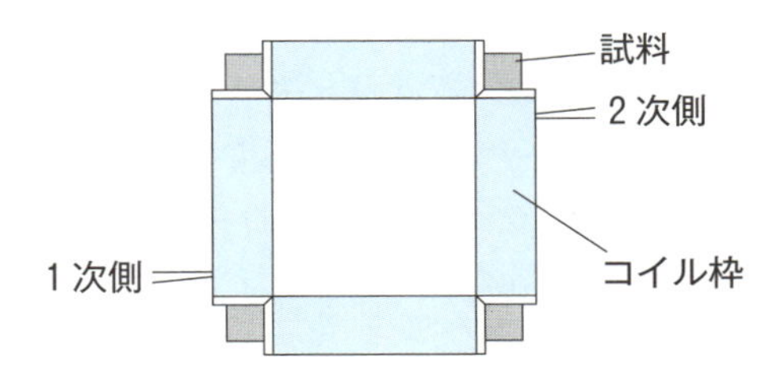

(b)　一次・二次コイルが巻かれたコイル枠

図F－1　エプスタイン装置

以下に、エプスタイン装置を用いた電力計法によるケイ素鋼板の鉄損測定例について説明します。測定回路を図F－2に示します。

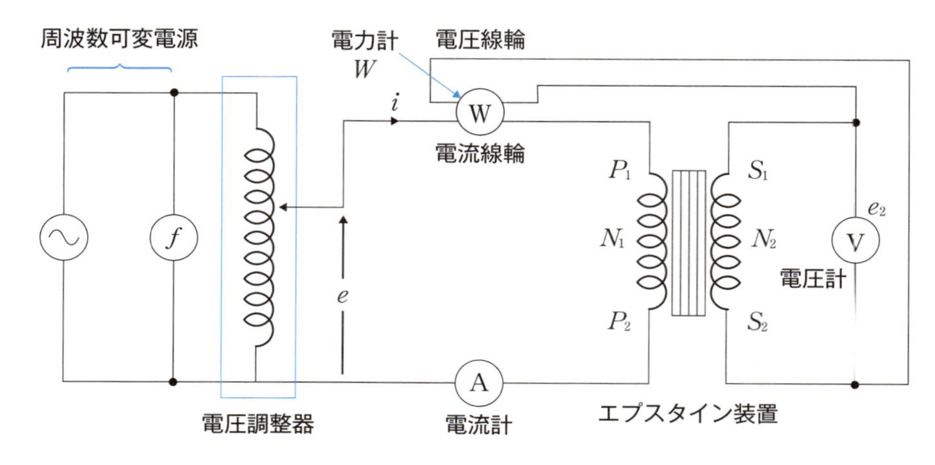

図F－2　エプスタイン装置を用いた鉄損測定

エプスタイン装置の一次コイル（巻数 N_1）に瞬時電圧 e_1 を加えて電流 i を流し、試料中に磁束 ϕ を生じたとします。

一次コイルの巻線抵抗を r_1 とすると次式が得られます。

$$e_1 = N_1 \frac{d\phi}{dt} + r_1 i \qquad (\text{F}-1)$$

この式の両辺に i を乗じて時間の平均 T をとると

$$\frac{1}{T}\int_0^T eidt = \frac{N_1}{T}\int_0^T i\frac{d\phi}{dt}dt + \frac{1}{T}\int_0^T r_1 i^2 dt \qquad (\text{F}-2)$$

この式の左辺は回路に加えられた電力を表し、右辺の第2項は一次コイル N_1 の巻線抵抗による銅損を表し、第1項は試料中の鉄損と二次コイルの銅損の和を表します。

ここで、試料の鉄損を W_i、二次コイルの銅損を W_C とすると、

$$\frac{N_1}{T}\int_0^T i\frac{d\phi}{dt}dt = W_i + W_C \qquad (\text{F}-3)$$

となります。

エプスタインの二次側の誘起電圧を e_2（図F－2の電圧計の指示）とすると、電力計の指示電力 W は、電流 i（電流線輪）と電圧 e_2（電圧線輪）から

$$W = \frac{1}{T}\int_0^T e_2 idt = \frac{1}{T}\int_0^T \left(N_2\frac{d\phi}{dt}\right)idt = \frac{N_2}{N_1}\frac{N_1}{T}\int_0^T i\frac{d\phi}{dt}dt$$

$$= \frac{N_2}{N_1}(W_i + W_C) \qquad (\text{F}-4)$$

となります。

したがって、鉄損 W_i は、

$$W_i = \frac{N_1}{N_2} W - W_C \quad (F-5)$$

となります。

二次コイルの銅損 W_C は、二次コイルの抵抗を電圧計および電力計の電圧線輪の抵抗に対して無視できるとすると（電圧計の内部抵抗 r_v、電力計の電圧線輪の抵抗 r_w とする）、

$$W_C = \frac{{e_2}^2}{r_v} + \frac{{e_2}^2}{r_w} = {e_2}^2\left(\frac{1}{r_v} + \frac{1}{r_w}\right) \quad (F-6)$$

となります。

次に、試料の磁束密度 B_m[T(テスラ)] は、次式を用いて二次コイルに誘起される電圧 e_2（電圧計の読み）から算出することができます。

$$e_2 = 4K_f f N_2 B_m A \quad (F-7)$$

$$B_m = \frac{e_2}{4K_f f N_2 A} \quad (F-8)$$

ここで、f は電源周波数 [Hz]、A は鉄心の断面積 [m^2]、K_f は波形率です。

K_f は正弦波の場合は1.11なので

$$B_m = \frac{e_2}{4.44 f N_2 A} \quad (F-9)$$

となります。

また、鉄心の断面積 A は、試料を短冊状に積み重ねたものなので、鉄心の重量を G [kg]、平均磁路長を l [m]、比重を d（ケイ素鋼板は7.5）とすると、

$$A = \frac{G}{ld} \times 10^{-3} \quad (F-10)$$

となります。

測定に使用したエプスタイン装置は、短冊状に $3cm \times 50cm$ に切断した試料を井桁状に重ね合わせた構造で、総重量は$10kg$です。平均磁路長は $50cm \times 4 = 200cm$ になります。また、1次巻線と2次巻線の巻数は、どちらも1辺（1コイル枠）当たり150回で合計600回になります。

正弦波交流電源（周波数可変電源）の周波数30 [Hz] の場合の測定例を表F－1に示します。

磁束密度 B_m[T] は0.1～1.0の範囲（0.1刻み）とします。誘起電圧 e_2 は式（F－7）を用いて計算しておきます。測定に際しては、電圧調整器で電圧計の表示を計算値 e_2 に合わせるように調整し、そのときの電力計の指示値 W と電流計の

指示値 i を読んでいきます。鉄損 W_i は式（F－5）（$N_1 = N_2 = 600$）から計算して求めます。表中の P と Q の項目は銅損になります。

表F－1　鉄損の測定例

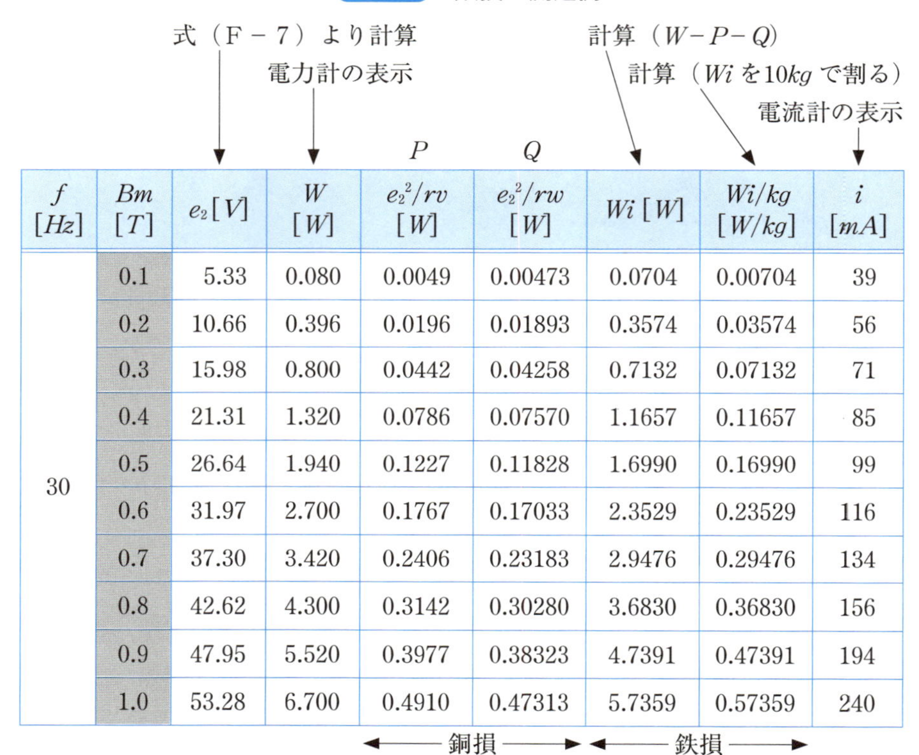

f [Hz]	Bm [T]	e_2 [V]	W [W]	e_2^2/rv [W] (P)	e_2^2/rw [W] (Q)	Wi [W]	Wi/kg [W/kg]	i [mA]
30	0.1	5.33	0.080	0.0049	0.00473	0.0704	0.00704	39
	0.2	10.66	0.396	0.0196	0.01893	0.3574	0.03574	56
	0.3	15.98	0.800	0.0442	0.04258	0.7132	0.07132	71
	0.4	21.31	1.320	0.0786	0.07570	1.1657	0.11657	85
	0.5	26.64	1.940	0.1227	0.11828	1.6990	0.16990	99
	0.6	31.97	2.700	0.1767	0.17033	2.3529	0.23529	116
	0.7	37.30	3.420	0.2406	0.23183	2.9476	0.29476	134
	0.8	42.62	4.300	0.3142	0.30280	3.6830	0.36830	156
	0.9	47.95	5.520	0.3977	0.38323	4.7391	0.47391	194
	1.0	53.28	6.700	0.4910	0.47313	5.7359	0.57359	240

$A=$	0.00067 [m^2] ←式（F－10）より計算、$G=10$ [kg], $l=200$ [cm], $d=7.5$
$r_v=$	5782 [Ω]
$r_w=$	6000 [Ω]
$l=$	200 [cm]
$N_1=$	600 回
$N_2=$	600 回

交流電源の周波数30 [Hz]、50 [Hz]、70 [Hz] の場合の磁束密度 B_m[T] に対する単位重量当たりの鉄損 W_i/kg [W/kg] をグラフにすると図F－3が得られます。

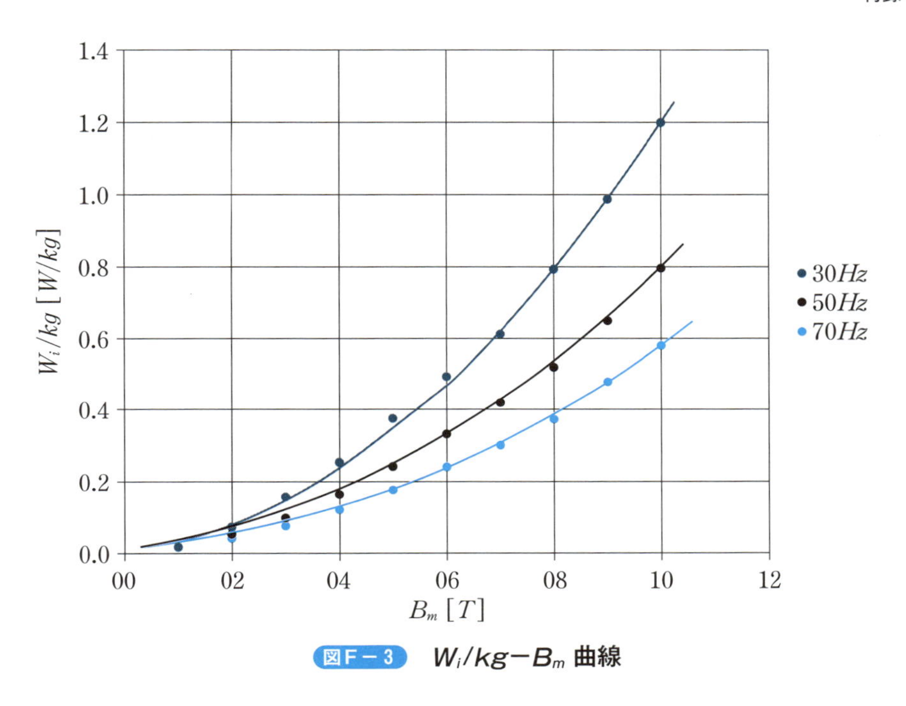

図F－3　$W_i/kg－B_m$ 曲線

付録G B−H曲線と透磁率の測定

外部の磁場により磁石になりやすい鉄、ニッケル、コバルトなどの物質を強磁性体と呼びます。強磁性体の磁化特性を表した曲線をB−H曲線または磁気ヒステリシス曲線といいます（図G−1）。横軸は磁場$H\,[A/m]$を、縦軸は磁束密度$B\,[T]$を表します。

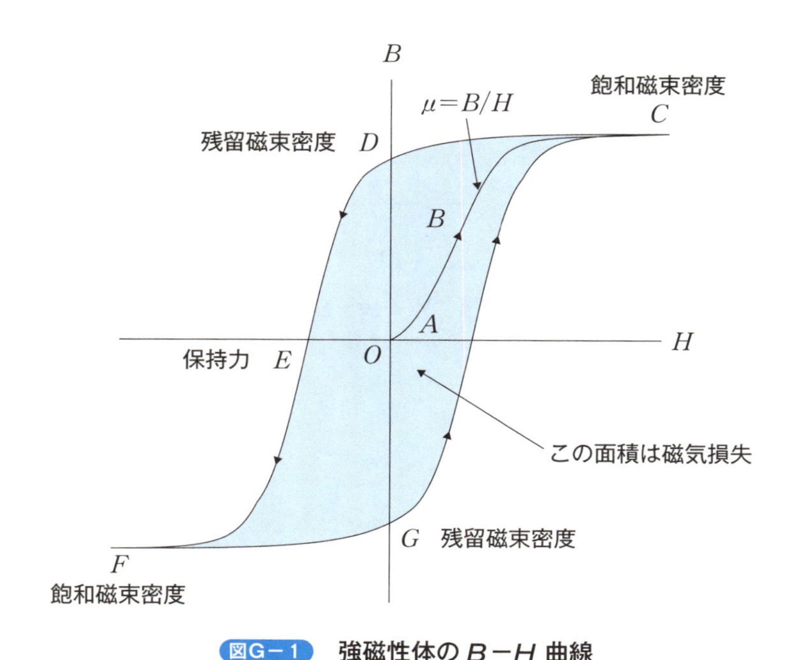

図G−1　強磁性体のB−H曲線

強磁性体は、外部の磁場を受けると磁気のない状態（点O）から、磁気を帯びて磁石になります。これを“磁化”といいます。このとき、単位面積当たりのN極からS極へ向かう磁気の流れを磁束密度$B\,[T]$といい、磁化の強さを表します。

外部磁場が強くなると磁束密度が増えていくことから、この磁束密度と磁場との比を透磁率$\mu\,[H/m]$（単位$[H/m]$は“ヘンリー毎メートル”と発音）といい、透磁率が高いほど弱い磁場でも高い磁束密度が得られます。真空の透磁率

$\mu_0=4\pi\times10^{-7}$ $[H/m]$ との比 $\mu_r=\dfrac{\mu}{\mu_0}$ を比透磁率※注といいます。$\mu_r\gg1$ の場合は強磁性体、$\mu_r>1$ の場合は常磁性体、$\mu_r<1$ の場合は反磁性体といいます。

強磁性体に磁場を加えて磁化していくと磁束密度に限界が生じ飽和します。これを飽和磁束密度（点 C、点 F）といいます。飽和磁束密度が高いほど強力な磁石となります。磁束が飽和するまでの磁化（点 O から点 C までの磁化）を“初期磁化”といいます。

磁束密度が飽和した後、外部磁場を無くしても（$H=0$）強磁性体に磁束が残ります（点 D、点 G）。これを残留磁束密度といいます。強磁性体の磁束密度を零にするために必要な外部磁場（点 E）を保磁力といいます。

通常、高い保磁力の物質は永久磁石に、高い透磁率と低い保磁力の物質は電磁石やトランス、コイルのコアに使用されます。

また、強磁性体が磁化した後に、外部磁場を変化させると磁束密度は点 C から点 D、F、G を通り点 C に戻る磁気ヒステリシス曲線を描きます。このとき磁気エネルギーが消費され熱を発生します。このエネルギー消費を磁心損失（コアロス）といいます。磁心損失は磁気ヒステリシス曲線の面積に比例するので、面積が少ないほど磁心損失が少ないといえます。

付録Fで使用したエプスタイン装置を用いて $B-H$ 曲線の初期磁化特性と透磁率 μ を測定します。

表F－1において電流 $i\,[mA]$ を測定しました。この電流値から鉄心の磁化電流 $I_m[A]$ と磁化力 $H_m[A/m]$ は次式で計算することができます。

$$I_m=\sqrt{i^2-\left(\frac{W}{e_2}\right)^2} \qquad (G-1)$$

$$H_m=\frac{\sqrt{2}\,I_m N_1}{l} \qquad (G-2)$$

計算結果を表G－1に示します。初期磁化特性である B_m と H_m の関係、H_m と比透磁率 μ_r の関係をグラフにしたものを図G－1、図G－2に示します。

※注：透磁率と比透磁率については、本書と同シリーズ『例題で学ぶ　はじめての電磁気』（臼田昭司、井上祥史著、技術評論社刊）の第6章を参照。

表G－1 磁化電流 I_m、磁化力 H_m、透磁率 μ と比透磁率 μ_r の計算

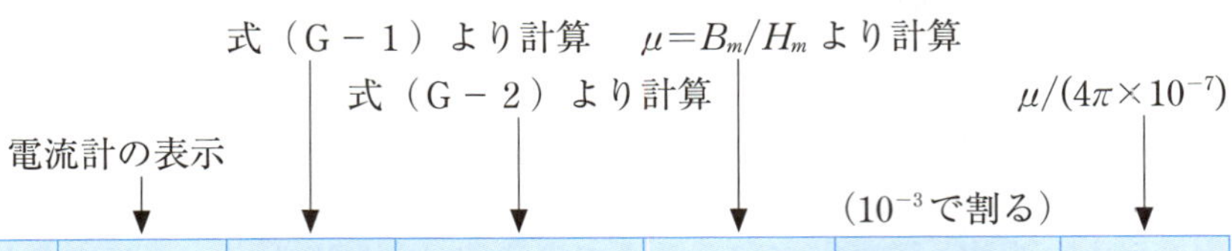

B_m [T]	i [mA]	i_m [A]	H_m [A/m]	μ	$\mu * 10^{-3}$	μ_s [H/m]
0.1	39	0.0360	152.7	0.00065	0.65484	521.1
0.2	56	0.0419	177.7	0.00113	1.12527	895.5
0.3	71	0.0504	213.7	0.00140	1.40414	1117.4
0.4	85	0.0582	247.0	0.00162	1.61957	1288.8
0.5	99	0.0671	284.5	0.00176	1.75724	1398.4
0.6	116	0.0795	337.4	0.00178	1.77855	1415.3
0.7	134	0.0977	414.6	0.00169	1.68858	1343.7
0.8	156	0.1190	504.8	0.00158	1.58468	1261.0
0.9	194	0.1562	662.5	0.00136	1.35847	1081.0
1.0	240	0.2044	867.3	0.00115	1.15304	917.6

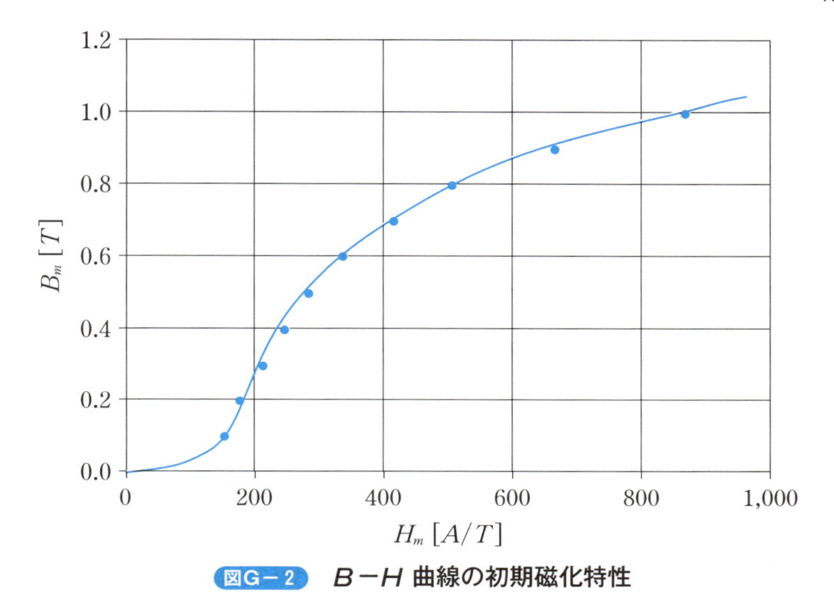

図G－2　$B-H$ 曲線の初期磁化特性

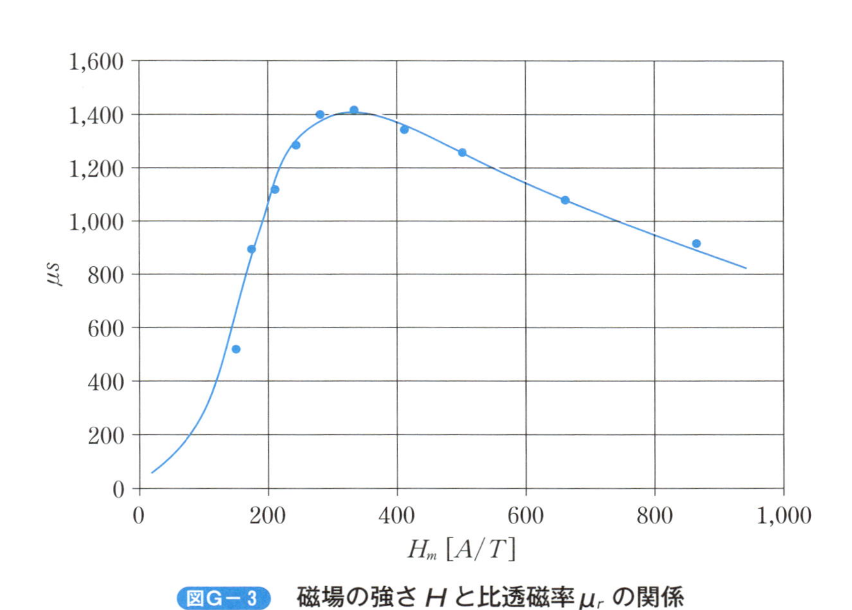

図G－3　磁場の強さ H と比透磁率 μ_r の関係

付録H　正弦波と矩形波のフーリエ級数展開

一般に、周期関数 $g(t)$ のフーリエ級数展開は、$\omega_0=2\pi T$（周期T）とすると

$$g(t)=\frac{a_0}{2}+\sum_{n=1}^{\infty}(a_n cos(n\omega_0 t)+b_n sin(n\omega_0 t)) \qquad (H-1)$$

で与えられます。

$g(t)$ が偶関数または奇関数の場合のフーリエ係数は下記のようになります。

◇偶関数の場合

$$f(t)=f(-t)$$

$$a_0=\frac{2}{T}\int_0^{\frac{T}{2}} f(t)dt=\frac{1}{\pi}\int_0^{\pi} f(t)dt$$

$$a_n=\frac{4}{T}\int_0^{\frac{T}{2}} f(t)cos(n\omega_0 t)dt=\frac{2}{\pi}\int_0^{\pi} f(t)cos(n\omega_0 t)dt$$

$$b_n=0$$

◇奇関数の場合

$$f(t)=-f(-t)$$

$$a_0=0$$

$$a_n=0$$

$$b_n=\frac{4}{T}\int_0^{\frac{T}{2}} f(t)sin(n\omega_0 t)dt=\frac{2}{\pi}\int_0^{\pi} f(t)sin(n\omega_0 t)dt$$

H－1　正弦波のフーリエ級数展開

正弦波を図H－1とします。最大値は V_S、周期を T とします。

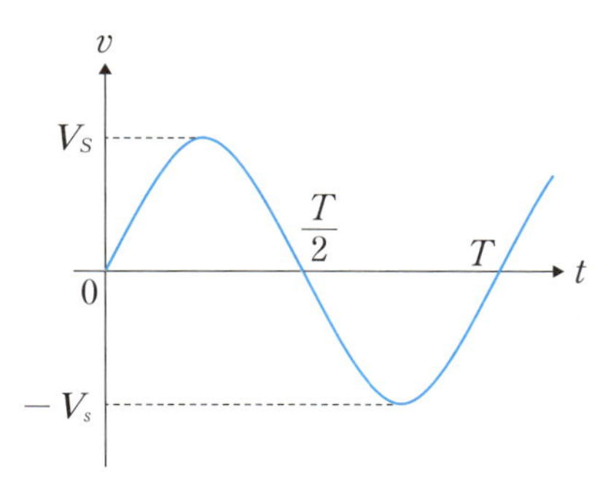

図 H－1　**正弦波**

与えられた波形は原点に関して点対称となる奇関数であるので、係数 a、b と関数 $f(t)$ は、

$$a_0 = 0$$

$$a_n = 0$$

$$\begin{cases} 0 \leq t \leq \dfrac{T}{2}: \\ \qquad f(t) = V_S sin(n\omega_0 t) \\ \dfrac{T}{2} \leq t \leq T: \\ \qquad f(t) = -V_S sin(n\omega_0 t) \end{cases}$$

$$b_n = \frac{4}{T}\int_0^{\frac{T}{2}} f(t)\, sin(n\omega_0 t)\, dt$$

$$= \frac{2}{T}\left\{\int_0^{\frac{T}{2}} V_S sin(n\omega_0 t)\, sin(n\omega_0 t)\, dt + \int_{\frac{T}{2}}^{T} (-V_S sin(n\omega_0 t))\, sin(n\omega_0 t)\, dt\right\}$$

$$= \frac{2}{T}\left[V_S \int_0^{\frac{T}{2}} \left\{-\frac{1}{2}(cos(2n\omega_0 t) - cos 0)\right\}\right]$$

$$- \frac{2}{T}\left[V_S \int_{\frac{T}{2}}^{T} \left\{-\frac{1}{2}(cos(2n\omega_0 t) - cos 0)\right\}\right]$$

$$= \frac{2V_S}{T}\left[\int_0^{\frac{T}{2}} \left\{-\frac{1}{2}(cos(2n\omega_0 t) - 1)\right\}\right] - \frac{2V_S}{T}\left[\int_{\frac{T}{2}}^{T} \left\{-\frac{1}{2}(cos(2n\omega_0 t) - 1)\right\}\right]$$

$$= \frac{2V_S}{T}\left[-\frac{1}{4n\omega_0} sin(2n\omega_0 t) - \frac{1}{2}t\right]_0^{\frac{T}{2}} - \frac{2V_S}{T}\left[-\frac{1}{4n\omega_0} sin(2n\omega_0 t) - \frac{1}{2}t\right]_{\frac{T}{2}}^{T}$$

$$= \frac{2V_S}{T}\left\{\left(-\frac{1}{4n\omega_0} \sin\left(2n\omega_0 \frac{T}{2}\right) - \frac{1}{2}\,\frac{T}{2}\right) - \left(-\frac{1}{4n\omega_0} sin\, 0 - 0\right)\right\}$$

0

$$-\frac{2V_S}{T}\left\{\left(-\frac{1}{4n\omega_0}sin(2n\omega_0 T)-\frac{1}{2}T\right)-\left(-\frac{1}{4n\omega_0}sin\left(2n\omega_0\frac{T}{2}\right)-\frac{1}{2}\frac{T}{2}\right)\right\}$$

0

$$=-\frac{2V_S}{T}\left\{-\frac{1}{4n\omega_0}sin(4n\pi)-\frac{1}{2}T\right\}=V_s$$

となります。

したがって、式（H－1）は

$$g(t)=\frac{a_0}{2}+\sum_{n=1}^{\infty}(a_n cos(n\omega_0 t)+b_n sin(n\omega_0 t)) \quad （H－2）$$

$$=\sum_{n=1}^{\infty}b_n sin(n\omega_0 t)$$

$$=V_s\sum_{n=1}^{\infty}sin(2\pi n f_0 t)$$

のようになります。これが正弦波のフーリエ級数展開です。

ここで、$n=1$ に対する一般的な表現は

$$g(t)=V_S sin(2\pi f_0 t) \quad （H－3）$$

となります。

仮に、$f_0=20$ [kHz] の場合は

$$g(t)=V_S sin(4\pi\times10^4 t) \quad （H－4）$$

となります。

H－2　矩形波のフーリエ級数展開

正弦波を図H－2とします。最大値は V_s、周期を T とします。

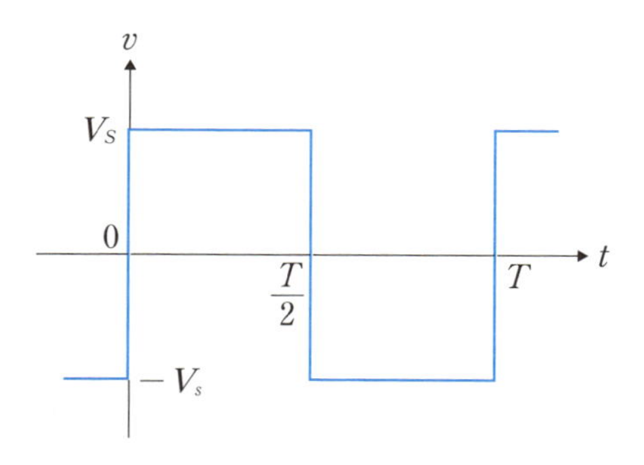

図H－2　矩形波

与えられた波形は原点に関して点対称となる奇関数であるので、係数 a、b と

関数は $f(t)$ は、

$$a_0=0$$

$$a_n=0$$

$$\begin{cases} 0\leq t\leq \dfrac{T}{2}: \\ \qquad f(t)=V_S \\ \dfrac{T}{2}\leq t\leq T: \\ \qquad f(t)=-V_S \end{cases}$$

$$b_n=\frac{4}{T}\int_0^{\frac{T}{2}} f(t)\,sin(n\omega_0 t)\,dt$$

$$=\frac{2}{T}\left\{\int_0^{\frac{T}{2}} V_S sin(n\omega_0 t)\,dt+\int_{\frac{T}{2}}^{T}(-V_S)\,sin(n\omega_0 t)\,dt\right\}$$

$$=\frac{2V_S}{T}\left\{-\left[\frac{cos(n\omega_0 t)}{n\omega_0}\right]_0^{\frac{T}{2}}+\left[\frac{cos(n\omega_0 t)}{n\omega_0}\right]_{\frac{T}{2}}^{T}\right\}$$

$$=\frac{2V_S}{Tn\omega_0}\left\{-cos\left(n\omega_0\frac{T}{2}\right)+cos\,0+\left(cos(2n\omega_0 T)-cos\left(n\omega_0\frac{T}{2}\right)\right)\right\}$$

$1/f_0$　$2\pi f_0$　$1/f_0$　$2\pi f_0$　$1/f_0$　$2\pi f_0$　$1/f_0$

$$=\frac{V_S}{n\pi}\{-cos(n\pi)+1+cos(2n\pi)-cos(n\pi)\}$$

$$=\frac{V_S}{n\pi}\{-cos(n\pi)+1+1-cos(n\pi)\}$$

$$=\frac{2V_S}{n\pi}\{1-(-1)^n\}$$

となります。

ここで、n が偶数（$n=2,4,6,\cdots$）のときは、上記の b_n は、

$$b_n=0$$

n が奇数（$n=1,3,5,\cdots$）のときは、

$$b_\lambda=\frac{4V_s}{\pi n}$$

となります。

したがって、式（H－1）は

$$g(t)=\frac{a_0}{2}+\sum_{n=1}^{\infty}(a_n cos(n\omega_0 t)+b_n sin(n\omega_0 t)) \qquad (F-5)$$

$$= \sum_{n=1}^{\infty} b_n sin(n\omega_0 t)$$

$$= \frac{4V_s}{\pi} \sum_{n=1}^{\infty} \frac{1}{n} sin(2\pi n f_0 t)$$

$$= \frac{4V_s}{\pi} \left\{ sin(2\pi f_0 t) + \frac{1}{3} sin(6\pi f_0 t) + \frac{1}{5} sin(10\pi f_0 t) + \cdot\cdot + \right\}$$

$$(n = 1,3,5\cdots)$$

となります。これが矩形波のフーリエ級数展開です。

$n = 1,2,3,4,5,\cdots$に対する一般的な表現は

$$g(t) = \frac{4V_s}{\pi} \left\{ \cdots + \frac{1}{2n-1} sin(2\pi(2n-1)f_0 t) + \cdots \right\} \quad (H-6)$$

となります。これが本文の式（２－７）※注です。

仮に、$f_0 = 20$ [kHz] の場合は

$$g(t) = \frac{2V_S}{\pi} \left\{ sin(4\pi \times 10^4 t) + \frac{1}{3} sin(12\pi \times 10^4 t) + \frac{1}{5} sin(20\pi \times 10^4 t) \cdots \right.$$

$$\left. + \frac{1}{2n-1} sin(4\pi(2n-1) \times 10^4 t) + \cdots \right\} \quad (H-7)$$

となります。

※注：式（２－７）は p.101に掲載。

付録I 電気電子工学の図記号

図記号は、日本工業規格（JIS）で制定されています。平成17年10月1日に新JISが施行されました。本文で説明した電気および電子回路、半導体、センサに使用されている図記号を表I－1に示します。

表I－1 新JISによる図記号

名称	図記号	名称	図記号	名称	図記号
電池		コンデンサ		光導電セル（CdS）	
電源（交流）		可変コンデンサ		発光ダイオード	
電源（三角波）		半導体ダイオード		*NTC* サーミスタ（直熱形）	*NTC*
接地		定電圧ダイオード		サーミスタ（直熱形）	*t*°
オシロスコープ		*npn* トランジスタ		ホール素子	*X*
電圧計	V	*pnp* トランジスタ		磁気抵抗素子	*x*
電流計	A	*N*チャネル接合型 *FET*	*G* *D* *S*	トグルスイッチ	
接続点	•	*P*チャネル接合型 *FET*	*G* *D* *S*	押しボタンスイッチ	E
端子	○	フォトダイオード		電磁リレー　コイル	
抵抗器		フォトトランジスタ（*npn* 形）		電磁リレー　接点	*a* 接点　*b* 接点
可変抵抗器（2端子）		フォトトランジスタ（*pnp* 形）		オペアンプ　新 *JIS*	− ▷ +
可変抵抗器（3端子）		フォトカプラ		オペアンプ　旧 *JIS*	− +

索引

す

せ

そ

た

ち

つ

て

と

な

に

ね

の

は

ひ

ふ

■著者略歴

臼田 昭司（うすだ しょうじ）

1975年　北海道大学大学院工学研究科修了

1975年　工学博士

1975年　東京芝浦電気㈱（現・東芝）などで研究開発に従事

1994年　大阪府立工業高等専門学校総合工学システム学科・専攻科　教授

2008年　大阪府立工業高等専門学校地域連携テクノセター・産学交流室長
　　　　華東理工大学（上海）客員教授　山東大学（中国山東省）客員教授
　　　　ベトナム・ホーチミン工科大学名誉教授

2013年　大阪電気通信大学客員教授
　　　　立命館大学理工学部兼任講師
　　　　現在にいたる

専門：電気・電子工学、計測工学、実験・教育教材の開発と活用法

研究：リチウムイオン電池と蓄電システムの研究開発、リチウムイオンキャパシタの応用研究、企業との奨励研究や共同開発の推進など
平成25年度「電気科学技術奨励賞」（リチウムイオン電池の製作研究に関する研究指導）受賞

主な著書：

・『リチウムイオン電池回路設計入門』日刊工業新聞社、2012年

・『はじめての電気工学』森北出版社、2014年

・『例題で学ぶはじめての電気回路』2016年、『例題で学ぶはじめての電磁気』2017年、『例題で学ぶはじめての半導体』2017年、『例題で学ぶはじめての自動制御』2018年（以上全て技術評論社）　他多数

伊藤 敏（いとう さとし）

1979年　大阪大学大学院理学研究科修了

1979年　理学博士

1979年　東京工芸大学工学部で液晶の研究に従事

1987年　愛知技術短期大学教授

2000年　愛知工科大学工学部教授

2004年　岐阜聖徳学園大学経済情報学部教授
　　　　現在にいたる

専門：情報、情報教育教材の開発と活用法

研究：慣性センサによる呼吸検出方法の開発、動画から顔の動き検出による行動解析、額からの脈波検出と自律神経評価への応用など

主な著書：

・『Excelで学ぶ理工系シミュレーション入門』CQ出版社、2003年

・『入門物理学実験　体でつかむ物作りの基礎』コロナ社、2003年

・『体験型プログラミング　ロボットの頭脳をExcelで作る』現代図書、2008年

井上 祥史（いのうえ しょうし）

1980年　広島大学大学院理学研究科修了

1981年　理学博士

1985年　富士宮北高校教諭

1988年　愛知技術短期大学講師

1999年　岩手大学教育学部教授

2014年　岩手大学名誉教授

　　　　北海道教育大学特任教授

専門：計測工学，数値シミュレーション

研究：風力発電量予測システム、ICT 教育など

主な著書：

・『中学校技術分野ものづくりシリーズ』1、2、3、旺文社デジタルインスティチュート、2002年

・『情報基礎』学術図書、2006年

・『例題で学ぶはじめての電磁気』技術評論社、2017年

●装丁　　　　　　　辻聡
●組版＆トレース　　株式会社キャップス
●編集　　　　　　　谷戸伸好

例題で学ぶ
はじめての電気電子工学

2019年7月13日　初版　第1刷発行

著　者　　臼田昭司　伊藤　敏　井上祥史
発行者　　片岡　巌
発行所　　株式会社 技術評論社
　　　　　東京都新宿区市谷左内町21-13
　　　　　電話　03-3513-6150　販売促進部
　　　　　　　　03-3267-2270　書籍編集部
印刷／製本　日経印刷株式会社

定価はカバーに表示してあります。

ISBN978-4-297-10615-7　C3054
Printed in Japan

■お願い

本書に関するご質問については、本書に記載されている内容に関するもののみとさせていただきます。本書の内容と関係のないご質問につきましては、一切お答えできませんので、あらかじめご了承ください。また、電話でのご質問は受け付けておりませんので、FAX か書面にて下記までお送りください。

なお、ご質問の際には、書名と該当ページ、返信先を明記してくださいますよう、お願いいたします。

宛先：〒162-0846
　　　東京都新宿区市谷左内町21-13
　　　株式会社技術評論社　書籍編集部
　　　「はじめての電気電子工学」質問係
　　　FAX：03-3267-2271

ご質問の際に記載いただいた個人情報は質問の返答以外の目的には使用いたしません。また、質問の返答後は速やかに削除させていただきます。